科学出版社"十四五"普通高等教育本科规划教材

供中药学、药学、食品科学与检验各专业使用

波谱解析

第2版

主编 苏明武 黄荣增

科学出版社

北京

内 容 提 要

《波谱解析》（第 2 版）是科学出版社"十四五"普通高等教育本科规划教材。与第 1 版相比，第 2 版从编写理念、结构体例到章节编排、内容设计，都有明显的变化与改进。在第 1 版的基础上，进一步补充了实例、例图、习题，并融入近年来的新技术、新方法。书中实例翔实、例图丰富、习题紧扣章节重点内容。书中还介绍了化学结构办公软件在波谱解析中的应用，如结构预测软件、波谱图解析软件等，并介绍了各种标准光谱数据库网站与使用方法，对课堂教学与学生自学大有裨益。全书共分为五章，各章节内容循序渐进，由浅入深，理论阐述充分透彻，层次合理清晰。第 2 版更关注学生，引导学生夯实基础，全面掌握波谱的基础知识，尤其侧重解谱技巧与方法的讲解训练。本教材目录后附有部分习题详解二维码。

本书适合高等医药院校中药学、药学、食品科学与检验各专业的本科生和研究生使用，也可作为硕士博士入学考试的参考书目。本书还可作为从事化学化工、石油工业、环境科学、生命科学与地质科学等行业工作者的参考书目。

图书在版编目（CIP）数据

波谱解析 / 苏明武，黄荣增主编. -- 2 版. -- 北京 : 科学出版社，2025.02. --（科学出版社"十四五"普通高等教育本科规划教材）. -- ISBN 978-7-03-079989-0

Ⅰ. O657.61

中国国家版本馆 CIP 数据核字第 2024PW0977 号

责任编辑：李 杰 / 责任校对：刘 芳
责任印制：徐晓晨 / 封面设计：蓝正设计

版权所有，违者必究。未经本社许可，数字图书馆不得使用

科学出版社 出版
北京东黄城根北街 16 号
邮政编码：100717
http://www.sciencep.com

三河市骏杰印刷有限公司印刷
科学出版社发行 各地新华书店经销
*

2017 年 8 月第 一 版　开本：787×1092　1/16
2025 年 2 月第 二 版　印张：15 1/4
2025 年 2 月第九次印刷　字数：380 000
定价：68.00 元
（如有印装质量问题，我社负责调换）

《波谱解析》（第2版）编委会

主　　编　苏明武　黄荣增
副 主 编　张　祎　李　斌　苏　超　宋成武　郭江涛　姚雪莲
　　　　　　李志浩　刘　莉　吕　喆　杨　琴　唐尹萍　李　菀
编　　委（以姓氏笔画为序）

吕　喆	长春中医药大学	刘　莉	长春中医药大学
苏　超	湖北中医药大学	苏明武	湖北中医药大学
李　菀	湖北中医药大学	李　斌	湖南中医药大学
李志浩	湖北医药学院	杨　琴	湖北中医药大学
宋成武	湖北中医药大学	张　祎	天津中医药大学
陈晓霞	辽宁中医药大学	孟　鑫	黑龙江中医药大学
姚卫峰	南京中医药大学	姚雪莲	江西中医药大学
徐可进	长春中医药大学	郭江涛	贵州中医药大学
唐尹萍	湖北中医药大学	黄荣增	湖北中医药大学
麻秋娟	河南中医药大学		

学术秘书　宋成武　李　菀

第 2 版前言

教材作为课程的物化产物,在传递人类文化知识、完成个体的教化、促进学生发展方面发挥着重要的作用。党的二十大报告是我们党团结和带领人民全面建设社会主义现代化国家、全面推进中华民族伟大复兴的政治宣言和行动纲领,是一篇马克思主义纲领性文献。习近平总书记指出:"传道者自己首先要明道、信道"。高校教师要坚持教育者先受教育,努力成为先进思想文化的传播者、党执政的坚定支持者,更好担起学生健康成长指导者和引路人的责任。

波谱解析是一门应用多种光谱(如 IR、MS、^{1}H-NMR、^{13}C-NMR、2D-NMR 等)研究有机化合物结构的学科,是中药学、药学、食品科学与检验各专业非常重要的必修课程之一。波谱解析主要是以光学理论为基础,以化合物与光的相互作用为条件,建立分子结构与电磁波之间的相互关系,从而进行化合物结构分析和鉴定的方法。其主要任务是通过测定和解析化合物的各种光谱,确定化合物的平面或立体结构。《波谱解析》要求学生通过本门课程的学习,掌握各类分析方法的基本原理和各种图谱的解析方法,具备一定的解析图谱推测结构的本领,为后续各门课程的学习和今后的工作奠定基础。

本教材是科学出版社"十四五"普通高等教育本科规划教材,供高等医药院校中药学类和药学类、食品科学与检验各专业使用。在编写第 1 版《波谱解析》的过程中,由于时间太过仓促,致使有的章节存在一些问题,如内容的连续性、逻辑性不够好,例图偏少,层次不够清晰等,因此我们有责任进行修订。本次修订在力求教材应具有的科学性、准确性、合理性与创新性的前提下,我们对这些章节进行了全面改版,全部重新编写。所有章节内容的连续性、逻辑性、层次的清晰性已经达到了我们所期望的程度,进一步补充了实例、例图与习题及近年来的新技术与新方法。例图丰富,重点突出,深入浅出,非常便于教与学。本教材还介绍了化学或结构办公软件在波谱解析中的应用与各种光谱数据库。

经本次修订后,因每一章对所有知识点进行了全覆盖,且重点突出、条理性强、说理充分、例图丰富、实例数量大,所以本教材亦可作为研究生教学用书,也是硕士、博士入学考试良好的参考书。例如,1D-^{1}H-NMR 部分已全面改版,全部重新编写,仅例图就增加了 26 幅；2D-NMR 部分增加了 TOCSY 谱，调整与增加了部分例题与例图；综合解析更新与增加了 6 道例题、4 道习题，共计 45 幅谱图。另外，习题集中有 20 道综合解析练习题，并附有答案或详解。

本教材共五章，第一章质谱法，第二章一维 ^{1}H 核磁共振波谱法，第三章一维 ^{13}C 核磁共振波谱法，第四章二维核磁共振波谱法，第五章波谱综合解析。均由具有波谱解析丰富教学与实践经验的参编教师编写。参编教师：苏明武，吕喆，苏超，姚卫峰（第一章）；黄荣增，郭江涛，苏超，李菀，麻秋娟（第二章）；李斌，徐可进，苏超，唐尹萍，孟鑫（第三章）；张祎，姚雪莲，杨琴，李志浩（第四章）；宋成武，陈晓霞，苏超，刘莉（第五章）。宋成武、李菀担任本教材的编写秘书。本教材的配套教材有《分析化学与仪器分析习题集》（含波谱解析的习题与详细解答）和《分析化学与仪器分析实验》（含波谱解析实验）。

本教材及其配套教材的修订与出版受到了参编教师所在高校的大力支持，科学出版社的编辑们为本书的再版做了大量细致的编辑工作，在此一并表示感谢！

限于编者水平，教材中不足之处在所难免，恳请广大师生和同行们提出宝贵意见，以便下次修订。

苏明武　黄荣增
2024 年 7 月

第1版前言

波谱解析是一门应用多种光谱（如 IR、MS、^{1}H-NMR、^{13}C-NMR、2D-NMR 等）研究有机化合物结构的学科，是中药类与药学类各专业非常重要的必修课程之一。波谱解析主要是以光学理论为基础，以化合物与光的相互作用为条件，建立分子结构与电磁波之间的相互关系，从而进行化合物结构分析和鉴定的方法。其主要任务是通过测定和解析化合物的各种光谱，确定化合物的平面或立体结构。要求学生通过本门课程的学习，掌握各类分析方法的基本原理和各种图谱的解析方法，具备一定的解析图谱推测结构的本领，为后续各门课程的学习和今后的工作奠定好基础。

本教材是科学出版社"十三五"规划教材，供高等医药院校中药学类和药学类与检验各专业使用。在编写过程中，力求教材具有科学性、准确性、合理性与创新性。在此前提下，我们对内容的深度和广度进行了调整与整合，并以全新的理念、全新的认知对教材内容重新进行了准确的定义与描述，概念准确、理论充分、文字精炼、重点突出、层次清晰，完全避免了编教材时的相互抄袭的弊端。本教材还适当地介绍了化学或结构办公软件在波谱解析中的应用与各种光谱数据库。

本教材与其他波谱解析的教材相比，在编排的体例上有较大幅度的变化，剔除了 UV 与 IR，以便集中学时讲解学生难以理解、难度大的课程。建议授课学时不少于 40 学时。尤其适合高校本科二、三年级还未学习《中药化学》与《天然化学》的学生使用。

本教材共五章，第1章质谱法，第2章一维核磁共振氢谱，第3章一维 ^{13}C 核磁共振波谱法，第4章二维核磁共振波谱法，第5章波谱综合解析。均由具有波谱解析丰富教学与实践经验的参编教师编写。参编教师：苏明武（第1章），黄荣增（第2章），李斌（第3章），张祎（第4章），苏明武、姚雪莲（第5章），宋成武担任本教材的编写秘书。本教材的配套教材有《分析化学、仪器分析与波谱解析习题集》和《分析化学、仪器分析与波谱解析实验》。

本教材及其配套教材的编写与出版受到了参编教师所在高校的大力支持，科学出版社的编辑们为本书的出版做了大量细致的编辑工作，在此一并表示感谢！

由于时间仓促，编者水平有限，教材中不足之处在所难免，恳请广大师生和同行们提出宝贵意见，以便下次修订。

苏明武

2017年6月

目 录

第一章 质谱法 ··· 1
 第一节 质谱仪与工作原理 ·· 1
 第二节 质谱中主要离子类型 ·· 12
 第三节 有机分子的主要裂解类型 ·· 17
 第四节 各类有机化合物的质谱与特征 ···································· 23
 第五节 质谱解析 ·· 39

第二章 一维 ^{1}H 核磁共振波谱法 ·· 48
 第一节 核磁共振波谱仪 ·· 49
 第二节 核磁共振波谱法的基本原理 ······································ 51
 第三节 化学位移 ·· 56
 第四节 自旋耦合与自旋系统 ·· 64
 第五节 一级图谱与高级图谱 ·· 75
 第六节 高级图谱的简化方法 ·· 83
 第七节 图谱解析与实例 ··· 87

第三章 一维 ^{13}C 核磁共振波谱法 ··· 96
 第一节 一维 ^{13}C 核磁共振的特点 ······································ 96
 第二节 碳谱的类型 ·· 102
 第三节 化学位移值与基团结构的相关性 ·································· 106
 第四节 影响化学位移的因素 ··· 116
 第五节 一维 ^{13}C 核磁共振图谱解析与实例 ····························· 120

第四章 二维核磁共振波谱法 ··· 132
 第一节 二维核磁共振波谱法原理与分类 ·································· 132
 第二节 二维 J 分解谱 ·· 136
 第三节 同核二维化学位移相关谱 ·· 141
 第四节 ^{13}C-^{1}H 异核化学位移相关谱 ································· 148
 第五节 二维 NOE 谱 ·· 156
 第六节 二维谱解析步骤与实例 ·· 159

第五章　波谱综合解析 ··· 181
第一节　综合解析程序 ·· 181
第二节　综合解析示例 ·· 186
参考文献 ·· 226
附录1　一些常见的碎片离子 ·· 227
附录2　常见丢失的中性碎片与可能的结构或结构片段 ··································· 230

部分习题详解

第一章 质谱法

质谱法（mass spectrometry，MS）是利用电磁学原理将被测物质电离与碎裂，然后按质荷比（m/z）的大小进行分离、检测与记录，根据得到的质谱图进行定性、定量与结构分析的方法。通过分析质谱图可确定相对分子质量、分子式及推断未知物的分子结构。离子的信号强度与离子的数目成正比，可用于定量分析。

1911年，英国学者汤姆孙（J. J. Thomson）记录了第一张低相对分子质量质谱图，此后陆续发表了各类有机化合物的质谱。1922年阿斯顿（F. W. Aston）因用质谱法发现同位素并将质谱法用于质量分析而获得诺贝尔化学奖。特别是在20世纪50年代，贝农（Beynon）、比曼（Biemann）和麦克拉弗蒂（McLafferty）相继提出"官能团对分子中化学键的断裂有引导作用"的理论以来，质谱得到了迅速发展和广泛应用，已成为有机化合物结构鉴定的重要工具与方法。在随后的几十年中，各种新仪器、新方法与新技术不断涌现，使得质谱法在化学工业、石油工业、环境科学、医药卫生、生命科学、食品科学、地质科学等领域中发挥越来越重要的作用。党的二十大报告指出："加快构建以国内大循环为主体、国内国际双循环相互促进的新发展格局。"这一战略思路强调了我国在全球科技竞争中的主动地位，推动科技创新与国际合作相结合。质谱法在药物研究中其应用的广泛性，使其成为推动药物研发和中药现代化的核心技术之一，极大推动了中药现代化和国际化的进程。

质谱分析法的特点：①分析速度快，几分钟即可完成一个样品的测试；②灵敏度高，检出限可达$10^{-11} \sim 10^{-9}$g，样品用量少；③信息量丰富，能同时提供相对分子质量、分子式及结构信息；④可与多种色谱仪器在线联用（如GC-MS、HPLC-MS和HPCE-MS等），用于复杂试样的分离分析，进一步扩大了其应用范围。

质谱仪种类繁多，工作原理和应用范围也有很大的不同，按其研究对象的不同可分为同位素质谱仪、无机质谱仪和有机质谱仪；按质量分析器的不同可分为磁场式单聚焦质谱仪、四极杆质谱仪、飞行时间质谱仪等。

第一节　质谱仪与工作原理

一、质谱仪主要组成部分

质谱仪主要由进样系统、离子源、质量分析器、检测器、真空系统、计算机控制和数据处理系统等部分构成，如图1-1、图1-2所示。

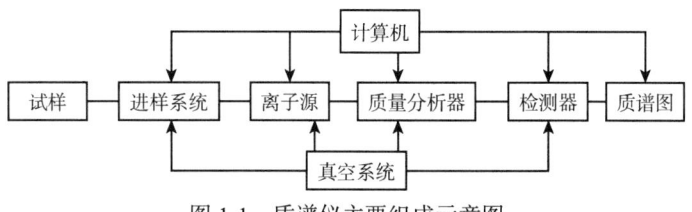

图1-1　质谱仪主要组成示意图

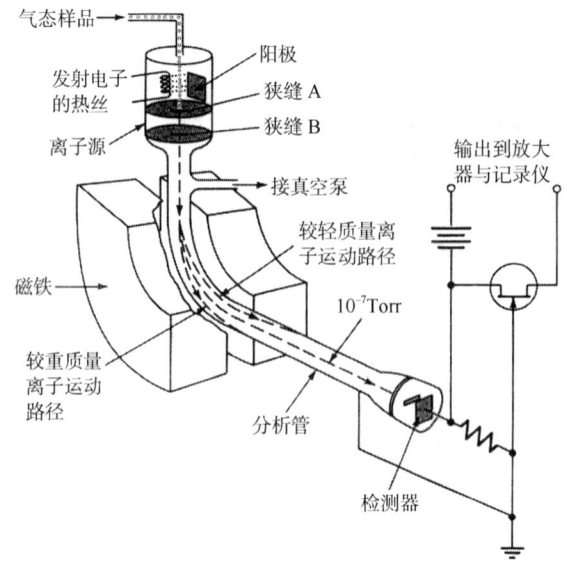

图 1-2 单聚焦质谱仪结构示意图

1Torr=133.322Pa

质谱仪的工作原理是由进样系统导入样品（高纯度的单一物质，下同）并使其瞬间气化，气态分子在离子源中被电离成分子离子，分子离子继而瞬间碎裂产生各种碎片离子，这些不同质量带有正电荷的离子在高压电场中被加速与聚焦后，进入质量分析器按质荷比（m/z）的大小进行分离，并依次到达检测器而被检测，记录各种质荷比的离子与其信号强度，得到质谱图。

（一）进样系统

进样系统的作用是将被测样品导入离子源。不同状态和性质的试样需采用不同的进样方式，同时还应满足电离方式的要求。通常有以下三种进样系统。

1. 间歇式进样系统 又称加热进样系统，该系统可用于气体、液体和中等蒸气压的固体样品进样。典型的设计如图 1-3 所示。

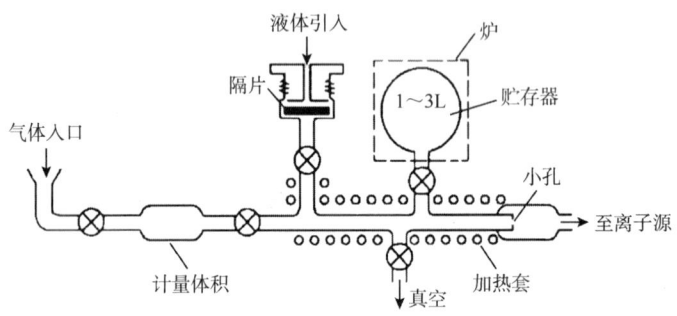

图 1-3 间歇式进样系统示意图

通过可拆卸式的试样管将少量（10～100μg）固体或液体试样引入试样贮存器中，由进样系统的低压强及贮存器的加热装置使试样保持气态，要求试样在操作温度下具有 0.13～1.3Pa 的蒸气压。由于进样系统的压强比离子源的压强大，样品分子可以通过分子漏隙（通常是带有一个小针孔的玻璃或金属膜）以分子流的形式渗入高真空的离子源中。

2. 直接探针进样系统 该系统适用于固态或高沸点液态样品的进样。进样时将样品直接装在探针上，通过真空隔离阀将探针插入到高真空的离子源附近，然后对探针施加强电流加热，使探针的温度急剧上升至数百度（一般不超过400℃），样品分子受热后立即挥发于离子源中，如图1-4所示。

3. 色谱进样系统 适用于多组分复杂混合物试样的进样。它是利用气相或液相色谱的分离能力，将多组分样品先经色谱分离成单一成分，分离后的各成分依次通过色谱仪与质谱仪之间的"接口"进入质谱仪。

（二）离子源

离子源（ion source）的作用是将被分析的样品分子电离成离子并将其加速和聚焦。例如，对样品施加

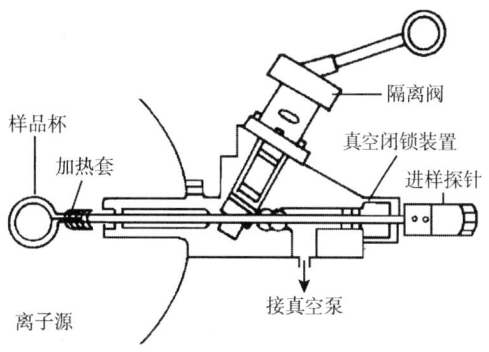

图1-4 直接探针进样系统示意图

较高的电离能量，除使分子电离为分子离子外，多余的能量还可使分子离子发生碎裂，产生各种不同质量的碎片离子，这种电离方法称为硬电离。而给样品施加较低能量的电离方法称为软电离，主要用于稳定性差的样品的电离。离子源种类很多，其原理与适用范围各不相同，下面介绍几种常用的离子源。

1. 电子轰击离子源（electron impact ion source，EI） 主要用于受热稳定、易挥发样品的分析。其原理如下：气化后的样品分子进入离子源中，受到炽热灯丝发射的高能（10~240eV）电子束的轰击，生成包括正离子在内的各种碎片，其中正离子在排斥电极（反射极）的作用下离开离子源，进入加速区被加速和聚集成离子束。而阴离子、中性碎片被真空系统抽走，不进入加速区，如图1-5所示。

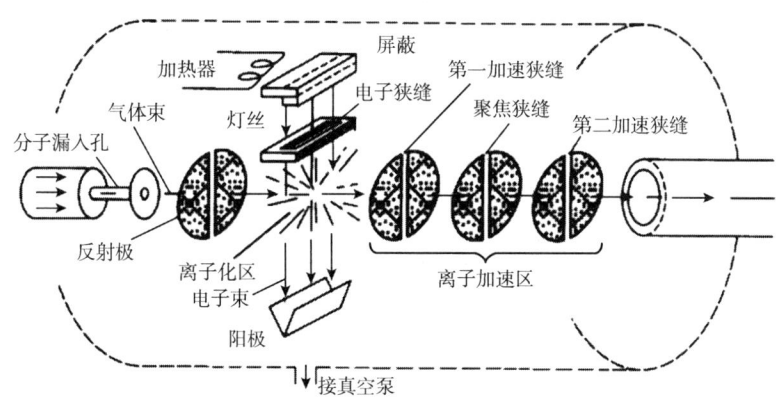

图1-5 电子轰击离子源示意图

电离过程可表示为

$$M + e(高速) \longrightarrow M^{+\bullet} + 2e(低速)$$

式中，M表示分子；$M^{+\bullet}$表示分子离子。分子丢失一个外层电子而形成的带正电荷的离子称为分子离子。

EI的优点：①离子化效率高；②电子轰击能量大（硬电离），产生的碎片离子多，提供的结构信息丰富，图谱的指纹性强，有利于结构分析；③产生的离子束比较稳定，质谱图重现性好，因此有庞大的EI标准质谱图库可供检索。

EI的缺点：①不适用于难挥发和热不稳定的样品；②由于电子轰击能量大，分子离子峰的强度低，甚至消失，不利于测定相对分子质量。

2. 化学电离离子源（chemical ionization ion source，CI） 该离子源是先在离子源中送入反应气体（如CH_4），由于反应气体浓度远大于样品的浓度，反应气体先被电子轰击电离成离子，生成的反应气体离子再和样品分子碰撞，发生离子-分子反应而产生样品离子。由于其过程的本质是化学过

程，故称化学电离。化学电离离子源常用的反应气体有 CH_4、N_2、He、NH_3 等。离子化过程如下：

（1）反应气体受到电子轰击生成初级离子：

$$CH_4 + e \longrightarrow CH_4^{+\cdot} + 2e$$

$$CH_4^{+\cdot} \longrightarrow CH_3^+ + H\cdot$$

（2）初级离子与 CH_4 分子反应生成次级离子：

$$CH_4^{+\cdot} + CH_4 \longrightarrow CH_5^+ + CH_3\cdot$$

$$CH_3^+ + CH_4 \longrightarrow C_2H_5^+ + H_2$$

（3）次级离子与试样分子（M）发生离子分子反应：

$$M + CH_5^+ \longrightarrow [M+H]^+ + CH_4$$

$$M + C_2H_5^+ \longrightarrow [M+H]^+ + C_2H_4$$

$$M + C_2H_5^+ \longrightarrow [M-H]^+ + C_2H_6$$

生成的 $[M+H]^+$ 或 $[M-H]^+$ 称为准分子离子（quasi-molecular ion），由此可得相对分子质量。

CI 的优点：①属于软电离方式，图谱中最强峰是准分子离子峰，可借此推断相对分子质量。②图谱简单。缺点：①不适用于难挥发和热不稳定的样品；②碎片离子较少，提供的结构信息不多，不利于结构分析；③谱图重现性差，无 CI 的标准质谱图库；④反应气容易造成较高的背景。EI 与 CI 的质谱区别如图 1-6 所示。

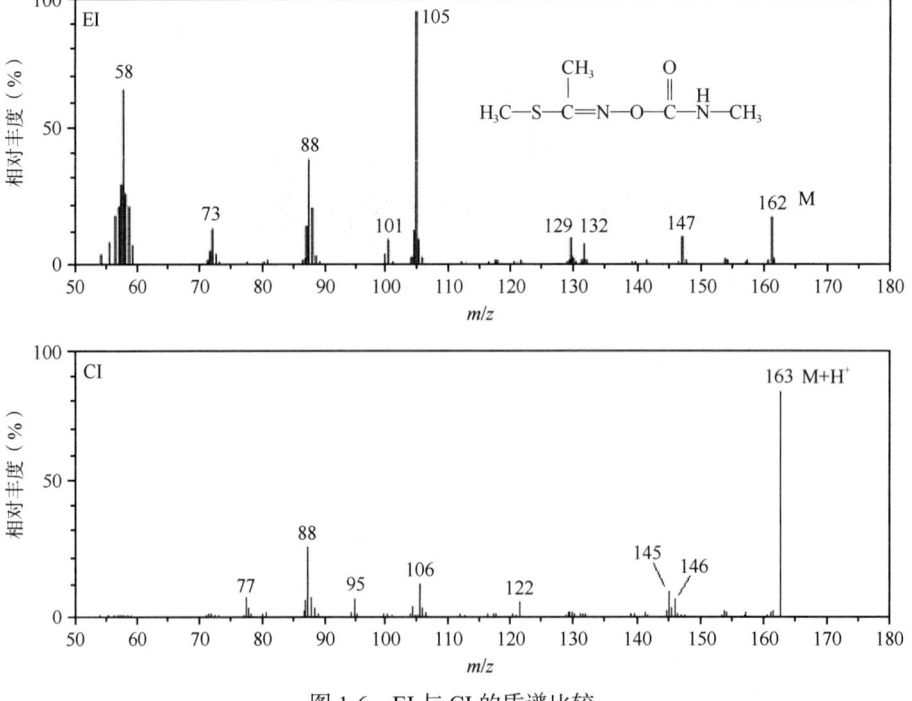

图 1-6　EI 与 CI 的质谱比较

3. 快速原子轰击离子源（fast atom bombardment ion source，FAB）　FAB 的原理是将试样溶解在黏稠的基质（常用的基质有甘油、硫代甘油、3-硝基苄醇和三乙醇胺等高沸点极性溶剂）中，目的是减少轰击时对样品的破坏，再将试样溶液涂布在铜金属靶上。用经加速获得较大动能的惰性气体（Ar 或 Xe）对准靶轰击，使样品分子蒸发和电离，产生的离子在电场作用下进入质量分析器，如图 1-7 所示。

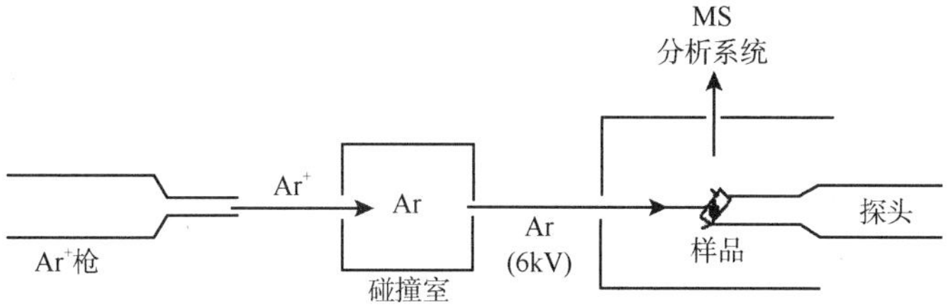

图 1-7 快速原子轰击离子源示意图

样品分子在电离过程中不必加热气化，因此适合于分析相对分子质量大、难气化、热稳定性差的样品，如肽类、低聚糖、天然抗生素、有机金属络合物等。FAB 为软电离方式，常得到[M+H]⁺、[M+Na]⁺、[M+G+H]⁺（G=基质）等准分子离子峰。

4. 基质辅助激光解吸离子源（matrix-assisted laser desorption ion source，MALDI） MALDI 是利用一定波长的激光，脉冲式地照射样品，使样品电离的一种软电离方式。将被分析的样品置于涂有基质的样品靶上，基质分子吸收激光能量，瞬间由固态转变成气态，并形成基质离子。气化了的样品与基质离子在碰撞过程中发生离子分子反应，使样品分子离子化，从而产生单电荷或多电荷准分子离子，如图 1-8 所示。

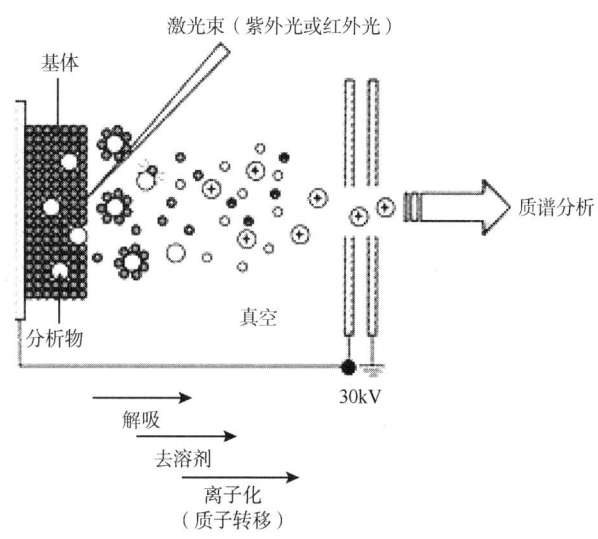

图 1-8 基质辅助激光解吸离子源示意图

常用的基质有 2,5-二羟基苯甲酸、芥子酸、烟酸、α-氰基-4-羟基肉桂酸等。MALDI 属于软电离方式，常与液-质联用仪中飞行时间质量分析器（TOF）联用组成 MS-MALDI-TOF，用于分析生物大分子，如肽、蛋白质、核酸等。

5. 电喷雾离子源（electronspray ion source，ESI） ESI 是近年来发展起来的一种软电离方式。其原理是样品溶液经很细的进样管进入电喷雾室，在雾化气（N_2）、强电场（2～5kV）和近于大气压的干燥气体（N_2）的作用下，带电喷雾，形成带电雾滴。随着雾滴中溶剂迅速蒸发，雾滴不断缩小，表面电荷密度不断增大，液滴表面形成非常强的电场，当库仑斥力和液滴表面张力极限值相等时，液滴"爆裂"，从液态雾滴中溅射出正离子进入气相，通过采样锥进入质量分析器。该离子源常用于液-质联用仪中，如图 1-9 所示。

该离子源特别适合极性强、热稳定性差的有机大分子的电离，通常只产生准分子离子，小分子的化合物产生单电荷的准分子离子[M+H]⁺、[M-H]⁻、[M+Na]⁺、[M+K]⁺、[2M+Na]⁺、[2M+K]⁺等，生物大分子则产生多种多电荷的准分子离子$(M+nH)^{n+}$、$(M-nH)^{n-}$、$(M+nNa)^{n+}$、$(M+nK)^{n+}$等，并且所带电荷数随相对分子质量的增大而增加，因此可测定相对分子质量 300 000 以上的蛋白质。

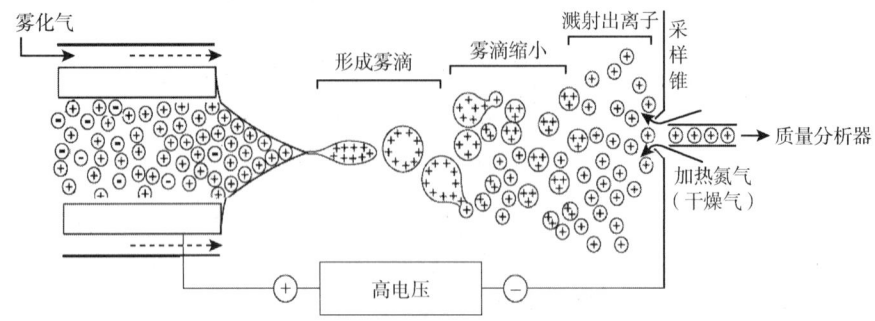

图 1-9　电喷雾离子源示意图

6. 大气压化学电离离子源（atmosphere pressure chemical ironization ion source，APCI）　APCI 也是一种软电离方式，色谱柱柱后流出物由具有雾化气套管的毛细管端流出，被氮气流雾化，通过加热管时被气化，气化了的溶剂分子在放电针高压电的作用下被电离，离子化的溶剂分子和样品分子发生离子-分子反应，使样品分子电离。该离子源常用于液-质联用仪中，如图 1-10 所示。

APCI 主要用于弱极性、中等极性有机小分子的电离，样品相对分子质量小于 1500。通常只产生单电荷的准分子离子$[M+H]^+$、$[M-H]^-$、$[M+Na]^+$、$[M+K]^+$、$[2M+Na]^+$、$[2M+K]^+$等。

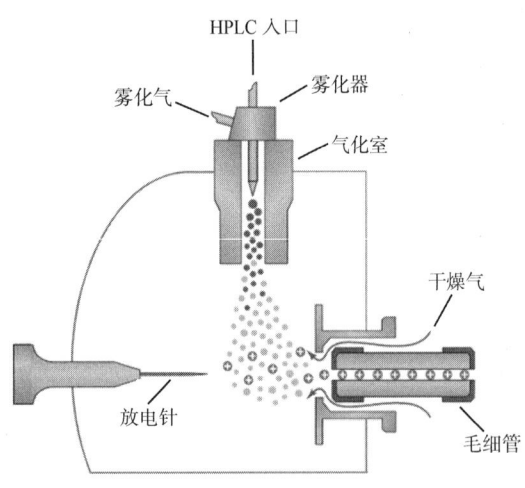

图 1-10　大气压化学电离离子源示意图
（液-质联用仪的离子源）

（三）质量分析器

质量分析器的作用是将离子源中产生的离子按质荷比（m/z）大小进行分离，类似于光谱仪器中的单色器。质量分析器种类较多，下面介绍几种常用的质量分析器。

1. 磁场式质量分析器（magnetic mass analyzer，M）　分为磁场式单聚焦与电磁场式双聚焦两种不同的质量分析器。

（1）磁场式单聚焦质量分析器：样品分子在离子源中被电离成离子，一个质量为 m、电荷数为 z 的离子经加速电场（电压为 V）加速后，获得的动能等于电势能的增量 zV。

$$\frac{1}{2}mv^2 = zV \tag{1-1}$$

加速后的离子垂直于磁场方向进入分析器，受到磁场力（即洛伦兹力 $f=Hzv$）的作用，作匀速圆周运动，圆周运动的向心力等于磁场力。

$$m\frac{v^2}{R} = Hzv \quad （H 为磁场强度，R 为离子偏转半径）\tag{1-2}$$

将式（1-1）与式（1-2）联立求解，得

$$\frac{m}{z} = \frac{H^2R^2}{2V} \tag{1-3}$$

式（1-3）为磁场式质量分析器质谱基本方程。从式（1-3）中可看出，当 H、V 一定时，不同 m/z 的离子其运动半径不同，经过分析器后可实现质量分离，即磁场对不同质量的离子具有"质量色散"

作用，如图 1-11 所示。如固定 R，连续改变 V 或 H 可以使不同 m/z 的离子顺序进入检测器，得到样品的质谱图，前者称为电场扫描，后者称为磁场扫描。

具有相同质荷比的离子流，以同一速度不同角度进入磁场偏转后，这些离子可重新会聚于一点，即磁场同时具有方向聚焦作用。质谱学中，把只有质量色散作用和方向聚焦作用进行质量分离的分析器称为单聚焦质量分析器，如图 1-12 所示。

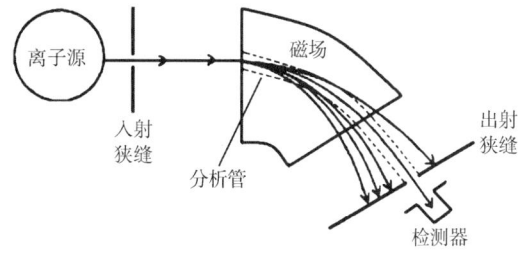

图 1-11 磁场式单聚焦质量分析器质量色散示意图

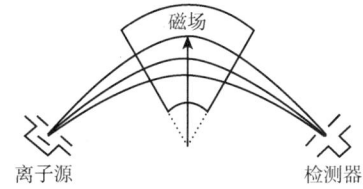

图 1-12 磁场式单聚焦（方向聚焦）质量分析器示意图

单聚焦质量分析器的优点：结构简单、体积小。缺点：分辨率低，只能测定出各离子的整数质量，不能满足有机物分析要求，目前只用于同位素质谱仪和气体质谱仪。单聚焦质谱仪分辨率低的主要原因在于它不能克服离子初始能量分散对分辨率造成的影响。在离子源产生的离子中，质量相同的离子应该聚在一起，但由于离子初始能量不同，经过磁场后其偏转半径也不同，所以会以能量大小顺序分开，即磁场也具有能量色散作用。这样就使得相邻两种质量的离子很难分离开，从而降低了分辨率。

（2）电磁场式双聚焦质量分析器：为了消除离子能量分散对分辨率的影响，通常再加上一个具有固定曲率半径的扇形电场（又称静电分析器），扇形电场是一个能量分析器，不具有质量分离作用。质量相同而能量不同的离子经过静电场后会彼此分开，即静电场具有能量色散作用。如果设法使静电场的能量色散作用和磁场的能量色散作用大小相等、方向相反，就可以消除能量分散对分辨率的影响。只要是质量相同（能量不同或相同）的离子，经过电场和磁场后就可以会聚在一起。因为这种由电场和磁场共同实现质量分离的分析器同时具有方向聚焦和能量聚焦作用，所以被称为双聚焦质量分析器，如图 1-13 所示。

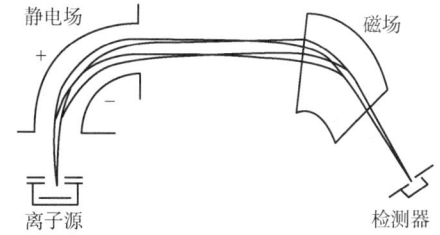

图 1-13 电磁场式双聚焦质量分析器示意图

双聚焦分析器的优点是分辨率高，分辨率可达到 10^5，能测得各离子的精密质量；检测离子质量范围宽，可检测分子质量高达 15000Da 的单电荷离子。缺点是扫描速度慢，操作、调整比较困难，而且仪器造价昂贵，主要用于无机材料和有机结构分析。

2. 四极杆质量分析器（quadrupole mass analyser，Q） 由四根平行的圆柱形金属杆组成，在相对方向的金属杆上分别施加直流电压 U 和射频电压 Vcosωt，构成一个射频振荡电场[正电极电压为 U+Vcosωt，负电极电压为 –（U+Vcosωt）]，如图 1-14 所示。

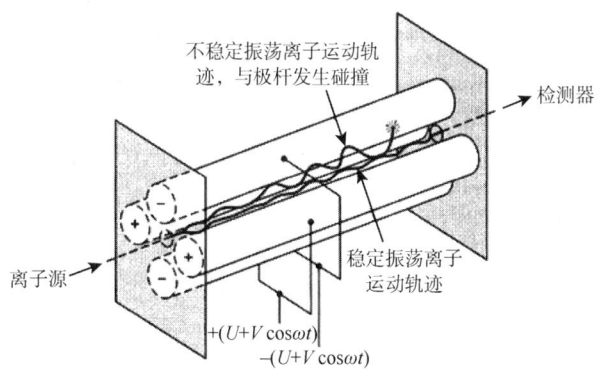

图 1-14 四极杆质量分析器示意图

当加速后的一束混合质量的离子流进入该射频振荡电场时,在保持 U/V 比值及射频频率不变的情况下,同时增加或降低 U 与 V(射频电压的幅值),对应于一定数值的 U 与 V,该分析器只允许一种质荷比的离子作"稳定振荡",通过四极杆到达检测器被检测,其余离子则因振幅不断增大,终因碰撞(非弹性碰撞)四极杆,损失能量后被真空系统抽走。线性变化 U 与 V,并以 V 作为扫描参数,就可以使不同质荷比的离子依次通过四极杆到达检测器被检测。

优点:①结构简单、容易操作、价格便宜;②仅有电场而无磁场,故无磁滞现象,扫描速度快,适合用于色谱-质谱联用仪器之中。缺点:①分辨率不高,约为 10^3;②可检测质量范围较窄,一般为 10~4000Da,但近年来已有很大提高与改进。

3. 离子阱质量分析器(ion trap mass analyzer,IT) 离子阱质量分析器和四极杆质量分析器的工作原理类似,它由一个双曲面的圆环电极和两个呈双曲面形的端盖电极组成,结构如图 1-15 所示。上下两个端盖电极施加交流电压,在环形电极上施加射频电压。在一定的射频电压 V_{RF} 下,只有合适的 m/z 离子将在环阱中指定的轨道上稳定旋转,轨道振幅保持一定大小,可以长时间留在阱内(富集离子),此时其他质量的离子将偏出轨道并与电极发生碰撞,损失能量后被真空系统抽走。当射频电压从小到大扫描时,不同质量的离子按质荷比从小到大的顺序从离子阱中引出,进入检测器,检测记录而获得质谱图。

离子阱的特点是结构小巧、灵敏度高、可检测质量范围宽(10~7000Da),该分析器与四极杆分析器具有相近的质量上限及分辨率。还可得到多级质谱图(MS^n)对未知物进行结构分析。常用于色质联用仪中。

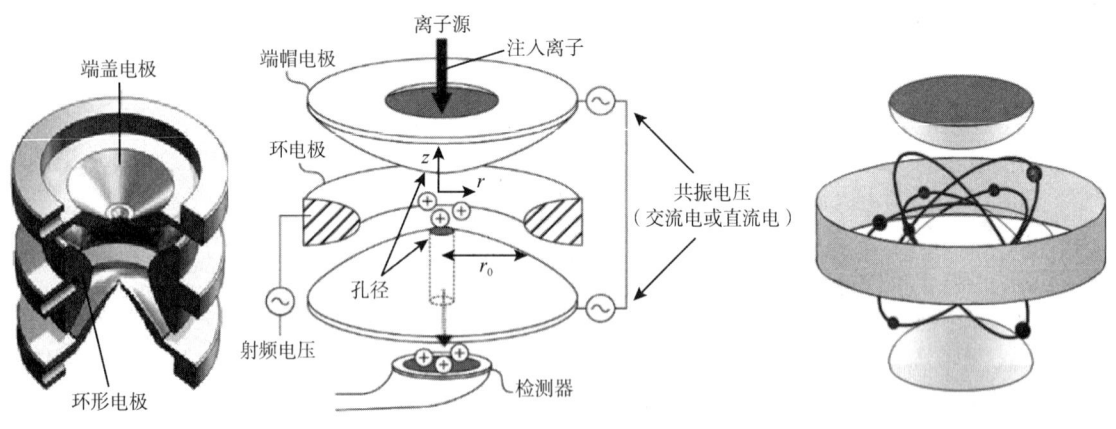

图 1-15 离子阱结构示意图

4. 飞行时间质量分析器(time-of-flight mass analyzer,TOF) 它是一个无场离子漂移管。其分离原理如下:获得相同能量的离子在无场的空间漂移,不同质量的离子,其速度不同,行经同一距离后到达检测器的时间不同,从而可以得到分离,如图 1-16 所示。

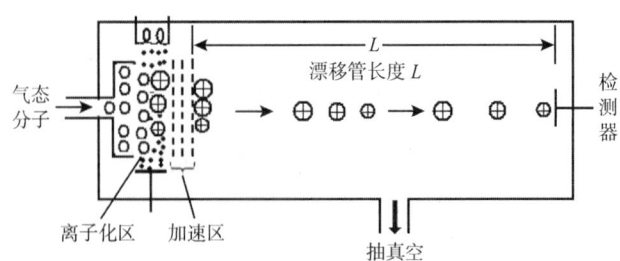

图 1-16 飞行时间质量分析器示意图

前已述及离子经电压 V 加速后获得动能，由式（1-1）经变换可得

$$v = \sqrt{\frac{2zV}{m}} \qquad (1\text{-}4)$$

离子在长度为 L 的漂移管内飞行到达检测器的时间为

$$t = \frac{L}{v} = L\sqrt{\frac{m}{2zV}} \qquad (1\text{-}5)$$

从式（1-5）可知，不同质荷比（m/z）的离子因到达检测器的时间不同而得到分离。

TOF 的优点：①检测离子的质荷比范围非常宽，可检测质量上限约 15000Da；②特别适合与基质辅助激光解吸电离源联用（MALDI-TOF）；③扫描速度快，扫描一张质谱图只需 $10^{-6} \sim 10^{-5}$s，适合研究极快过程；④灵敏度高，仪器简单，该仪器的分辨率 R 可达 20000 以上。

单用一种（或一个）质量分析器难以解决复杂混合物的分析，目前串联质量分析器在色质联用仪中已被广泛使用，如 Q-Q-Q、Q-TOF、Q-IT、Q-IT-TOF 等，其好处如下：复杂混合物试样只需要简单的预处理；经色谱分离后的各相邻色谱峰不需要完全分离，即可对目标化合物高灵敏度、高选择性与高准确度地进行定性和定量分析；还可以通过所得到的多级质谱图对未知物进行结构分析。

5. 傅里叶变换离子回旋共振质量分析器（Fourier transform ion cyclotron resonance mass analyzer，FT-ICR） ICR 池是一个置于匀强（超导磁铁的）磁场（4～21T）中的长方体（或圆柱形）空腔，由 3 对相互垂直的平行电极板组成，如图 1-17a 所示。垂直于磁场方向的一对电极板是捕集板，其主要作用是将进入池内的离子限制在 ICR 池内，以供后续激发和检测；磁场的作用是使不同 m/z 的离子在池内不同空间位置上做较小半径的回旋运动，即磁场对不同 m/z 的离子具有"质量色散"作用；平行于磁场方向左右分布的一对电极板是激发板，其主要作用是将池中在较小回旋半径上运动的离子激发到较大回旋半径上运动。平行于磁场方向上下分布的一对电极板是检测板，用于检测被激发到较大回旋半径上运动的离子所产生的高频电信号。与其他质量分析器相比，FT-ICR 的特殊之处在于其集离子的分离与检测于一体。

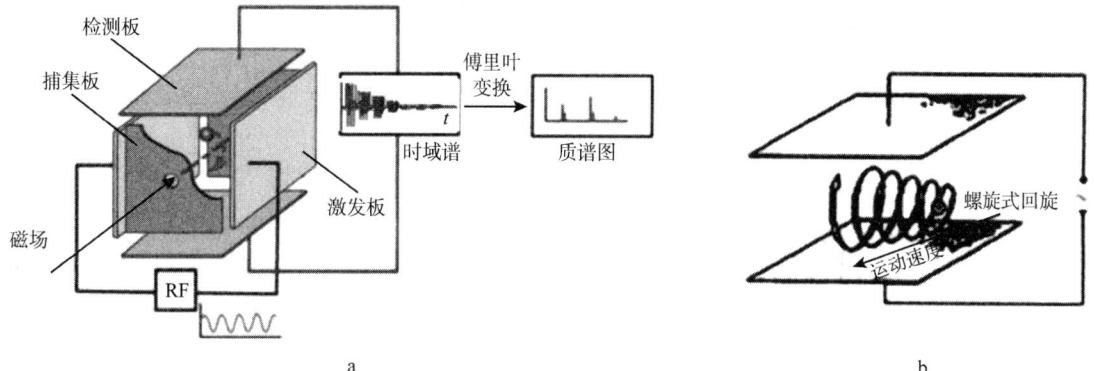

图 1-17　a. 傅里叶变换离子回旋共振质量分析器示意图；b. 离子的回旋运动

高真空状态下，当一束不同质量的离子流进入分析池后，受洛伦兹力的作用，在垂直于磁场方向的平面上做较小半径回旋运动，各种离子的回旋运动频率为

$$\omega_c = \frac{H_0}{m/z} \qquad (1\text{-}6)$$

$$v_c = \frac{\omega_c}{2\pi} = \frac{1.535611 \times 10^7 H_0}{m/z} \ (\text{Hz}) \qquad (1\text{-}7)$$

由式（1-6）或式（1-7）可见回旋角频率 ω_c 或线频率 v_c 仅与磁场强度（H_0）和离子的质荷比（m/z）有关。

刚进入分析池中的离子能量较小，离子回旋运动半径远远小于分析池的半径，此时检测板上无

信号产生。若在激发板上施加一射频，使其频率恰好等于某一 m/z 离子的回旋频率，则该离子就会吸收射频能量（即回旋共振）而被激发，被激发的离子回旋轨道半径和运动速度逐渐稳步增大，而回旋频率不变，见图 1-17b。关闭射频，该离子将以较大的固定半径作回旋运动，当该离子近距离地从检测板旁边回旋通过时，检测板被感应而产生高频电信号，其频率与离子回旋运动频率一致。依据式（1-8）即可计算该离子的质量。

$$m/z = \frac{1.535611 \times 10^7 H_0}{v_c} \tag{1-8}$$

若固定磁场强度（H_0），连续改变射频电磁波的频率 v（扫频），即可激发不同 m/z 的离子而得到以 m/z 为横坐标的质谱图。显然这是连续波（continuous wave，CW）的离子回旋共振（ICR）质量分析器——CW-ICR，其缺点是扫描速度慢、灵敏度低。

而 FT-ICR 是在激发板上脉冲式施加一宽频射频电磁波，覆盖所有离子的回旋运动频率，从而使不同 m/z 的离子同时被激发到半径较大的回旋运动轨道上，这些离子以各自的回旋频率运动，检测板同时检测到不同 m/z 离子回旋运动频率的叠加信号（这种信号是一种正弦波式的、随时间而衰减的高频电信号，即自由感应衰减（free induced decay，FID）信号，从而得到时域谱（高频电信号强度是时间的函数），再经计算机进行快速傅里叶变换（FT），将时域谱转换为频域谱，依据式（1-8）频率再经计算机转换算为质量，即可得到以 m/z 为横坐标的质量谱（质谱）。

FT-ICR 质量分离上限 $>10^4$Da，具有超高分辨率（分辨率 R 高达 10^7），测试速度快，灵敏度与质量精度高（<1ppm），还可以进行多级质谱（MS^n）分析等优点。其缺点是对真空度要求极高，同时需要定时不断补充液氦以提供维持超导磁场所必需的超低温环境（接近绝对零度），因此仪器价格昂贵，运行费用也比较高。

按照质量分析器的不同，质谱仪可分为磁质谱仪、四极质谱仪、离子阱质谱仪、飞行时间质谱仪与傅里叶变换离子回旋共振质谱仪等。

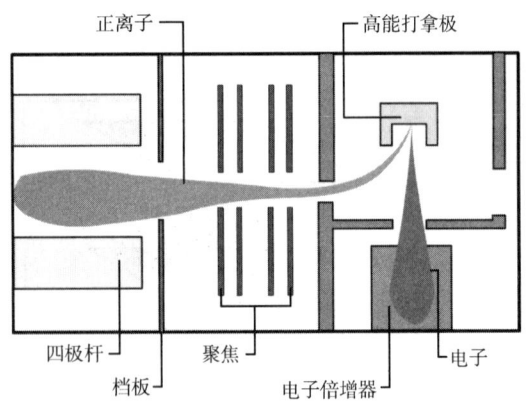

图 1-18 离子-电子倍增器示意图

（四）检测器

质谱仪的检测器有法拉第杯（Faraday cup）、电子倍增器及闪烁计数器、照相底片等。最常用的是离子-电子倍增器，由高能打拿极与电子倍增器组成，如图 1-18 所示。其工作原理是一定能量的离子轰击高能打拿极导致电子发射，所发射的电子再经电子倍增器呈几何级数地放大，放大倍数一般在 $10^5 \sim 10^8$ 倍，记录被放大后的各离子的信号强度即得质谱。电子倍增器中电子通过的时间很短，利用电子倍增器可以实现高灵敏、快速测定。但电子倍增器存在质量歧视效应，且随使用时间增加，增益会逐步减小。近代质谱仪中常采用隧道电子倍增器，其工作原理与电子倍增器相似，因为体积小，多个隧道电子倍增器可以串列起来，用于同时检测多个 m/z 不同的离子，从而大大提高分析效率。

（五）真空系统

质谱仪中的进样系统、离子源、质量分析器与检测器都必须处于高真空状态（离子源真空度应达 $1.3 \times 10^{-5} \sim 1.3 \times 10^{-4}$Pa，质量分析器应达 1.3×10^{-6}Pa）。若真空度过低，则会造成离子源灯丝损坏、副反应过多、本底增高、图谱复杂化等一系列问题。一般质谱仪都采用机械泵预抽真空后，再用高效率扩散泵连续地运行，以保持高真空状态。现代质谱仪采用涡轮分子泵可获得更高的真空度。

（六）计算机系统

现代质谱仪器均配有计算机系统，能自动监控仪器各部分工作状态，优化操作条件，快速采集数据，完成对试样的定性、定量分析工作。

二、主要性能指标

1. 质量范围　指质谱仪能检测到的离子质荷比的范围。通常采用原子质量单位（Da）进行度量。质量范围的大小取决于质量分析器的种类。例如，电磁场式双聚焦质谱仪的质量范围一般为1～15000Da，四极杆质谱仪质量范围一般为1～2000Da，也有的可达4000Da，飞行时间质谱仪几乎无质量上限。

2. 质量精度　指质量测定的精确程度。一般有以下两种表示方法。

1）绝对质量之差 Δm 表示法：$\Delta m = m_{实测} - m_{真实}$。例如，电磁场式双聚焦质谱仪的离子质量精度为±0.0001Da，四极杆质谱仪的离子质量精度为±0.1Da，飞行时间质谱仪的离子质量精度为±0.0001Da。

2）相对质量之差表示法：$\dfrac{|m_{实测} - m_{真实}|}{m_{真实}} \times 10^6 (\text{ppm})$，一般在1～10ppm范围之内。

3. 分辨率（resolution）　表示质谱仪把相邻两个质量离子分开的能力，通常用 R 表示。

不同类型的仪器，分辨率的定义与表示方法不一样，如磁场式质谱仪常用双峰法计算分辨率，四极杆质谱仪常用单峰法计算分辨率。

（1）双峰法：可分为等高双峰、不等高双峰两种情况。

1）等高双峰：一般常用10%峰谷定义。即对两个相等强度的相邻峰，当两峰间的峰谷不大于其峰高（h）10%时，认为两峰已经分开。如图1-19a所示。其分辨率为

$$R = \frac{M}{\Delta M} \tag{1-9}$$

式中，M 为相邻两离子的平均质量；ΔM 为相邻两离子的质量差。

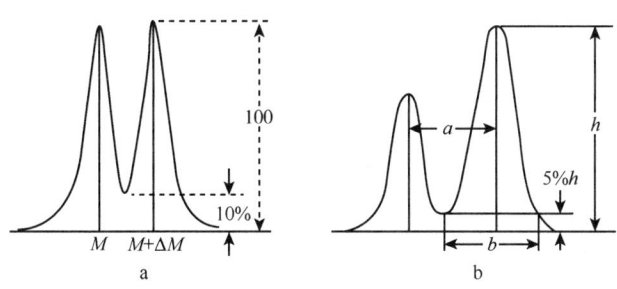

图1-19　双峰法分辨率计算示意图

按照分辨率的不同，质谱仪又可分为3种：$R < 1000$ 称为低分辨质谱仪，$R = 1000\sim3000$ 称为中分辨质谱仪，$R > 10000$ 称为高分辨质谱仪。低分辨仪器只能测定出离子的整数质量，高分辨仪器则可测定出精密质量，可精确到小数点后4～6位。

例1-1　CO 和 N_2 所形成的离子，其质荷比分别为27.9949和28.0061，若某仪器能够刚好分离开这两种离子，则该仪器的分辨率为

$$R = \frac{M}{\Delta M} = \frac{28.0005}{28.0061 - 27.9949} \approx 2500$$

2）不等高双峰：因为在质谱图中很难找到两个相邻的等高双峰，同时峰谷又为峰高的10%，所以常用不等高双峰法计算分辨率。一般常用5%峰谷定义，如图1-19b所示。其分辨率为

$$R = \frac{M}{\Delta M} \times \frac{a}{b} \tag{1-10}$$

式中，a 为相邻两离子的峰间距；b 为5%峰高处的宽度。

（2）单峰法：四极杆或飞行时间等质谱仪因很难找到恰好在50%峰谷分开的峰，所以简化为用单峰法表示。分辨率 R 为单峰质量 M 除以最高谱带的半高宽（full width at half maximum, FWHM）ΔM，即 $R=M/\Delta M$，如图1-20所示。

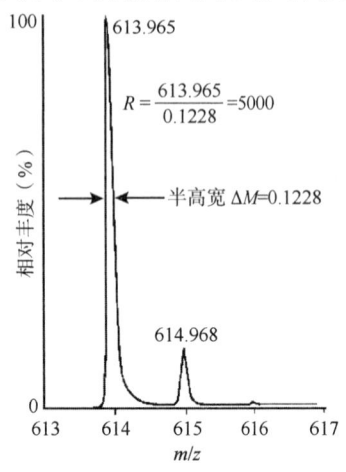

图 1-20 单峰法分辨率计算示意图

三、质谱表示法

1. 棒图　计算机将原始峰形（profile）质谱图上最强的离子峰作为基峰（base peak），并令其相对丰（强）度（retalive abundance）为100%，其他离子峰的原强度除以最强峰（基峰）的原强度的百分数作为每一个离子峰的相对丰度，棒形线通过峰的质量中心，从而给出棒图或列成数据表。棒图的横坐标为质荷比（m/z），纵坐标为百分相对丰度。如图1-21所示。

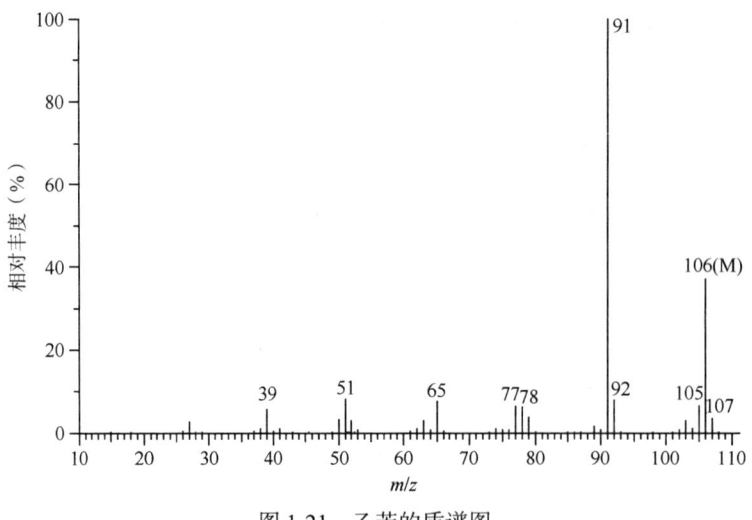

图 1-21 乙苯的质谱图

2. 质谱数据表　是指以列表的形式表示的质谱，表中列出各峰的 m/z 值和对应的相对丰度。表1-1为乙苯的质谱表（部分）。

表 1-1 乙苯质谱表

m/z 值	39	51	65	77	78	91	92	105	106	107
相对丰度	5.6	8.8	7.7	7.1	6.5	100	7.9	6.4	37.2	3.4

第二节　质谱中主要离子类型

质谱图中出现的主要离子类型有分子离子、碎片离子、同位素离子、亚稳离子、多电荷离子等。

识别这些离子和了解这些离子的形成规律对质谱的解析十分重要。

1. 分子离子 样品分子受高能电子轰击后，失去一个电子形成的正离子称为分子离子（molecular ion）或母离子，用 M$^{+\cdot}$ 表示，相应的质谱峰称为分子离子峰。由于电子质量相对于整个分子而言可忽略不计，失去一个电子（电荷数 $z=1$）的分子离子的质荷比 m/z 即为相对分子质量，这就是利用质谱仪来确定有机化合物相对分子质量的依据。

有机分子受到电子轰击后，最容易失去的是 n 电子，其次是 π 电子与 σ 电子。失去电子的位置能准确定位时，应清晰地标示，否则用[M]$^{+\cdot}$ 或 M$^{+\cdot}$ 来表示。

分子离子失去电子的位置的标记方法如下。

（1）分子离子失去电子的位置能准确定位时，应清晰地表示出失去电子的位置。

1）失去杂原子上的 n 电子而形成的分子离子可表示为

$$R-CH_2-\overset{+\cdot}{O}H \qquad R-CH=\overset{+\cdot}{O}$$

2）失去 π 电子而形成的分子离子可表示为

$$CH_2\overset{+\cdot}{=}CH-CH_2-CH_3$$

3）失去 σ 电子而形成的分子离子可表示为

$$R_1-CH_2{+}\cdot CH_2-R_2 \text{ 或 } R_1-CH_2\cdot{+}CH_2-R_2$$

（2）失去电子的位置不能准确定位时，用[M]$^{+\cdot}$ 或 M$^{+\cdot}$ 表示。

由于分子离子峰的强度取决于分子离子结构的稳定性，稳定性越高，分子离子峰的强度越大。不同有机化合物分子离子峰的稳定性有如下规律：芳香族化合物＞共轭多烯＞脂环化合物＞羰基化合物＞醚＞酯＞羧酸＞醇＞高度分支烷烃。

2. 碎片离子 通常有机化合物的电离能为 7～15eV（电子伏特），质谱中常用的电子轰击能量为 70eV，超过了分子电离所需的能量，致使某些化学键发生断裂，产生各种不同质量的碎片离子（fragment ion）。根据碎片离子提供的结构信息，可分析化合物的结构，质谱中常见的碎片离子与丢失的中性碎片，见附录1、附录2。裂解规律将在本章第三节中讨论。

3. 同位素离子 自然界中，多数元素是具有一定自然丰度的同位素，如元素碳有 ^{12}C 和 ^{13}C 两种稳定的同位素。其中，^{12}C 称为轻质同位素，^{13}C 称为重质同位素。这些轻、重同位素以恒定的比例稳定地存在于自然界及有机分子中。见表1-2。

表 1-2 常见元素稳定同位素的精密质量与天然丰度表

元素	同位素	精密质量	天然丰度（%）	元素	同位素	精密质量	天然丰度（%）
H	^1H	1.007825	99.985	P	^{31}P	30.973763	100.0
	^2H	2.014102	0.015	S	^{32}S	31.972072	95.00
C	^{12}C	12.000000	98.931		^{33}S	32.971459	0.76
	^{13}C	13.003355	1.069		^{34}S	33.967868	4.22
N	^{14}N	14.003074	99.63		^{36}S	35.967079	0.02
	^{15}N	15.000109	0.37	Cl	^{35}Cl	34.968853	75.53
O	^{16}O	15.994915	99.76		^{37}Cl	36.999888	24.47
	^{17}O	16.999131	0.04	Br	^{79}Br	78.918336	50.54
	^{18}O	17.999159	0.20		^{81}Br	80.916290	49.46
F	^{19}F	18.998403	100.0	I	^{127}I	126.904477	100

在质谱中，分子离子的质量是所有元素的轻质同位素质量之和。因此，质谱法测得的物质相对分子质量是物理上的相对分子质量。

当分子离子中出现一个或几个某元素的重质同位素时，其与分子离子的质量差能被质谱仪区分开，所以，在质谱中可以看到比分子离子大 1 个到几个质量单位的峰，这种同位素峰称为分子离子的重同位素峰。质量比分子离子峰大 1 个质量单位的重同位素离子峰用 M+1 表示，其相对丰度用 [M+1]表示；大 2 个质量单位的峰用 M+2 表示，其相对丰度用[M+2]表示。分子离子峰与分子离子的重同位素峰合称为分子离子的同位素峰簇。

分子离子的重同位素峰与分子离子峰的百分相对丰度之比 $\frac{[M+1]}{[M]}\%$、$\frac{[M+2]}{[M]}\%$……符合天然丰度之比，见表 1-3。

表 1-3　常见元素稳定同位素的天然丰度比表

同位素	$^{13}C/^{12}C$	$^{2}H/^{1}H$	$^{17}O/^{16}O$	$^{18}O/^{16}O$	$^{33}S/^{32}S$	$^{34}S/^{32}S$	$^{15}N/^{14}N$	$^{37}Cl/^{35}Cl$	$^{81}Br/^{79}Br$
丰度比（100%）	1.08	0.015	0.040	0.20	0.80	4.44	0.37	32.39	97.86

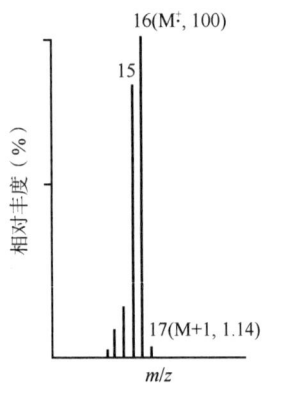

图 1-22　甲烷质谱图

例 1-2　甲烷的质谱图，如图 1-22 所示。m/z16 是分子离子$[^{12}C^1H_4]^{+\bullet}$产生的分子离子峰，m/z17 是 M+1 同位素峰，其[M+1]/[M]的相对丰度之比为 1.14%，来源于$[^{13}C^1H_4]^{+\bullet}$与不同甲烷分子中只出现一个 ^2H 的重同位素离子$[^{12}C^1H_3^2H]^{+\bullet}$的共同贡献。

当分子中有 4 个 H 时，在不同的甲烷分子中只出现 1 个重氢 ^2H 的可能性有 4 种，可能的数值与天然丰度比的乘积就是 ^2H 对 M+1 峰相对丰度之比的贡献，此规律正好符合二项式定理：

$$(a+b)^n = C_n^0 a^n b^0 + C_n^1 a^{n-1} b^1 + C_n^2 a^{n-2} b^2$$
$$= a^n b^0 + \frac{n!}{1!(n-1)!} a^{n-1} b^1 + \frac{n!}{2!(n-2)!} a^{n-2} b^2 \quad (1\text{-}11)$$

式中，a 为轻质同位素天然丰度比；b 为重质同位素天然丰度比；n 为元素个数。例如，甲烷分子中只出现 1 个重氢 ^2H 对 M+1 峰相对丰度之比的贡献，可用式（1-11）中的第二项计算：

$$\frac{[M+1]}{[M]} \times 100\% = C_4^1 a^{4-1} b^1 = \frac{4!}{1!(4-1)!} a^{4-1} b^1 = 4 \times 1^3 \times 0.00015 \times 100\% = 4 \times 0.015\%$$

由此可见，当分子中含有 n 个某元素，在同一分子中只出现一个重质同位素时，对 M+1 峰相对丰度之比（$\frac{[M+1]}{[M]}\%$）的贡献，用二项式展开后的第二项进行计算；而当同一分子中同时出现二个相同的比轻质同位素大一个质量单位的重质同位素时，对 M+2 峰相对丰度之比（$\frac{[M+2]}{[M]}\%$）的贡献，用二项式展开后的第三项进行计算。

当有机分子中含有 n 个 C、H、O、N、S，这些元素的重质同位素对$\frac{[M+1]}{[M]}\%$与$\frac{[M+2]}{[M]}\%$的贡献与计算分为三种情况：

1）在相同物质的不同分子中分别只出现一个比轻质同位素大一个质量单位的重质同位素（^{13}C、^2H、^{17}O、^{15}N、^{33}S）时，它们对 M+1 峰相对丰度之比的贡献，可用式（1-11）中的第二项分别计算，然后求和。当贡献小至可忽略不计时，可得近似式，即式（1-12）。

$$\frac{[M+1]}{[M]} \times 100\% = 1.08n_C + 0.37n_N + 0.80n_S \tag{1-12}$$

2）在相同物质的不同分子中分别同时出现 2 个比轻质同位素大 1 个质量单位相同的重质同位素（$^{13}C_2$、$^2H_2$、$^{17}O_2$、$^{15}N_2$、$^{33}S_2$）时，它们对 M+2 峰相对丰度之比的贡献，可用式（1-11）中的第三项分别进行计算，然后再求和。虽氢在分子中数量多，但因 $^2H/^1H$ 天然丰度比小（见表 1-3），故而贡献小，又因有机分子中 O、N、S 数量少，同时出现 2 个相同的重质同位素的概率更小而贡献小，均忽略不计；又当在不同分子中分别出现 1 个比轻质同位素大 2 个质量单位的重质同位素（^{18}O、^{34}S）时，它们对 M+2 峰相对丰度之比的贡献可用二项式展开后的第二项分别进行计算，然后再求和。峰位相同强度叠加，于是可得近似式，即式（1-13）。

$$\frac{[M+2]}{[M]} \times 100\% = 0.006n_C^2 + 0.20n_O + 4.44n_S \tag{1-13}$$

3）在同一分子中分别同时出现 2 个比轻质同位素大 1 个质量单位不同的重质同位素（如 $^{13}C^2H$ 或 $^2H^{17}O$ 或 $^{13}C^{17}O$ 或 $^{13}C^{15}N$ 或 $^{13}C^{33}S$ 等不同组合）时，它们对 M+2 峰相对丰度之比的贡献，可用式（1-11）中的第三项分别进行计算，然后再求和，均因贡献小而忽略不计。

Beynon 等在 1963 年应用比式（1-12）与式（1-13）更精确的公式，计算了相对分子质量在 500 以内的碳、氢、氧、氮的各种可能组合式的同位素丰度比，并以列表形式编制成一本书（*Mass and abundance tables for use in Mass spectrometry* by Beynon J.H., Williams A.E., 1963, New York），简称 Beynon 表。

在质谱里，是利用所测定到的同位素峰丰度比（$\frac{[M+1]}{[M]}\%$ 或 $\frac{[M+2]}{[M]}\%$），应用式（1-12）与式（1-13），通过计算或查 Beynon 表，来确定化合物的分子式。此处剩余内容将在本章第四节作介绍。

当有机分子中含有 Cl、Br 时，同样可以利用同位素峰相对丰度之比推断分子式中是否含有 Cl、Br 原子及含有的数目。自然界中 ^{35}Cl 与 ^{37}Cl 的相对丰度比约为 3∶1；^{79}Br 与 ^{81}Br 的相对丰度比约为 1∶1。

分子中含有 1 个氯原子，则[M]∶[M+2]=100∶32.39≈3∶1

分子中含有 1 个溴原子，则[M]∶[M+2]=100∶97.86≈1∶1

例如，邻二氯苯分子中含有 2 个氯原子，$C_6H_4{}^{35}Cl_2$、$C_6H_4{}^{35}Cl^{37}Cl$、$C_6H_4{}^{37}Cl_2$ 分别代表 M（图 1-23 的 *m/z*146）、M+2（*m/z*148）、M+4（*m/z*150）。因 n=2，a=3，b=1，故 $(a+b)^2=a^2+2ab+b^2=9+6+1$，所以同位素离子峰强度比为[M]∶[M+2]∶[M+4]=9∶6∶1。

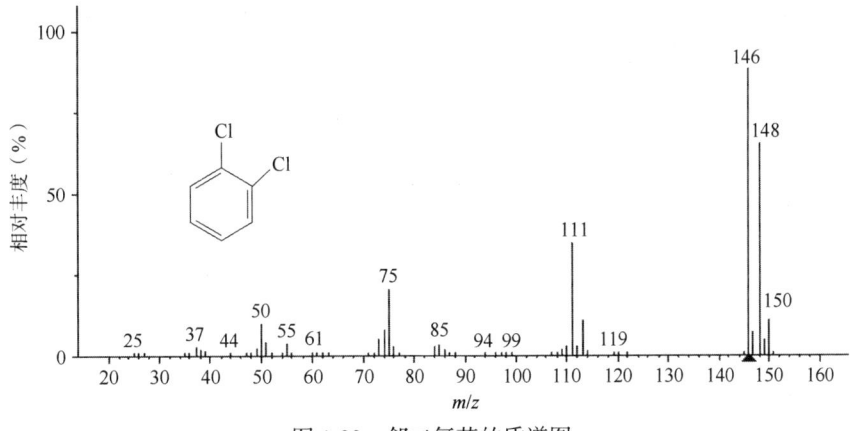

图 1-23　邻二氯苯的质谱图

4. 亚稳离子　在离子源中生成的 m_1^+ 离子，其中一部分 m_1^+ 在离子源中虽受到高能电子的轰击未发生裂解，可完整无缺地到达检测器而被检测，这种 m_1^+ 称为稳定离子（stable ion）；另一部分 m_1^+ 在离子源中受到高能电子的轰击发生裂解生成子离子 m_2^+，这种 m_1^+ 称为不稳定离子（unstable ion）；

这时检测器检出的是 m_2^+ 子离子；

$$m_1^+ \xrightarrow{\text{离子源中裂解}} m_2^+ + \text{中性碎片}$$

还有少量的 m_1^+ 离子在离子源中没有裂解，但在离开离子源后与进入检测器之前的飞行过程中发生裂解，脱去同样的中性碎片，生成相同质荷比的 m_2^+，按说这种 m_1^+ 称为亚稳离子（metastable ion），但由于这时检测器检测不到这种 m_1^+，只能检出 m_2^+，所以只好把这种 m_2^+ 称为亚稳离子。

$$m_1^+ \xrightarrow{\text{飞行途中裂解}} m_2^+ + \text{中性碎片}$$

又由于这种 m_2^+ 是以 m_1^+ 的形式在加速区被加速，因此这种 m_2^+ 离子的速度比在离子源中裂解生成的 m_2^+ 离子的速度小，进入磁场后偏转的半径小。尽管两种 m_2^+ 离子的质荷比相同，却出现在质谱图的不同位置上。为了区别这两种离子，把在飞行途中裂解产成的 m_2^+ 离子用 m^* 表示，如图 1-24 中的 m/z 94.8、59.2 两个峰。

亚稳离子 m^* 在质谱中出现的位置由式（1-14）决定：

$$m^* = \frac{(m_2^+)^2}{m_1^+} \tag{1-14}$$

式中，m_1^+ 为母离子；m_2^+ 为子离子。

亚稳离子峰的特点是：①强度低，仅为 m_1 峰的 1%~3%；②峰形钝，一般可横跨 2~5 个质量单位；③亚稳离子的质荷比一般都是非整数值。

亚稳离子峰的作用：可用于确定母子离子之间的"亲缘关系"。在对氨基茴香醚质谱中，分子离子峰 m/z123，两个碎片离子峰 m/z108、80，两个亚稳离子峰 m/z94.8、59.2。

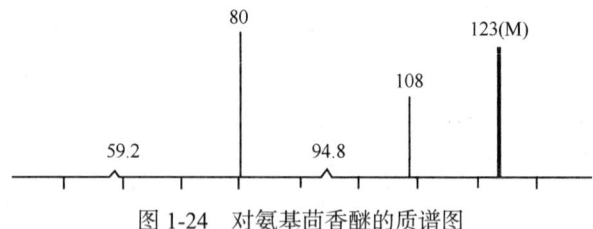

图 1-24 对氨基茴香醚的质谱图

很明显，m/z108 的这个子离子（daughter ion）来源于分子离子的裂解，即母离子（parent ion）是分子离子。m/z80 的这个子离子，它的母离子是分子离子还是 m/z108 的碎片离子，可用亚稳离子峰来验证子离子与母离子之间的亲缘关系。

$$\frac{80^2}{m_1} = 59.2 \quad m_1 = 108$$

采用"子寻母"的方式，由上述计算可知，m/z80 的母离子是 m/z108 的碎片离子，不是分子离子。因此，可以确定对氨基茴香醚存在如下裂解过程：

$$\underset{m/z 123}{\text{（结构式）}} \xrightarrow{-\cdot CH_3} \underset{m/z 108}{\text{（结构式）}} \xrightarrow{-CO} \underset{m/z 80}{\text{（结构式）}}$$

5. 多电荷离子 有些化合物在电离过程中可能失去 2 个或更多的电子而成为多电荷离子（multiple-charged ion），如吡啶电离后，氮原子失去孤对电子（2 个电子）仍保持芳环大 π 结构，出

现电荷数 $z=2$，$m/2=79/2=39.5$ 的多电荷离子峰。多电荷离子峰大幅增加了质谱仪可测定的质量范围，尤其适合含氮的大分子蛋白质、多肽研究。

$$\text{[吡啶]} + e \longrightarrow \text{[吡啶]}^{2+} + 3e$$

第三节 有机分子的主要裂解类型

前已述及质谱中常用的电子轰击能量大于分子离子化所需的能量，使某些化学键发生断裂，产生各种不同质量的碎片离子，大多数碎片离子的产生是有一定规律的。了解质谱的裂解规律和类型有助于质谱图谱的解析及化合物的结构推测。

一、化学键开裂方式

1. 均裂（homolytic cleavage） 化学键断裂时，成键的一对电子平均分给2个原子或原子团。均裂生成的含有奇数电子的不带电荷的原子或原子团，称为游离基。

通式如下：

$$X \mathbin{|} Y \longrightarrow X\cdot + Y\cdot$$

例：

$$R_1\text{—}CH_2\text{—}\overset{+}{X}\text{—}CH_2\text{—}R_2 \longrightarrow CH_2\text{=}\overset{+}{X}\text{—}CH_2\text{—}R_2 + \cdot R_1$$

用鱼钩形的半箭头"↷"表示一个电子的转移。

有机分子中发生均裂的原因是自由基具有强烈的电子配对倾向，它提供孤电子与相邻原子上的电子形成新键，导致相邻原子的另一侧键断裂。均裂正电荷的位置保持不变。

2. 异裂（heterolytic cleavage） 化学键断裂时，成键的一对电子被某一原子或原子团所占有。通式如下：

$$X \mathbin{|} Y \longrightarrow X^+ + \cdot Y \quad \text{或} \quad X \mathbin{|} Y \longrightarrow X\cdot + Y^+$$

例：

$$R_1\text{—}\overset{+\cdot}{O}\text{—}R_2 \longrightarrow R_1^+ + \cdot OR_2 \quad \text{或} \quad R_1O\cdot + R_2^+$$

用整箭头形式"⤻"表示一对电子的转移。异裂伴随正电荷的转移。

3. 半均裂（hemi-homolysis cleavage） 已电离的σ键的断裂，仅有的一个电子转移到一个碎片上。通式如下：

$$X \overset{+}{\cdot} Y \longrightarrow X^+ + \dot{Y} \quad \text{或} \quad \dot{X} + Y \longrightarrow X\cdot + Y^+$$

二、主要裂解类型

（一）简单裂解

仅有一个化学键发生断裂的裂解称为简单裂解。简单裂解的特征是：①开裂后形成的子离子与母离子质量的奇偶性正好相反，即母离子的质量如为偶数，则子离子的质量应为奇数；母离子的质量如为奇数，子离子的质量就应为偶数；②脱去的中性碎片是游离基。

1. α 裂解（α-cleavage） 分子中若含有 C=O，CH=CH₂，⌬，OR，NR₂，SR，X（X 为卤素）等基团，则与这些基团相连的 α 键容易断裂，这种裂解称为 α 裂解。

例：

$$R_1 \overset{\alpha 键}{-} \underset{\alpha 键}{C(\overset{+\cdot}{O})} - R_2 \longrightarrow \cdot R_1 + \overset{+}{C}(\overset{O}{\equiv}) - R_2$$

$$[C_6H_5 - R]^{+\cdot} \longrightarrow [C_6H_5]^+ + R\cdot$$

$$R_1 - CH_2 \overset{\alpha 键}{-} \overset{+\cdot}{Y} - R_2 \longrightarrow \overset{+}{Y} - R_2 + R_1 - \overset{\cdot}{C}H_2 \quad Y = N, O, S$$

通过上述裂解可见，其规律是含奇数个电子（odd electron, OE）的母离子，在简单裂解中产生含偶数个电子（even electron, EE）的子离子，脱去的中性碎片是游离基。即

$$OE^+_\text{母} \longrightarrow EE^+_\text{子} + \text{游离基}$$

另在所有裂解中，α、β、γ 键的键位定义如下：

C—C—C—带电基团或原子   C—C—C—带电基团或原子
↑　↑　↑   ↑　↑　↑
γ　β　α 原子   γ　β　α 键

2. β 裂解（β-cleavage） 分子中若含有 C=O，CH=CH₂，⌬，OR，NR₂，SR，等基团，则与这些基团相连的 β 键容易断裂，这种裂解称为 β 裂解。

例：

$$CH_2 \overset{+\cdot}{=} CH - CH_2 \overset{\beta 键}{-} CH_3 \longrightarrow \overset{+}{C}H_2 - CH = CH_2 + \cdot CH_3$$

$$[C_6H_5 - CH_3]^{+\cdot} \longrightarrow [C_6H_5 = CH_2]^+ + \cdot CH_3$$

$$CH_3 - CH_2 \overset{\beta 键}{-} \overset{+\cdot}{O}H \longrightarrow \cdot CH_3 + H_2C = \overset{+}{O}H$$

$$R_1 - CH_2 \overset{\beta 键}{-} \overset{+\cdot}{Y} - R_2 \longrightarrow CH_2 = \overset{+}{Y} - R_2 + \cdot R_1 \quad Y = N, O, S$$

3. γ 裂解（γ-cleavage） 对于酮及其衍生物，以及含 N 杂环的烷基取代物，容易发生 γ 键的断裂生成稳定的含有四元环结构的碎片离子。

例：

$$\underset{R-C-CH_2}{\overset{\overset{+\cdot}{O} \;\; H_2C - R'}{|\;\;\;\;\;\;\;\;\;\;\;\;|}} \longrightarrow \underset{R-C-CH_2}{\overset{\overset{+}{O}-CH_2}{|\;\;\;\;\;\;\;\;\;\;\;|}} + \cdot R'$$

4. 诱导裂解 又称 i 裂解（i-cleavage）。发生诱导裂解的原因是正电荷中心易吸引一对电子，造成 α 键异裂。随着一对电子的转移，正电荷的位置发生改变。常见化合物类型：醚、酯、酚、胺、

羰基化合物、卤代烃等。电荷引发反应的容易程度与原子的吸电子（对）能力有关。一般来说，卤素＞O、S≫N、C。

例：

$$R_1 \overset{\curvearrowleft}{-} \overset{\overset{+\cdot}{O}}{\underset{\|}{C}} - R_2 \longrightarrow R_1^+ + \overset{\overset{\cdot}{O}}{\underset{\|}{C}} - R_2$$

$$R_1 - H_2C \overset{\curvearrowleft}{-} \overset{+\cdot}{Y} - R_2 \longrightarrow R_1 - \overset{+}{C}H_2 + \overset{\cdot}{Y} - R_2 \quad Y=N, O, S$$

5. σ 裂解 烷烃类的化合物通常会发生不同位置上 σ 键的裂解，且较易失去较大的侧链。

例：

$$\begin{bmatrix} CH_3 \\ | \\ C_2H_5-C-C_4H_9 \\ | \\ H \end{bmatrix}^{+\cdot}$$

- $\cdot C_4H_9 \longrightarrow C_2H_5\overset{+}{C}HCH_3 \quad m/z\ 57\ (74.6\%)$
- $\cdot C_2H_5 \longrightarrow CH_3\overset{+}{C}HC_4H_9 \quad m/z\ 85\ (47.9\%)$
- $\cdot CH_3 \longrightarrow C_2H_5\overset{+}{C}HC_4H_9 \quad m/z\ 99\ (0.5\%)$
- $\cdot H \longrightarrow C_2H_5\overset{+}{C}(CH_3)C_4H_9 \quad m/z\ 113\ (0\%)$

$m/z\ 114\ (1.2\%)$

由上例可见，对于高分支链的烷烃，裂解时优先丢失较大的烃基，这就是质谱裂解反应中的所谓最大烃基丢失规则。其原因是所产生的碳正离子的 σ-σ 超共轭效应。

以上 5 种裂解均可以下式表示：

$$OE^{+\cdot}_{母} \longrightarrow EE^+_{子} + 游离基$$

（二）重排裂解

断裂 2 个或 2 个以上的化学键，且结构重新排列形成的裂解称为重排裂解，产生的离子称为重排离子（rearrangement ion）。重排方式很多，但有些重排由于缺少规律，其结果很难预测，对结构的推测无用。很多重排如 McLafferty 重排（麦氏重排）、逆第尔斯-阿尔德（Diels-Alder）反应、四元环过渡态重排等，有规律可循，对推断结构很有价值。

1. McLafferty 重排 化合物中如含有 C═Y（Y 为 O、N、S、C 等）或苯环等不饱和基团，并且与这个基团相连的链上有 γ 氢原子时，可发生 McLafferty 重排。重排时，经过六元环过渡态，γ 氢原子转移到 E 原子上，同时 β 键发生断裂，式中以 γH+β 表示，脱去一个中性分子。该断裂过程是 McLafferty 在 1959 年首先发现的，因此称为 McLafferty 重排（麦氏重排）。McLafferty 重排规律性很强，对解析质谱很有意义。

麦氏重排有两种情况，一种是母离子受到电子轰击失去不饱和基团中杂原子上的孤对电子中的一个，随着电子的一系列转移及 β 键均裂而发生第一种麦氏重排；另一种失去不饱和基团 π 键电子中的一个，再经电子的一系列转移及 β 键异裂发生第二种麦氏重排。两者产生的重排离子与丢失的中性碎片均不相同，通常前者发生的概率大于后者。

β 键均裂麦氏重排通式：

β 键异裂麦氏重排通式：

例:

$$\text{R}\overset{H}{\underset{}{\diagdown}}\overset{\overset{+\cdot}{O}}{\underset{R'}{\diagup}} \xrightarrow[\text{第一种麦氏重排}]{\gamma H+\beta} \text{R}\diagdown\diagup + \overset{+\cdot}{\underset{R'}{\text{OH}}}$$

$$\text{R}\overset{H}{\underset{}{\diagdown}}\overset{\overset{+}{O}}{\underset{R'}{\diagup}} \xrightarrow[\text{第二种麦氏重排}]{\gamma H+\beta} \text{R}\cdot + \overset{+}{\underset{R'}{\text{OH}}}$$

上述裂解规律是含奇数个电子(odd electron, OE)的母离子,在重排裂解中产生含奇数个电子的子离子,脱掉的中性碎片是中性分子。即

$$OE^{+\cdot}_{母} \longrightarrow OE^{+\cdot}_{子} + \text{中性分子}$$

由简单裂解或重排产生的碎片若还能满足麦氏重排条件,可以进一步发生麦氏重排。

2. 逆 Diels-Alder 反应(retro Diels-Alder reaction) 这种反应是有机合成 Diels-Alder 反应的逆向过程。

在质谱中,凡具有环己烯结构类型的化合物可发生逆 Diels-Alder 反应,产生的碎片离子是共轭二烯阳离子或乙烯阳离子,丢失的中性碎片是乙烯或共轭二烯。

例:

同样有: $OE^{+\cdot}_{母} \longrightarrow OE^{+\cdot}_{子} + \text{中性分子}$

3. 四元环过渡态重排 这种重排是 β 氢原子转移到饱和杂原子上,随之 α 键断裂。常见化合物类型有醚、酯、酚、胺、酰胺等。通式如下:

$$\text{R}—\overset{+\cdot}{\underset{\underset{\beta\text{氢}}{H}—\underset{\beta\text{原子}}{CH}—R'}{Y}}\overset{\alpha\text{键}}{|}Z\,\alpha\text{原子} \xrightarrow{\beta H+\alpha} \text{R}—\overset{+\cdot}{Y}H + R'—CH=Z$$

R=Ar, R; Y=O, S, N; Z=CH_2, C=O

例:
奇电子离子的四元环过渡态重排:

$$\text{PhCH}_2\overset{+\bullet}{O}-\overset{O}{C}-CH_2-H \xrightarrow[\text{四元环重排}]{\beta H+\alpha} \text{PhCH}_2-\overset{+\bullet}{O}H + O=C=CH_2$$
$$m/z\ 108$$

$$\text{Ph}-\overset{+\bullet}{O}-CH_2-CH_2-H \xrightarrow[\text{四元环重排}]{\beta H+\alpha} \text{Ph}-\overset{+\bullet}{O}H + CH_2=CH_2$$
$$m/z\ 94$$

同样有：　　$OE^+_母 \longrightarrow OE^+_子 + $ 中性分子

偶电子离子的四元环过渡态重排：

$$RCH_2-CH_2\overset{+\bullet}{N}HCH_2CH_2 \xrightarrow[RCH_2\cdot]{\beta\text{-裂解}} H_2C=\overset{+}{N}H-CH_2-CH_2-H \xrightarrow[\text{四元环重排}]{\beta H+\alpha} H_2C=\overset{+}{N}H_2$$
$$m/z\ 30$$

$$RCH_2-CH_2\overset{+\bullet}{O}CH_2CH_3 \xrightarrow[RCH_2\cdot]{\beta\text{-裂解}} H_2C=\overset{+}{O}-CH_2-CH_2-H \xrightarrow[\text{四元环重排}]{\beta H+\alpha} H_2C=\overset{+}{O}H$$
$$m/z\ 31$$

$$RCH_2-CH_2\overset{+\bullet}{S}CH_2CH_3 \xrightarrow[RCH_2\cdot]{\beta\text{-裂解}} H_2C=\overset{+}{S}-CH_2-CH_2-H \xrightarrow[\text{四元环重排}]{\beta H+\alpha} H_2C=\overset{+}{S}H$$
$$m/z\ 47$$

$$OE^+_母 \longrightarrow EE^+_子 + \text{游离基} \qquad EE^+_母 \longrightarrow EE^+_子 + \text{中性分子}$$

4. 芳环的邻位效应　含有杂原子取代基的邻二取代苯通常会发生芳环的邻位效应的重排。

$$\begin{bmatrix}\text{邻位取代苯}\end{bmatrix}^{+\bullet} \longrightarrow \begin{bmatrix}\text{醌式结构}\end{bmatrix}^{+\bullet} + HYZ(H_2O, H_2S, NH_3, ROH, RSH, RNH_3)$$

$$\begin{bmatrix}\text{邻-羟基苄醇}\end{bmatrix}^{+\bullet} \longrightarrow \begin{bmatrix}\text{邻-亚甲基环己二烯酮}\end{bmatrix}^{+\bullet} + H_2O$$

$$\begin{bmatrix}\text{邻-甲氧基甲基苯酚}\end{bmatrix}^{+\bullet} \longrightarrow \begin{bmatrix}\text{邻-亚甲基环己二烯酮}\end{bmatrix}^{+\bullet} + CH_3OH$$

同样有：　　$OE^+_母 \longrightarrow OE^+_子 + $ 中性分子

5. 消去重排　醇可发生1,3位或1,4位或1,2位消去H_2O；卤代烃1,2位等消去卤化氢；醚类可消去一分子的醇；酚类、醌与蒽醌类等可消去CO。

$$CH_3-CH_2-\underset{H}{\overset{H}{C}}-CH_2-CH_2-\overset{+\bullet}{O}H \xrightarrow{-H_2O} \begin{bmatrix}CH_3-CH_2-CH-CH_2\\ \qquad\qquad\quad|\\ \qquad\qquad\quad CH_2-CH_2\end{bmatrix}^{+\bullet}$$

$$\begin{bmatrix}R-CH\cdots H \quad X\\ \quad\quad\;\; \diagdown\quad\diagup\\ \quad\quad\;\;\; (CH_2)_n\end{bmatrix}^{+\bullet} \longrightarrow \begin{bmatrix}R-CH-CH\\ \quad\;\;\;\diagdown\quad\diagup\\ \quad\;\;\;(CH_2)_n\end{bmatrix}^{+\bullet} + HX$$
$$n=0,1,2,3$$

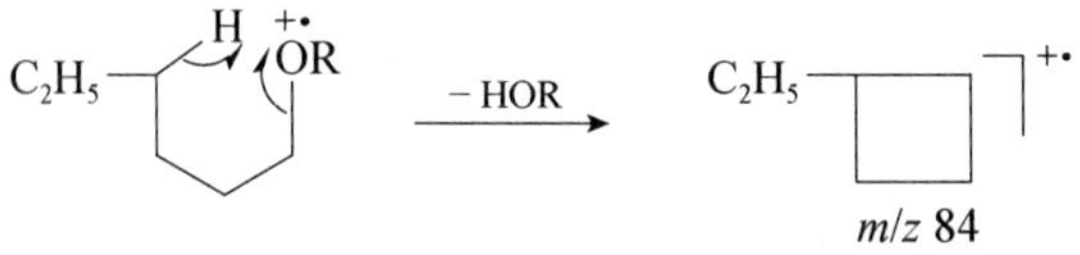

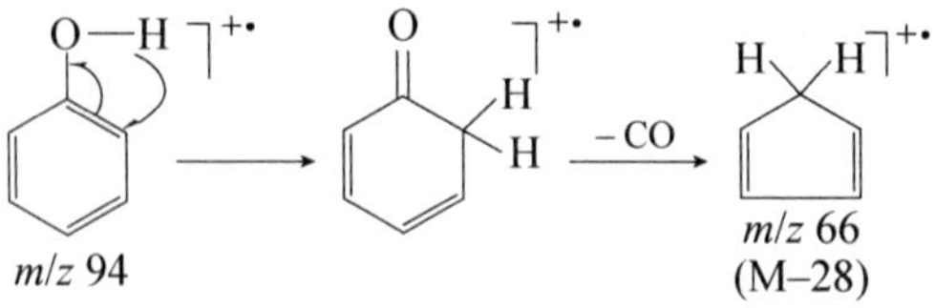

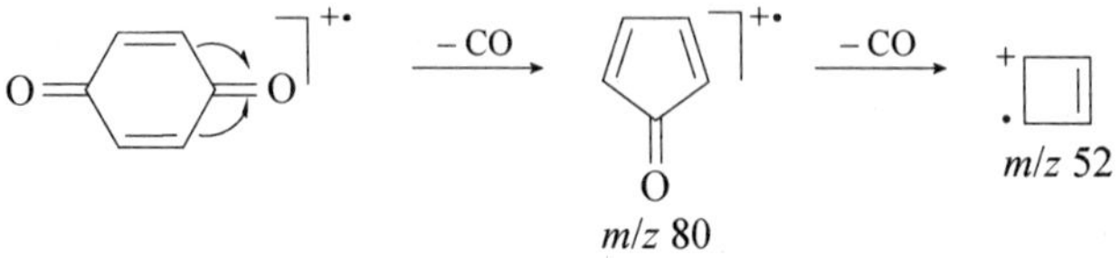

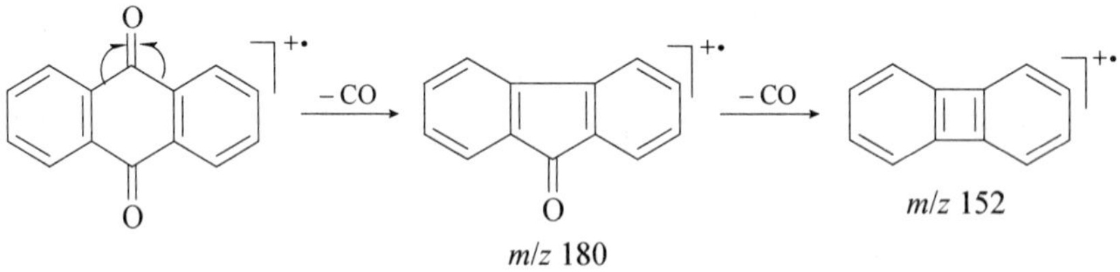

[反应式图示：环己基醚失去 HOR 得到 m/z 84；苯酚 m/z 94 经重排失 CO 得 m/z 66 (M−28)；对苯醌 m/z 80 失 CO 得环戊二烯酮再失 CO 得 m/z 52；蒽醌 m/z 208 失 CO 得芴酮 m/z 180 再失 CO 得联苯烯 m/z 152]

同样有： $OE_母^{+\cdot} \longrightarrow OE_子^{+\cdot} +$ 中性分子

质谱中，常用下列四条经验规律来判断裂解类型及子离子与母离子之间的亲缘关系（无亚稳离子峰时）。

① $OE_母^{+\cdot} \longrightarrow EE_子^{+} +$ 游离基　　简单裂解
② $OE_母^{+\cdot} \longrightarrow OE_子^{+\cdot} +$ 中性分子　⎫
③ $EE_母^{+} \longrightarrow EE_子^{+} +$ 中性分子　⎬ 重排裂解
④ $EE_母^{+} \longrightarrow OE_子^{+\cdot} +$ 不能发生

在质谱图中，哪些离子含有奇数电子，哪些离子含有偶数电子，可用表 1-4 "离子质量数与电子数的关系" 来辨认。

表 1-4　离子质量数与电子数的关系

离子组成	离子质量数	含电子数
不含或含偶数氮原子	奇数	偶数（EE^{+}）
	偶数	奇数（$OE^{+\cdot}$）
含奇数氮原子	奇数	奇数（$OE^{+\cdot}$）
	偶数	偶数（EE^{+}）

例 1-3　分子式为 $C_6H_{12}O$ 的某化合物的质谱图见图 1-25。

解：

1）应用"离子质量数与电子数的关系"判断各离子所含电子数

由分子式可知不含氮，m/z82 碎片离子质量偶数含奇数电子（$OE^{+\cdot}$）；m/z71 碎片离子质量奇数含偶数电子（EE^{+}）；m/z57 碎片离子质量奇数含偶数电子（EE^{+}）；m/z56 碎片离子质量偶数含奇数电子（$OE^{+\cdot}$）等，如图 1-25 所示。

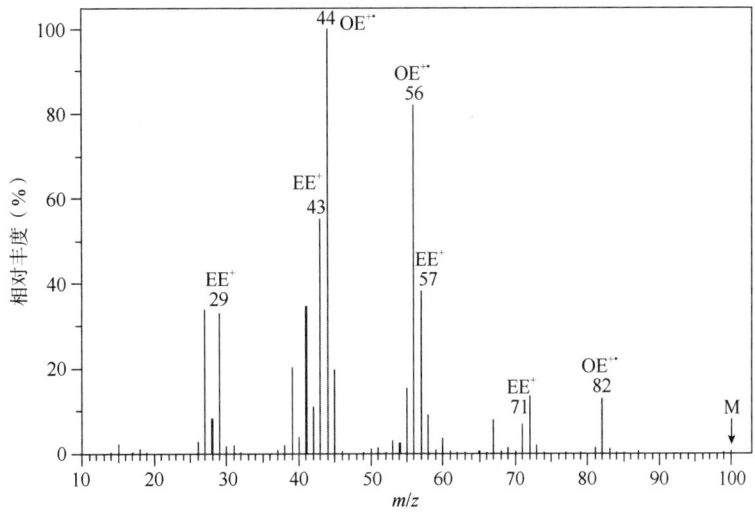

图 1-25 某化合物的质谱图

2）应用四条经验规律判断裂解类型及子离子与母离子之间的亲缘关系
① m/z 100（$OE^{+\bullet}$）→m/z 82（$OE^{+\bullet}$），重排裂解，Δm=18，丢失中性分子 H_2O。
② m/z 100（$OE^{+\bullet}$）→m/z 71（EE^+），简单裂解，Δm=29，丢失游离基乙基。
③ m/z 100（$OE^{+\bullet}$）→m/z 57（EE^+），简单裂解，Δm=43，丢失游离基丙基。
④ m/z 100（$OE^{+\bullet}$）→m/z 56（$OE^{+\bullet}$），重排裂解，Δm=44，丢失中性分子乙烯醇。
⑤ m/z 100（$OE^{+\bullet}$）→m/z 44（$OE^{+\bullet}$），重排裂解，Δm=56，丢失中性分子丁烯。

第四节　各类有机化合物的质谱与特征

各类有机化合物由于结构上的差异，在质谱中具有不同的裂解方式和裂解规律，即呈现出不同的质谱特征，了解这些信息对未知化合物的结构解析具有重要作用。以下是各类有机化合物的裂解规律与质谱特征。

一、烷　烃

烷烃的质谱具有以下裂解规律与质谱特征：
1）分子离子峰较弱，随碳链增长，强度降低以至消失。
2）直链烷烃具有一系列 m/z 相差 14 的 C_nH_{2n+1} 碎片离子峰（m/z=29、43、57、71……）。其中，$C_3H_7^+$（m/z43）或 $C_4H_9^+$（m/z57）的碎片离子峰最强，通常构成基峰。

$$CH_3\!-\!CH_2\!\mid\!CH_2\!\mid\!CH_2\!\mid\!CH_2\!\mid\!CH_2\!\mid\!CH_2\!\mid\!CH_2\!-\!CH_3$$

上方：113　99　85　71　57　43　29
下方：29　43　57　71　85　99　113

烷基碎片离子峰群($29+14n$)

3）在 C_nH_{2n+1} 峰的两侧，伴随着质量数大 1 个质量单位的同位素峰及质量小 1 个或 2 个单位的 C_nH_{2n} 或 C_nH_{2n-1} 等小峰，组成各峰群。M-15 峰一般不出现。
4）支链烷烃在分支处优先裂解，形成稳定的仲碳或叔碳阳离子。分子离子峰比相同碳数的直链烷烃弱。其他特征与直链烷烃类似。

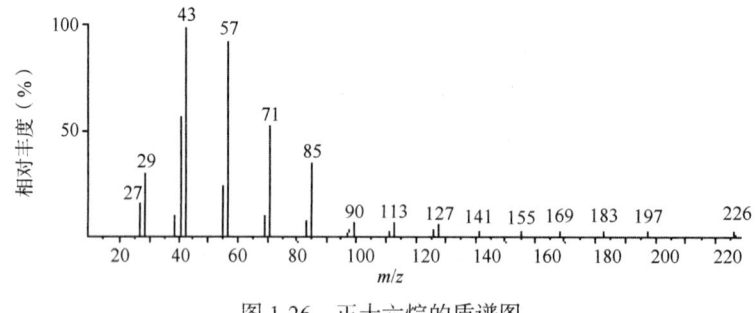

谱图分析框——烷烃	
分子离子	碎片离子
烷烃：较强 M$^{+\cdot}$峰	m/z 29+14n 烷基碎片离子峰群
支链烷烃：无 M$^{+\cdot}$峰	M−R 碎片离子峰群
环烷烃：强 M$^{+\cdot}$峰	m/z 41、55、69

例 1-4 正十六烷的质谱图见图 1-26。

图 1-26 正十六烷的质谱图

二、烯　烃

烯烃的质谱具有以下裂解规律与质谱特征：

1）分子离子峰较强，但强度随相对分子质量的增加而减弱。

2）烯烃易发生 β 裂解，有一系列 C_nH_{2n-1} 的碎片离子（27+14n，n=1、2……）。其中，m/z 41 峰一般都较强，是链烯的特征峰之一。还有烷基碎片离子峰群（29+14n）。

3）如果烯烃分子中含有 γ-H，则可发生麦氏重排。

4）环己烯类易发生逆 Diels-Alder 反应

谱图分析框——烯烃	
分子离子	碎片离子
强 M$^{+\cdot}$	1. m/z 27+14n 碎片离子峰群
	m/z=41（烯丙基离子）
	2. m/z 29+14n 烷基碎片离子峰群
	3. 麦氏重排离子

例 1-5 1-辛烯的质谱图见图 1-27。

图 1-27 1-辛烯的质谱图

各峰来源如下：29+14n 峰群为烷基碎片离子峰群，27+14n 烯基碎片离子峰群。

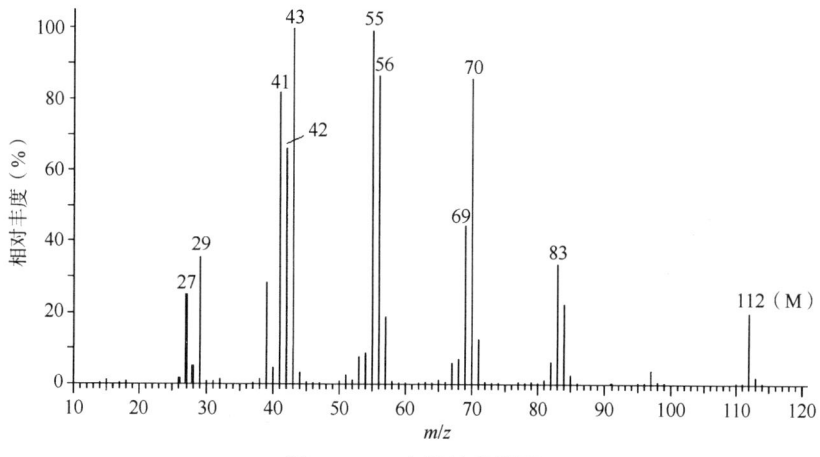

三、芳 烃

芳烃具有以下裂解规律与质谱特征：
1）分子离子稳定，大多数芳烃的分子离子峰很强。

2）烷基取代苯易发生 β 裂解（苄基位置），产生 m/z91 的䓬鎓离子（tropylium ion）是烷基取代苯的重要特征。因为䓬鎓离子非常稳定，成为许多取代苯如甲苯、二甲苯、乙苯、正丙苯等的基峰。

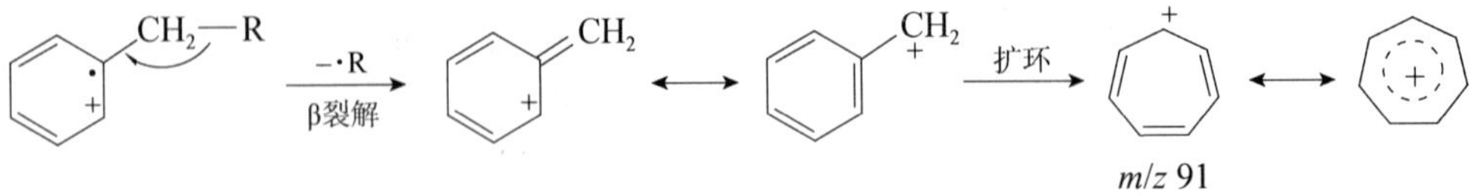

草鎓离子可进一步裂解生成环戊二烯及环丙烯正离子。

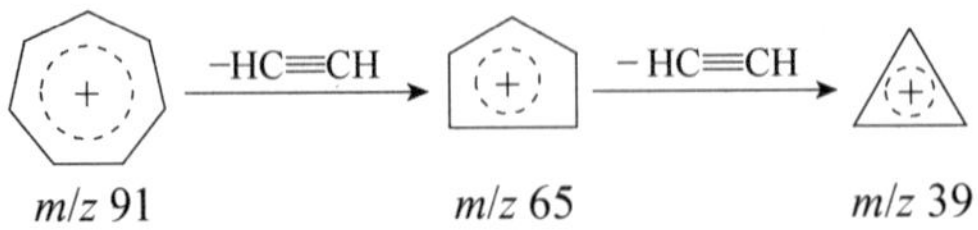

3）取代苯能发生 α 裂解产生苯基阳离子（m/z77），进一步裂解生成环丙烯离子及环丁二烯离子。

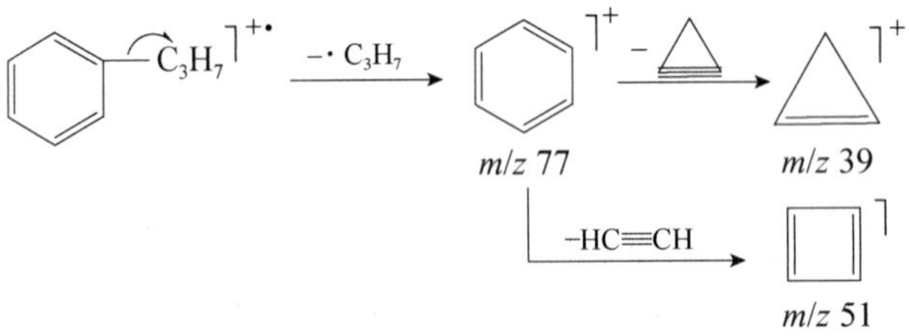

4）具有 γ 氢的烷基取代苯，能发生麦氏重排裂解，产生 m/z92（$C_7H_8^+$）的重排离子。

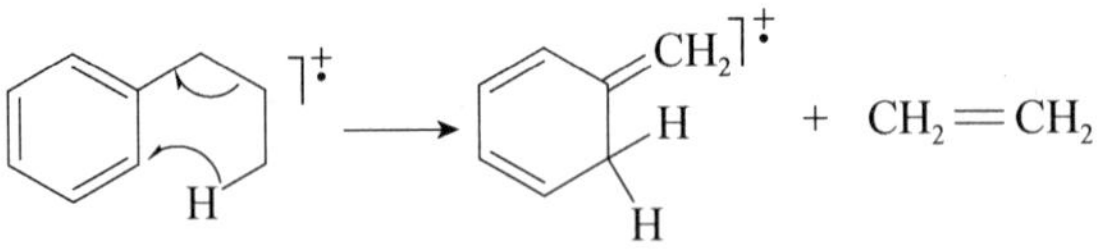

5）逆 Diels-Alder 反应

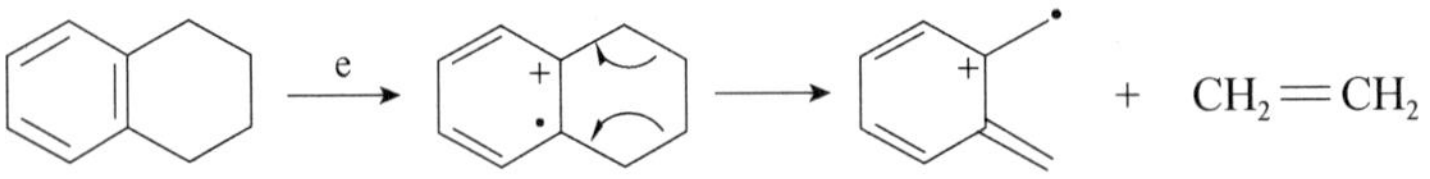

在芳烃的质谱中，m/z39、51、77 是苯环的特征离子；m/z65、91 是苄基的特征离子；m/z92 是丙基以上取代苯的特征离子。

谱图分析框——芳烃	
分子离子	碎片离子
强 $M^{+\cdot}$	特征碎片离子系列：39，51，65，77……这组特征的系列离子对确定芳香烃类的结构起着关键的作用
	乙基苯结构：m/z=91
	丙基以上苯结构：m/z=92

例 1-6 正丁基苯的质谱图见图 1-28。

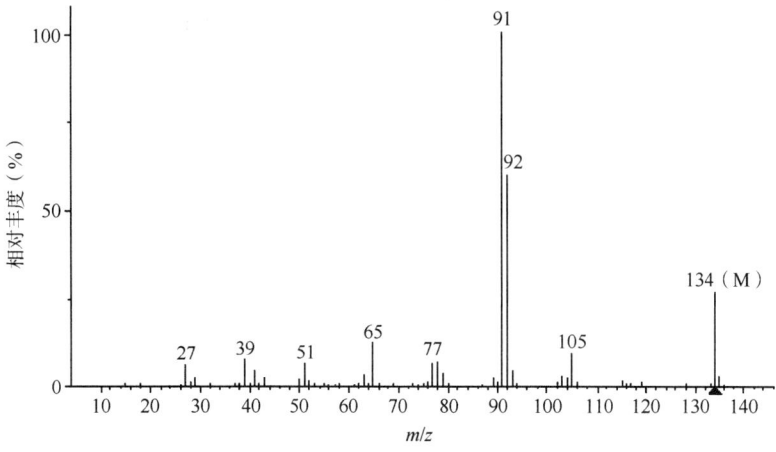

图 1-28　正丁基苯的质谱图

四、醇、醚和酚类

1. 醇类化合物　具有以下裂解规律与质谱特征。

1）醇类分子中伯醇和仲醇的分子离子峰很弱，叔醇一般无分子离子峰。随碳链的增长，分子离子峰的强度逐渐减弱以至消失。

2）易发生 β 裂解，生成含氧碎片离子峰群：伯醇（31+14n）；仲醇（45+14n）；叔醇（59+14n）。其中的强峰：伯醇 m/z 31、仲醇 m/z 45、叔醇 m/z 59，可用于识别醇的类型。β 裂解还可产生 M-1 峰。

伯醇　　CH₃—CH₂—⁺•OH ——β裂解——→ •CH₃ + H₂C＝⁺OH
　　　　　　　　　　　　　　　　　　　　　　m/z 31

仲醇　　R—C(CH₃)(H)—⁺•OH ——β裂解——→ CH₃—CH＝⁺OH + •R
　　　　　　　　　　　　　　　　　　　　　　m/z 45

叔醇　　R—C(CH₃)(CH₃)—⁺•OH ——β裂解——→ (CH₃)(CH₃)C＝⁺OH + •R
　　　　　　　　　　　　　　　　　　　　　　m/z 59

　　　　CH₃(CH₂)₃CH(H)—⁺•OH ——β裂解——→ CH₃(CH₂)₃CH＝⁺OH + •H
　　　　　　　M　　　　　　　　　　　　　　　　　M–1

谱图分析框——醇、酚与芳香醇	
分子离子	碎片离子
醇：弱或无 M⁺•	1. m/z 31+14n 含氧碎片离子峰群
	伯醇（31）仲醇（45）叔醇（59）
	2. m/z 27+14n 链烯离子峰群
	3. M–1，M–18，M–（18+28），M–（18+15），M–（18+R）
	4. m/z 29+14n 烷基离子峰群
酚与芳香醇：强 M⁺•	M–1；M–28；M–29

例 1-7　1-正戊醇、2-正戊醇、2-甲基-2-丁醇的质谱图见图 1-29。

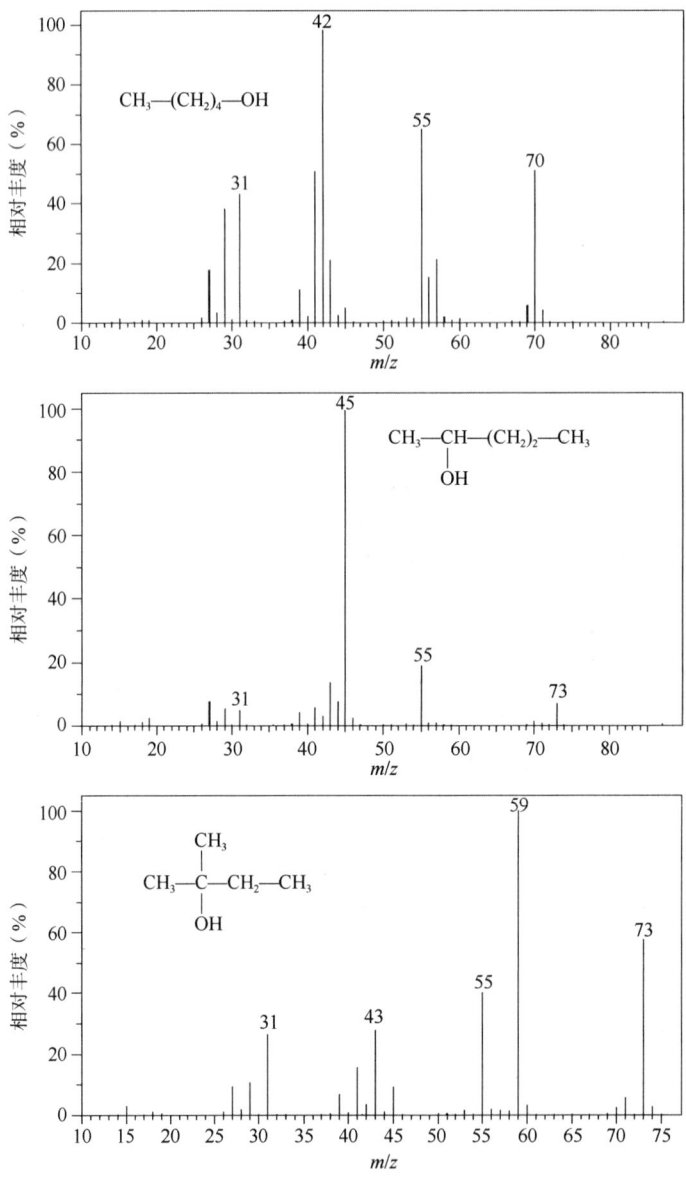

图 1-29　1-正戊醇、2-正戊醇、2-甲基-2-丁醇的质谱图

3）在气化室中可发生 1，2 热脱水的重排反应，然后以烯烃物质形式进入离子源，裂解产生系列链烯基离子峰群（m/z 27、41、55 等，即 $27+14n$）。

$$CH_3CH_2CH_2\overset{H}{\overset{|}{C}}H\text{—}\overset{OH}{\overset{|}{C}}H_2 \xrightarrow[\text{气化室中}]{-H_2O} \underset{\text{气态烯烃分子　M}-18}{CH_3CH_2CH_2CH=CH_2} \xrightarrow[\text{离子源中}]{\text{电子轰击}} \text{烯烃质谱}(27+14n)$$

4）当主碳链 $n_C \geq 4$ 时，易发生 1,4（主要）或 1,3 电子轰击脱水重排，同时伴随脱乙烯，产生 M-（18+28）；β 碳上有甲基取代则脱丙烯产生 M-（18+42）；或脱烷基产生 M-（18+R）；仲醇、叔醇无此裂解。

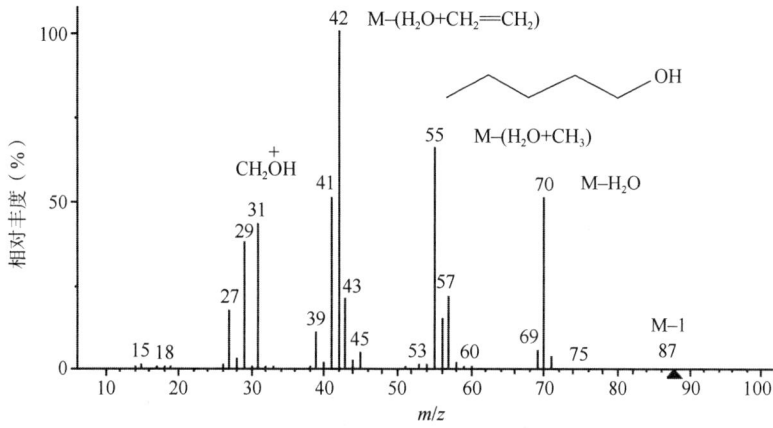

醇类分子 1,4 脱水和 1,3 脱水分别经过六元环和五元环的过渡重排裂解。

例 1-8 正戊醇的质谱图见图 1-30。

图 1-30 正戊醇的质谱图

综上，直链醇会出现含氧碎片离子峰群（31+14n）、烷基碎片离子峰群（29+14n）、链烯基离子峰群（27+14n）及 M−1、M−18、M−33、M−46 等质谱峰。

2. 酚类化合物 具有以下裂解规律与质谱特征。

1）酚类化合物的分子离子峰很强，常为基峰。

2）苯酚的 M−1 峰不强，而甲苯酚和苄醇的 M−1 峰很强，原因是能产生较稳定的䓬离子。

3）酚类和苄醇类最特征的峰是失去 CO 和 CHO 所形成的 M−28 和 M−29 峰。

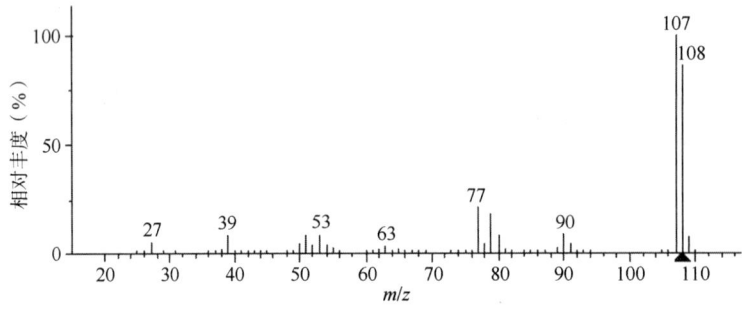

例 1-9　对甲苯酚的质谱图见图 1-31。

图 1-31　对甲苯酚的质谱图

各峰来源如下：

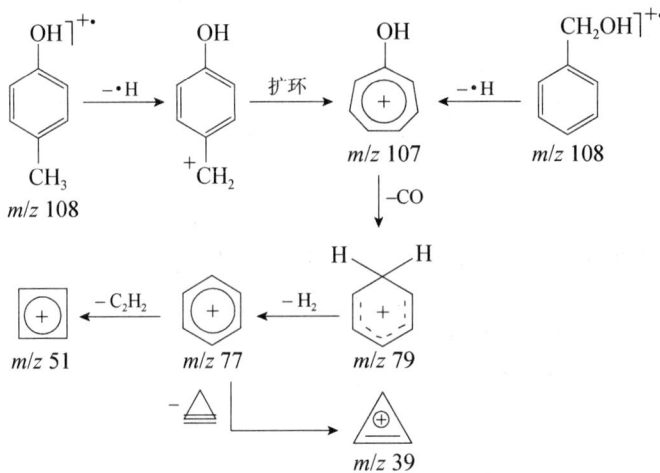

3. 醚类化合物　具有以下裂解规律与质谱特征。

1）除芳香醚外，醚类化合物的分子离子峰均较小。

2）芳香醚通常产生 α 裂解（α 键均裂）正电荷保留在氧原子上，再进一步脱去 CO。

3）脂肪醚则发生 i 裂解（α 键异裂），正电荷通常保留在烷基碎片上，产生 m/z 29、43、57、71……烷基正离子碎片峰群。

$$R'—\overset{+}{O}—R \longrightarrow R'—O· + R^+$$

4）β 裂解与四元环过渡态重排裂解产生 m/z 31、45、59……含氧碎片离子峰群。

$$CH_3CH_2-CH_2-\overset{+\cdot}{O}-CH_2-CH_3 \xrightarrow{\beta 裂解} \begin{matrix} CH_2=\overset{+}{O}-CH_2 \\ | \quad | \\ H-CH_2 \end{matrix} + \cdot CH_2CH_3$$

$$m/z\ 59 \downarrow 四元环过渡重排$$

$$m/z\ 31 \quad CH_2=\overset{+}{O}H + CH_2=CH_2$$

$$\uparrow 四元环过渡重排$$

$$CH_3CH_2-CH_2-\overset{+\cdot}{O}-CH_2-CH_3 \xrightarrow{\beta 裂解} \begin{matrix} CH_3 \\ | \\ HC-H \\ | \quad | \\ CH_2-\overset{+}{O}=CH_2 \end{matrix} + \cdot CH_3$$

$$m/z\ 73$$

5) 分子离子的四元环过渡态重排

$$\begin{matrix} R-CH_2-\overset{+\cdot}{O}-CH_2 \\ | \quad\quad | \\ H-CHR' \end{matrix} \xrightarrow{-CH_2=CHR'} R-CH_2-\overset{+\cdot}{O}H$$

$$\begin{matrix} Ph-\overset{+\cdot}{O}-CH_2 \\ | \quad | \\ H-CHR \end{matrix} \xrightarrow{-CH_2=CHR} Ph-\overset{+\cdot}{O}H$$

$$m/z\ 94$$

6) 1,4 脱醇的裂解

$$C_2H_5-\overset{H}{\underset{}{\bigcirc}}\overset{+\cdot}{O}R \rightarrow C_2H_5-\overset{\cdot}{\underset{}{\bigcirc}}\overset{+}{HOR} \xrightarrow[HOR]{i} \overset{+}{\underset{}{\bigcirc}} \xrightarrow[CH_2=CH_2]{i} C_2H_5\overset{\cdot}{\underset{}{]}}^+$$

$$m/z\ 84 \quad\quad m/z\ 56$$

谱图分析框——醚	
分子离子	碎片离子
弱 M$^{+\cdot}$	脂肪醚： 1. m/z 31，45，59……含氧碎片离子峰群 2. m/z 29+14n 烷基正离子碎片峰群 3. m/z M−（ROH+28）碎片离子峰 4. m/z 28+14n 碎片离子峰 芳香醚：m/z 93（苯氧基离子），94（苯酚离子）；107（苄氧基离子）108（苯甲醚或苄醇）碎片离子峰

例 1-10 乙基异丁基醚的质谱图见图 1-32。

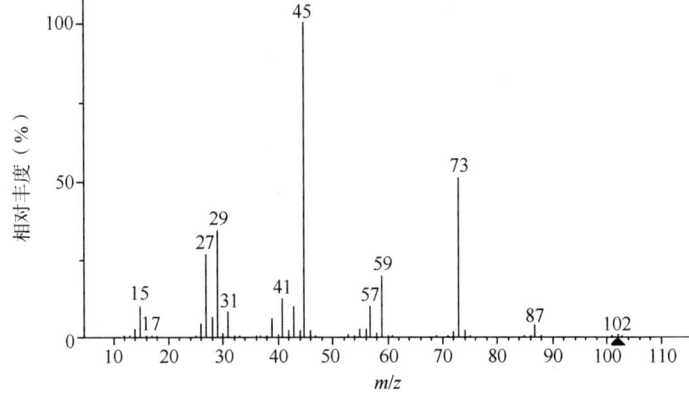

图 1-32 乙基异丁基醚的质谱图

各峰来源如下：

$$\text{H}_3\text{C}-\underset{\text{H}}{\overset{\text{CH}_3}{\text{C}}}-\text{CH}_2-\overset{+\cdot}{\text{O}}-\text{C}_2\text{H}_5 \xrightarrow{\alpha \text{异裂}} \overset{+}{\text{C}}_2\text{H}_5$$

m/z 102 → *m/z* 29

$$\text{H}_3\text{C}-\underset{\text{H}}{\overset{\text{CH}_3}{\text{C}}}-\text{CH}_2-\overset{+\cdot}{\text{O}}-\text{C}_2\text{H}_5 \xrightarrow{\alpha \text{均裂}} \overset{+}{\text{O}}\text{C}_2\text{H}_5$$

m/z 102 → *m/z* 45

$$\text{H}_3\text{C}-\underset{\text{H}}{\overset{\text{CH}_3}{\text{C}}}-\text{CH}_2-\overset{+\cdot}{\text{O}}-\text{C}_2\text{H}_5 \xrightarrow{\text{i 裂解}} \text{H}_3\text{C}-\underset{\text{H}}{\overset{\text{CH}_3}{\text{C}}}-\overset{+}{\text{CH}}_2$$

m/z 102 → *m/z* 57

β裂解 → 四元环过渡重排 → $\text{CH}_2=\overset{+}{\text{O}}\text{H}$

m/z 102 → *m/z* 59 → *m/z* 31

α均裂：*m/z* 102 → *m/z* 73

β裂解 → 四元环过渡重排 → $\text{CH}_2=\overset{+}{\text{O}}\text{H}$

m/z 102 → *m/z* 87 → *m/z* 31

五、醛 与 酮

1. 醛类 具有以下裂解规律与质谱特征。

1）醛类分子都有较明显的分子离子峰，且芳醛分子离子峰强度比脂肪醛强。

2）α 裂解产生 M-1 峰、M-29 峰、*m/z* 29 的特征峰。

$$\underset{(\text{Ar})}{\text{R}}-\overset{\overset{+\cdot}{\text{O}}}{\text{C}}-\text{H} \begin{cases} \xrightarrow[\alpha\text{均裂}]{-\text{H}\cdot} \text{R}-\text{C}\equiv\overset{+}{\text{O}} \quad \text{M-1} \\ \xrightarrow[\alpha\text{均裂}]{-\text{R}\cdot} \text{H}-\text{C}\equiv\overset{+}{\text{O}} \quad \textit{m/z}\ 29 \\ \xrightarrow[\alpha\text{异裂}]{-\cdot\text{CHO}} \text{R}^+ \quad \text{M-29} \end{cases}$$

3）具有 γ-氢的醛，第一种麦氏重排产生 *m/z* 44 离子峰；第二种麦氏重排产生 M-44 离子峰。

第一种麦氏重排产生 *m/z* 44 + CH₂=CH₂

$$\underset{H}{\overset{\overset{H}{\underset{|}{O}}}{\underset{C}{\overset{+\cdot}{|}}}}\overset{CH_2}{\underset{CH_2}{\overset{|}{\underset{CH_2}{\overset{|}{C}}}}} \xrightarrow{\text{第二种麦氏重排}} \begin{array}{c}\dot{C}H_2\\|\\CH_2\\M-44\end{array} + CH_2=CH-OH$$

4）β键异裂，产生 M-43 峰。

$$R\overset{\frown}{-}CH_2-\overset{\overset{+\cdot}{O}}{\underset{}{C}}H \longrightarrow R^+ + \underset{M-43}{CH_2=CHO\cdot}$$

5）醛的脱水重排裂解。

$$CH_3-CH_2-CH_2-\overset{\overset{+\cdot}{O}}{\underset{}{C}}-H \longleftrightarrow CH_3-CH_2-CH=\overset{\overset{\cdot}{O}H}{\underset{}{C}}-H \xrightarrow[1,4\text{脱水}]{-H_2O} \begin{bmatrix}CH_2-CH\\|\quad\quad|\\CH_2-CH\end{bmatrix}^{+\cdot}\\M-18$$

谱图分析框——醛	
分子离子	碎片离子
强 $M^{+\cdot}$	1. M-1, M-29, M-43, M-44
	2. m/z 29, 44+14n 碎片离子峰
	3. m/z 105（苯甲酰离子或 +C₆H₅—CHO）

例 1-11 正己醛的质谱图见图 1-33。

图 1-33 正己醛的质谱图

各峰来源如下：

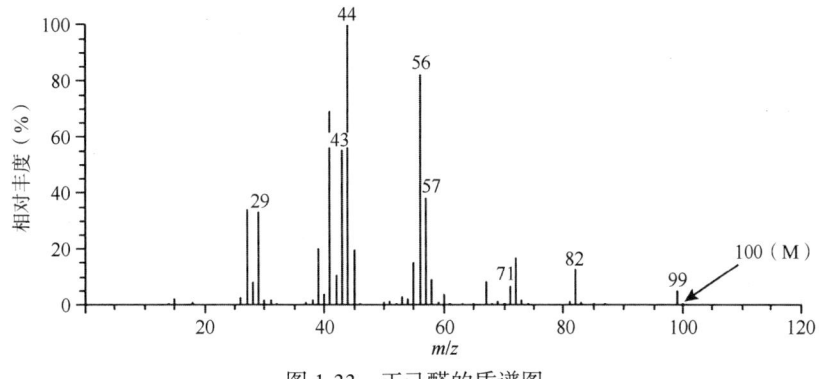

$$\underset{m/z\ 56}{\overset{OH}{\underset{H_2C}{\bigg|}}C\!\!=\!\!\overset{H}{\underset{}{C}}} + \underset{}{\overset{C_2H_5}{\underset{CH_2^+}{\bigg|}}\dot{C}H} \xleftarrow{\text{第二种}\atop\text{麦氏重排}} \left(\text{过渡态}\right) \xrightarrow{\text{第一种}\atop\text{麦氏重排}} \underset{m/z\ 44}{\overset{+\cdot}{\underset{H_2C}{\overset{OH}{\bigg|}}}C\!\!=\!\!\overset{H}{\underset{}{C}}} + \underset{}{\overset{C_2H_5}{\underset{CH_2}{\bigg|}}C\!\!=\!\!}$$

$$C_2H_5\!-\!CH_2\!-\!CH_2\!-\!CH_2\!-\!\overset{+\cdot}{C}H\!\!=\!\!O \longleftrightarrow C_2H_5\!-\!CH_2\!-\!CH_2\!-\!CH\!\!=\!\!\overset{+\cdot}{O}H \xrightarrow{-H_2O} [C_2H_5\!-\!\overset{CH_2}{\underset{H}{C}}\!-\!\overset{CH}{\underset{}{C}}\!\!=\!\!\overset{+\cdot}{C}H]$$

2. 酮类 具有以下裂解规律与质谱特征。

1) 酮类的分子离子峰明显。

2) α 裂解。

$$\underset{R_2}{\overset{R_1}{\bigg\rangle}}\!C\!\!=\!\!\overset{+\cdot}{O} \overset{\alpha\text{ 均裂}}{\underset{\alpha\text{ 异裂}}{\rightrightarrows}} \begin{array}{l} \cdot R_1 + R_2\!-\!C\!\!\equiv\!\!\overset{+}{O} \xrightarrow{-CO} R_2^+ \\ R_1^+ + R_2\!-\!C\!\!\equiv\!\!\dot{O} \end{array}$$

3) 含有 γ-氢的酮可发生麦氏重排，随 R 不同生成 58、72 或 86 的离子。

R=CH₃, m/z=58；
R=C₂H₅, m/z=72；
R=C₃H₇, m/z=86

4) 当羰基两边都有 γ-氢时，则可发生二次麦氏重排。

谱图分析框——酮	
分子离子	碎片离子
强 M⁺·	1. m/z M–R；2. m/z 43+14n 碎片离子峰群；3. m/z 58，72，86 等

例 1-12 2-戊酮的质谱图见图 1-34。

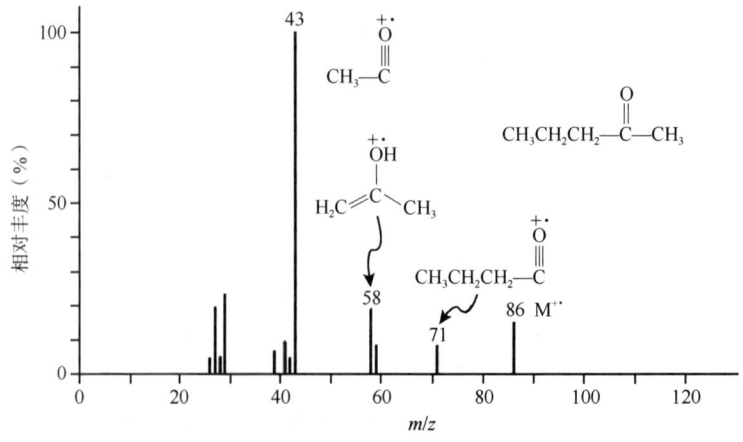

图 1-34 2-戊酮的质谱图

六、酸 与 酯 类

1. 酸 主要裂解方式和质谱图特征如下。

1）一元饱和羧酸分子离子峰一般都较弱，芳酸的分子离子则较强。
2）α裂解产生 M−17，m/z 45 的峰。
3）i 裂解，产生 M−45 的峰。
4）麦氏重排，产生 m/z 60 的峰。当 α-碳上有 R 基取代时产生 m/z 60+14n 的峰。

谱图分析框——羧酸	
分子离子	碎片离子
脂肪羧酸，弱 M$^{+\bullet}$	脂肪羧酸：M−17，M−45
芳香羧酸，强 M$^{+\bullet}$	m/z=45，60
	芳香羧酸：M−17，M−45，M−18

例 1-13 2-甲基丁酸的质谱图见图 1-35。

图 1-35 2-甲基丁酸的质谱图

各峰来源如下：

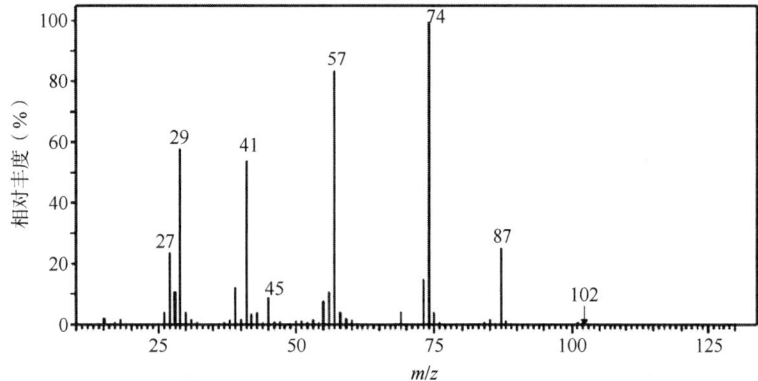

2. 酯 主要裂解方式和质谱图特征如下。

1）一元饱和羧酸酯的分子离子峰一般都较弱，芳酸酯的分子离子峰强。

2）易发生 α 与 i 裂解。

$$R_1-\overset{+\cdot}{\underset{\|}{C}}-OR_2 \xrightarrow{\alpha 裂解} \overset{+}{\underset{\|}{C}}-OR_2 + \cdot R_1 \quad 烷氧酰基离子峰 59+14n$$

$$R_1-\overset{+\cdot}{\underset{\|}{C}}-OR_2 \xrightarrow{\alpha 裂解} \overset{+}{\underset{\|}{C}}-R_1 + \cdot OR_2 \quad 烷酰基离子峰 43+14n$$

$$R_1-\overset{+\cdot}{\underset{\|}{C}}-OR_2 \xrightarrow{i 裂解} \overset{\cdot}{\underset{\|}{C}}-OR_2 + R_1^+ \quad 烷基离子峰 15+14n$$

$$R_1-\overset{+\cdot}{\underset{\|}{C}}-OR_2 \xrightarrow{i 裂解} \overset{\cdot}{\underset{\|}{C}}-R_1 + \overset{+}{OR_2} \quad 烷氧基离子峰 31+14n$$

3）含有 γ-氢的酯易发生麦氏重排。

（麦氏重排反应式，产物 m/z 74）

对于酯的酸部分的麦氏重排，当酸的部分 α-碳上无取代基时：甲醇酯 m/z74，乙醇酯 m/z88，丙醇酯 m/z102……如图 1-36 所示。因此，利用酯的酸部分的麦氏重排所产生的碎片离子的质量，可判断酯的醇部分的组成。

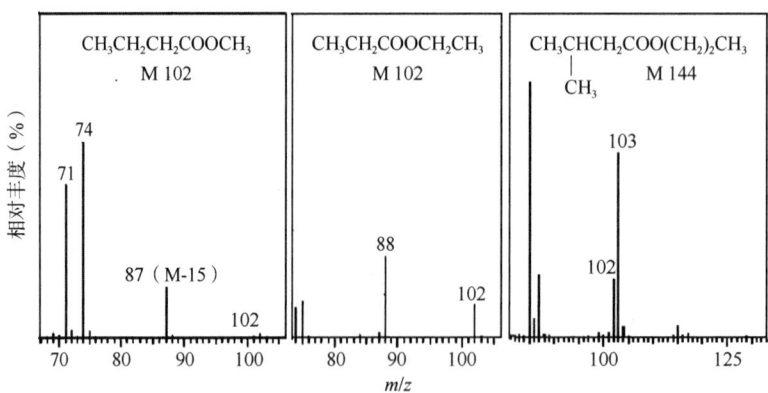

图 1-36 丁酸甲酯、丙酸乙酯与 2-甲基丁酸丙酯的质谱图（部分）

4）酯的醇部分（烷氧基上）有 γ-氢时，产生双重麦氏重排（M+1 重排）。

（双重麦氏重排反应式，产物 m/z 47+14n (46+R)）

酯的醇部分的 M+1 麦氏重排所产生的碎片离子的质量，如乙酸酯 m/z 61、丙酸酯 m/z 75、丁酸酯 m/z 89 等，借此可判断酸的组成。

5）四元环过渡重排

$$\text{PhCH}_2-\overset{+\cdot}{O}-\overset{O}{\underset{CH_2}{\overset{\|}{C}}}-H \xrightarrow[\text{四元环重排}]{\beta H+\alpha} \text{PhCH}_2-\overset{+\cdot}{O}H + \overset{O}{\underset{CH_2}{\|}}$$

$m/z\ 108$

谱图分析框——酯	
分子离子	碎片离子
弱 M[+·]	脂肪族酯 1. 烷氧酰基离子峰（M−R）：$m/z\ 59+14n$ 2. 烷酰基离子峰（M−OR$_1$）：$m/z\ 43+14n$ 3. 烷氧基离子峰（M−RCO）：$m/z\ 31+14n$ 4. 烷基离子峰（M−R$_1$OCO）：$m/z\ 15+14n$ 5. 酯的醇部分特征离子：$m/z\ 74+14n$（59+R） 6. 酯的酸部分特征离子：$m/z\ 61+14n$（46+R） 芳香族酯：m/z=77（苯环），105（苯甲酸酯），108（苄酯）

例 1-14 水杨酸正丁酯的质谱图见图 1-37。

图 1-37 水杨酸正丁酯的质谱图

各峰来源如下：

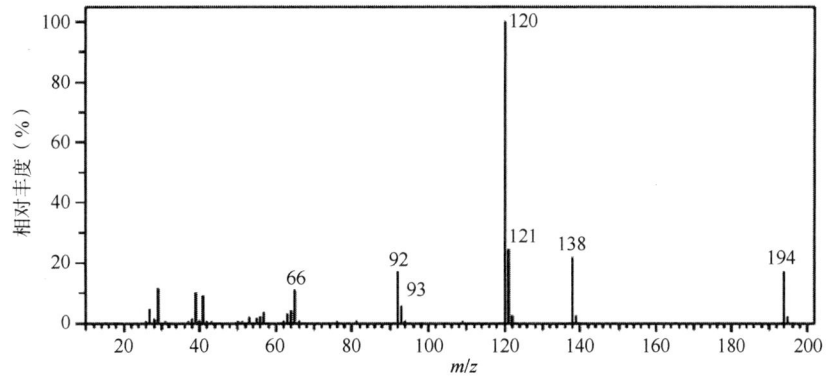

七、胺　类

1）胺类化合物的 M[+] 较弱，含奇数个 N，M[+] 的 m/z 是奇数值。

2）有 M-1 峰。

$$R-CH(H)(NH_2) \xrightarrow{-H\cdot} R-CH=\overset{+}{N}H_2$$

3）β 键断裂，产生 30+14n 含氮特征碎片峰。伯胺 m/z 30，仲胺 44+14n，叔胺 58+14n。仲胺与叔胺生成的 EE⁺，可继续发生四元环重排裂解。

伯胺　$R-H_2C-CH_2-\overset{+\cdot}{N}H_2 \xrightarrow{\beta\,裂解} RCH_2\cdot + H_2C=\overset{+}{N}H_2$　　$m/z\ 30$

仲胺　$R-H_2C-CH_2-\overset{+\cdot}{N}HR' \xrightarrow[-RCH_2\cdot]{\beta\,裂解} H_2C=\overset{+}{N}HR' \xrightarrow{四元环过渡重排}_{R'\geq 2C} H_2C=\overset{+}{N}H_2$　　$m/z\ 44+14n$　　$m/z\ 30$

四元环过渡重排 R'≥2C

叔胺　$R''-H_2C-CH_2-\overset{+\cdot}{N}RR' \xrightarrow[-R''CH_2\cdot]{\beta\,裂解} H_2C=\overset{+}{N}RR' \xrightarrow{四元环过渡重排}_{R\geq 2C} H_2C=\overset{+}{N}HR'$　　$m/z\ 58+14n$　　$m/z\ 44+14n$

4）麦氏重排：β 裂解产生的碎片离子若符合麦氏重排的条件，可发生麦氏重排裂解。

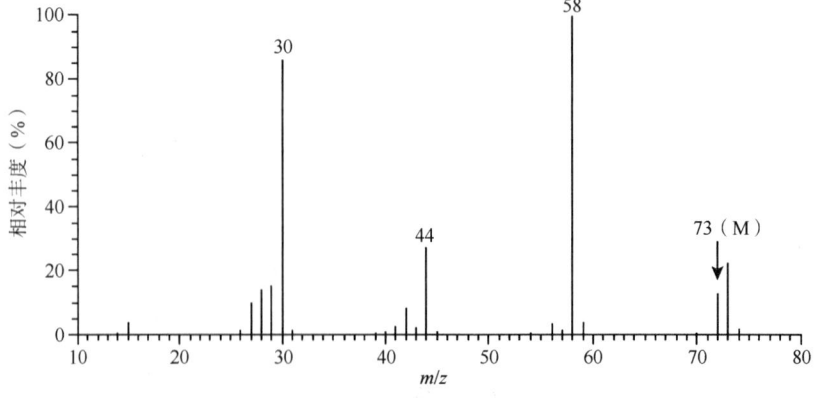

谱图分析框——胺	
分子离子	碎片离子
弱或无 M⁺·	M-1 峰
	含氮特征碎片离子峰群：m/z 30+14n

例 1-15　乙二胺的质谱图见图 1-38。

图 1-38　乙二胺的质谱图

各峰来源如下：

$$CH_3-\underset{\underset{H}{|}}{\overset{\overset{H}{|}}{C}}\overset{①}{-}NH\overset{②}{-}CH_2-CH_3 \xrightarrow[-\cdot H]{①\beta裂解} CH_3-CH=\overset{+}{\underset{\underset{CH_2}{|}}{N}}\overset{H}{\underset{|}{-}}CH_2 \xrightarrow{-CH_2=CH_2} CH_3-CH=\overset{+}{N}H_2$$
$m/z\ 73$ 　　　　　　　　　　　　　　　　$m/z\ 72$ 　　　　　　　　　$m/z\ 44$

$$\xrightarrow[-\cdot CH_3]{②\beta裂解} \underset{CH_2}{\overset{H_2C}{|}}\overset{H}{\underset{|}{-}}\overset{+}{N}=CH_2 \xrightarrow{-CH_2=CH_2} CH_2=\overset{+}{N}H_2$$
　　　　　　　　　　$m/z\ 58$ 　　　　　　　　$m/z\ 30$

谱图分析框——其他含氮化合物	
分子离子	碎片离子
酰胺：弱 M⁺•	m/z 30+14n，59，72，73，86
	M–NH₂（NHR，NHR₁R₂）
氰：很弱 M⁺•	m/z=41，强 M–1 峰
硝基：弱 M⁺•	R⁺，NO⁺，NO₂⁺

谱图分析框——氯代和溴代烷烃	
分子离子	碎片离子
强（M+2）⁺• 峰	M–Cl、M–Br
Cl：M/（M+2）=3∶1	M–HCl
Br：M/（M+2）=1∶1	α-断裂反应

第五节　质谱解析

质谱解析的目的是确定未知物的相对分子质量、分子式和根据碎片离子提供的结构信息推断其结构。对于结构简单的未知物，仅用质谱的方法就可确定其分子结构，但对于结构复杂的未知物，需采用多谱（IR、¹H-NMR、¹³C-NMR、2D-NMR、MS）联用的方法推断其结构，其中质谱既可以提供相关结构信息，又可以用来验证推出结构的正确性。

一、确定相对分子质量

分子离子峰的质荷比等于化合物的相对分子质量，如何正确辨认质谱图中的分子离子峰是关键。

（一）质谱图中已出现分子离子峰时的辨认方法

通常在质谱中质荷比最大的质谱峰即为分子离子峰，但由于受到分子离子的重同位素离子峰、准分子离子峰的出现及未检测出分子离子峰等种种因素的影响，质荷比最大的质谱峰不一定是分子离子峰，当质谱图中已出现分子离子峰时，要在高质量端正确辨认哪一个峰是分子离子峰，方法如下。

1）分子离子必须是一个奇数电子离子（M⁺•）：因为所有有机分子都含有偶数个电子，失去一个电子生成的分子离子一定含有奇数个电子（OE⁺•），所以含偶数个电子（EE⁺）的离子不是分子离子。

2）分子离子峰的质量应服从氮律：不含氮原子或含偶数个氮原子的有机分子，其分子的相对分子质量应为偶数；含奇数个氮原子的分子，其分子的相对分子质量应为奇数，这个规律称为"氮律"。凡不符合氮律的质谱峰，就不是分子离子峰。例如，甲苯的分子离子峰 m/z 为 92，苯胺的分子离子峰的 m/z 应为 93。

3）分子离子峰与邻近碎片离子峰的质量差 Δm 应该合理：分子离子和邻位差 4～14 个质量单位，为不合理丢失，因为这需要很高的能量。

例 1-16 图 1-39 中 m/z 98 的峰不是分子离子峰，因为在该峰的左侧出现了比 m/z 98 小 13、14 个质量单位的峰，即质量差不合理。

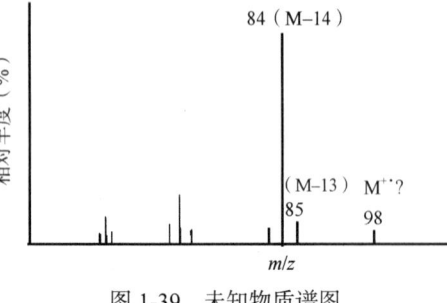

图 1-39 未知物质谱图

注意与 M±1 峰相区别：某些化合物的质谱上分子离子峰很小或根本找不到，而 M±1 等准分子离子峰却强。如醚、酯、胺、氰化物等的分子离子峰很小，而 M+1 峰相当大；醛、醇或含氮的化合物易失去一个氢出现 M-1 峰。

（二）无分子离子峰时，获得分子离子峰的方法

1）降低电子轰击能量：可避免分子离子进一步裂解，增加分子离子的稳定性。
2）制备易挥发的衍生物：例如，某些有机酸和醇的挥发性小，热稳定性差，此时可以把酸制备为酯，把醇制备为醚再进行测定。
3）采用各种软电离技术：如采用 CI、FAB、ESI、APCI 等技术，可得到很强的分子离子峰。

二、确定分子式

利用质谱确定化合物分子式的方法有同位素丰度法与精确质量法两种。

（一）同位素丰度法

同位素丰度法适用于低分辨的质谱仪，又分为查 Beynon 表法与计算法。

1. 查 Beynon 表法 方法是将测定到的同位素峰丰度比[[M+1]/[M]（%）、[M+2]/[M]（%）]与 Beynon 表中的各数据进行对比，找出数据最接近的化学式，即为该化合物的分子式。

例 1-17 测得某化合物质谱中 M、M+1 与 M+2 的百分相对丰度之比如下，试确定该化合物的分子式。

m/z 122（M）[M]=100%
m/z 123（M+1）[M+1]/[M]（%）=8.68%
m/z 124（M+2）[M+2]/[M]（%）=0.56%

解：由[M+2]/[M]（%）为 0.56%，可知该化合物不含有 S、Cl、Br 等元素。从 Beynon 表中查得质量为 122 的化学式共有 24 个，见表 1-5。

表 1-5 Beynon 表（M=122 部分）

化学式	M+1	M+2	化学式	M+1	M+2	化学式	M+1	M+2	化学式	M+1	M+2
$C_2H_6N_2O_4$	3.18	0.84	$C_4N_3O_2$	5.35	0.53	$C_6H_2O_3$	6.63	0.79	$C_7H_{10}N_2$	8.49	0.32
$C_2H_8N_3O_3$	3.55	0.65	$C_4H_2N_4O$	5.92	0.35	$C_6H_4NO_2$	7.01	0.61	$C_8H_{10}O$	8.84	0.54
$C_2H_{10}N_4O_2$	3.93	0.46	C_5NO_3	5.90	0.75	$C_6H_6N_2O$	7.38	0.44	$C_8H_{12}N$	9.22	0.38
$C_3H_8NO_4$	3.91	0.86	$C_5H_2N_2O_2$	6.28	0.57	$C_6H_8N_3$	7.76	0.26	C_9H_{14}	9.95	0.44
$C_3H_{10}N_2O_3$	4.28	0.67	$C_5H_4N_3O$	6.65	0.39	$C_7H_6O_2$	7.74	0.66	C_9N	10.11	0.45
$C_4H_{10}O_4$	4.64	0.89	$C_5H_6N_4$	7.02	0.21	C_7H_8NO	8.11	0.49	$C_{10}H_2$	10.84	0.53

从表 1-5 中可以看出，化合物的数据与表中 $C_8H_{10}O$ 的数据最接近，因此可以确定该化合物的分子式为 $C_8H_{10}O$。

例 1-18 测得某化合物的 M、M+1 与 M+2 的百分相对丰度之比如下，试确定该化合物的分子式。

m/z	百分相对丰度之比
104（M）	100
105（M+1）	6.24
106（M+2）	4.50

解： 由 [M+2]/[M]（％）=4.50＞4.44，可知分子中含有一个 S，不含 Cl 和 Br。而 Beynon 表中只有四种元素（碳、氢、氧、氮）的各种可能组合式的同位素丰度比，化学式的质量与百分相对丰度之比均不包含其他元素的贡献，所以应先分别扣除，再用其差值去查表。

1) 分子离子峰质量的扣除：104–32=72（M）
2) 百分相对丰度之比的扣除：

6.24–0.8=5.44[M+1]/[M]（％）

4.50–4.40=0.10[M+2]/[M]（％）

再查 Beynon 表，质量为 72 的百分相对丰度之比数据与上述数据接近的化学式有以下三个：

分子式	M+1	M+2	说明
$C_4H_{10}N$	4.864	0.0942	M=104，应不含氮或含偶数氮
C_5H_{12}	5.595	0.1273	正确
C_6	6.484	0.1752	不构成分子

所以该化合物的分子式为 $C_5H_{12}S$。

2. 计算法 没有 Beynon 表时，可采用式（1-9）与式（1-10）通过计算求出被测物质的分子式。

例 1-19 某化合物质谱中各同位素峰百分相对丰度之比如下，试推测该化合物的分子式。

m/z 164（M）	100%
m/z 165（M+1）	11.00%
m/z 166（M+2）	1.00%

解： 由 [M+2]/[M]（％）=1.00%，可知该化合物不含有 S、Cl、Br 原子。又由于 M 为偶数，说明该化合物不含或含有偶数个 N 原子。

首先假设化合物不含有 N 原子，只含有 C、H、O。

含碳数：$n_C = \dfrac{\dfrac{[M+1]}{[M]}\%}{1.08} = \dfrac{11.00}{1.08} \approx 10$

含氧数：$n_O = \dfrac{\dfrac{[M+2]}{[M]}\% - 0.006 n_C^2}{0.20} = \dfrac{1.00 - 0.006 \times 10^2}{0.20} \approx 2$

含氢数：$n_H = M - (12 n_C + 16 n_O) = 164 - (12 \times 10 + 16 \times 2) = 12$

假设不含 N 原子，计算得出分子式中一价元素的数量 n_1 符合 $\dfrac{1}{2} n_4 \leq n_1 \leq 2 n_4 + n_3 + 4$，所以该化合物的分子式只能为 $C_{10}H_{12}O_2$。

否则，再假设化合物分子式中含有两个 N 原子，重新计算，并考查一价元素的数量是否符合上述不等式，一直到符合为止。

例 1-20 某化合物质谱中各同位素峰百分相对丰度之比如下，试推测该化合物的分子式。

m/z	相对丰度之比	百分相对丰度之比
73（M）	37	37×100/37=100
74（M+1）	1.9	1.9×100/37=5.1
75（M+2）	0.05	0.05×100/37=0.14

由于 M 为奇数，说明该化合物含有奇数个 N 原子，令 $n_N=1$，则

$$n_C = \frac{\frac{[M+1]}{[M]} \times 100\% - 0.37 n_N}{1.08} = \frac{5.1 - 0.37 \times 1}{1.08} = 4.38 \approx 4$$

含氢数：$n_H = 73 - (14 + 12 \times 4) = 11$，计算得出分子式中一价元素的数量符合上述不等式，说明只含一个 N 原子，所以分子式为 $C_4H_{11}N$。

（二）精确质量法

利用高分辨质谱仪测定分子离子的精确质量，查 Beynon 表或应用 "Molecular Formula Calculator" "Elemental Composition Calculator" 软件计算处理，确定化合物的分子式。

例 1-21 用高分辨质谱测得某样品分子离子峰的质量数为 150.1045，质量测定误差为±0.006。这个化合物的红外谱上有明显的羰基吸收峰（1730 cm^{-1}），求它的分子式。

解：当质量测定误差为±0.006 时，小数部分的波动范围将在 0.0985~0.1105。查 Beynon 表，质量数为 150，小数部分在这个范围内的式子有以下 4 个：①$C_3H_{12}N_5O_2$ 150.099093；②$C_5H_{14}N_2O_3$ 150.100435；③$C_8H_{12}N_3$ 150.103117；④$C_{10}H_{14}O$ 150.104459。

第①和第③式不符合"氮律"，第②式为饱和化合物，这与红外光谱数据不符。因此，该分子式为 $C_{10}H_{14}O$。

目前，高分辨质谱仪附带的计算机系统均可以给出分子离子峰的元素组成、分子式，同时也可给出质谱图中各碎片峰的元素组成、分子式。

三、结 构 分 析

结构分析是指利用质谱所提供的结构信息来推断未知物的分子结构。目前大多数商品质谱仪都提供了大量的已知化合物质谱数据库，使用者能通过检索数据库来简化解析工作。

（一）解析程序

1）正确辨认分子离子峰，确定相对分子质量。
2）用精密质量法或同位素丰度法确定分子式。
3）计算不饱和度，初步判断化合物类型。
4）应用"离子质量数与电子数的关系"标记各主要离子峰所含电子的奇偶数，应用四条经验裂解规律判断裂解类型及母子之间亲缘关系。
5）找出主要碎片离子峰，在高质量端根据母离子丢失的中性碎片的质量并结合附录 2，间接分析可能存在的结构单元；在低质量端根据特征碎片离子的质量并结合附录 1，直接推测可能存在的结构单元。还要注意质谱图中所出现的不同类型化合物或官能团特征离子峰群，便于判断化合物类型或官能团种类，见表 1-6。
6）根据分子式及已推出的结构单元，计算剩余结构单元的元素组成。
7）正确组合各结构单元，推断可能的结构式。

8)验证结构式的正确性。将所得结构式按质谱裂解规律写出合理的裂解方程,考查所得离子是否与图谱一致,或查阅化合物的标准质谱图进行对照。

表 1-6 不同类型化合物或官能团特征离子峰群

m/z	离子式	可能的官能团
29,43,57,71……	$C_nH_{2n+1}^+$	烷基
27,41,55,69,83……	$C_nH_{2n-1}^+$	烯基、环烷基
39,51,65,77	$C_nH_n^+$	芳基
31,45,59,73,87……	$C_nH_{2n+1}O^+$	醚、醇
45,59,73,87,101……	$C_nH_{2n-1}O_2^+$	酸、酯
33,47,61,75,89……	$C_nH_{2n-1}S^+$	硫醇
35,49,63,77,91……	$C_nH_{2n}Cl^+$	氯代烷基
40,54,68,82,96……	$C_nH_{2n-2}HN^+$	氰
30,44,58,72,86……	$C_nH_{2n+2}N^+$	胺

(二)解析示例

例 1-22 分子式为 $C_8H_8O_2$ 的某化合物的质谱如图 1-40 所示,红外光谱数据表明该化合物在 3100~3700cm^{-1} 有吸收,试确定其结构式。

图 1-40 未知物的质谱图

解:
1)该化合物相对分子质量为 136;不饱和度 $U=5$,由 IR 可知含—OH。
2)高质量端 m/z 136($OE^{+\bullet}$)→m/z 105(EE^+),简单裂解,$\Delta m=31$,丢失的游离基的质量为 31,结合附录 2 与 IR 图谱数据,可知对应结构单元是–CH_2OH;又根据低质量端 m/z 77 提示含有单取代苯环及剩余不饱和度,所以 m/z 105 应为苯甲酰离子。
3)低质量端 m/z 39、51、77,可推断该化合物含有苯环。
4)可能的结构:Ar—CO—CH_2OH。
5)结构验证:

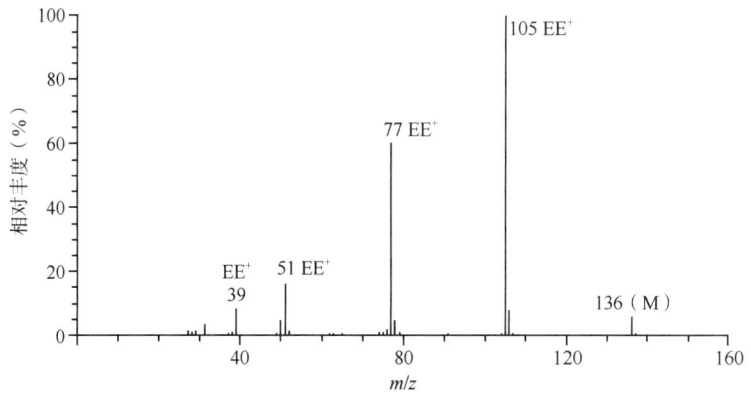

m/z 105

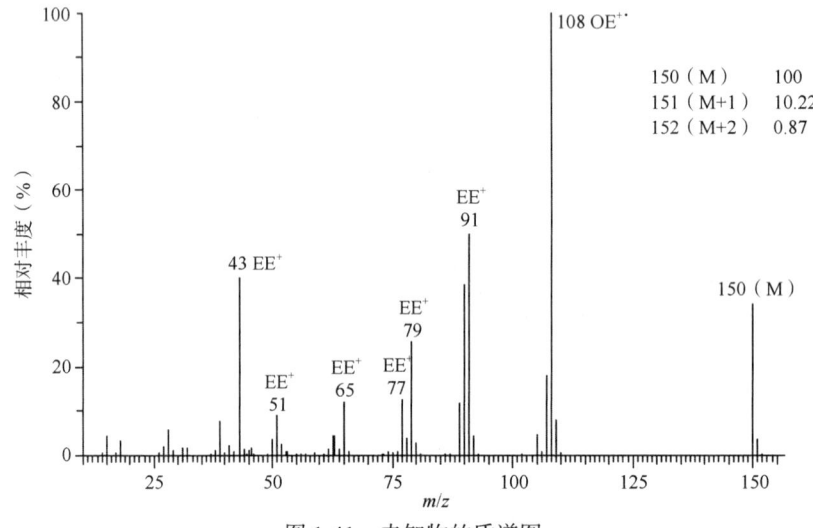

6）结果与结论：图谱中各峰由以上裂解式给予了合理的解释，所以推断的结构正确。

例 1-23 某未知物的质谱如图 1-41 所示，试确定其结构式。

图 1-41 未知物的质谱图

解：

1）由图 1-41 可知分子离子 m/z 150；由氮律可知含偶数 N 或不含 N；由 M+2 同位素峰的强度说明不含 S、Br、Cl 等。

2）计算法确定分子式：应为 $C_9H_{10}O_2$。

3）不饱和度：$U=(2+2×9-10)/2=5$，示含苯环与一个双键。

4）高质量端 m/z 150（$OE^{+•}$）→m/z 108（$OE^{+•}$），重排裂解，$\Delta m=42$，丢失的中性分子结合附录 2 分析，可能为 $CH_2=C=O$。

5）高质量端 m/z 150（$OE^{+•}$）→m/z 91（EE^+），简单裂解，$\Delta m=59$，丢失游离基，其结构单元结合附录 2 分析，可能为乙酰氧基 $-O-\overset{O}{\underset{\|}{C}}-CH_3$。

6）低质量端，特征离子与结构单元：①m/z 51、77 为苯环特征离子；②m/z 43 为 $CH_3C≡O^+$ 特征离子；③m/z 91 为䓬鎓离子，说明含有苄基。

7）可能的结构：乙酸苄酯。

8）结构验证：

9）结果与结论：图谱中各峰由以上裂解式给予了合理的解释，所以推断的结构正确。

习　　题

1）简述质谱仪的主要组成部分及其作用，并说明质谱仪主要性能指标的意义。
2）常用的离子源有哪几种？并简述每种离子源的离子化原理。
3）哪些离子源是硬电离方式，哪些是软电离方式？
4）常用的质量分析器有哪几种？并简述每种质量分析器分离原理与优缺点。
5）质谱图中有哪些离子峰？每种离子峰有什么作用？
6）何谓氮律？如何根据氮律确定质谱中的分子离子峰？
7）在质谱中，为什么可以根据同位素峰的丰度比确定化合物的分子式？
8）何谓简单裂解？何谓重排裂解？
9）某化合物质谱图上的分子离子同位素峰簇，分别为 M（89）17.12%，M+1（90）0.54%，M+2（91）5.36%。试确定其分子式。
10）某化合物质谱图中有 m/z 105 峰，而且在 m/z 56.5 处有一亚稳离子峰。则 m/z 105 的碎片离子在电离室中裂解生成的子离子的 m/z 应是多少？
11）丁酸甲酯（M=102）在 m/z 71（55%）、m/z 59（25%）、m/z 43（100%）及 m/z 31（43%）处均出现碎片离子峰，试写出产生各离子的裂解式。
12）化合物 $CH_3COCH(CH_3)CH_2C_6H_5$（M=162）在质谱中出现的 m/z 147、91、43 等离子峰，试写出产生各离子的裂解式。
13）某未知物的分子式为 $C_8H_{16}O$，质谱如图 1-42 所示，试推测出其结构并说明峰归属。

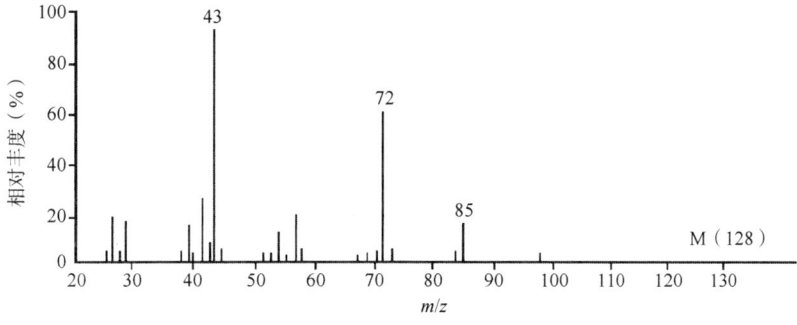

图 1-42　分子式为 $C_8H_{16}O$ 的质谱图
（3-甲基-庚酮-2）

14）某化合物的紫外光谱：$\lambda_{max}^{C_2H_5OH}$ 262nm（ε_{max} 15）；红外光谱：3330~2500cm^{-1} 间有强宽吸收，1715cm^{-1} 处有强宽吸收；质谱图（图 1-43）如下，试推测其结构式。

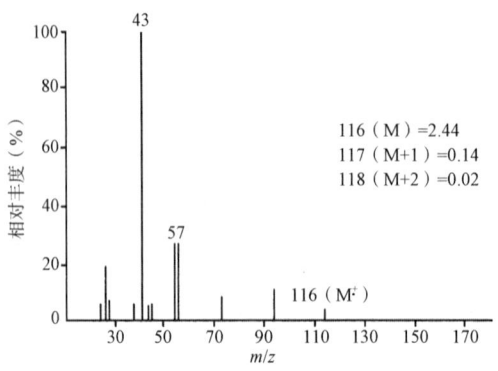

图 1-43　该化合物的质谱图
（CH$_3$COCH$_2$CH$_2$COOH）

15）分子式为 C$_8$H$_{10}$O 的某化合物质谱如图 1-44 所示，试推测出其结构。

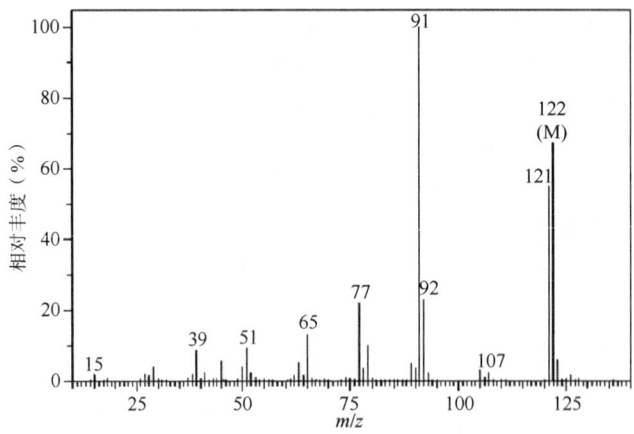

图 1-44　分子式为 C$_8$H$_{10}$O 的质谱图
（甲基苄基醚）

16）分子式为 C$_8$H$_{10}$O 的某化合物质谱如图 1-45 所示，试推测出其结构。

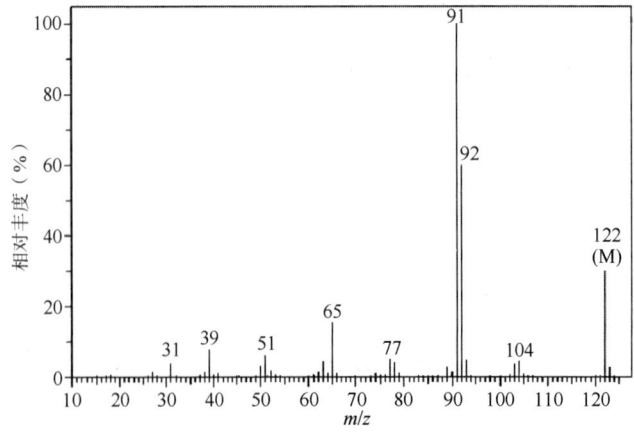

图 1-45　分子式为 C$_8$H$_{10}$O 的质谱图
（苯乙醇）

17）分子式为 $C_8H_{10}O$ 的某化合物质谱如图 1-46 所示，试推测出其结构。

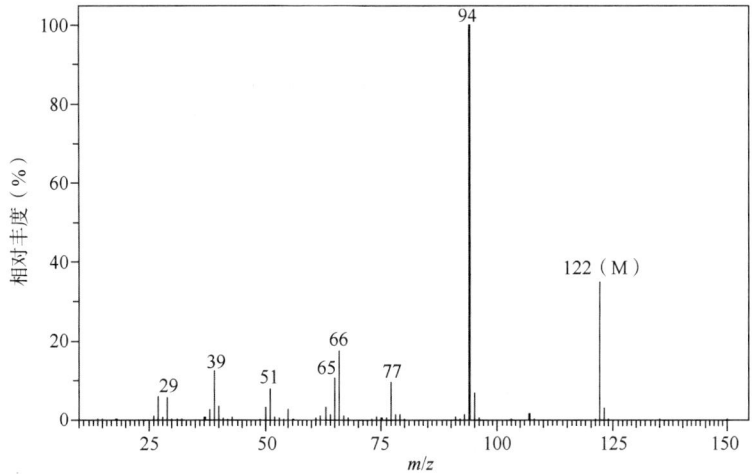

图 1-46 分子式为 $C_8H_{10}O$ 的质谱图

18）某羧酸类化合物分子式为 $C_{10}H_{20}O_2$，试根据图 1-47 解析其结构，并说明依据。

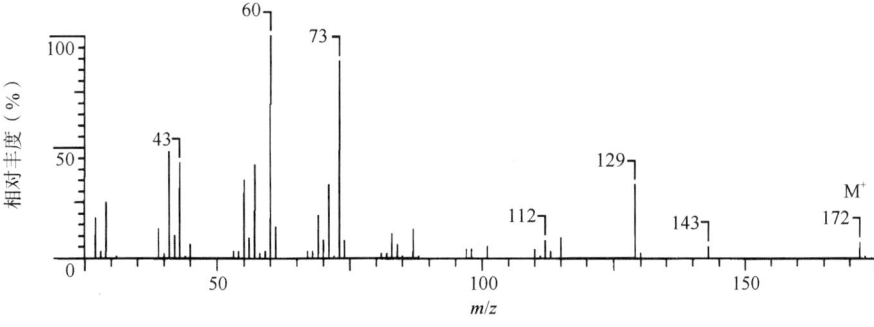

图 1-47 $C_{10}H_{20}O_2$ 的质谱
（癸酸）

第二章 一维 ^{1}H 核磁共振波谱法

一维核磁共振波谱（one-dimensional nuclear magnetic resonance spectra, 1D-NMR）是自旋原子核在强磁场的作用下，吸收射频辐射，引起核自旋能级跃迁所产生的波谱。利用核磁共振波谱进行定性、定量及结构分析的方法称为核磁共振波谱法（NMR spectroscopy，NMR）。

自 1953 年世界上第一台 30MHz 商品化的连续波核磁共振波谱仪问世以来，核磁共振波谱法成了化学家研究化合物的有力工具，用于定量与结构分析，并广泛应用于生物学、医学、材料科学等领域。随着超导核磁共振波谱仪及脉冲傅里叶变换核磁共振波谱仪的出现和普及，NMR 的新方法、新技术不断涌现，如核磁共振技术已从最初的一维（1D-NMR）发展到二维核磁共振（2D-NMR），差谱技术、极化转移技术与固体核磁共振技术的发展与应用，使核磁共振的分析方法和技术不断完善，应用范围日趋扩大。党的二十大报告中明确提出："科技是国家强盛之基，创新是民族进步之魂。"这一精神强调了创新在国家发展中的核心作用，特别是在医药领域，科技创新直接推动了新药研发和中药现代化的进程。通过深入学习和应用 NMR 技术，学生应该充分掌握现代药物研究的重要工具，助力我国药学领域的技术进步和自主创新。

在核磁共振波谱中，目前常用的有 1D-^{1}H-NMR（一级谱与二级谱、1D-NOE 差谱）、1D-^{13}C-NMR（BBD、OFR、SEL、DEPT、GD、IGD 六种碳谱）；2D-^{1}H-^{1}H-NMR（同核 2D-J 分解谱、COSY、TOCSY、2D-NOESY、2D-ROESY 谱）、2D-^{13}C-^{13}C-NMR（INADEQUATE 谱）、2D-^{1}H-^{13}C-NMR（异核 2D-J 分解谱、HSQC、HMBC）；2D-^{1}H-^{15}N-NMR 与 2D-^{1}H-^{31}P-NMR 等波谱法。现今，三维核磁共振（3D-NMR）也大量应用于生物大分子的序列研究，如同核 3D-NOESY-NOESY、3D-TOCSY-NOREY、3D-TOCSY-TOCSY；异核 3D-HSQC-TOCSY 与 3D-HSQC-NOREY 等。

本章主要介绍 1D-^{1}H-NMR 谱的原理和解析方法。

对于一维氢谱，结构分析时，其图谱可提供如下结构信息。

1）峰的组数：峰的组数一般等于分子结构中化学环境不同的质子的种类数。如图 2-1 所示，2-丁酮中有 3 种化学环境不同的质子，其 ^{1}H-NMR 谱中，8 个质子呈现了三组峰。

2）峰的位置 δ：可表明每种质子所处的化学环境。在 ^{1}H-NMR 中，峰的位置用化学位移值 δ 表示，类似于紫外光谱（UV）中的横坐标 λ，红外光谱（IR）中的波数 $\bar{\nu}$。

3）峰的裂分：峰的裂分数与相邻原子所连接的质子数相关。如图 2-1 中 a 质子裂分为三重峰（t），是因为相邻的碳原子上连接了 2 个 b 质子；而 b 质子裂分为四重峰（q），是因为相邻的碳原子上连接了 3 个 a 质子。

4）峰的强度：每组峰的积分曲线的阶梯高度或峰面积比值等于每组峰对应质子的个数比。

5）耦合常数 J：通过测定裂分峰之间的距离（耦合常数 J），可用于构型与构象分析。

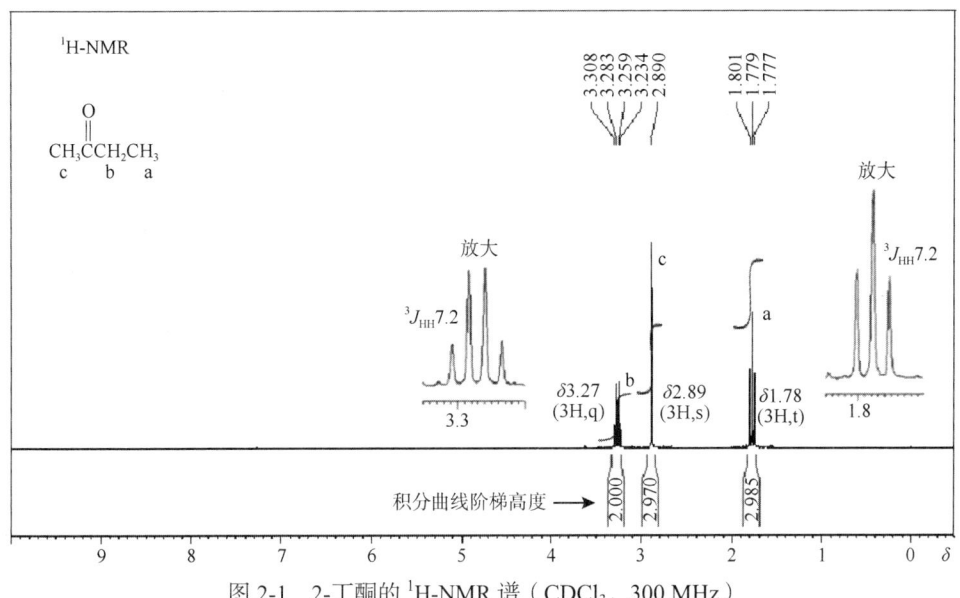

图 2-1　2-丁酮的 ¹H-NMR 谱（CDCl₃，300 MHz）

第一节　核磁共振波谱仪

核磁共振波谱仪的型号、种类很多，按产生磁场的来源不同，可分为永久磁铁、电磁铁和超导磁体三种；按照射频电磁波频率的不同可分为 60MHz、100MHz、200MHz、300MHz、500MHz、600MHz 等型号。最重要的一种分类是根据射频电磁波的照射方式不同，将仪器分为连续波核磁共振波谱仪（CW-NMR）和脉冲傅里叶变换核磁共振波谱仪（PFT-NMR）两大类型。

一、连续波核磁共振波谱仪

连续波核磁共振波谱仪一般由六大部分组成：磁铁、射频振荡器、探头、扫描发生器、射频接收器及示波器与记录仪。其结构示意图见图 2-2。

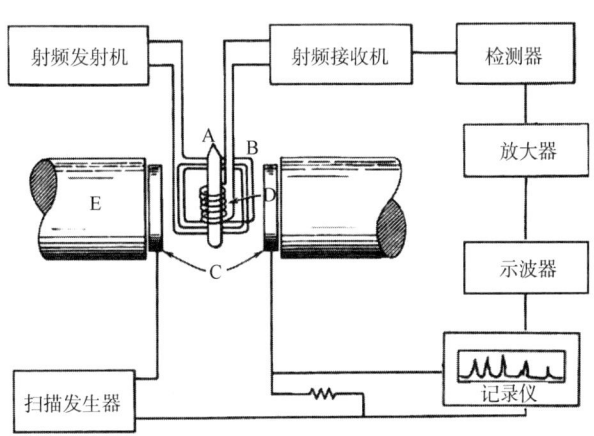

图 2-2　连续波核磁共振波谱仪组成示意图
A. 样品管；B. 发射线圈；C. 扫描线圈；D. 接收线圈；E. 磁铁

1. 磁铁　是核磁共振波谱仪中最重要的部分。磁铁的作用是提供一个均匀恒定的强磁场，使自旋核的能级发生分裂。要求稳定性好、均匀（不均匀性小于 1/6000 万）。

2. 射频发射机 是用来辐射一定频率范围的射频电磁波，其作用是提供适当的外能，使自旋核的能级发生跃迁。如为氢核提供 60MHz（按照拉莫尔公式 $\nu_0 = \dfrac{\gamma}{2\pi} H_0$，匹配的磁场强度 H_0 应为 1.4092T）或 100MHz（匹配的磁场强度为 2.3487T）的射频辐射等。

3. 扫描发生器 通过在扫描线圈内施加一定的直流电，产生约 10^{-5}T 的附加磁场来进行磁场扫描。根据共振条件，若固定射频频率，连续改变附加磁场强度，这种获得核磁共振信号的方法称为磁场扫描法——扫场法。也可以固定磁场，依次改变照射频率以获得核磁共振信号，这种方法称为频率扫描法——扫频法。在连续波核磁共振波谱中，采用最多的扫描方式是扫场法。

4. 探头 由试样管座、发射线圈、接收线圈、预放大器和变温元件等组成。用来装待测溶液的试样管一般是外径为 5mm（测定碳谱的试样管外径更粗，一般为 10mm）的硼硅酸盐玻璃管。在检测过程中，试样管通过试样管座中的小风轮推动以每分钟数百转的速度旋转，目的是使管内样品均匀地接受磁场，提高分辨率。

5. 信号检测与记录 共振核产生的吸收信号（几个毫伏的电压变化）通过探头上的接收线圈实时接收，接收到的信号经过射频接收器处理与放大，记录其吸收信号强度随扫描参数的变化而变化的关系曲线，即得核磁共振波谱图。

现代核磁共振波谱仪都配有一套积分装置，可以在图谱上以阶梯的形式显示出积分数据。由于积分信号不像峰高那样易受其他条件影响，可以通过它来估计各类核的相对数目及含量，有助于定量分析。随着计算机技术的发展，一些连续波核磁共振波谱仪配有多次重复扫描并将信号进行累加的功能，从而有效地提高仪器的灵敏度。但由于仪器噪声的影响，一般累加次数在 100 次左右为宜。

连续波仪器测试时间长（一般扫描一次需要 250 秒），灵敏度低（需要多次扫描累加），无法完成 ^{13}C-NMR 和二维核磁共振的测试工作，已被脉冲傅里叶变换核磁共振波谱仪替代。

二、脉冲傅里叶变换核磁共振波谱仪

在连续波 NMR 波谱仪上添加射频脉冲发生器和计算机系统（仪器自动控制、信号采集、傅里叶变换与数据处理），就构成了 PFT-NMR 波谱仪，见图 2-3。

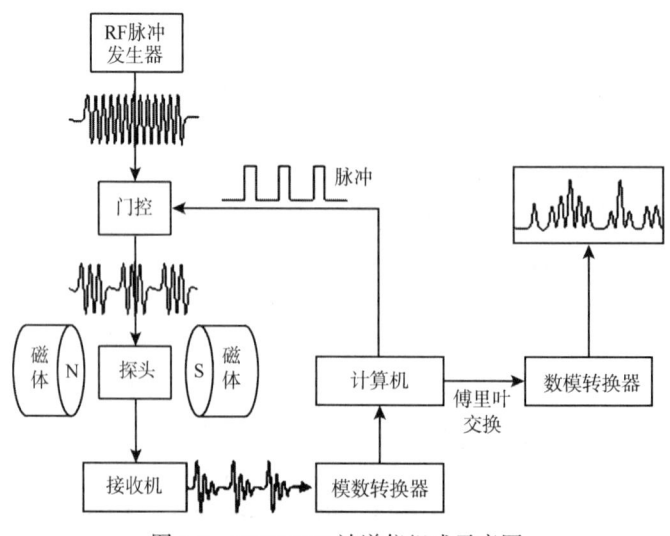

图 2-3 PFT-NMR 波谱仪组成示意图

脉冲傅里叶变换核磁共振波谱仪不是通过改变扫描频率（或磁场）的方法测定图谱，而是在恒定的磁场中，选定一定频率范围的射频电磁波，脉冲式照射样品，使所有自旋核同时发生共振（即从低能态激发到高能态）。各种高能态核通过非辐射途径（弛豫）又重新回到低能态，在这个过程中产生的感应电流信号称为自由感应衰减（FID）信号。检测到的 FID 信号是一种时间域函数的波谱图，无法辨识。经计算机快速傅里叶变换后，可得到常见的核磁共振谱（频域谱）。PFT-NMR 的实验方法见图 2-4。

PFT-NMR 实验方法的基本原理，见图 2-5。

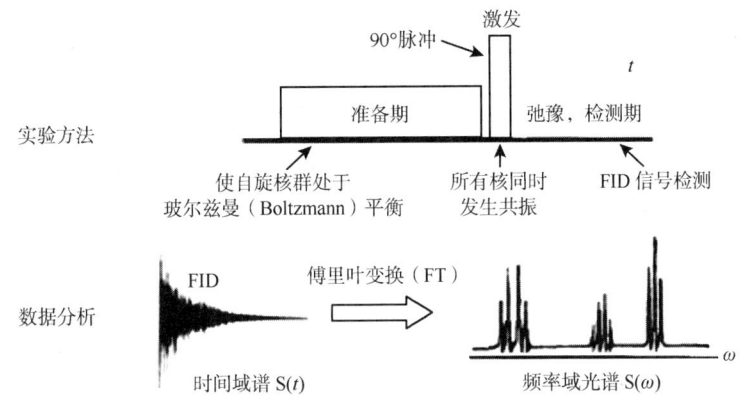

图 2-4 PFT-NMR 实验方法示意图

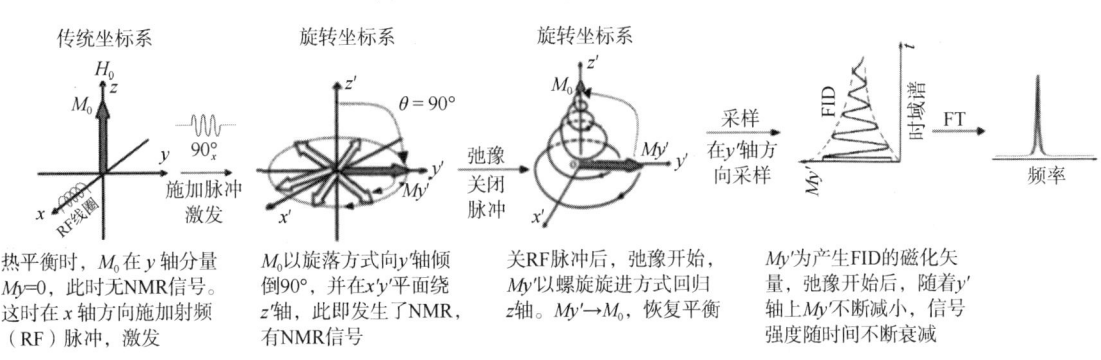

图 2-5 PFT-NMR 基本原理示意图

图 2-5 中，宏观磁化强度矢量（简称磁化矢量）M_0 是指所有被观测磁性核的核磁矩在外场方向的矢量和。即 $\vec{M}_0 = \sum_{i=1}^{n_{\pm 1/2}} \vec{\mu}_i$。如果脉冲宽度（$t_p$）恰好使倾倒角 $\theta=\pi/2$ 或 $\theta=\pi$，这种脉冲称为 90° 或 180° 脉冲。在旋转坐标系中，z' 与 z 轴（外场轴）重叠，$x'y'$ 平面绕 z' 轴旋转与 $M_{y'}$ 进动同频。

脉冲傅里叶变换核磁共振波谱仪测定一张图谱只需要几秒至十几秒钟的时间，故可在短时间内实施 n 次脉冲检测，信号 n 次累加，大幅度地提高了测定的灵敏度与分辨率，分析速度快。还可用于动态过程、瞬时过程及反应动力学方面的研究。脉冲傅里叶变换核磁共振波谱仪已成为 ^{13}C 核磁共振和二维及三维核磁共振等图谱测量不可缺少的工具。

第二节 核磁共振波谱法的基本原理

一、原子核的自旋与磁矩

（一）原子核的自旋分类

原子核是否有自旋，经实验测定总结于表 2-1 中。

表 2-1　原子核自旋分类

质量数 A	核电荷数 Z	自旋量子数 I	核电荷分布	NMR 信号	原子核
偶数	偶数	0	非自旋球体	无	^{12}C，^{16}O，^{32}S……
奇数	奇数或偶数	1/2	自旋球体均匀对称	有	^{1}H，^{13}C，^{19}F，^{31}P，^{15}N……
奇数	奇数或偶数	3/2，5/2……	自旋椭圆体非均匀对称	有	^{11}B，^{17}O，^{33}S，^{35}Cl，^{79}Br，^{127}I……
偶数	奇数	1，2，3……	自旋椭圆体非均匀对称	有	^{2}H，^{14}N，^{10}B……

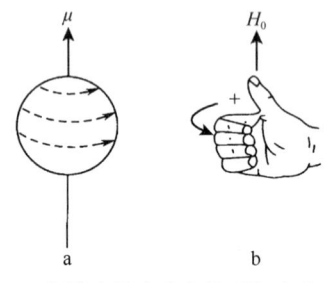

图 2-6　氢核自旋方向与核磁矩方向（a）和右手螺旋法则（b）

（二）自旋核的核磁矩

原子核作自旋运动时，如图 2-6 所示，具有一定的自旋角动量 P（spin angular momentum），其自旋角动量符合量子力学理论，具体公式如下：

$$P = \sqrt{I(I+1)}\frac{h}{2\pi} \quad (2-1)$$

式中，I 为自旋量子数；h 为普朗克常数。

带正电荷的原子核的自旋一定产生感生磁场，所产生的磁场称为磁偶极矩，又称核磁矩，用 μ 表示。核磁矩和角动量方向平行，并成正比关系。

$$\mu = \gamma \cdot P = \gamma \cdot \sqrt{I(I+1)}\frac{h}{2\pi} \quad (2-2)$$

γ 是核磁旋比，为原子核的特征常数，决定核在核磁共振实验中检测的灵敏度。γ 值大的核，检测灵敏度高，共振信号易于被观察。

常见元素原子核的性质如表 2-2 所示。

表 2-2　常见元素原子核的性质

原子核	核自旋量子数 I	核磁共振活性	天然丰度（%）	磁旋比 $\gamma 10^7/(T \cdot s)$	相对灵敏度
^{1}H	1/2	有	99.985	26.7519	1.00
^{2}H	1	有	0.015	4.1066	9.65×10^{-3}
^{12}C	0	无	98.9	—	—
^{13}C	1/2	有	1.108	6.7283	1.59×10^{-2}
^{14}N	一	有	99.63	1.9338	1.01×10^{-3}
^{15}N	1/2	有	0.37	−2.712	1.00×10^{-3}
^{16}O	0	无	99.76	—	—
^{17}O	5/2	有	0.037	−3.6280	2.91×10^{-2}
^{19}F	1/2	有	100	25.1815	0.83
^{31}P	1/2	有	100	10.8394	6.63×10^{-2}

只有自旋量子数 I≠0 的核才具有核磁共振活性，即能产生核磁共振信号。但当 I 较大时，由于核电荷呈非球形均匀对称分布，将使得核磁共振信号变得非常复杂。因此，I=1/2 的核（^{1}H、^{13}C、^{15}N、^{19}F 和 ^{31}P）是目前核磁共振研究与测定的主要对象。

二、自旋原子核在外磁场中的性质

（一）核磁能级发生分裂

无外加磁场时，自旋原子核只有一个简并的能级。若将自旋原子核置于磁场中，原来简并的能级被分裂成几个不同能量的能级，即核磁矩可有不同取向。见图2-7。

核磁矩在外磁场中的自旋取向数（n）为

$$n = 2I + 1$$

每一种取向以磁量子数 m（magnetic quantum number）来表示，m 的取值范围为 I，$I-1$，$I-2$，…，$-I+1$，$-I$，共 $2I+1$ 个（量子化特征）。例如，^1H，自旋取向数 $n=2$，m 取值有两个：$m=1/2$ 和 $-1/2$。同样，当 $I=1$ 时，如 ^2H，自旋取向数 $n=3$，m 取值为 1、0、-1，即核磁矩在外磁场中有三种不同的取向。见图2-8。

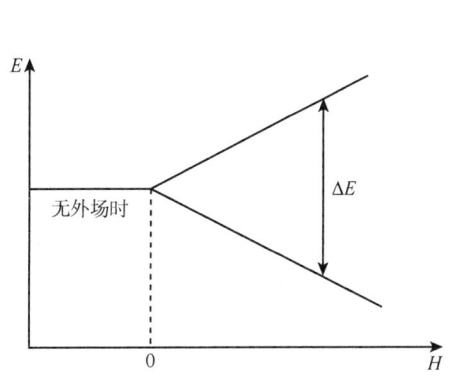
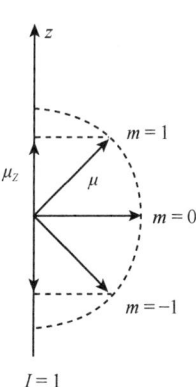

图 2-7　$I=1/2$ 的自旋核的能级分裂图　　图 2-8　磁场中不同 I 的原子核的核磁矩空间取向

由于每一种取向都对应于一定的核磁能级，其能级的能量 E 为

$$E = -\mu_z H_0 = -\gamma p_z H_0 = -\gamma \cdot m \cdot \frac{h}{2\pi} \cdot H_0 \quad (2\text{-}3)$$

式中，μ_z 为核磁矩 μ 在磁场方向上的分量；p_z 为角动量在 z 轴上的分量。

$m=+1/2$ 时，核磁矩矢量顺外场方向，能量低，低能态：

$$E_{1/2} = -\frac{1}{2} \cdot \gamma \cdot \frac{h}{2\pi} H_0 \quad m = +1/2$$

$m=-1/2$ 时，核磁矩矢量逆外场方向，能量高，高能态：

$$E_{-1/2} = -\left(-\frac{1}{2}\right) \cdot \gamma \cdot \frac{h}{2\pi} H_0 \quad m = -1/2$$

两能级的能量差 ΔE 为

$$\Delta E = \gamma \cdot \frac{h}{2\pi} \cdot H_0 \quad (2\text{-}4)$$

由式（2-4）可知，ΔE 的大小与外加磁场强度（H_0）及核磁旋比（γ）的大小成正比。H_0 越大，两能级的能量差（ΔE）越大。见图 2-7。

（二）进动

当核磁矩的方向与外加磁场方向成一夹角时，核磁矩就会受到外磁场的磁力矩的作用，按说受到磁力矩的作用以后，其夹角应该发生变化，以至于核磁矩的方向与外场方向完全平行，但实验证明夹角并没有发生变化，而是核磁矩矢量轴（自旋轴）绕外场轴作旋进运动，我们把原子核的这种旋进运动称为拉莫尔（Larmor）进动。这种运动现象与陀螺将要倒地时的摇头运动类似，如图 2-9 所示。

原子核进动线频率（v_0）由外加磁场强度（H_0）和原子核本身性质（核磁旋比 γ）决定，它们之间的关系可以用拉莫尔方程表示：

$$v_0 = \frac{\gamma}{2\pi} \cdot H_0 \tag{2-5}$$

式（2-5）说明，核一定时，进动线频率与外加磁场强度成正比；不同核在同一外加磁场中的进动频率不同。对于某一特定核，在一定强度的外加磁场中，其自旋进动频率是固定不变的。

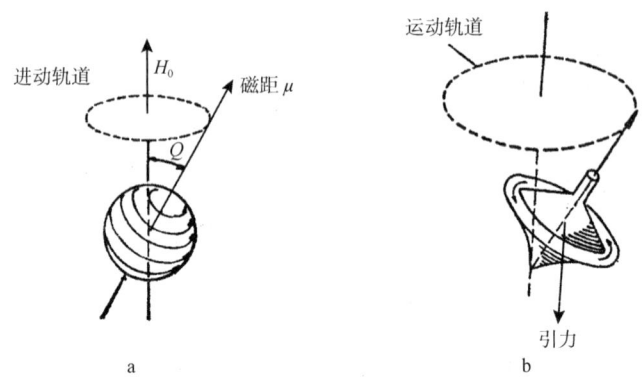

图 2-9 原子核的进动
a. 在外磁场中核的进动；b. 陀螺的进动

三、核磁共振的产生

与紫外、红外等吸收光谱类似，原子核在外加磁场中只有吸收与能级能量差 ΔE 相等的射频能量才能发生核磁能级的跃迁（即核磁共振），如图 2-10 所示。

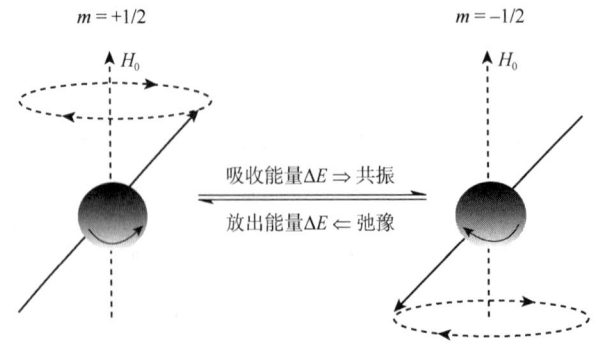

图 2-10 $I=1/2$ 的核能级跃迁示意图

对于 $I=1/2$ 的核，依据式（2-4）及（2-5）可知：

$$\Delta E = \gamma \cdot \frac{h}{2\pi} \cdot H_0 = hv_0 = hv_L \tag{2-6}$$

式中，ν_0 为拉莫尔进动频率；ν_L 为电磁波射频频率，即照射频率。所以核磁共振吸收产生的条件可归纳为：①核为磁性核；②具有强磁场 H_0；③$\nu_L=\nu_0$，即照射频率必须等于原子核进动频率；④$\Delta m=\pm1$。由量子力学选律可知，只有跃迁 $\Delta m=\pm1$ 才是允许的，即跃迁只能发生在两个相邻能级间。

四、饱和与弛豫

（一）自旋核的不同核磁能级在外场中的分布

在外磁场 H_0 中自旋核的不同自旋取向达到平衡时，处于不同能级的核数目服从玻尔兹曼（Boltzmann）分布。

$$\frac{n_+}{n_-}=e^{\frac{\Delta E}{kT}}=e^{\frac{\gamma hH_0}{2\pi kT}} \tag{2-7}$$

式中，n_+ 为低能态核数；n_- 为高能态核数；k 为玻尔兹曼常数。

以 ^{1}H 核（$I=1/2$）为例，当 $H_0=1.4092$T，温度为 300K 时，低能态（$m=+1/2$）和高能态（$m=-1/2$）的 ^{1}H 核数之比为

$$\frac{n_{(+1/2)}}{n_{(-1/2)}}=e^{\frac{6.63\times10^{-34}\times2.68\times10^8\times1.4092}{2\times3.14\times1.38\times10^{-23}\times300}}=1.00001$$

也就是说，低能态核数仅仅比高能态核数多 1/10 万，呈现微弱优势，核磁共振吸收信号来源于这 1/10 万低能态核向高能态发生的跃迁。

在外磁场中，以一定的射频对核持续照射时，受照射的核由低能态向高能态发生跃迁，如果高能态的核不能通过有效途径释放所吸收的能量回到低能态，低能态的核数将会越来越少，当 $n_{+1/2}=n_{-1/2}$ 时，不会再有射频吸收，则 NMR 信号消失，这种现象称为"饱和"。

在测量过程中，为防止出现饱和，应始终保持低能态的核在数量上所存在的微弱优势，则要求高能态的核迅速回到低能态。因此，必须考虑高能态核迅速回到低能态的方式。

（二）核的弛豫

在核磁共振过程中，高能态核经过非辐射途径释放所吸收的能量回到低能态，这一过程称为弛豫。弛豫包含自旋-晶格弛豫及自旋-自旋弛豫两种形式。

1. 自旋-晶格弛豫 高能态核将能量转移至周围环境（固体的晶格或溶剂分子）回到低能态的过程称为自旋-晶格弛豫。这种弛豫从自旋核的全体而言，总能量降低了，被转移的能量在晶格中变为平动能或转动能，所以也称为纵向弛豫。弛豫过程可以用弛豫时间（也称为半衰期）T_1 来表示，它是高能态核寿命的量度。纵向弛豫时间 T_1 取决于样品中磁核的运动，样品流动性降低时，T_1 增大。气、液（溶液）体的 T_1 较小，一般在 1 秒至几秒；固体或黏度大的液体，T_1 很大，可达数十、数百甚至上千秒。因此，在测定核磁共振波谱时，通常采用液体试样。

2. 自旋-自旋弛豫 是指两个进动频率相同而进动取向不同（即能级不同）的磁性核，在一定距离内发生能量交换而改变各自的自旋取向。交换能量后，高、低能态的核数目未变，总能量未变（能量只是在磁核之间转移），所以也称为横向弛豫，这种弛豫不能有效地消除"饱和"现象。横向弛豫的时间用 T_2 表示。气体、液体的 T_2 与其 T_1 相似，约为 1 秒；固体试样中的各核的相对位置比较固定，利于自旋-自旋间的能量交换，T_2 很小，弛豫过程的速度很快，一般为 $10^{-5}\sim10^{-4}$ 秒。

弛豫时间虽然有 T_1、T_2 之分，但对于一个自旋核来说，它在高能态所停留的平均时间只取决于 T_1、T_2 中较小的一个。因 T_2 很小，似乎应该采用固体试样，但由于共振吸收峰的宽度与 T 成反比，所以固体试样的共振吸收峰很宽。为得到高分辨率的图谱，且自旋-自旋弛豫并非为有效弛豫，因此通常仍采用液体试样。

在脉冲傅里叶变换核磁共振波谱中，可以测定每种磁核的 T_1 和 T_2，它们也是解析物质化学结构的重要参数。

此外，医学上的核磁共振临床诊断检查就是基于同一器官正常组织含水量大于病变组织，且病变组织中水的 T_1 或 T_2 与正常组织比较有较大差别，借此实施断层扫描，计算机三维磁共振成像（magnetic resonance imaging，MRI）用于诊断检查器质性病变。

第三节 化 学 位 移

一、化学位移的产生——核外电子的屏蔽效应

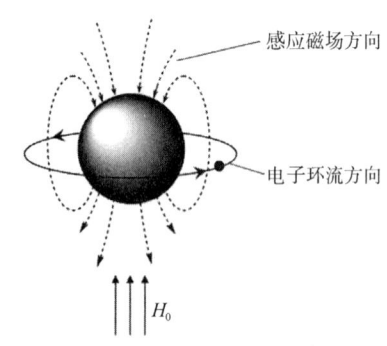

图2-11 核外电子的局部抗磁屏蔽效应

根据拉莫尔公式 $\nu_0 = \dfrac{\gamma}{2\pi} \cdot H_0$ 及共振条件 $\nu_L = \nu_0$，若分子结构中所有 ^1H 核核外没有电子（裸核），在1.4092T的外磁场中，应该只吸收一种频率（60MHz）的电磁波，发生自旋跃迁，在图谱的同一位置上产生一个吸收信号，这样的图谱用于研究化学结构毫无用处。实际上处于分子结构中不同位置（不同化学环境）的氢核所产生的共振吸收峰，会出现在图谱的不同位置上。这种因化学环境的变化而引起的共振谱线在图谱上的位移称为化学位移。其原因是氢核外是有电子的，核外电子在外加磁场 H_0 的诱导下，产生一个与外加磁场方向相反的感应磁场 H_e，如图2-11所示。

$$H_e = -\sigma H_0 \qquad (2\text{-}8)$$

式中，"–"表示感应磁场的方向与外磁场的方向相反；σ 为屏蔽常数（其数量级为 10^{-6}，极差约为10/100万），σ 的大小与氢核外围的电子云密度有关，电子云密度越大，σ 越大。

此时，氢核实受磁场强度 $H_{实}$ 为

$$H_{实} = (1-\sigma)H_0 \qquad (2\text{-}9)$$

显然 $H_{实} < H_0$，我们把这种核外电子所产生的感生磁场削弱外场的效应称为屏蔽效应。因为屏蔽效应的存在，拉莫尔公式应修正为

$$\nu_{实} = \dfrac{\gamma}{2\pi}(1-\sigma)H_0 \qquad (2\text{-}10)$$

由式（2-10）可以看出：若固定射频电磁波的频率，连续变化附加磁场强度（扫场），使 $H_{实} = H_0$，且附加磁场强度的变化与记录仪的驱动装置同步，则处于不同化学环境中的氢核，由于具有不同的屏蔽常数，削弱外场的程度不同，要使它们都发生共振，补偿的附加磁场的强度不同，于是在图谱的不同位置上出现了共振吸收峰，即产生了（化学）位移。

二、化学位移的测量与表示方法

1. ν 表示法 由于屏蔽常数的差值很小，极差只有10/100万左右，即扫场时附加磁场的变化范围或扫频时射频电磁波的频率的变化范围的极值仅为10/1000000。要精确测量其差异的绝对值较为困难。因此，在实际测定中采用相对测量法，即选一标准物作为参照。当固定磁场强度 H_0，连续变化射频电磁波的频率（扫频）时，测定被测物核与标准物核共振频率的差值 $\Delta\nu$，并以此差值作为化学位移的第一种表示方法，符号为 $\Delta\nu$，单位为 Hz。

$$\Delta\nu = \nu_{试样} - \nu_{标准}$$

在相对测量时，通常把标准物的共振吸收峰调整到图谱的原点（图谱的最右端），相当于人为规定 $\nu_{标准}=0$，因此 $\Delta\nu=\nu_{试样}\Leftrightarrow\nu$。见图 2-12。

2. δ 表示法　由于 $\Delta\nu$ 与外场强度成正比，同一磁核在磁场强度不同的仪器上测得的 $\Delta\nu$ 或 ν 值不同（见图 2-12），测定数据不便于通用。为了消除这种因素的影响，通常采用相对差值 δ 来表示。

$$\delta = \frac{\nu_{试样}-\nu_{标准}}{\nu_{标准}}\times 10^6 = \frac{\nu_{试样}-\nu_{射频}}{\nu_{射频}}\times 10^6 = \frac{\Delta\nu}{\nu_{射频}}\times 10^6 \tag{2-11}$$

式中，$\nu_{试样}$ 为被测试样（某种质子）的共振频率；$\nu_{标准}$ 为标准（参照）物质的共振频率。因为 $\nu_{标准}$ 非常接近于 $\nu_{射频}$，所以通常用 $\nu_{射频}$ 替代 $\nu_{标准}$。δ 与 $\nu_{试样}$ 换算公式为

$$\nu_{试样}=\delta\times\nu_{射频}\times 10^{-6} \tag{2-12}$$

若固定射频频率 ν_0，扫场，则式（2-11）式可改为

$$\delta = \frac{H_{标准}-H_{试样}}{H_{标准}}\times 10^6 \tag{2-13}$$

式中，$H_{标准}$ 为标准物质共振时的场强；$H_{试样}$ 为试样共振时的场强。

例如，分别在 1.4092T（60MHz）和 2.3487T（100MHz）的外磁场中，测定 1,2,2-三氯丙烷的 ^{1}H-NMR。由图可见不同场强（H_0）的仪器测得的相同磁核（如甲基质子）的 $\Delta\nu$ 不一样。见图 2-12。

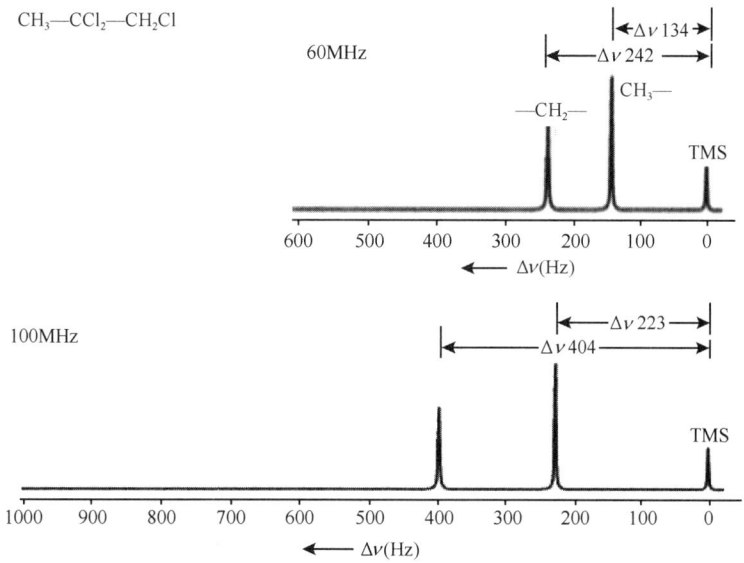

图 2-12　1,2,2-三氯丙烷的 ^{1}H-NMR 谱（60MHz 与 100MHz，ν 表示法）

1）$H_0=1.4092$T，$\nu_{射频}=60$MHz，$\Delta\nu=\nu_{CH_3}=134$（Hz），$\nu_{CH_2}=242$（Hz）

$$\delta_{CH_3}=\frac{134}{60\times 10^6}\times 10^6 = 2.23 \qquad \delta_{CH_2}=\frac{242}{60\times 10^6}\times 10^6 = 4.03$$

2）$H_0=2.3487$T，$\nu_{射频}=100$MHz，$\Delta\nu=\nu_{CH_3}=223$（Hz），$\nu_{CH_2}=404$（Hz）

$$\delta_{CH_3}=\frac{223}{100\times 10^6}\times 10^6 = 2.23 \qquad \delta_{CH_2}=\frac{404}{100\times 10^6}\times 10^6 = 4.04$$

从上述计算可明显看出，用不同场强（H_0）的仪器测得的相同磁核的 $\Delta\nu$ 不一样，但 δ 值一致。因此，谱图的横坐标通常采用 δ 表示法。见图 2-13。

常用标准物（内标物）有四甲基硅烷$(CH_3)_4Si$（tetramethylsiliane，TMS）或 4,4-二甲基-4-硅代戊磺酸钠（sodium 4,4-dimethyl-4-silapentanesulfonate，DSS）。

以有机溶媒为溶剂的样品，常用 TMS 为标准物。主要是因为①TMS 的 12 个氢处于完全相同

的化学环境，只产生一个尖峰；②TMS 中氢核的屏蔽效应强烈，位移最小，与有机化合物中的质子峰不重叠；③TMS 为化学惰性试剂，且性质稳定；④TMS 易溶于有机溶剂，沸点低，易回收。

因为 TMS 不溶于水，以重水为溶剂时，则采用 DSS 作为标准物。

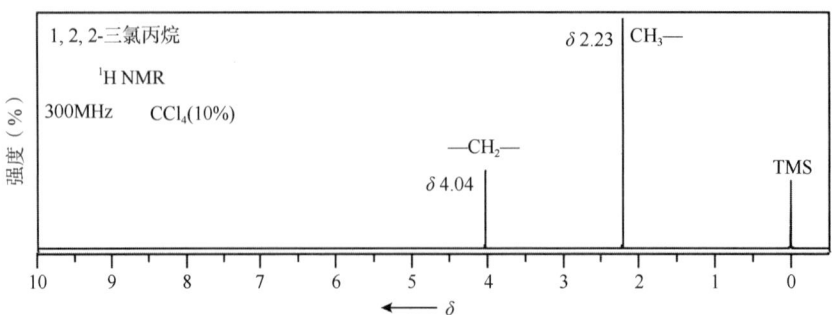

图 2-13　1,2,2-三氯丙烷的 ^{1}H-NMR 谱（300MHz，δ 表示法）

这两种标准物的氢核屏蔽效应都很强，共振信号出现在最高场，并规定它们的 δ 值为 0.00。氢核的共振峰通常出现在它们的左侧。

核磁共振谱的横坐标用 δ 表示，δ 值由右向左递增，左正右负。氢谱的 δ 值范围一般为 0～10，最大可达 18～20。在 ^{1}H-NMR 图谱中，谱图横坐标（化学位移）表示方法、量程范围、坐标方向、常见不同类型氢核的化学位移值与其所受屏蔽效应的程度及补偿频率或补偿磁场之间的关系如图 2-14 所示。

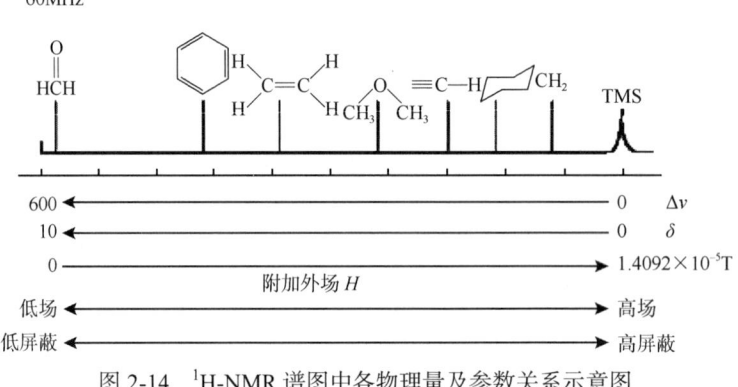

图 2-14　^{1}H-NMR 谱图中各物理量及参数关系示意图

三、影响化学位移的因素

影响化学位移的因素有两类，一类是内部因素，即分子结构因素，包括局部屏蔽效应、磁各向异性效应和杂化效应等；另一类是外部因素，包括分子间氢键和溶剂效应等。其主要内容介绍如下。

1. 诱导效应　与氢核相连的碳原子上，如果连接有电负性大的原子或基团，则由于它们的吸电子诱导效应，使氢核外围电子云密度减小，即产生去屏蔽效应，共振峰向低场移动，化学位移值增大。所连接基团的电负性越强，化学位移值越大（表 2-3）。

表 2-3　卤代甲烷的化学位移

化合物	氢核的化学位移	卤素的电负性
CH$_3$F	4.26	4.0
CH$_3$Cl	3.05	3.0
CH$_3$Br	2.70	2.8
CH$_3$I	2.15	2.5

诱导效应是通过成键电子传递的,随着与电负性取代基距离的增大,诱导效应的影响逐渐减弱,通常相隔 3 个以上键的影响可以忽略不计。例如,

	CH₃Br	CH₃CH₂ Br	CH₃CH₂CH₂ Br	CH₃(CH₂)₃ Br
δ	2.70	1.65	1.04	0.90

2. 共轭效应   在具有多重键或共轭多重键的分子体系中,由于 π 电子的转移导致某基团电子云密度和磁屏蔽的改变,此种效应称为共轭效应。共轭效应包括 p-π 共轭和 π-π 共轭两种类型,需要注意的是这两种效应电子转移方向是相反的,所以对化学位移的影响是不同的。

例如,双键或苯环上的氢被供电基团(—OR、—OCH₃、—NH₂、—OCOR 等)取代时,由于 p-π 共轭作用,将使得供电基团邻位及对位氢核外的电子云密度增大,δ 值减小,向高场位移。而被吸电基团(—NO₂、—CHO、—COR、—COOH 等)取代时,由于 π-π 共轭(−C 效应)作用,将使得其邻位及对位氢核外的电子云密度降低,δ 值增大,向低场位移。

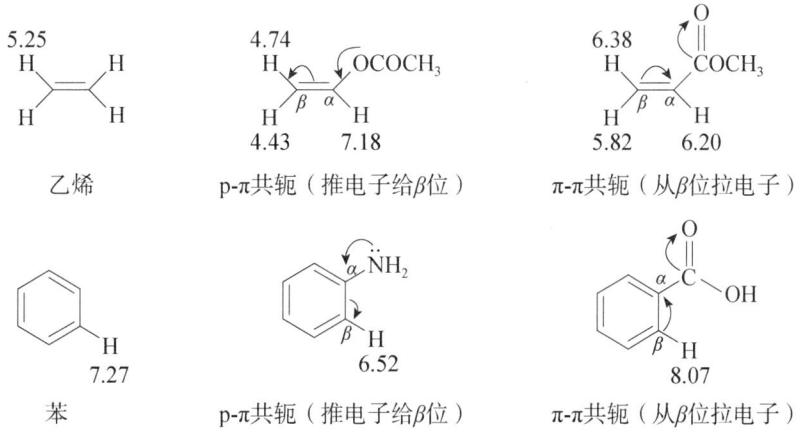

3. 杂化轨道效应   在 sp³、sp²、sp 杂化轨道中,随着 s 电子云成分的依次增加,s 电子云逐渐靠近于碳核,偏离氢核,成键电子对质子的去屏蔽作用依次增强(sp³<sp²<sp),δ 值依次增大,如乙烷、乙烯和乙炔的质子 δ 值分别为 0.88、5.25 和 2.88。但乙烯和乙炔质子的 δ 值次序发生了颠倒,这是因为磁各向异性效应影响的情况不一样所致。

4. 磁各向异性效应   是指与质子相邻接的基团或化学键的电子云,在外磁场作用下,所产生的感生磁场通过空间磁力线,对质子实受场强的影响而产生的正或负(去)屏蔽效应,导致质子化学位移发生变化。这种变化的程度取决于质子与相邻接的基团或化学键所处空间相对位置(距离与方向),即具有磁各向异性现象。

(1) 苯环的磁各向异性效应:苯环置于外磁场中时,苯环平面立即与外磁场 H_0 相互垂直,π 电子云对称地分布在苯环平面的上、下方,在外磁场的作用下,形成诱导电子环流,产生感生磁场。感生磁场的方向在苯环平面的平面内及上、下方与外磁场的方向相反,使处于苯环平面内及上、下方的质子实受外磁场强度降低,屏蔽效应增大,峰移向高场,δ 值减小,这种影响称为正屏蔽效应。具有这种影响的空间称为正屏蔽区,以 "+" 表示。苯环平面的周围,感生磁场的方向与外磁场一致,处于此空间内的质子实受场强增加,这种影响称为去(负)屏蔽效应。相应的空间称为去屏蔽区或负屏蔽区,以 "−" 表示。苯环上氢的 δ 值为 7.26,就是因为它们处于负屏蔽区。如图 2-15 所示。凡具有芳香性[(4n+2)π]的化合物或结构单元均具有这种影响因素,无芳香性的环烯烃无此影响因素。

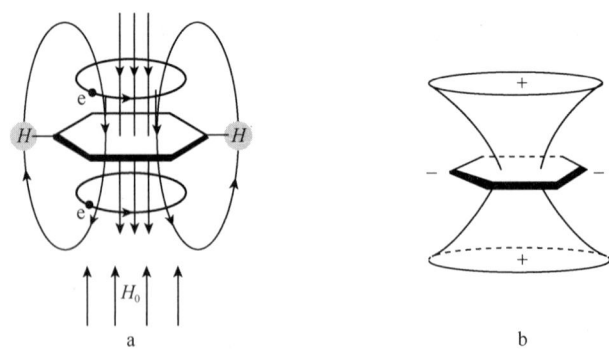

图 2-15 苯环的电子环流（a）和苯环的磁各向异性（b）

例如，下列 18-安钮烯化合物中，环内质子处于正屏蔽区，受到正屏蔽效应，峰移向高场，δ 值减小。环外质子处于去屏蔽区，受到去屏蔽效应，峰移向低场，δ 值增加；在 1（1，4）-苯环十一烷中，亚甲基 a 处于苯环去屏蔽区，受到去屏蔽效应，峰移向低场，δ 值增加（烷烃中 C—CH_2—C，$\delta_H \approx 1.2 \sim 1.45$），亚甲基 b 的 δ 值稍有增加。亚甲基 c→e 处于苯环正屏蔽区，δ 值逐渐减小；1，8-对番烷与 1（1，4）-苯环十一烷类似，只是因为 2 个苯环的加合作用，使得去屏蔽与正屏蔽的影响程度更大一些。

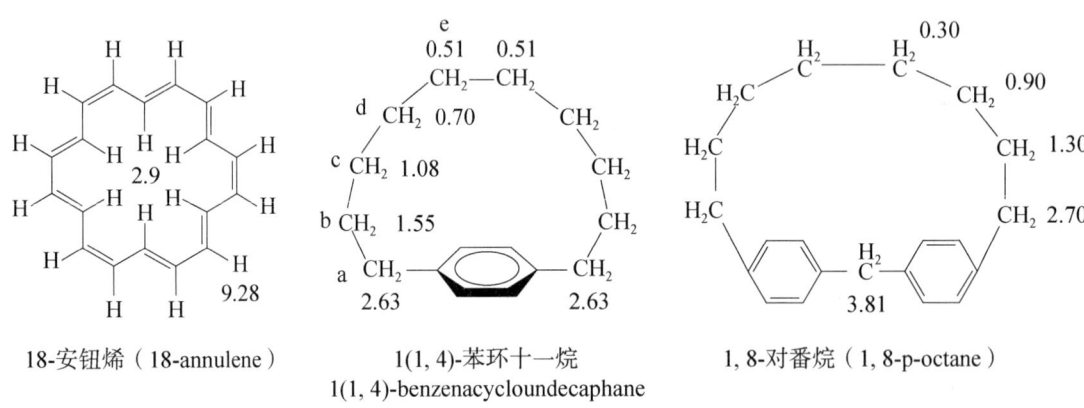

18-安钮烯（18-annulene）　　1(1, 4)-苯环十一烷　　1, 8-对番烷（1, 8-p-octane）
　　　　　　　　　　　　　1(1, 4)-benzenacycloundecaphane

（2）双键的磁各向异性效应：双键（C═C、C═O）在外场中，其平面与外磁场 H_0 相互垂直，双键的 π 电子云在外加磁场诱导下形成电子环流，从而产生感生磁场，其屏蔽情况如图 2-16 所示。双键平面的上下方为两个锥形的正屏蔽区，双键平面四周的空间为去屏蔽区。烯烃质子因位于 C═C 键的去屏蔽区，故其共振峰移向低场，δ 值较大，通常为 4.5～5.7。

醛基质子与烯烃质子类似，位于羰基平面上，处于 C═O 键的去屏蔽区，同时还受相连氧原子强烈的吸电子诱导效应影响，故其共振峰移向更低场，δ 值为 9.4～10.0。

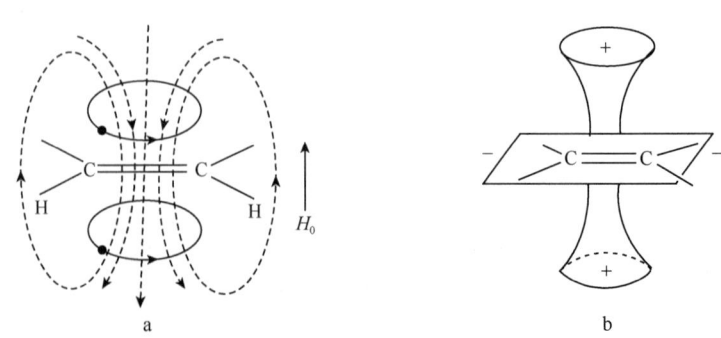

图 2-16 双键的电子环流（a）和双键的磁各向异性（b）

（3）三键的磁各向异性效应：三键（C≡C，C≡N）在外磁场中，其键轴与外磁场方向平行，三键的π电子云围绕键轴呈圆筒状对称分布，在外磁场诱导下，三键的电子环流产生的感生磁场的方向，在键轴上与外场方向相反，为正屏蔽区，与键轴垂直方向为负屏蔽区，如图 2-17 所示。乙烯和乙炔质子的 δ 值次序发生了颠倒（乙烯和乙炔质子的 δ 值分别为 5.25 和 2.88），这是因为乙炔质子处于三键电子环流的正屏蔽区，且磁各向异性效应大于杂化轨道效应，而乙烯质子处于双键的负（去）屏蔽区。

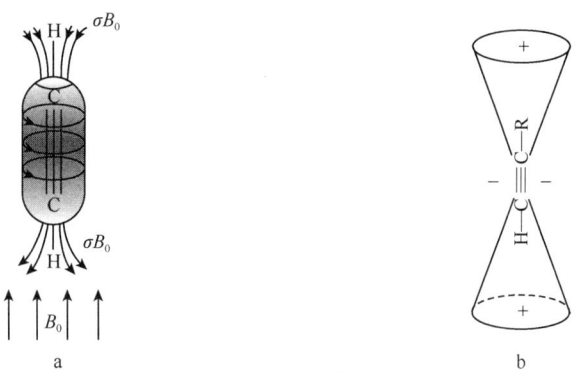

图 2-17　三键的电子环流（a）和三键的磁各向异性（b）

（4）单键的磁各向异性效应：单键（C—C、C—O、C—N 等）的 σ 电子也能产生磁各向异性效应，但比上述 π 电子环流引起的磁各向异性效应小得多。如图 2-18 所示，C—C 的键轴就是去屏蔽圆锥区。

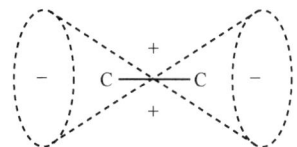

图 2-18　C—C 键的屏蔽区域（＋）和去屏蔽区域（－）

因此，当碳上的氢被烷基逐个取代后，由于质子处于 C—C 去屏蔽键轴上，随着烷基取代数量的增加，质子所受到的去屏蔽效应逐渐增大，δ 值移向低场，即 $\delta_{CH} > \delta_{CH_2} > \delta_{CH_3}$。例如，

RCH₃　　　　　　R₂CH₂　　　　　　R₃CH

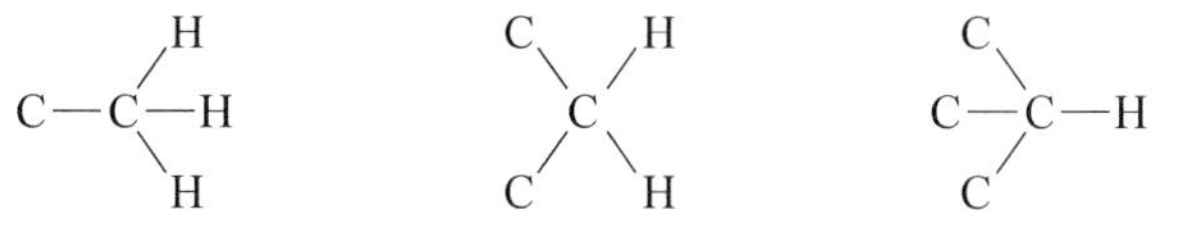

δ 0.85～0.95　　δ 1.20～1.40　　δ 1.40～1.65

又如，环己烷屏蔽区域的划分及实例如下：

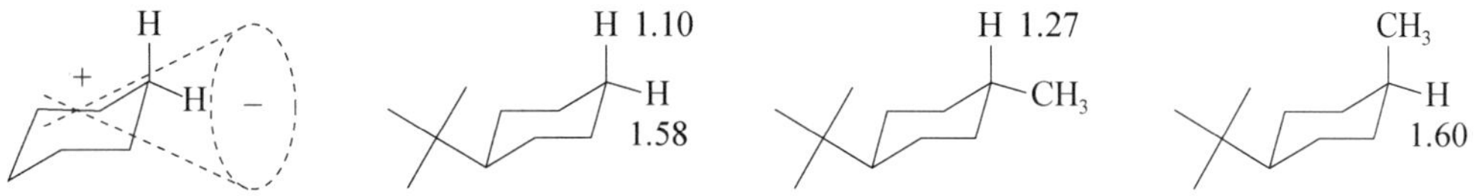

H 1.10　H 1.58　　H 1.27　CH₃ 　　CH₃ H 1.60

具有较大取代基的环己烷衍生物，环相对固定。此时，处于平伏键（e 键）的质子位于去屏蔽区，而处于直立键（a 键）的质子位于正屏蔽区。因此，处于 e 键质子的化学位移值大于 a 键质子的化学位移值。

5. 空间效应　可以通过质子化学位移值的大小确定基团的空间位置。如下图所示化合物 a 和 b，由于甲基的空间位置不同，导致 δ 值有明显差异。化合物 c 和 d 中的氢也是类似的道理。

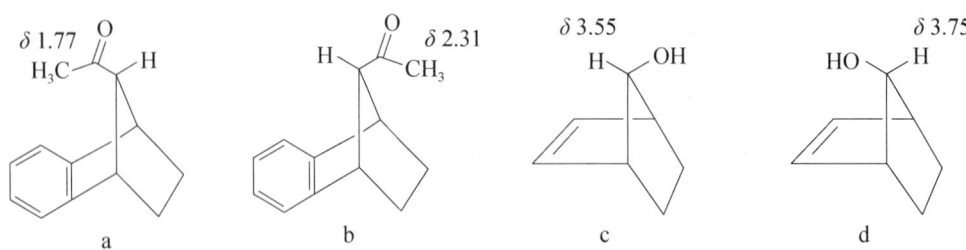

6. 氢键缔合效应 无论是分子内还是分子间氢键缔合，都使氢核受到去屏蔽作用，δ值增大。分子间氢键的形成及缔合程度取决于溶液的浓度和溶剂性质等。浓度越高，则分子间氢键缔合程度越大，质子δ值越大。与其他杂原子相连的活泼氢如羟基、胺基等都有类似的性质，这类质子的δ值在一个很宽的范围内变化。见表2-4。

如图2-19中，不同浓度的乙醇分子间氢键缔合程度的变化，使羟基质子的δ在1.1～4.3范围内发生变化；酚羟基分子内氢键的缔合使羟基质子δ值增加（10～16）。

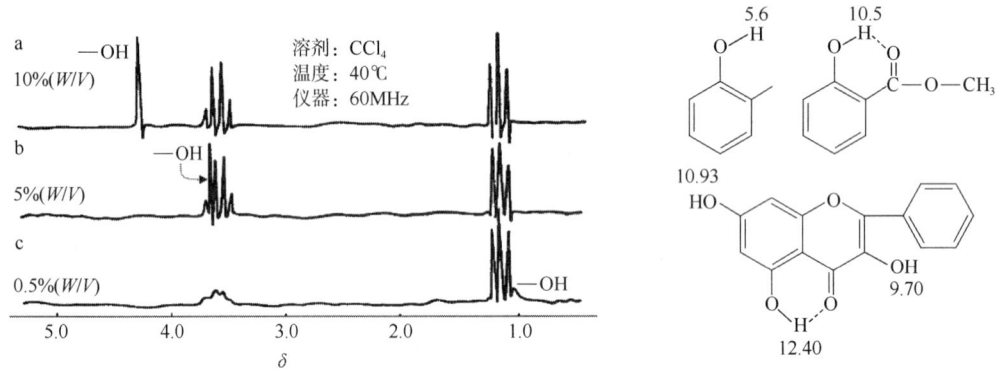

不同浓度的乙醇分子间氢键缔合程度的变化致羟基峰位的变化　　酚羟基分子内氢键缔合δ的变化

图2-19　分子间与分子内氢键的形成对化学位移的影响

7. 活泼质子的交换反应 在有机分子中与O、N、S等原子相连的质子属于可交换的活泼质子，可在分子间与分子内发生质子的交换反应，对其化学位移值产生影响。其活泼性顺序是OH＞NH＞SH。例如，当乙酸与水1∶1混合后，由于乙酸中的羟基质子与水中质子分子间快速交换，导致这两种不同的质子具有相同的化学位移值，其加权平均值为

$$\delta_{观测}=N_a\delta_a+N_b\delta_b \tag{2-14}$$

式中，N_a与N_b分别为活泼质子a与b的摩尔分数；δ_a与δ_b分别为交换前活泼质子a与b的化学位移值。

设交换前活泼质子a与b的化学位移值分别为11.0、5.20，摩尔浓度均为1mol/L，两种质子的总摩尔数为3mol/L，则$\delta_{观测}$=1/3×11.0+2/3×5.20=7.13。见图2-20。

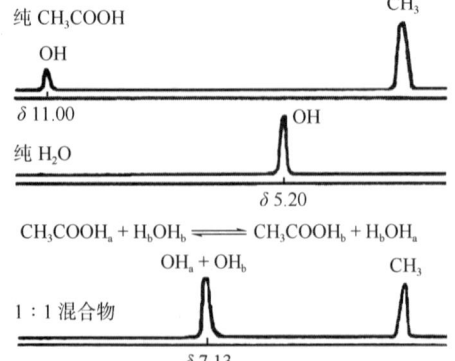

图2-20　纯乙酸、纯水和1∶1乙酸与水的混合物的^{1}H-NMR谱

8. 溶剂效应 同一化合物在不同溶剂中的化学位移会有所差别，这种溶质分子由于受到不同溶剂影响而引起的化学位移变化称为溶剂效应。溶剂效应主要是因溶剂的磁各向异性效应或溶剂与溶质之间形成氢键而产生。因此，在与标准图谱或文献比对时，应注意测定用溶剂的一致性。

四、化学位移值与基团结构的相关性

综上所述，各类质子因所处化学环境不同，具有不同的化学位移值。一般来说，化学位移值的大小规律为：

芳烃＞烯烃＞炔烃＞烷烃，次甲基＞亚甲基＞甲基，COOH＞CHO＞ArOH＞ROH ≈ RNH₂。常见重要类型质子的化学位移的范围如图 2-21 所示。

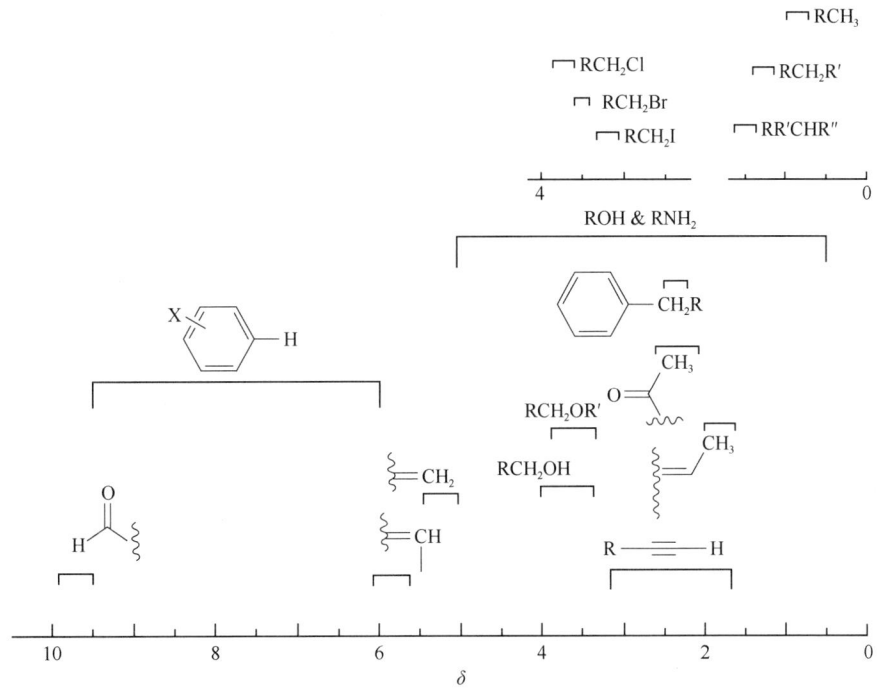

图 2-21 常见氢核的化学位移范围示意图

表 2-4 列出一些常见基团氢核的化学位移值，熟悉表中数据，可以根据化学位移来推断含氢基团的类型与连接顺序，进而确定分子结构。

表 2-4 一些常见基团氢核的化学位移 δ 值

质子	δ 值	质子	δ 值	质子	δ 值
C—CH₃	0.8～1.5	C—CH₂—F	～4.36	R₂—C=CH₂	4.5～6.0
C=C—CH₃	1.6～2.7	C—CH₂—Cl	3.3～3.7	R—CH=CH—R′	4.5～8.0
O=C—CH₃	2～2.7	C—CH₂—Br	3.2～3.6	R—C≡CH	2.4～3.0
C≡C—CH₃	1.8～2.1	C=C—CH₂—C=C	2.7～3.9	Ar—H	6.5～8.5
Ar—CH₃	2.1～2.8	N—CH₂—Ar	3.2～4.0	R—CHO	9.0～10.0
S—CH₃	2.0～2.6	Ar—CH₂—Ar	3.8～4.1	R—OH	0.5～5.5
N—CH₃	2.1～3.1	O—CH₂—Ar	4.3～5.3	Ar—OH	4～8
O—CH₃	3.2～4.0	C=C—CH₂—Cl	4.0～4.6	Ar—OH（缔合）	10～16
C—CH₂—C	1.0～2.0	O—CH₂—O	4.4～4.8	R—SH	1～2.5
C—CH₂—C=C	1.9～2.4	Ar—CH₂—C=O	3.2～4.2	Ar—SH	3～4
C—CH₂—C≡C	2.1～2.8	O=C—CH₂—C=O	2.7～4.0	R—NH₂，R—NHR′	0.5～3.5
C—CH₂—C=O	2.1～3.1	C—CH—C	～2	ArNH₂，Ar₂NH，ARNHR	3～5
C—CH₂—Ar	2.6～3.7	C—CH—C=O	～2.7	RCONH₂，ArCONH₂	5～6.5
C—CH₂—S	2.4～3.0	C—CH—Ar	～3.0	RCONHR，ArCONHR	6～8.2
C—CH₂—N	2.3～3.6	C—CH—N	～2.8	(Ar)RCONHAr	7.8～9.4
C—CH₂—O	3.3～4.5	C—CH—O	3.7～5.2	R—COOH	10～13
C—CH₂—OAr	3.9～4.2	C—CH—X	2.7～5.9		

第四节 自旋耦合与自旋系统

一、自旋耦合与自旋裂分

核外电子的屏蔽效应使不同化学环境的质子产生不同的化学位移。各磁性核之间核磁矩的相互干扰虽对化学位移没有影响，但对图谱的峰形有很大的影响。如图 2-22 所示，化合物 1,1-二氯-2,2-二乙氧基乙烷的 ^{1}H-NMR 谱中，H_a、H_b 各为二重峰，H_c、H_d 分别为四重峰和三重峰。

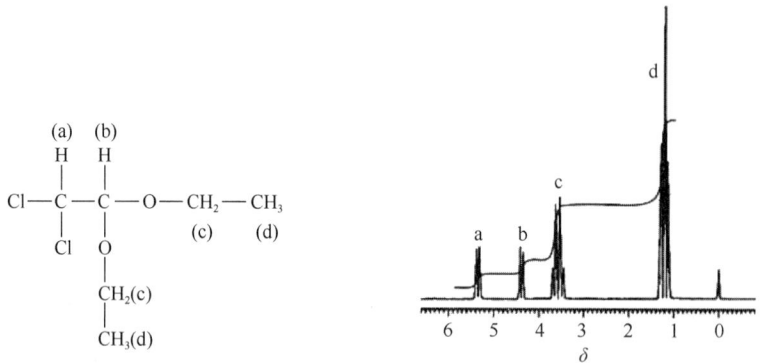

图 2-22　1,1-二氯-2,2-二乙氧基乙烷的结构及 ^{1}H-NMR 谱

（一）自旋耦合与自旋裂分的产生

分子中邻近自旋核的核磁矩之间的相互干扰，称为自旋-自旋耦合（spin-spin coupling），简称自旋耦合。由自旋耦合引起的共振吸收峰裂分的现象，称为自旋-自旋裂分（spin-spin splitting），简称为自旋裂分。

核与核间的耦合作用是通过成键电子传递的，一般相隔 3 个单键以上的核间耦合可忽略不计。

下面，以 1,1-二氯-2,2-二乙氧基乙烷中 H_a、H_b 及 H_c、H_d 的裂分为例说明自旋裂分的机制。

1. H_a(CH)、H_b(CH)的裂分　H_a 受 H_b 的干扰裂分为二重峰。原因如下：H_b 在外加磁场中有两种自旋取向（$m=+1/2, -1/2$），当 H_b 的自旋取向 $m=1/2$ 时，核磁矩 μ 的方向与外磁场 H_0 方向相同（↑），对于这种取向 H_b 的群核，在外磁场方向叠加了一个总磁矩 $\sum_{1}^{n_{+1/2}} \mu_z$，则 H_a 总实受场强为 $H_{总}=(1-\sigma)H_0+\sum_{1}^{n_{+1/2}}\mu_z=H_{实}+\sum_{1}^{n_{+1/2}}\mu_z$，$H_{总}>H_{实}$，为使 $H_{总}=H_{实}$，实现 H_a 共振，扫场时需降低附加外场强度，故这一部分分子中的 H_a 的共振吸收峰，受此相邻 H_b 这种取向的影响，向低场发生了位移。见图 2-23。

当 H_b 自旋取向 $m=-1/2$ 时，核磁矩 μ 的方向与外磁场 H_0 方向相反（↓），则 H_a 实受场强为 $H_{总}=H_{实}-\sum_{1}^{n_{-1/2}}\mu_z$，$H_{总}<H_{实}$，受此相邻 H_b 这种取向的影响，这一部分分子中的 H_a 的共振吸收峰与 H_b 不存在时相比较，向高场发生了位移。

由于 H_b 核两种自旋取向使 H_a 核处于两种不同的局部磁性环境，结果观测到的 H_a 的吸收峰被裂分为 2 个小峰（二重峰）；又由于 H_b 核两种自旋取向的概率近乎相等（遵守 Boltzmann 分布），所以 2 个小峰的强度之比为 1∶1，且以未裂分峰的峰位为中心，呈对称排列。

同理，H_b 受 H_a 的干扰也裂分为二重峰。

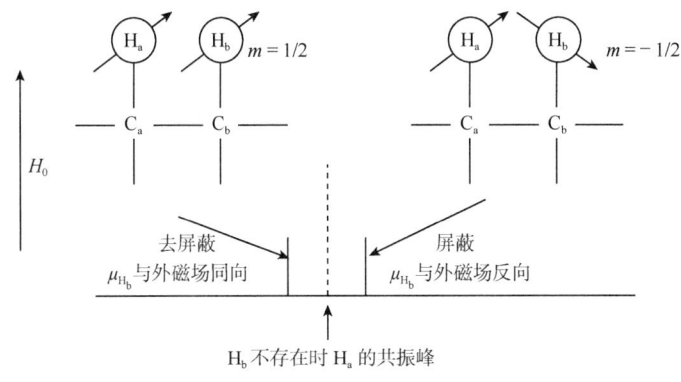

图 2-23 H_a 与 H_b 的自旋裂分图

2. H_d(CH$_3$)、H_c(CH$_2$)的裂分　H_d 三重峰的来源：亚甲基两个质子 H_c 的自旋状态可以有 4 种组合（2^2），造成了 3 种不同局部磁性环境。见图 2-24。

一是↑↑（即相同物质的所有分子中，其中 1/4 的分子中的 H_c 核磁矩矢量呈现这种组合），与 H_c 不存在时相比较，这时 H_d 的实受场强为 $H_{总}=H_{实}+2\sum_1^{n_{+1/2}}\mu_z$，$H_{总}>H_{实}$，需降低附加外场强度，这部分分子中的 H_d 才能共振，故 H_d 的共振峰移向低场。

二是↑↓、↓↑（即相同物质的所有分子中，其中 2/4 的分子中的 H_c 核磁矩矢量呈现两种不同组合），由于这两种组合的总 μ_z 相互抵消，这时 H_d 的总实受场强未受影响，这部分分子中的 H_d 的共振峰峰位不变。

三是↓↓（即相同物质的所有分子中，其中 1/4 的分子中的 H_c 核磁矩矢量呈现这种组合），与 H_c 不存在时相比较，这时 H_d 的实受场强为 $H_{总}=H_{实}-2\sum_1^{n_{-1/2}}\mu_z$，$H_{总}<H_{实}$，需增加附加外场强度，这部分分子中的 H_d 才能共振，故 H_d 的共振峰移向高场。

结果使甲基质子 H_d 的共振吸收峰裂分为 3 个小峰（三重峰），强度之比为 1：2：1。如图 2-24 所示。

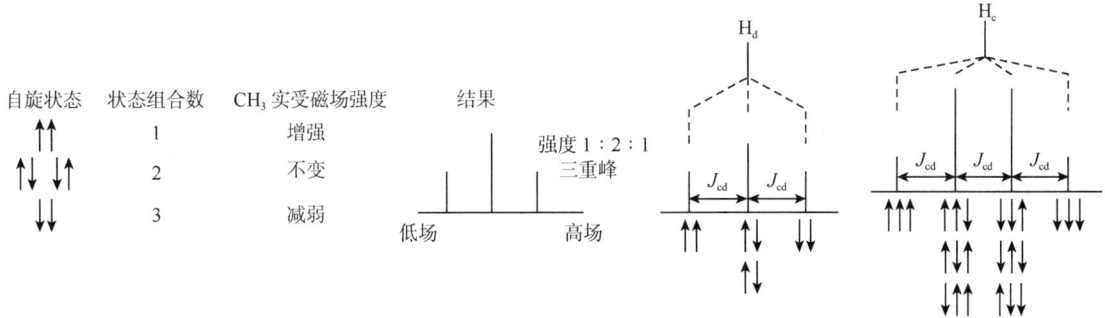

图 2-24 H_c 与 H_d 的自旋裂分图

H_c 四重峰的来源：对于甲基上的 3 个 H_d 来说，自旋状态可以有 8 种组合（2^3），造成 4 种局部磁性环境：

一是↑↑↑，与 H_d 不存在时相比较，这时 H_c 的总实受场强为 $H_{总}=H_{实}+3\sum_1^{n_{-1/2}}\mu_z$，$H_{总}>H_{实}$，需降低附加外场强度，这（1/8）部分分子中的 H_c 才能共振，故 H_c 的共振峰移向低场。

二是↑↑↓、↑↓↑、↓↑↑，与 H_d 不存在时相比较，这时 H_c 的总实受场强为 $H_{总}=H_{实}+\sum_{1}^{n+1/2}\mu_z$，$H_{总}>H_{实}$，需降低附加外场强度，这部分（3/8）分子中的 H_c 才能共振，故 H_c 的共振峰移向较低场。

三是↑↓↓、↓↑↓、↓↓↑，与 H_d 不存在时相比较，这时 H_c 的总实受场强为 $H_{总}=H_{实}-\sum_{1}^{n-1/2}\mu_z$，$H_{总}<H_{实}$，需增加附加外场强度，另一部分（3/8）分子中的 H_c 才能共振，故 H_c 的共振峰移向较高场。

四是↓↓↓，与 H_d 不存在时相比较，这时 H_c 的总实受场强为 $H_{总}=H_{实}-3\sum_{1}^{n-1/2}\mu_z$，$H_{总}<H_{实}$，需增加附加外场强度，这部分（1/8）分子中的 H_c 才能共振，故 H_c 的共振峰移向高场。

结果亚甲基质子 H_c 的共振吸收峰被裂分为 4 个小峰（四重峰），强度之比为 1∶3∶3∶1。如图 2-24 所示。

（二）自旋裂分规则

通过上述分析可知，自旋分裂是有一定规律的。当某基团的质子与 n 个相邻的质子耦合时，其共振吸收峰将被裂分为 n+1 重峰，而与该基团本身的质子个数无关，此规律称为 n+1 律。服从 n+1 规律的图谱，多重峰中各小峰的强度（峰高）之比为二项式 $(X+1)^n$ 展开式的各项系数之比，如表 2-5 所示。

表 2-5 裂分峰数与相邻质子数的关系，裂分峰名称、缩写与峰强比

相邻氢核数目（n）	裂分峰数目（n+1）	裂分峰名称及缩写		各小峰峰强比
0	1	单峰	Singlet（s）	1
1	2	二重峰	Doublet（d）	1∶1
2	3	三重峰	Triplet（t）	1∶2∶1
3	4	四重峰	Quartet（q）	1∶3∶3∶1
4	5	五重峰	Quintet（quin）	1∶4∶6∶4∶1
5	6	六重峰	Sextet（sex）	1∶5∶10∶10∶5∶1
6	7	七重峰	Septet（sep）	1∶6∶15∶20∶15∶6∶1
⋮	⋮			
m-1	m	多重峰	Multiple（m）	

对于 $I\neq 1/2$ 的核，峰的裂分服从 $2nI+1$ 律。以氘核为例，其 $I=1$，如在一氘碘甲烷（H_2DCI）中，^1H 受一个氘核的干扰，分裂为三重峰。

若某氢核与几组数量分别为 n、n′、⋯ 的氢核相邻，有下述两种情况：①峰裂距相等（耦合常数相等）时，峰被分裂为 (n+n′+⋯)+1 重峰。②峰裂距不等（耦合常数不等）时，则峰被分裂为 (n+1)(n′+1)⋯重峰。

例如，丙烯腈 $\begin{matrix}H_b\\H_a\end{matrix}C=C\begin{matrix}H_c\\CN\end{matrix}$ 的 H_a、H_b 及 H_c 的耦合，由于 $J_{ab}\neq J_{bc}\neq J_{ac}$，在 220MHz 的仪器上测试，每个氢都被分裂成双二重峰（dd），峰高比为 1∶1∶1∶1（图 2-25）。

需指出的是，^{13}C（$I=1/2$）实际上也和 ^1H 发生耦合裂分，对 ^1H 核的干扰体现为在 ^1H 共振峰两边出现一对非常弱的小峰，称为卫星边峰。由于 ^{13}C 的天然丰度低，这种现象只在溶剂峰中能被观察到，所以在氢谱中不考虑 ^{13}C 对 ^1H 核的耦合所造成的峰的裂分。

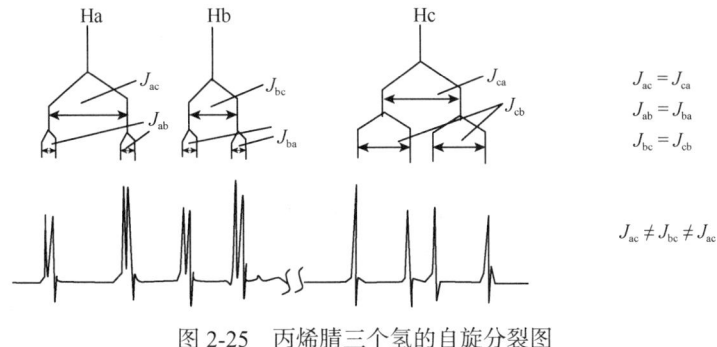

图 2-25 丙烯腈三个氢的自旋分裂图

二、耦合类型与耦合常数

磁核间的自旋耦合产生了共振吸收峰的裂分，裂分峰之间的距离（裂距）称为耦合常数 J。单位为 Hz，用 $^nJ_c^s$ 表示，n 代表耦合核之间相隔的键数，s 代表结构关系，c 代表相互耦合的核。

J 反映了磁核之间相互耦合作用的强弱，其大小与外磁场无关，决定于分子的立体结构（耦合核之间的距离、键长、键角、二面角及基团电负性）。一般来说，由于核间耦合是通过化学键传递，所以相互耦合核间距离越远，相隔化学键的数目越多，耦合常数的绝对值越小（$|^2J|>|^3J|>|^4J|>|^5J|$）。通常相隔奇数键的耦合常数为正值，相隔偶数键的耦合常数为负值。在分析图谱时，一般只考虑绝对值的大小。

根据耦合核之间间隔的键数，耦合可分为偕耦（geminal coupling）、邻耦（vicinal coupling）及远程耦合（long range coupling）。

1. 偕耦　同一碳原子上不等价质子之间的耦合称为偕耦，也称同碳耦合，用 ^2J 或 J_{gem} 表示，一般为负值，其大小与结构密切相关，饱和烃 ^2J 一般为 $-15\sim-10$ Hz，而烯氢的 ^2J 一般为 $-5\sim0$ Hz。

2. 邻耦　相邻碳上质子的耦合，用 ^3J 或 J_{vic} 表示，一般为 $0\sim18$ Hz。^3J 值大小规律是：$J_\text{烯}^\text{trans}>J_\text{烯}^\text{cis}\approx J_\text{炔}>J_\text{链烃（自由旋转）}$。

邻碳耦合在核磁共振谱中是最重要的一种耦合，在结构分析上十分有用，是进行立体化学研究最有效的信息之一。如果忽略取代基种类的影响，键长（l）、键角（α）及二面角（ϕ）（图 2-26）是影响 ^3J 大小的重要因素。

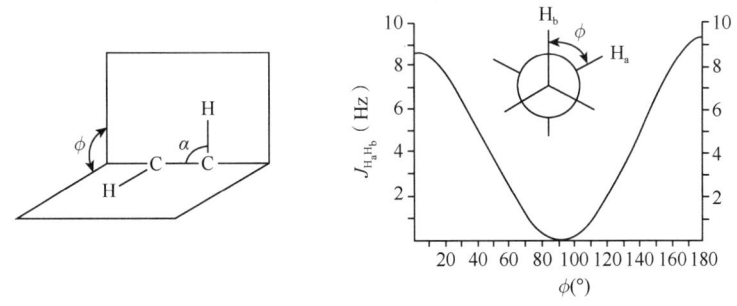

图 2-26　二面角（ϕ）的示意图

（1）在 sp^3 与 sp^2 杂化体系中，对于碳-碳键不能自由旋转、构象固定的化合物，影响 ^3J 大小的主要因素如下。

1）^3J 随键长（l）增长或键角（α）增大而减小：原因是随着键长（l）增加或键角（α）增大，H—C—C—H 轨道的重叠部分降低，不利于化学键的成键电子对自旋耦合信息的传递，耦合作用就弱，^3J 减小。见图 2-27 与图 2-28。

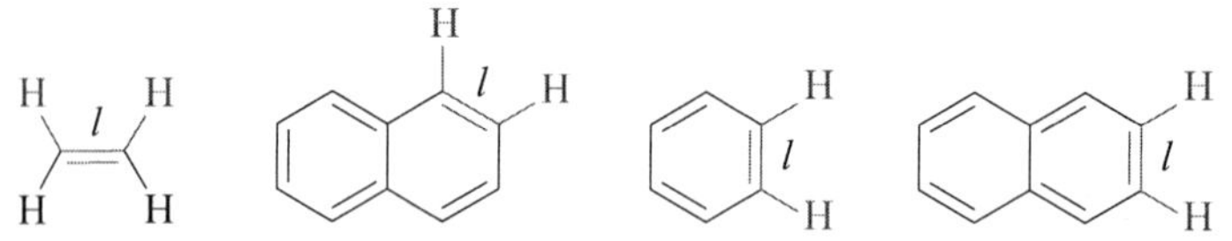

³J: 11.6Hz   8.3Hz   7.54Hz   6.9Hz

图 2-27 ³J 随键长增长而减小示意图

³J: 1.3Hz   2.8Hz   5.1Hz   8.8Hz

图 2-28 ³J 随键角增大而减小示意图

2）³J 与 ϕ 的关系：可用 Karplus 修正式[式（2-15）与式（2-16）]表达与预测或用于构型与构象分析。

$$^3J = J^0 \cos^2 \phi - 0.28 \quad (0° \leq \phi \leq 90°) \tag{2-15}$$

$$^3J = J^{180} \cos^2 \phi - 0.28 \quad (90° \leq \phi \leq 180°) \tag{2-16}$$

式（2-15）、式（2-16）中，J^0 和 J^{180} 分别为 $\phi=0°$ 与 $\phi=180°$ 时的耦合常数，如未取代乙烷的 $J^0=8.5$，$J^{180}=9.5$。

由式（2-15）、式（2-16）及图 2-26 可知，当 $\phi=90°$ 时，³J 最小，原因是核磁矩在互相垂直时，干扰最小。当 $\phi=0°$ 与 $\phi=180°$ 时，³J 最大，且 $J^{180}>J^0$。

如下图所示脂环烃类化合物中，H_a 与 H_b、H_a 与 H_d 之间的 $\phi=180°$，$J_{ab} \approx J_{ad} \approx 11Hz$；而 H_a 与 H_c 之间的 $\phi=60°$，$J_{ac} \approx 11Hz$。

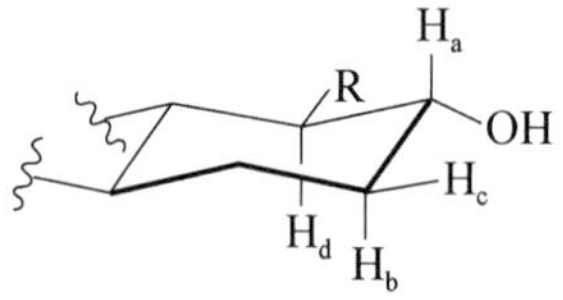

再如，烯烃类化合物中，³J_{trans}（$\phi=180°$，15～18Hz）总比 ³J_{cis}（$\phi=0°$，6～13Hz）大。芳烃 ³$J_0 \approx$ 6～9Hz。

此外，³J 值用于构型与构象分析。例如，应用糖的 C_1—H 与 C_2—H 的 ³J 值，可以判断 D-葡萄糖苷键构型（α、β）。

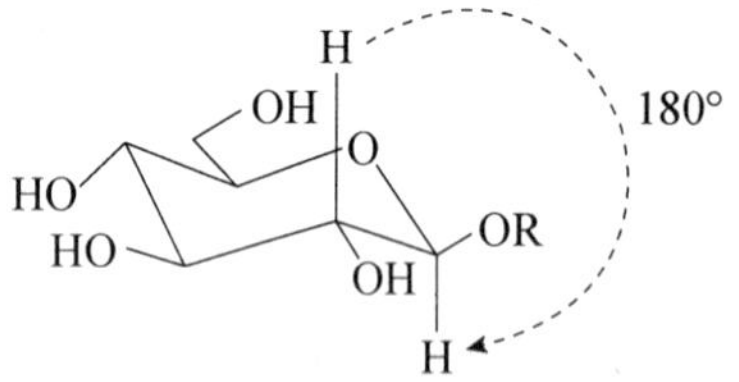

β-D-葡萄糖   α-D-葡萄糖

C_1—H 近 180°（双面角）J=6～8Hz C_1—H 近 60°（双面角）J=3～4Hz
C_2—H C_2—H

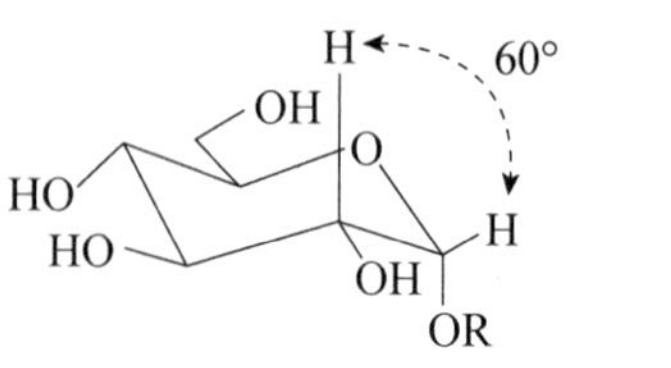

（2）在 sp³ 杂化体系中，对于碳-碳键能自由旋转的化合物：³J 一般为 6～8Hz。原因是优势构象均为交叉构象，当邻位交叉构象 $\phi=60°$ 时，³J=2～4Hz；当对位交叉构象 $\phi=180°$ 时，³J=11～12Hz；由于快速旋转，其平均值为 6～8Hz。总之，在这种碳-碳键能自由旋转的柔性结构中，因为二面角 ϕ 无固定值，所以 ³J 不受二面角的影响，主要取决于取代基的电负性。

（3）³J 随取代基 X 的电负性的增加而变小：如 CH_3—CH_3 的 ³J 为 8.0Hz，而 CH_3—CH_2Cl 的 ³J

则变为 7.0Hz。^3J 与取代基 X 的电负性之间函数关系可用式（2-17）表达与预测。

$$^3J = 7.9 - n \cdot 0.7 \cdot \Delta E \quad (2\text{-}17)$$

式中，n 为取代基数目；ΔE 为取代基与质子电负性之差。

3. 远程耦合 相隔 4 个或 4 个以上键的磁核之间的耦合称为远程耦合。常见的远程耦合有"W"形耦合、烯丙耦合、高烯丙耦合、折线形耦合与虚假远程耦合等。这些远程耦合在不饱和（烯、炔、芳香族）化合物、杂环及张力环（小环或桥环）体系中常被观测到。J 值一般很小，可为负值或正值，其绝对值大小在 0~3Hz 范围。

（1）"W"形耦合：在多元环或桥环中，若两氢核因化学键的"W"形状而被固定在环上，^4J 能够被观测到。

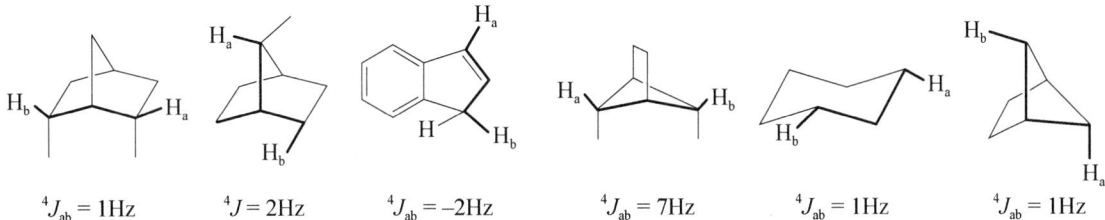

$^4J_{ab} = 1\text{Hz}$　　$^4J = 2\text{Hz}$　　$^4J_{ab} = -2\text{Hz}$　　$^4J_{ab} = 7\text{Hz}$　　$^4J_{ab} = 1\text{Hz}$　　$^4J_{ab} = 1\text{Hz}$

（2）烯丙耦合（^4J）与高烯丙耦合（^5J）：在含有烯丙基、高烯丙基、芳香环、烷基取代苯的结构单元及炔类、叠烯类化合物中，均可以观测到 ^4J 和 ^5J。

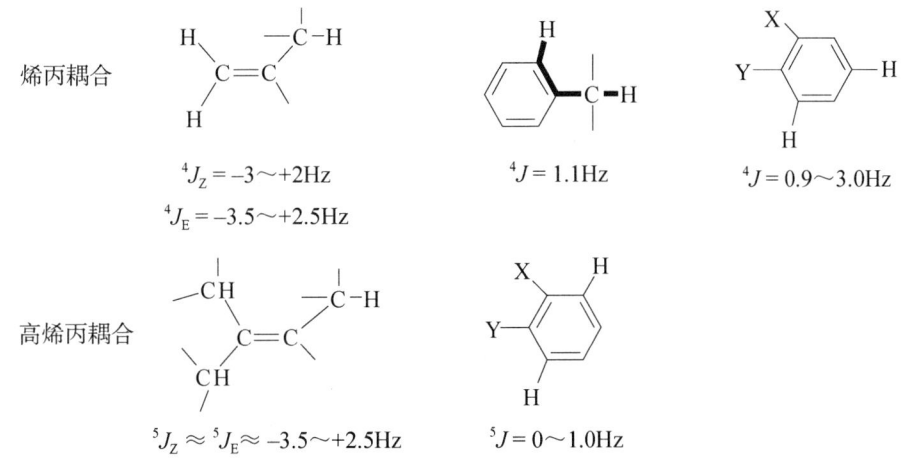

在炔类与叠烯类化合物中，^4J 和 ^5J 的数值较大。

H—C—C≡C—C—H　　$^5J = 1\sim3.0\text{Hz}$　　　　H—C—C≡C—C≡C—H　　$^6J = 1.27\text{Hz}$

H\C=C=C/H　　$^4J = 6.1\sim6.3\text{Hz}$（X=Cl, Br, I）
　　　X

（3）折线形耦合

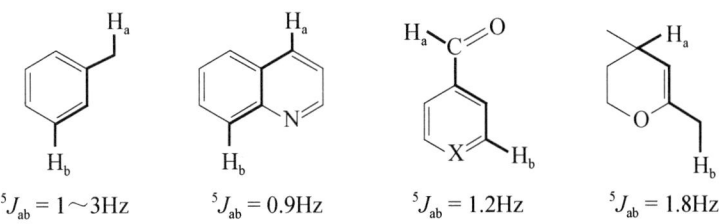

$^5J_{ab} = 1\sim3\text{Hz}$　　$^5J_{ab} = 0.9\text{Hz}$　　$^5J_{ab} = 1.2\text{Hz}$　　$^5J_{ab} = 1.8\text{Hz}$

从图谱上识别哪两组质子是相互耦合的质子，方法如下：①相互耦合质子的两组峰，具有"招手效应"。即每组多重峰中的外侧峰的高度均低于内侧峰的高度。②其耦合常数相等。见图2-29。

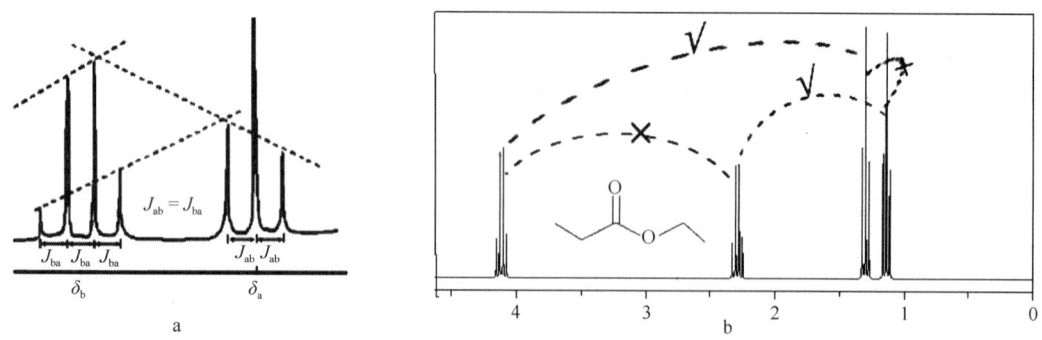

图2-29 招手效应示意图（a）与利用招手效应识别相互耦合的质子的峰（b）

三、活泼质子与邻碳质子的耦合

在室温下，巯基（—SH）质子由于慢速交换都会与邻碳质子发生耦合；羟基质子（—OH）在室温下由于快速交换都不会与邻碳质子发生耦合，呈现一尖锐的单峰，但在低温下或处于DMSO-d_6溶剂中，由于慢速交换都会与邻碳质子发生耦合，见图2-30。

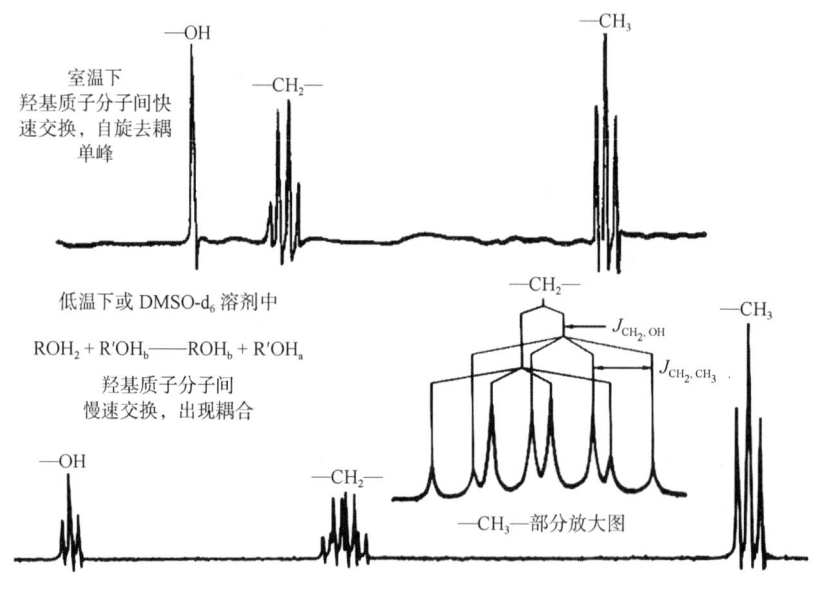

图2-30 在不同温度下或不同溶剂中羟基质子与邻碳质子的耦合

氨基（—NH—或—NH$_2$）质子是否与邻碳质子及是否与氮（^{14}N，$I=1$）发生耦合，有以下三种情况。

1) 快速交换：氮上质子不与邻碳质子及氮发生耦合，如脂肪族氨基常呈现一尖锐的单峰。

2) 中速交换：^{14}N—^{1}H有部分耦合，由于电四极矩弛豫效应，信号呈低强度的单驼峰。此时氮上质子不与邻碳上质子发生耦合。常见于芳香族胺类。

3) 慢速交换：不仅^{14}N—^{1}H有耦合（形成低强度的单驼峰），且氮上质子与邻碳质子之间还可发生耦合。常见于吲哚、吡咯与酰胺类化合物中。例如，CH$_3$CH$_2$CONHCH$_3$的^{1}H-NMR，见图2-31。

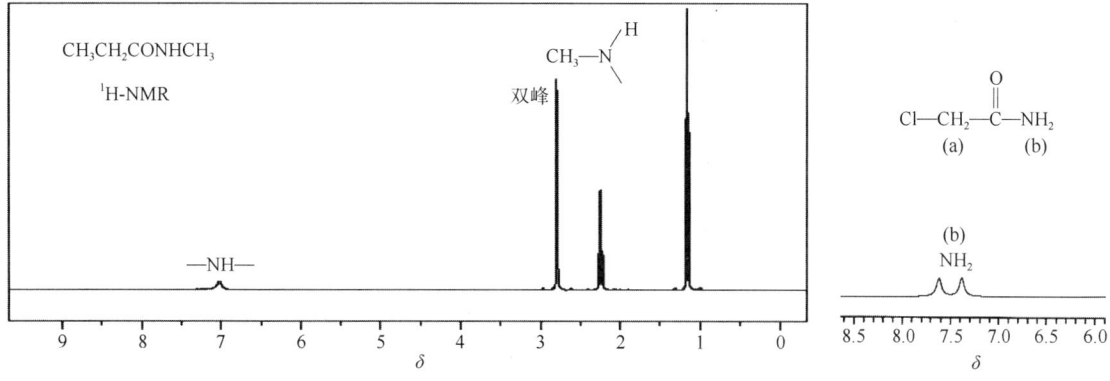

图 2-31　N-甲基丙酰胺的 ^{1}H-NMR 谱（CDCl$_3$，400Mz）与氯代乙酰胺部分氢谱（300MHz）

四、质子与其他磁性核的耦合

有机化合物中常含有其他的自旋量子数不等于零的核，如 ^{2}D、^{13}C、^{14}N、^{19}F、^{31}P 等，它们与 ^{1}H 也会发生耦合作用。

^{2}D 与 ^{1}H 的耦合很小，仅为 ^{1}H 和 ^{1}H 之间耦合的 1/6.5，且 ^{2}D 的天然丰度很低，因此，主要出现在氘代溶剂中。例如，使用氘代丙酮作溶剂时，常常能在 δ 2.05 处发现一个裂距很小的五重峰，这就是氘代不完全的丙酮（CHD$_2$COCD$_3$）中 ^{2}D 与 ^{1}H 的耦合，因为 ^{2}D 的自旋量子数为 1，根据 $2nI+1$ 规律，^{1}H 被裂分成五重峰。

^{13}C 因天然丰度仅 1% 左右，所以它与 ^{1}H 的耦合在一般情况下看不到。

^{14}N 的自旋量子数为 1，有电四极矩弛豫，它与 ^{1}H 的耦合比较复杂。

^{19}F、^{31}P 与 ^{1}H 的耦合比较重要，^{19}F、^{31}P 的自旋量子数均为 1/2，所以它们对 ^{1}H 的耦合与 ^{1}H-^{1}H 间的耦合一样，符合 $n+1$ 规律。

其中，$^2J_{\text{F-C-H}}$ 45～90Hz，$^3J_{\text{F-C-C-H}}$ 0～45Hz，$^4J_{\text{F-C-C-C-H}}$ 0～9Hz；$^1J_{\text{P-H}}$ 180～200Hz，$^2J_{\text{P-C-H}}$ 2～40Hz，$^3J_{\text{P-C-C-H}}$ 10～30Hz。

磁性核 Cl、Br、I 均不与质子发生耦合，可视为非磁性核。原因是这类磁性核在不同自旋态之间极快速弛豫，类似于自旋去耦。

五、核的等价性质

处于 3 个单键以内的磁性核，哪些磁性核之间有耦合，哪些磁性核之间无耦合，取决于磁性核的等价性质。核的等价性包括化学等价（chemical equivalence）和磁等价（magnetic equivalence）。

（一）化学等价

化学等价核指分子中化学环境相同、化学位移值相等的一组核。

在分子中，某些核若能通过某种快速机制（如单键的快速内旋转、环的快速翻转和质子的快速交换等）或某种对称操作（如轴、面对称）可以互换（interchange）位置，则它们被称为化学等价核。

例如，顺式 1,2-二氯环丙烷中 H$_a$ 与 H$_b$ 为化学等价质子（如图 2-32 所示）。因为分子有对称轴（过 C$_3$ 和 C$_1$—C$_2$ 键的中点），分子绕对称轴旋转 180°后，质子 H$_a$ 与 H$_b$ 可以交换，亦即旋转后结构与原来结构可以重叠在一起，因此 H$_a$ 与 H$_b$ 是化学等价核。

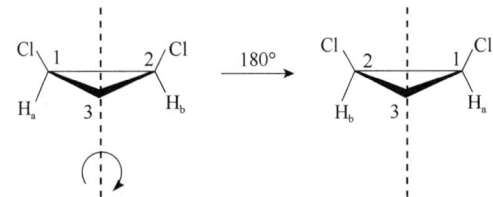

图 2-32　顺式 1, 2-二氯环丙烷的对称轴及绕轴旋转

再如，在室温下，1, 1, 1-三取代乙烷中甲基的 3 个质子（H_a、H_b 与 H_c），在下列其中一个交叉旋转异构体（staggered rotamer）中，3 个质子化学不等价，但因 C—C 单键快速内旋转，3 个质子化学环境平均化，最终化学不等价转变为化学等价，出现一个单峰。如图 2-33 所示。

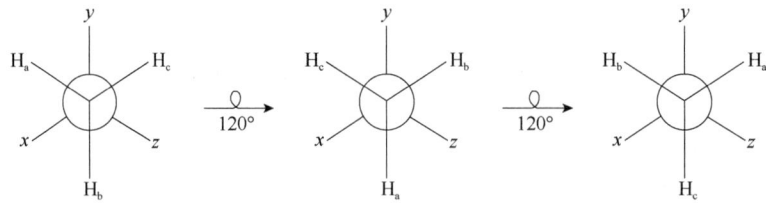

图 2-33　1, 1, 1-三取代乙烷中甲基质子的快速旋转化学等价

更简单的判别方法是，用同一基团取代 2 个磁性核（或 2 个含有磁性核的基团），取代后的 2 个产物若为同一物质或一对对映异构体，则它们是化学等价核；若为一对非对映异构体，则它们不是化学等价核。

例如，用同一基团（D）取代下列化合物中 C-1 上的 2 个质子，取代后的 2 个产物为一对非对映异构体，则这 C-1 上的 2 个质子为化学不等价质子。

H Br—2—Cl H_b—1—H_a Ph	H Br—2—Cl H_b—1—D Ph 1R, 2R	H Br—2—Cl D—1—H_a Ph 1S, 2R

（二）磁等价

分子中化学等价的一组核，若它们的每个核对组外任何一个核的耦合常数都相等，则这组核称为磁等价核，或称磁全同核。

磁等价的核一定化学等价，化学等价的核并不一定磁等价，化学不等价一定磁不等价。

磁等价的判别方法：对于刚性结构的化合物，若分子中的一组化学等价核，其中任一核相对于另一组化学等价的每一个核，相隔化学键数目、键角都相等时，即均呈对称排列时，则这组核磁等价；对于柔性结构的链状化合物，需制作立体模型观察预测，从平面结构上无法判别。

例如，在下列结构（a）、（b）与（c）中，一组化学等价的 2 个质子（H_b 与 $H_{b'}$），任何一个对另一组 H_a 质子，相隔化学键数目、键角都相等，均呈对称排列，所以这 2 个质子（H_b 与 $H_{b'}$）为磁等价质子；而结构（d）、（e）与（f）中，一组化学等价的 2 个质子（H_b 与 $H_{b'}$），与另一组中的 H_a 与 $H_{a'}$ 质子，相隔化学键数目、键角都不相等，均呈非对称排列，所以这 2 个质子（H_b 与 $H_{b'}$）化学等价但磁不等价。同理，2 个 H_a 与 $H_{a'}$ 质子化学等价但磁不等价。

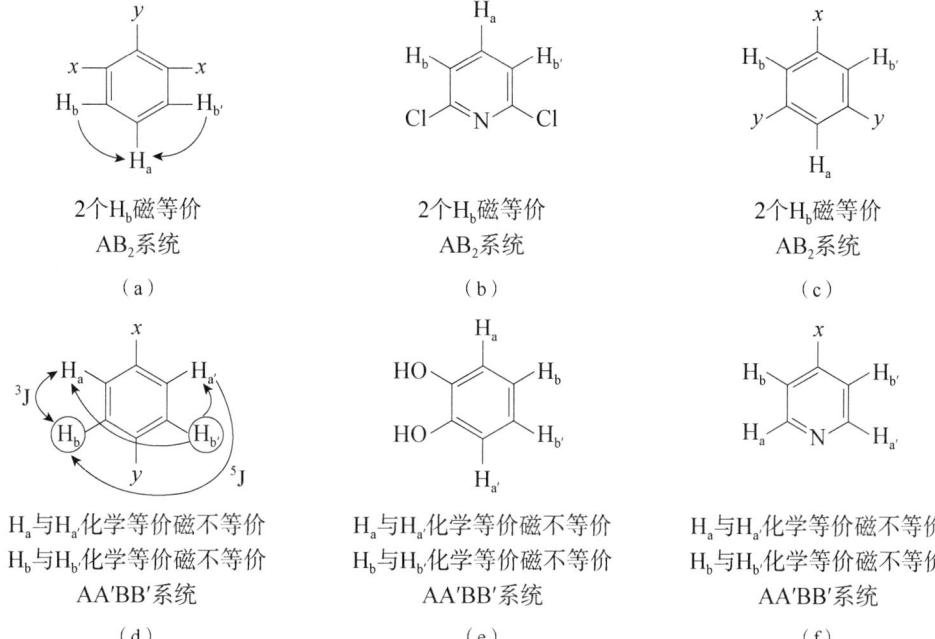

当存在下列情形时，磁不等价 ⇒ 磁等价。

1）当存在快速运动机制时（如单键快速内旋转、环碳原子快速翻转等），磁不等价 ⇒ 磁等价。

例如，室温下碘乙烷中，对于甲基上的 3 个质子之间，由于 C—C 单键的内快速旋转，不仅化学等价，而且磁等价，没有耦合或有耦合但不裂分，所以甲基上的 3 个质子是磁全同质子。同理，亚甲基中各质子也是全同质子。

又如，环己烷同碳上两个质子 H_a 与 H_e，化学位移之差 $\Delta\delta=0.5$，化学不等价且磁不等价。但由于在室温下环碳原子快速翻转，同碳上 2 个质子 H_a 与 H_e 受到的是被平均化了的化学环境与磁性环境，因此，它们由化学不等价且磁不等价变为化学等价且磁等价，分子中 12 个质子呈现一个单峰。

2）当分子结构高度对称时，磁不等价变为磁等价。例如，下图所示各质子的情况。

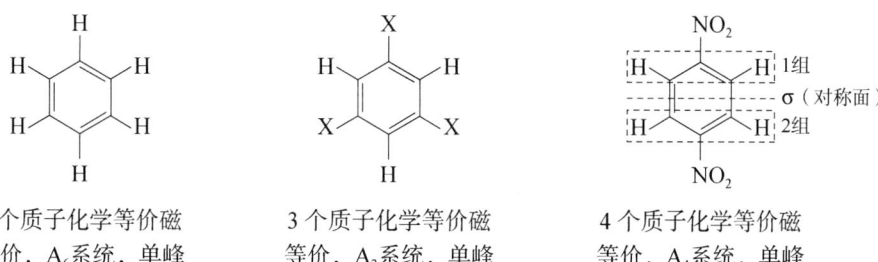

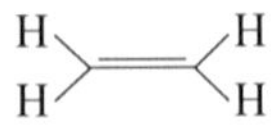

4个质子化学等价磁　　　　2个质子化学等价磁　　　　2个甲基6个质子，化学
等价，A₄系统，单峰　　　　等价，A₂系统，单峰　　　　等价磁等价，A₆X₂系统

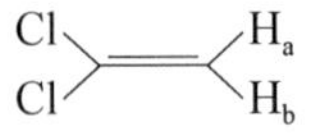

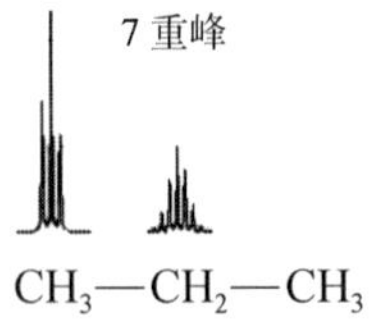

结论：处于3个单键以内的几个磁性核，若磁等价，则没有耦合或有耦合但不裂分。只有磁不等价的质子间的耦合，才能引起峰的裂分。

（三）常见不等价核

1)（非对称）双键碳同碳上的两个质子，化学不等价。例如，1-氯乙烯分子中的 H_1 与 H_2。

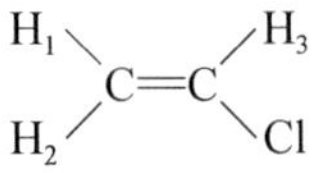

2) 单键带有双键性时，由于不能自由旋转，同一原子上的两个（组）质子化学不等价。例如，二甲基甲酰胺分子中，氮原子上的孤对电子与羰基产生 p-π 共轭，使 C—N 单键带有部分双键性，两个甲基质子（或两个质子）化学不等价。

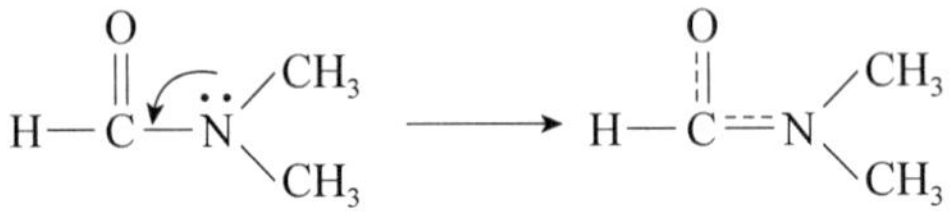

3) 与手性碳相连的 CH_2 的两个质子化学不等价。如下图所示，C* 为手性碳，无论 RCH₂—C* 的旋转速度有多快，亚甲基的2个质子所处的化学环境总是不相同，所以 H_1 与 H_2 化学不等价。

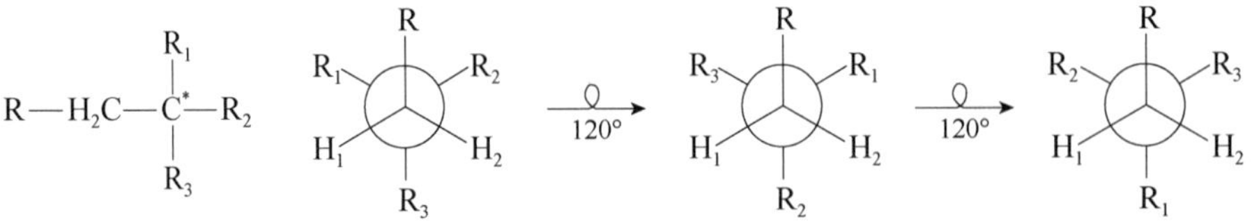

4) 固定环上的 CH_2 的两个质子化学不等价。例如，甾体环是固定的，不能翻转，因此，环上亚甲基的平伏氢 H_a 与直立氢 H_e 化学不等价。

5) 取代苯环上的质子可能磁不等价。单取代芳环如1-氯苯中的 H_2 和 H_6；不同取代基的1,4-对二取代芳环，如对氨基苯甲酸中的 H_2 和 H_6、H_3 和 H_5；相同取代基的1,2-邻二取代芳环，如邻二羟基苯酚中 H_3 和 H_6、H_4 和 H_5 均为化学等价但磁不等价。

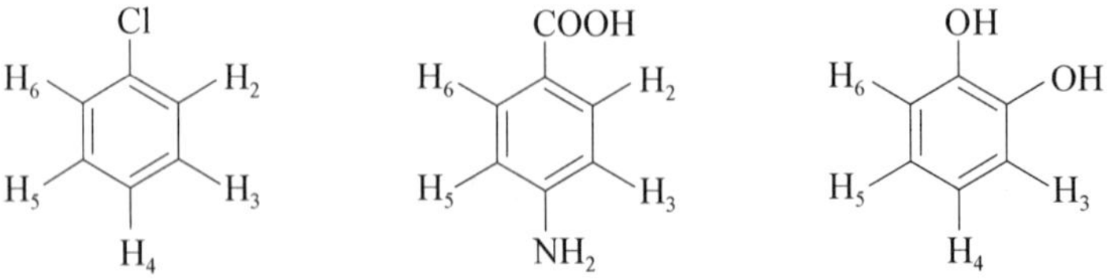

六、自 旋 系 统

（一）自旋系统定义

分子中相互耦合的几个核组构成的独立体系称为自旋系统。系统内的核组相互之间有耦合，系统与系统之间的核不发生耦合。

例如，乙基异丁基醚 CH₃CH₂OCH₂CH(CH₃)₂ 中，乙基（CH₃CH₂—）中质子之间有耦合，异丁基[—CH₂CH(CH₃)₂]中质子之间有耦合；但两个亚甲基质子之间因相隔 4 个单键，不能相互耦合。故分为 CH₃CH₂— 和 —CH₂CH(CH₃)₂ 两个不同的自旋系统。

（二）自旋系统的分类

自旋系统的分类方法较多。按耦合强弱分：有一级耦合（弱耦合）和高级耦合（强耦合）自旋系统。$\Delta v/J>10$ 为一级耦合，谱图简单；$\Delta v/J<10$ 为高级耦合，谱图复杂。因 $\Delta v \propto H_0$，而 J 与 H_0 无关，故用高分辨率的核磁共振波谱仪（H_0 大）进行测定时，原有的高级耦合可能会转化为一级耦合。按耦合核的数目可分为二旋、三旋和四旋系统等。

（三）自旋系统命名原则

1）化学等价核构成 1 个核组，用 1 个大写的英文字母表示。

2）若组内核全为磁全同质子，则将该核组的核数标在大写英文字母的右下角。如 CH₃CH₂I 中甲基 3 个质子为磁全同质子，记作 A₃；若核组中有 3 个化学等价而磁不等价的核，在相同的大写英文字母右上角加撇号，如 A、A′、A″；如对羟基苯甲酸的 2 个质子 A，记为 AA′。

3）几个核组之间若化学位移相差较大（$\Delta v/J>10$），用不连续的字母 A、M、X 表示，如 CH₃CH₂I 中乙基用 A₂X₃ 表示；若核组之间化学位移相近（$\Delta v/J<10$），用连续的字母 A、B、C 表示，如 1,2,4-三氯苯中 3 个质子相互耦合，构成 ABC 自旋系统。

序号	结构式	峰数量	类型
1	CH₃—O—CH₃	一组峰	A₆ 系统
2	CH₃—CH₂—Br	二组峰	A₃X₂ 系统
3	(CH₃)₂CHCH(CH₃)₂	二组峰	A₆X₂ 系统
4	CH₃—CH₂COO—CH₃	三组峰	A₃X₂ 系统，A₃ 系统
5	(CH₃)₃C—O—CH₃	二组峰	A₉ 系统，A₃ 系统
6	H₃CO—C₆H₄—CO—CH₂—CH₃ (A₃, AA′BB′, A₃X₂)	五组峰	三个不同自旋系统
7	C₆H₅—C(CH₃)=CH— (A₅ 系统, ABX₃ 系统)	四组峰	两个不同自旋系统

第五节 一级图谱与高级图谱

核磁共振氢谱根据谱图的复杂程度可分为一级图谱和高级图谱。

一、一级图谱及其自旋系统

（一）一级图谱的特征

1）磁等价质子之间虽彼此耦合，但不引起峰的裂分。
2）裂分峰数服从 $n+1$ 规律。
3）多重峰峰面积比为二项展开式的各项系数比。
4）化学位移为多重峰的中心位置。
5）耦合作用弱，$\Delta v/J > 10$，峰裂距为耦合常数。

（二）一级图谱的自旋系统

一级图谱的自旋系统及其图谱特征见表 2-6。

表 2-6 一级图谱中常见的系统及其裂分峰形

系统名称	化合物或结构单元	裂分峰形
A_9	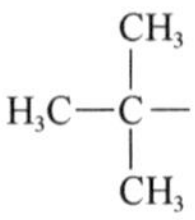 $H_3C-C(CH_3)_2-CH_3$	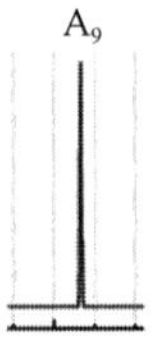 A_9
AX	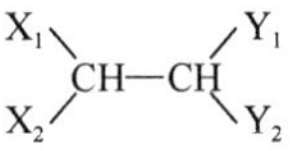 $X_1X_2CH-CHY_1Y_2$	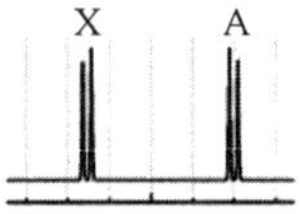 X, A
A_2X	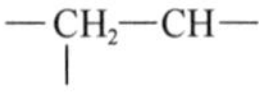 $-CH_2-CH-$	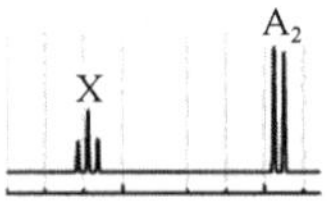 X, A_2
A_2X_2	$X-CH_2-CH_2-Y$	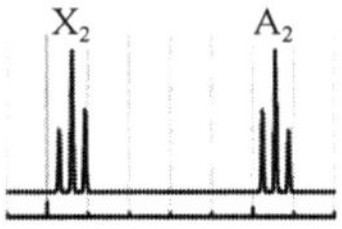 X_2, A_2
A_3X	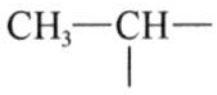 CH_3-CH-	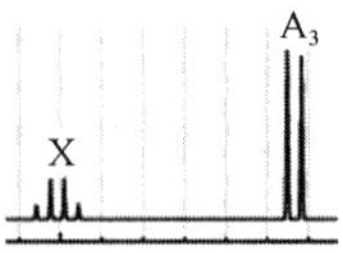 X, A_3
A_3X_2	CH_3-CH_2-	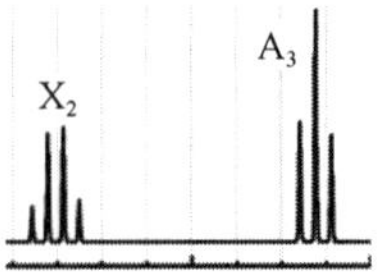 X_2, A_3
A_6X	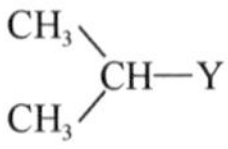 $(CH_3)_2CH-Y$	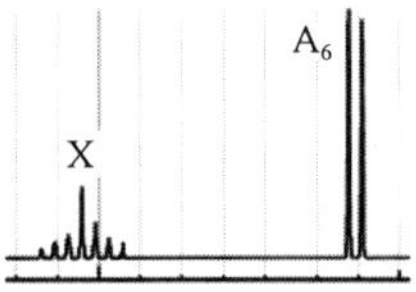 X, A_6

1. AMX 系统 下列结构单元可能形成 AMX 系统。

AMX 系统理论裂分模式，见图 2-34。

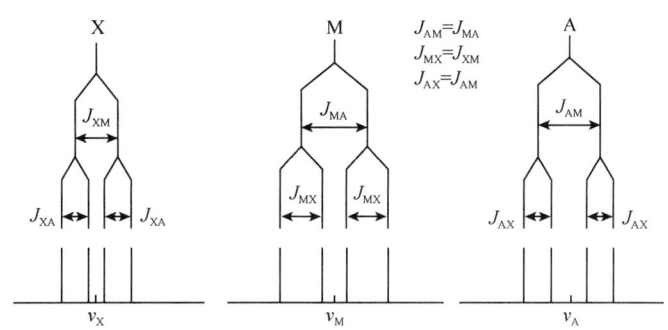

图 2-34 AMX 系统理论裂分模式图

例如，苯基环氧丙烷中的 AMX 系统，其中，质子 H_A 的 δ_A 2.61（1H，dd）。H_A 受到 H_M 的耦合，H_A 共振峰一分为二，峰间距为 J_{AM}，又受到 H_X 的耦合（虚假远程耦合）二分为四，峰间距为 J_{AX}，形成了双二重峰（dd），化学位移值为双二重峰的中心位置；余类似，共 12 条谱线。见图 2-35。

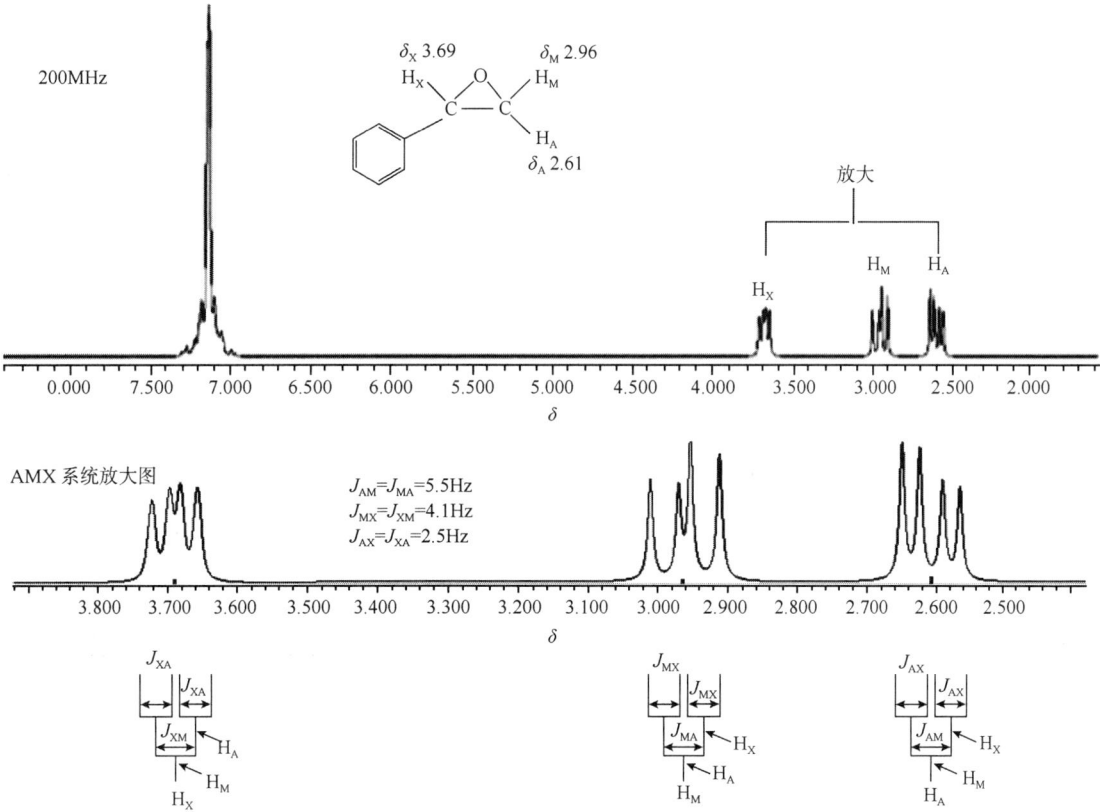

图 2-35 苯基环氧丙烷中的 AMX 系统（200MHz）

2. $A_3M_2X_2$ 系统　例如，硝基丙烷的 $A_3M_2X_2$ 系统，见图 2-36。

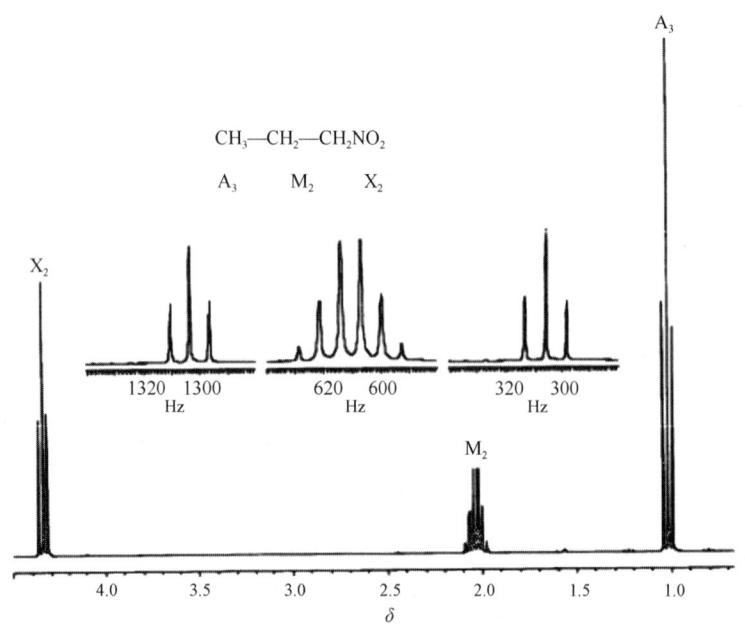

图 2-36　硝基丙烷的 $A_3M_2X_2$ 系统（300MHz）

二、高级图谱（二级图谱）及其自旋系统

（一）高级图谱的特征

1）耦合作用强，$\Delta v/J < 10$。
2）谱线裂分不服从 $n+1$ 规律，峰强比不遵循二项式展开式的各项系数之比。
3）耦合常数一般不等于峰裂距。
4）化学位移一般不为多重峰的中间位置，需计算求得。

（二）高级图谱的自旋系统

1. AB 系统　是最简单的高级图谱。下列结构单元可能形成 AB 自旋耦合系统。

AB 系统共出现左右对称的四条谱线，见图 2-37，每条谱线分别位于 v_1、v_2、v_3、v_4，A 和 B 质子各有两条裂分峰，裂分间距仍为 J_{AB}。

AB 系统与 AX 系统的不同之处如下：四条谱线高度不等，内侧两峰远远高于外侧两峰。因此，A、B 两质子化学位移不是在对应裂分峰的中心点，而是在两条谱线的中心位置，化学位移值不能从谱图上直接读出。此外，从图 2-38 可见，随着 $\Delta v/J$ 的减小，图谱从低级图谱（AX 系统）过渡到高级图谱（AB 系统），但当 $\Delta v \Rightarrow 0$ 时，变成单峰（A_2 系统）。

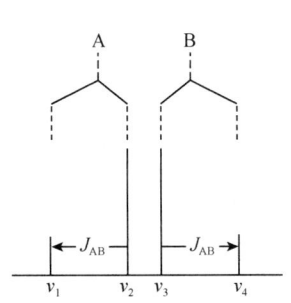
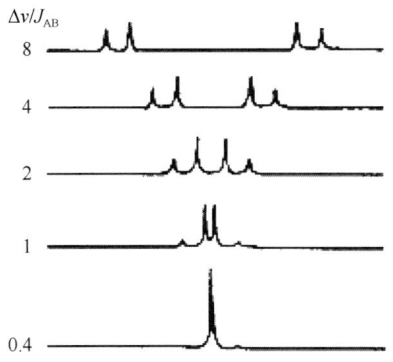

图 2-37　AB 系统理论裂分模式图　　图 2-38　AB 系统裂分随 $\Delta v/J$ 变化示意图

AB 系统的图谱中，化学位移、耦合常数及裂分峰的相对强度可按下列步骤进行求算。

1）由图中读出四条谱线的位置：v_1、v_2、v_3、v_4（Hz）。

2）求出 J_{AB}。$J_{AB}=v_1-v_2=v_3-v_4$。

3）AB 系统的化学位移、耦合常数及峰间距之间的关系符合直角三角勾股定理，借此可求出 A 与 B 化学位移之差 Δv_{AB}。

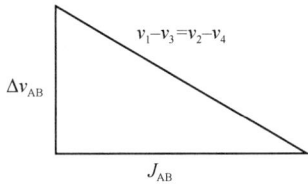

4）按如下公式求算 H_A 与 H_B 的化学位移及裂分峰的相对强度之比：

$$v_A=(v_2+v_3)/2+\Delta v_{AB}/2$$
$$v_B=(v_2+v_3)/2-\Delta v_{AB}/2$$
$$I_2/I_1=I_3/I_4=(v_1-v_4)/(v_2-v_3)$$

例如，反-肉桂酸及顺-β-甲氧基苯乙烯中与双键碳相连的 2 个质子，均为 AB 系统。见图 2-39。

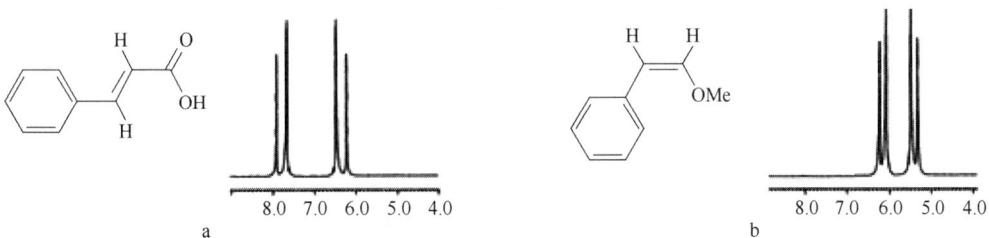

图 2-39　反-肉桂酸（a）与顺-β-甲氧基苯乙烯（b）中的 2 个质子的 ^{1}H-NMR 谱（300MHz，CDCl$_3$）

2. ABX 系统　以下单取代烯、亚甲基与手性碳相连、三取代苯及二取代吡啶等结构中的质子可能形成 ABX 系统。

在 AMX 系统中，当其中两个氢核（如 A 与 M）的化学位移逐渐接近时，就构成了 ABX 系统。ABX 系统最多可产生 14 个小峰。其中，氢核 A、B 分别由两组对称的 AB 双二重峰所组成，各占 4 条谱线；而氢核 X 为 6 个小峰，其中处于最外侧的 2 个为综合峰（相当于 2 个核同时跃迁），强度较小，往往难以测得。因此，ABX 系统谱峰的裂分情况仍与 AMX 系统相似，如图 2-40 所示。

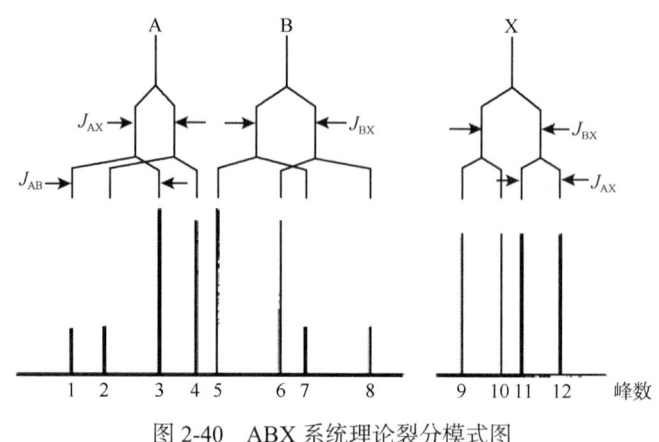

图 2-40 ABX 系统理论裂分模式图

例如，乙酸乙烯酯中 3 个烯氢质子的耦合，形成 ABX 系统（图 2-41）。

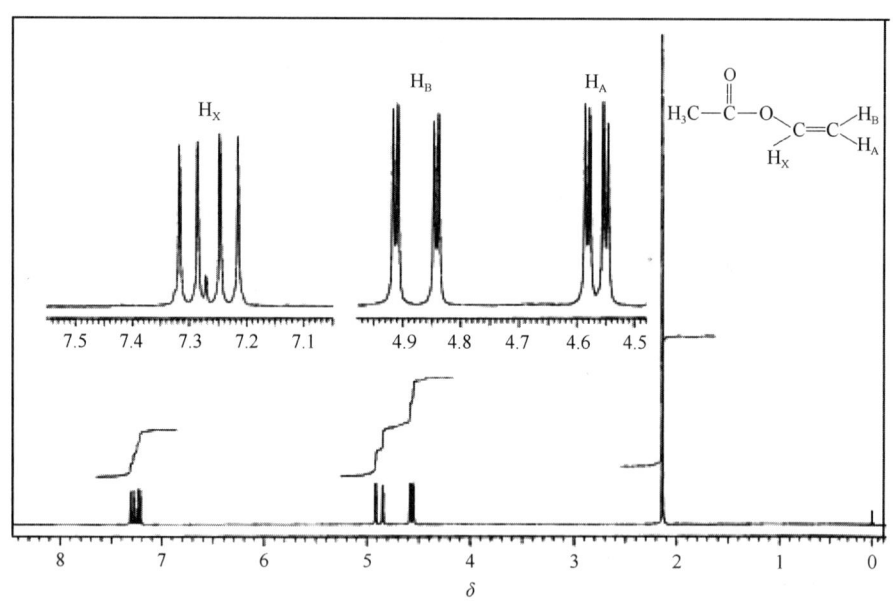

图 2-41 乙酸乙烯酯的 ^{1}H-NMR 谱

又如，2-溴-4-硝基甲苯中 3 个芳环质子也为 ABX 系统（图 2-42），但因为对位芳质子耦合很弱，裂分情况难以测得，故芳环质子的裂分只观测到 8 个小峰。

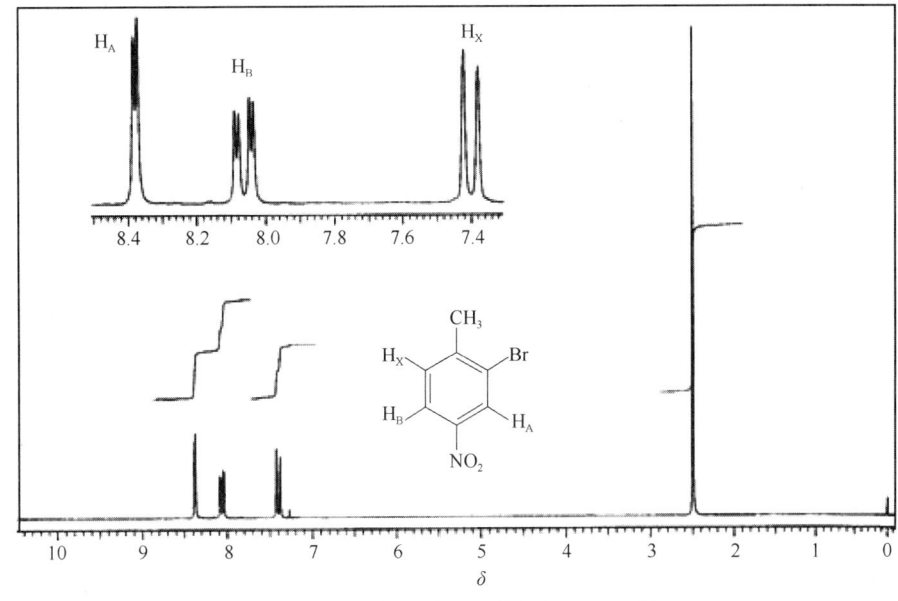

图 2-42　2-溴-4-硝基甲苯的 ^{1}H-NMR 谱

3. AA′BB′系统　下列结构单元可能形成 AA′BB′系统：

x 为非烷基取代基，AA′BB′系统
x 为烷基取代基，A_4 系统

AA′BB′系统理论上有 28 个小峰，峰形左右对称，由于谱线重叠或某些小峰太弱，实际峰数往往远远少于 28 个。参见图 2-43 与图 2-44。

若增加仪器的磁场强度或射频频率，可使 AA′BB′系统中 $\nu_{AA'}$ 与 $\nu_{BB'}$ 的化学位移之差（$\Delta\nu_{AA',BB'}$）增加，则该 AA′BB′系统将变成为 AA′XX′系统，见图 2-45a 与 b。两系统比较，前者两组质子的化学位移之差 $\Delta\nu_{AA',BB'}$ 与其耦合常数的比值<10，峰数 26 条；虽后者其比值>10，峰数减至 17 条，简化了图谱，但因裂分峰数不符合 $n+1$ 规则，各裂分峰的强度之比也不符合二项展开式的各项系数之比，理论上化学位移值与耦合常数需经计算求出等，故仍属于高级耦合系统（混合型），类似于 ABX 系统。

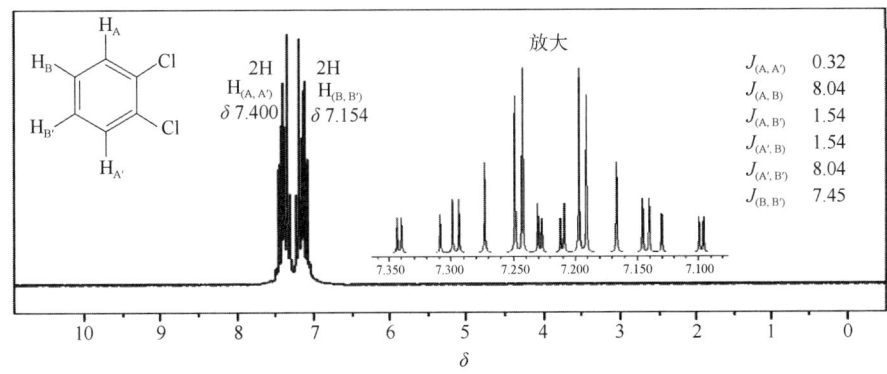

图 2-43　邻二氯苯的 ^{1}H-NMR 谱（90MHz）

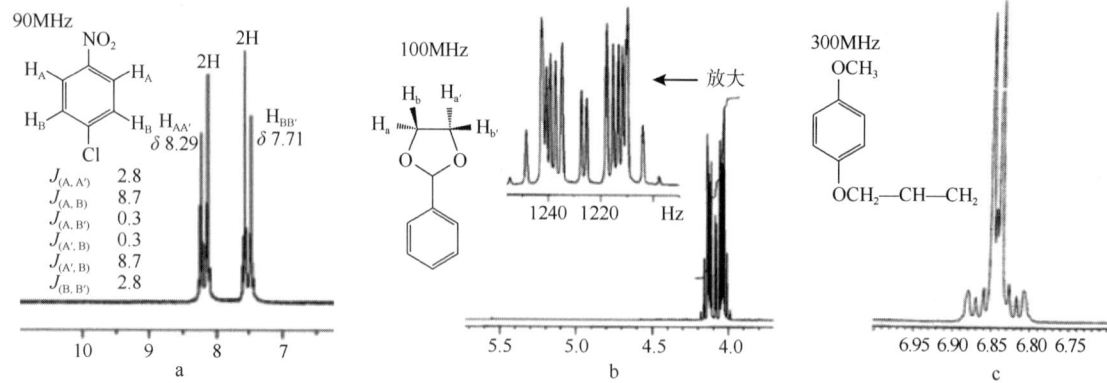

图 2-44 a. 对氯硝基苯氢谱；b. 2-苯基-1,3-二氧代戊烷氢谱（二氧代戊烷部分）；c. 对甲氧基苯丙烯基醚氢谱（苯环质子部分）

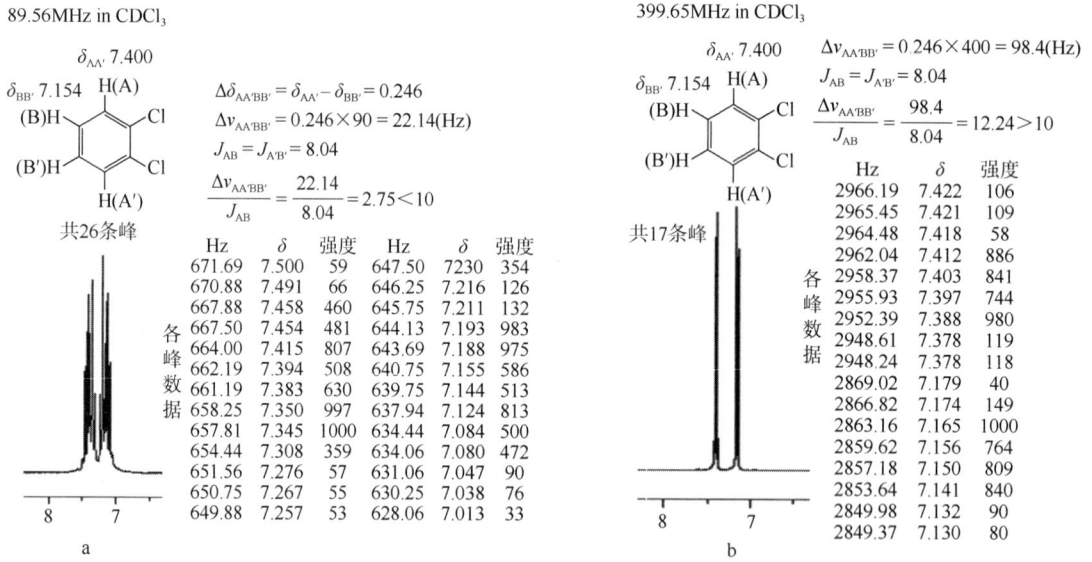

图 2-45 a. 邻二氯苯 AA'BB'系统（90MHz）；b. 邻二氯苯 AA'XX'系统（400MHz）

4. 取代苯环上的质子的自旋系统与峰形

（1）单取代苯：下面把取代基分成三类（此处的分类与有机化学中的分类方法不尽相同）来讨论取代苯环的谱图。

1）第一类基团是使邻、间、对位氢的 δ 值（相对于未取代苯）位移均不大的基团：如—CH_3、—CH_2—、$\diagdown CH$—、—CH=CHR、—C≡CR、—Cl 等。由于苯环上邻、间、对位氢的化学位移值差别不大，它们的峰拉不开，总体来看是一个中间高、两边低的大峰，可看成 A_5 系统（当用高频谱仪时，谱峰可以拉开）。见图 2-46a。

2）第二类基团是含杂原子的饱和基团：如—OH、—OR、—NH_2、—NHR、—NR'R"等。由于饱和杂原子的未成键电子和苯环的离域电子有 p-π 共轭作用，使邻、间、对位氢的 δ 值均移向高场，但间位氢的 δ 值向高场移动较小，因此苯环上 5 个芳氢的谱峰分成了两组：较高场的邻、对位 3 个氢的多重峰组和相对低场的间位 2 个氢的多重峰组。通常形成 ABB'CC'系统，见图 2-46b。

3）第三类取代基是含杂原子的不饱和基团：如—CHO、—COR、—COOR、—COOH、—CONHR、—NO_2、—N=NR 等。它们与苯环形成大的 π-π 共轭体系，又由于杂原子的电负性，使苯环电子密度降低，所以邻、间、对位氢的 δ 值均移向低场，邻位氢的 δ 值移动较大，见图 2-46c。

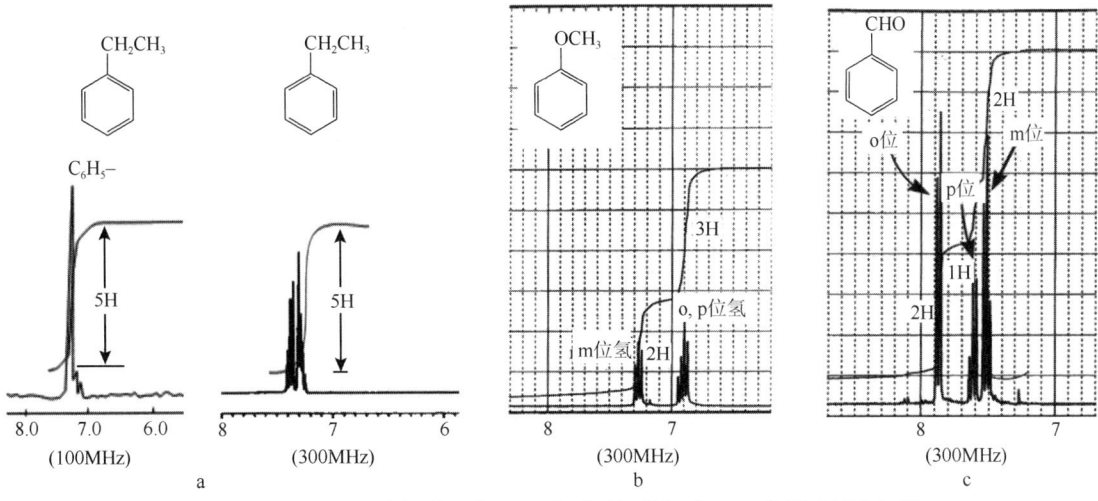

图 2-46 a. 乙苯部分氢谱比较；b. 苯甲醚部分氢谱；c. 苯甲醛部分氢谱

（2）双取代苯：双取代苯的两个取代基 X≠Y，苯环上 4 个氢可能形成 AA′BB′系统，见图 2-44。若 X=Y，则可能形成 A₄ 系统，如对苯二甲酸（芳氢 δ=8.11，单峰）等。邻位双取代苯，若 X=Y，且不是烷基时，可能形成 AA′BB′系统，见图 2-43。若 X=Y，均是烷基时，则可能形成 A₄ 系统。若 X≠Y，形成 ABCD 系统，见图 2-47a，谱图复杂。间位双取代苯，相同基团取代时，苯环上 4 个氢形成 AB₂C 系统，见图 2-47b。若 2 个基团不同，则形成 ABCD 系统，见图 2-47c。

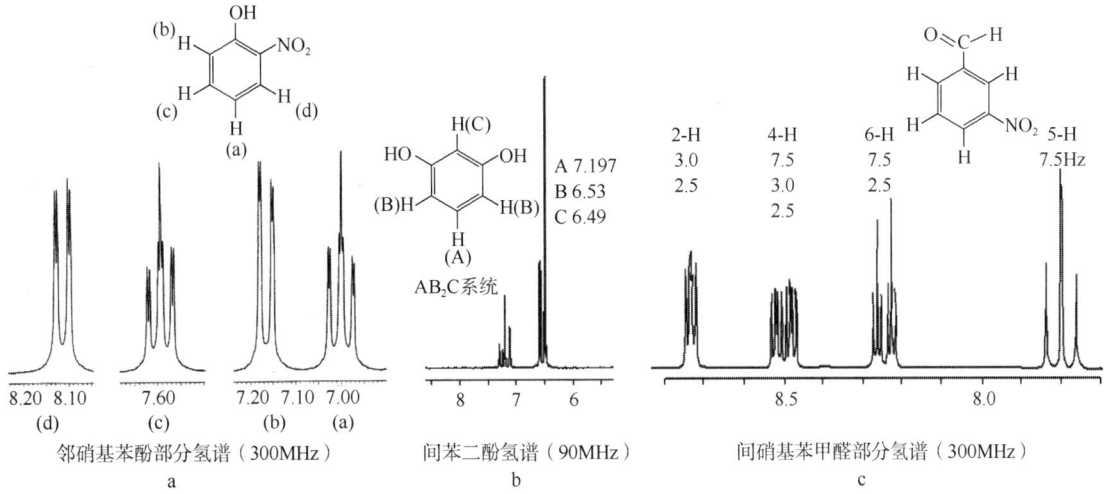

图 2-47 a. 邻硝基苯酚（ABCD 系统）；b. 间苯二酚氢谱（AB₂C 系统）；c. 间硝基苯甲醛部分氢谱（ABCD 系统）

（3）多取代苯：三取代，AMX、ABX、ABC、AB₂ 系统；四取代：A₂、AX、AB 系统；五取代：单峰或多重峰。

对于取代的杂芳环，由于电负性杂原子的存在，杂芳环上不同位置的氢已被拉开一定距离，因此经常按一级图谱分析。

高级图谱还有很多类型，如 ABC 系统、AB₂ 系统、A₂B₂ 系统、ABCD 系统等，谱线多图谱复杂，不再讨论。高级图谱的解析十分困难，可用后文所述方法简化图谱。

第六节　高级图谱的简化方法

对复杂图谱常需采用一些特殊技术使复杂的谱线简化。常用方法有采用高分辨率磁场、双共振

（双照射）自旋去耦、核欧沃豪斯效应（nuclear Overhauser effect，NOE）、利用溶剂效应或加入位移试剂等。

1. 采用高场强（高频率）NMR 仪器　采用高频率仪器（如 500MHz）测定，可使高级图谱变成一级图谱。如图 2-48 所示，a 图为丙烯腈采用 60MHz 核磁共振仪测得的图谱，3 个质子构成的是 ABC 系统。b 图为 100MHz 核磁共振仪测定的图谱，3 个质子构成的是 ABX 系统。c 图为 300MHz 核磁共振仪测定的图谱，3 个质子构成的是 AMX 系统，即由高级图谱变成一级图谱。共产生 12 条（三组双二重峰）谱线，三组氢信号分辨率得到明显的改善，图谱容易解析。

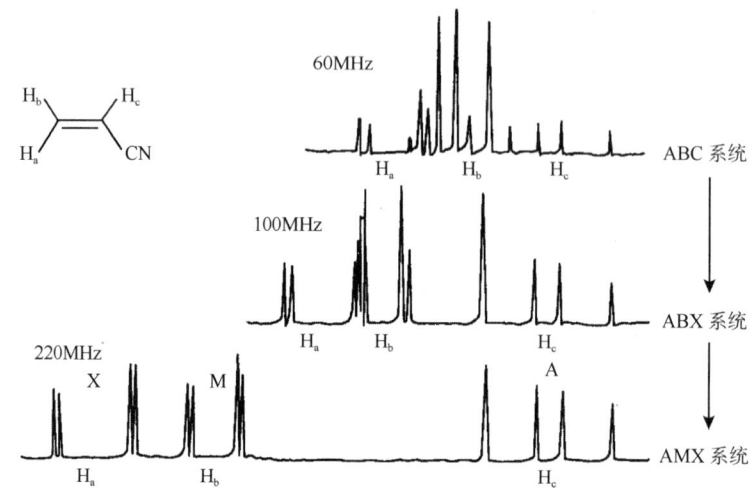

图 2-48　用不同场强核磁共振仪测试的丙烯腈 ^{1}H-NMR 谱

在不具备高磁场（高分辨率）仪器的条件下，最简单的简化谱图的方法就是改变测定用溶剂。利用具有磁各向异性效应的氘代试剂替代原来的溶剂，会引起化学位移的变化。如图 2-49 所示。用氘代氯仿测定硫代苯乙酸甲酯，得到的 ^{1}H-NMR 谱中甲氧基与亚甲基质子共振信号完全重叠；而选用氘代苯为溶剂时，两种质子的共振信号实现了很好的分离。

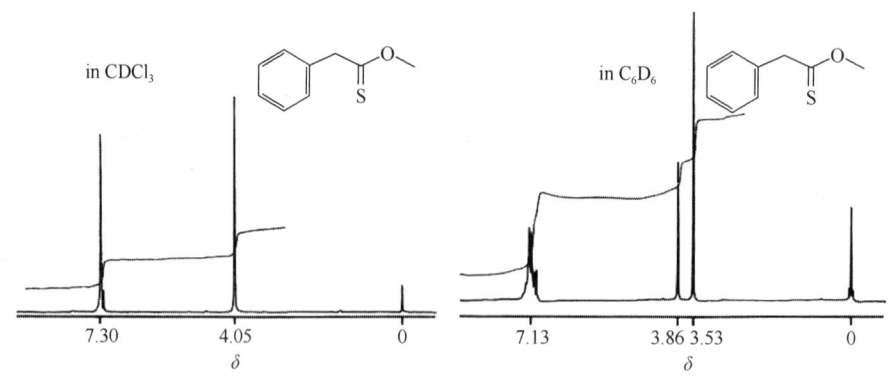

图 2-49　硫代苯乙酸甲酯在不同溶剂（$CDCl_3$ 与 C_6D_6）中的氢谱比较

2. 双共振（双照射）自旋去耦　双照射自旋去耦是指施加一个射频场使自旋系统内某一个（组）氢核发生共振，同时再施加另外一个强功率的射频场（干扰场），照射与之相耦合的另一个（组）氢核（干扰核），使被照射的干扰核达到共振饱和，并在两个自旋态之间高速往返，从而消除耦合，与此同时被照射的干扰核共振峰消失。它能从复杂的图谱中追踪耦合核之间的相互关系，找出耦合体系的有关信息，简化复杂的谱图。

以 AX 自旋系统为例，说明自旋去耦的原理和作用（图 2-50）。当以频率为 ν_1 的射频电磁波扫描质子 A 的同时,以强功率的 ν_2 射频照射质子 X,质子 X 发生共振饱和,并在高低两个能级间高速往返,其结果是使得 X 核在每一个自旋态均来不及与 A 核发生耦合,从而消除了 X 核对 A 核的耦合作用。见图 2-50a,实例见图 2-50b。

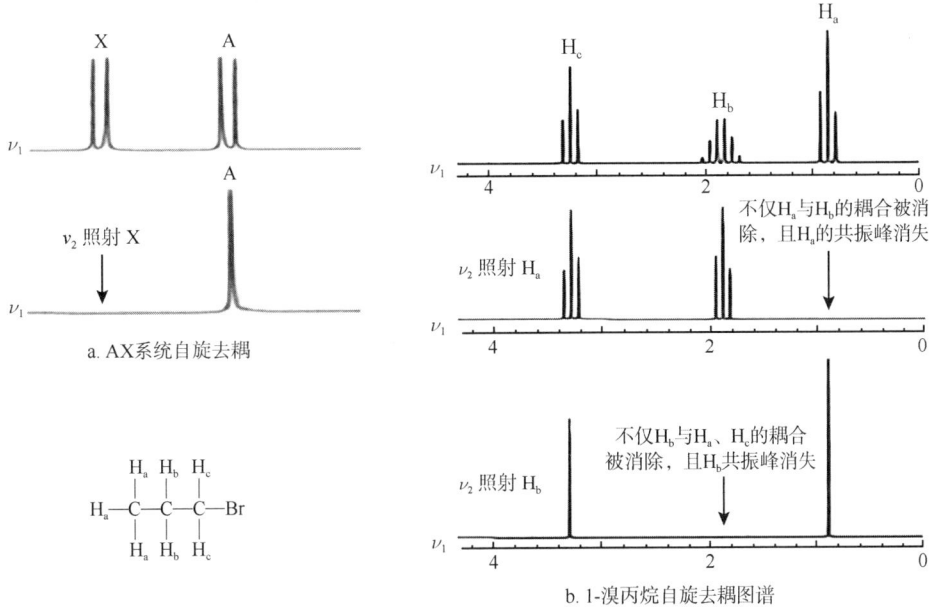

图 2-50　a. AX 系统双照射去耦示意图;b. 1-溴丙烷 ^{1}HNMR 及分别照射 H_a 与 H_b 时谱图的变化

常用的去耦实验包括 ^{1}H-NMR 中的同核去耦及 ^{13}C-NMR 中的质子噪声去耦、偏共振去耦、选择性去耦、异核去耦等,这些去耦技术将在碳谱中加以详述。

3. 核欧沃豪斯效应(nuclear Overhauser effect,NOE)　两个(组)不同类型的质子即使没有耦合,空间距离也较近(空间距离小于 4.5Å),若用低功率射频照射其中一个(组)质子,由于偶极-偶极相互作用,引起另一个(组)质子能级上粒子数差额增加,导致共振峰强度的增强。这种由双共振引起的相邻质子谱峰强度增强的效应称为 NOE。

例如,对甲氧基苯甲醛,照射甲基质子使达到共振饱和(该质子与 H_a 无耦合),H_a 信号将增加 16%。说明甲基在三维空间的取向靠近 H_a。

再如,3-甲基丁烯酸,用频率为 ν_2 的干扰射频照射 δ 1.97 的 CH_3 时,2 位的烯氢(δ 5.66)信号从七重峰变为四重峰,但信号强度没有明显变化;当用另一频率的干扰射频照射 δ 1.42 的 CH_3 时,2 位的烯氢信号也从七重峰变为四重峰,同时该质子的信号强度增强了 17%。由此说明 δ 1.42 的 CH_3 与烯氢在双键的同一边。

当 NOE 效应较小,且谱线相互重叠时,观察信号强度的微小变化十分困难,此时可采用 NOE 差谱测定技术测定其差谱。在这种差谱中只保留 NOE 效应使信号强度增强的谱线,无 NOE 效应的谱线全部扣除。这种图谱称为 NOE 差谱。

NOE 与空间距离（r）的 6 次方成反比，故其数值大小直接反映了相关质子的空间距离，可据此确定分子中某些基团的空间相对位置、立体构型及优势构象，对研究分子的立体化学结构具有重要的意义。

4. 加入位移试剂 能使质子化学位移值发生变化（位移）的试剂称为位移试剂。常用位移试剂为镧系金属络合物，如铕（Eu）、镨（Pr）的 β-二酮配合物。

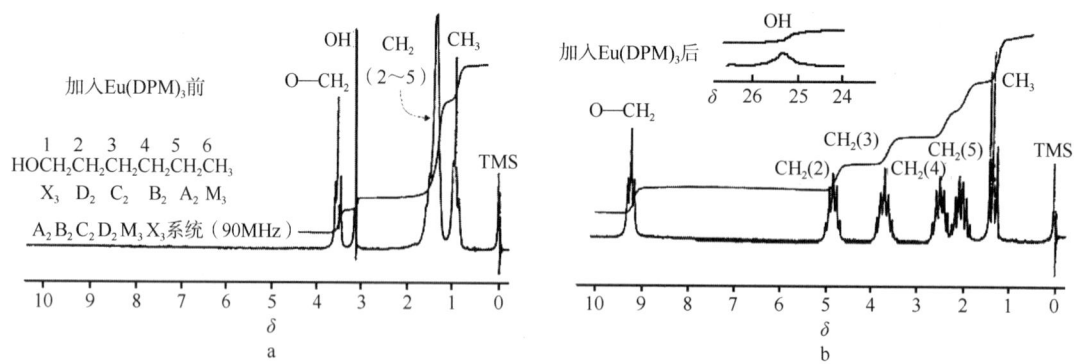

M(DPM)₃
M = Eu³⁺，Pr³⁺

M(FOD)₃
M = Eu³⁺

DPM，三-(2,2,6,6-四甲基-3,5-庚二酮)；FOD，三-2,2-二甲基-6,6,7,7,8,8,8-七氟辛二酮

位移原理：Eu 和 Pr 等金属离子的外层具有空电子轨道，能与有机物中含孤对电子的官能团（如 —NH₂、—OH、〉C=O、—O—、—C≡N、—SH 等）形成络合物。此时金属离子的外层未成对电子所产生的磁矩使质子受到去屏蔽效应的影响，从而使原来重叠的谱峰拉开。铕（Eu）的络合物使质子吸收峰向低场位移，镨（Pr）的络合物使质子吸收峰向高场位移。

位移程度：①基团的供电子能力，供电子能力越强（—NH₂>—OH>〉C=O>—O—>—CN），位移程度 $\Delta\delta$ 越大；②金属离子与质子的空间距离（r），$\Delta\delta \propto 1/r^3$；③位移试剂与试样的摩尔比，摩尔比越大，位移程度越大。见图 2-51。

图 2-51　a. 正己醇的氢谱（90MHz）；b. 加入 Eu(DPM)₃ 的正己醇氢谱（90MHz）

5. 加入重水交换 如前所述，活泼质子在分子间与分子内形成氢键的缔合反应，温度、浓度与溶剂等因素的影响使活泼质子化学位移范围变宽；质子交换反应对化学位移会产生影响，使得化学位移这一物理现象与化学环境有时并非相辅相成；活泼质子在慢速交换反应时与邻碳质子的耦合，增加了图谱复杂性；氮上质子与氮的部分耦合使得氮上质子的峰变弱变宽，易于掩埋不易识别等因素导致活泼质子的识别与图谱解析困难。很简单的方法是：比较滴加重水交换前后的图谱，图谱中消失了的峰即为活泼质子峰。见图 2-52。

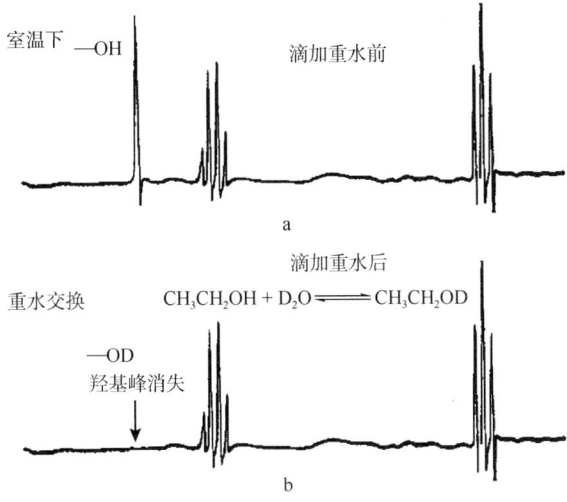

图 2-52 在乙醇中滴加重水前后的 ^{1}H-NMR 谱

第七节 图谱解析与实例

核磁共振氢谱的主要应用之一是由图谱推测未知化合物的结构，其次是定性与定量分析。氢谱提供了丰富的结构信息，如峰的组数、峰的位置 δ、峰的裂分数、峰的强度、耦合常数 J 等，图谱解析就是利用这些信息进行定性及结构分析。

一、解 析 程 序

1）识别图谱中的氘代溶剂残留质子峰和杂质峰。氘代溶剂会出现残留质子峰，见表 2-7。另外，当样品中含很少量杂质时，还有杂质峰出现。

表 2-7 氢谱测定中氘代溶剂及其残留质子峰的化学位移

溶剂名称	分子式	残留质子基团	化学位移
氘代三氯甲烷	CDCl$_3$	CH	7.26（单峰）
氘代丙酮	(CD$_3$)$_2$CO	CD$_2$H	2.05（五重峰）
氘代苯	C$_6$D$_6$	CH(C$_6$D$_5$H)	7.16（多重峰）
重水	D$_2$O	HDO	~5.30（单峰）
氘代二甲基亚砜	(CD$_3$)$_2$SO(DMSO-d$_6$)	CD$_2$H	2.50（五重峰）
氘代甲醇	CD$_3$OD	CD$_2$H	3.31（五重峰）
氘代乙醇	C$_2$D$_5$OD	CHD$_2$	1.17（五重峰）
		CH$_2$D	3.59（三重峰）
		OH	不定（单峰）
氘代 N,N-二甲基甲酰胺	(CD$_3$)$_2$NCDO(DMF-d$_7$)	CD$_2$H	2.77（五重峰），2.93（五重峰）
		CHO	8.05（单峰）
氘代乙腈	CD$_3$CN	CD$_2$H	1.94（五重峰）
氘代乙酸	CD$_3$COOD	CD$_2$H，COOH	2.05（五重峰），8.05（单峰）
氘代三氟乙酸	CF$_3$COOD	COOH	12.50（单峰）

2）根据分子式计算化合物的不饱和度，初步预测分子结构中含有的不饱和基团。例如，当 $U \geqslant 4$ 时，该化合物可能存在一个芳环结构。

3）根据积分曲线的阶梯高度计算各类 ^1H 核的相对数目，并了解分子结构是否有对称性。

4）根据化学位移与基团结构的相关性、裂分峰强度、裂分峰数及耦合常数，确定存在的各结构单元（基团）。①首选确定孤立的未耦合的结构单元（基团），如 $CH_3O—$、$CH_3N\langle$、$CH_3—Ar$、CH_3CO 与 $CH_3—C≡C$ 等孤立的 CH_3 信号（3H，s），再分析有耦合的含氢基团信号。②然后解析低场 $\delta 10 \sim 14$ 处出现的—COOH 及具有分子内氢键缔合的 Ar-OH 等；解析 $\delta 9 \sim 10$ 处出现的醛基（—CHO）。再解析芳烃质子和烯烃质子信号等。③比较滴加重水前后测得的图谱，解析活泼氢的信号。

5）计算剩余的结构单元和不饱和度。由分子式减去已确定结构单元的元素组成与数量，其差值便是剩余的单元；由整个分子的不饱和度减去已确定结构单元的不饱和度，即得剩余的不饱和度。便可获得不含氢的基团，如 $>C=O$、$—C≡N$、$—O—$ 等结构信息。

6）根据化学位移和耦合关系将各个结构单元连接起来，组合成可能的结构式。

7）结构验证：对于已知未知物，由氢谱导出的结构需查对标准氢谱或文献数据进行比较验证。比较验证时需要注意一些重要的实验条件的一致性，如测试仪器、溶剂种类、化学位移参照物、测定温度等。亦可应用相关软件计算验证。

对于结构简单的完全未知物，由氢谱导出的结构需用 IR、MS、^{13}C-NMR 等波谱方法进行结构验证；对于结构复杂的完全未知物，不可能由单一氢谱导出结构，需应用 IR、MS、^{13}C-NMR、^{19}F（含氟化合物）、^{31}P（含磷化合物）与 2D-NMR 等波谱进行综合解析，方能确定其结构。

二、常用标准 NMR 光谱集

1）*Nuclear Magnetic Resonance Spectra*：本标准光谱集由美国费城萨德勒（Sadtler）研究实验室编辑与出版，可根据测试的未知物图谱中精确的 δ 值与质子数，通过化学位移索引很方便地查到该质子基团及与其相连的基团、对应的标准谱图号。

2）*The Aldrich Library of NMR Spectra*：本标准光谱集由美国 Aldrich Chemical Company 编辑出版。共 2 卷，9000 张标准图谱。

3）NMR Shift DB 光谱网站：含有 22000 个有机化合物的化学位移数据与 19000 张图谱，可通过结构与化学位移索引进行检索，免费查阅。网址：http://nmrshiftdb.ice.mpg.de。

4）Spectral Database for Organic Compounds（SDBS）：是一个有机化合物的综合光谱数据库系统，包括 6 种不同类型的光谱。其中，^1H 核磁共振（NMR）光谱 15900 张。可以通过化合物名称、分子式、分子量、CAS Regostry 号、原子/元素数和光谱数据来搜索化合物，免费查阅。网址：https://sdbs.db.aist.go.jp/sdbs/cgi-bin/direct_frame_top.cgi。

三、预测与解析软件

1）核磁解析软件 MestReNova：是一款由西班牙 Mestrelab Research 公司最新开发的核磁数据处理软件，集解谱、预测于一身。包含 NMR 和 LC/MS 数据处理分析、预测、发表、验证及数据的储存、检索等功能。可预测化合物氢谱、碳谱、HSQC、杂核谱，预测准确度较高。预测方法：将 ChemDraw 中绘制的化学结构式复制到 MestReNova 中，然后点击菜单栏"预测"即可。亦可在该软件中绘制化合物结构式后，点击"预测"。

2）ChemDraw 绘制结构软件：在该软件中绘制化合物结构式后，点击任务窗中的"structure"，再点击"predict ^{1}H-NMR shifts"，即可由结构预测该化合物的氢谱。

3）nmrdb.org（Simulate and predict NMR spectra）：可由结构模拟预测 ^{1}H-NMR、^{13}C-NMR 与

2D-NMR 谱。网址：http://www.nmrdb.org/.

四、解析实例

例 2-1 某化合物分子式为 $C_4H_7BrO_2$，核磁共振氢谱如图 2-53 所示。试推出化合物的结构。已知 δ_a 1.78（d）、δ_b 2.95（d）、δ_c 4.43（sex）、δ_d 10.70（s）；J_{ac}=6.8Hz，J_{bc}=6.7Hz。

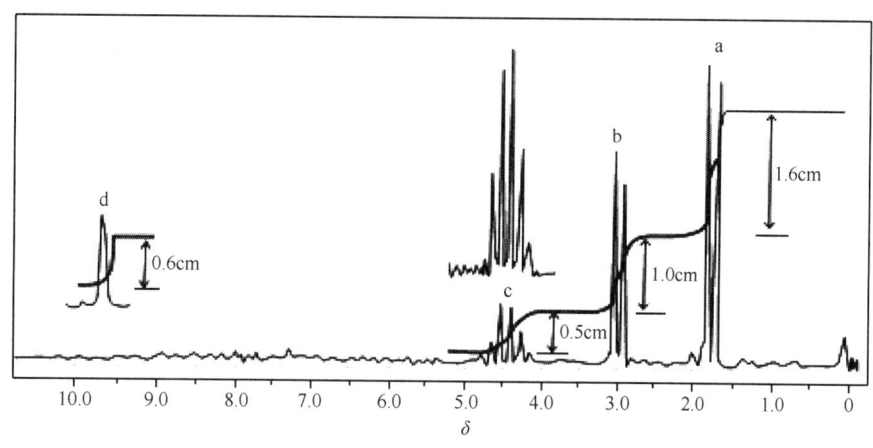

图 2-53　$C_4H_7BrO_2$ 的 ^{1}H-NMR 谱

解：

1) $U = \dfrac{2+2\times4-8}{2} = 1$，含一个双键或一个饱和环。

2) 由积分曲线的阶梯总高度、分子式中质子总数及积分曲线的阶梯高度，求每个（组）峰相当的质子数。

a 峰的质子数 = $\dfrac{1.6}{\frac{1.6+1.0+0.5+0.6}{7}} = \dfrac{1.6}{1.6+1.0+0.5+0.6} \times 7 = 3H$

b 峰的质子数 = $\dfrac{1.0}{1.6+1.0+0.5+0.6} \times 7 = 2H$

同理计算 c 峰和 d 峰各相当于 1 个 H。

3) 由氢分布及化学位移，可以得知 a 为 CH_3，b 为 CH_2，c 为 CH，d 为 COOH。

4）由耦合关系确定各基团连接方式，a 为二重峰，说明与一个氢相邻，即与 CH 相邻；b 为二重峰，也说明与 CH 相邻；c 为六重峰，峰高比 1：5：10：10：5：1，符合 $n+1$ 律，说明与 5 个氢相邻。因为 $J_{ac} \approx J_{bc}$，各峰的裂距相等，则 5 个氢应是 3 个甲基氢与 2 个亚甲基氢之和，故该未知物具有—CH₂—CH—CH₃ 基团，为耦合常数相等的 A₃MX₂ 自旋系统。根据这些信息，未知物有 2 种可能结构：

$$\begin{array}{cc} \text{CH}_3\text{—CH—CH}_2\text{—Br} & \text{CH}_3\text{—CH—CH}_2\text{—COOH} \\ \quad\quad |\quad\quad & \quad\quad |\quad\quad \\ \quad\quad \text{COOH} & \quad\quad \text{Br} \\ (\text{I}) & (\text{II}) \end{array}$$

5）查表 2-4，由次甲基的化学位移 δ 4.43 可以判断应与溴相连，故为结构 II。
6）验证结构 II 的图谱与 Sadtler 6714M（光谱号）3-溴丁酸的标准光谱一致。

例 2-2 某化合物分子式为 $C_4H_7ClO_2$，核磁共振氢谱如图 2-54。试推出化合物的结构。

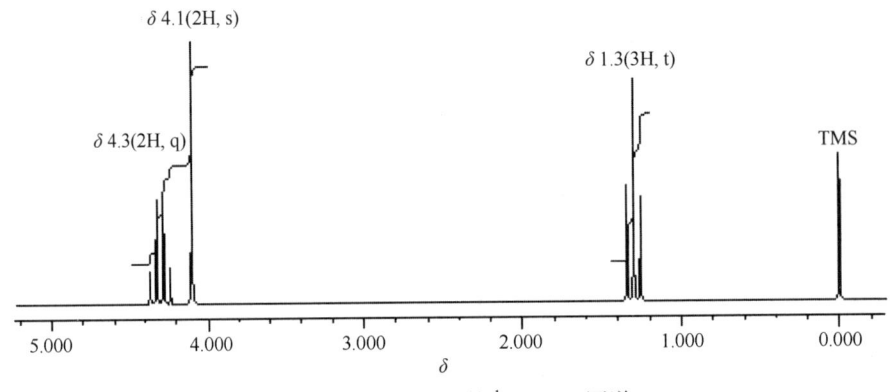

图 2-54 $C_4H_7ClO_2$ 的 ¹H-NMR 图谱

解：
1）$U = \dfrac{2+2\times 4-8}{2} = 1$，推测可能存在 C=O 或 C=C 结构单元。
2）δ 1.3（3H，t）与 δ 4.3（2H，q），说明存在—CH₂CH₃ 结构单元，为 A₃X₂ 系统，查表 2-4，根据化学位移值，δ 4.3 处的 CH₂ 应与氧原子直接相连，故存在—OCH₂CH₃ 结构单元；δ 4.1（2H，s）为孤立亚甲基，也处于低场，表明该亚甲基应与电负性大的元素直接相连，即有—CH₂Cl 结构单元，为 A₂ 系统。因此，该化合物的结构为

$$\text{CH}_3\text{CH}_2\text{O}-\overset{\overset{\displaystyle O}{\|}}{\text{C}}-\text{CH}_2\text{Cl}$$

3）结构验证：经与文献核磁共振数据对照，确认无误。

例 2-3 某化合物分子式为 $C_8H_{10}O$，IR 表明 3300 cm⁻¹ 左右有宽强峰，核磁共振氢谱如图 2-55 所示。试推出化合物的结构。

解：
1）$U = \dfrac{2+2\times 8-10}{2} = 4$，推测可能存在一个苯环。IR 3300 cm⁻¹ 左右有宽强峰，表明存在—OH。
2）由 δ 7.3～7.0 左右对称的二组多重峰可见存在典型的 AA′BB′ 系统，表明分子结构中具有对位双取代苯环；δ 4.3（2H，s），查表 2-4，表明存在与电负性大的元素直接相连的孤立亚甲基，故有—CH₂OH，为 A₂ 与 A₁ 系统；δ 2.92（3H，s），查表 2-4，表明存在与不饱和基团直接相连的孤立甲基，A₃ 系统，即有 CH₃—Ar—；δ 1.0（1H，s），羟基。

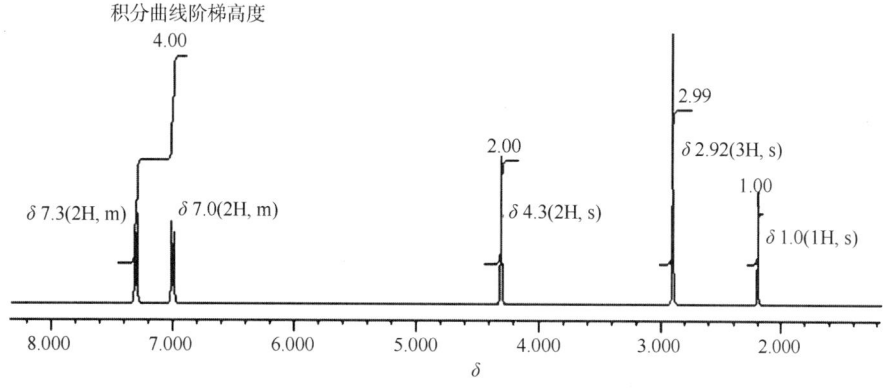

图 2-55 $C_8H_{10}O$ 的 ^1H-NMR 图谱

因此，该化合物的结构为

H₃C—⟨benzene⟩—CH₂OH

3）结构验证：经与文献核磁共振数据对照，确认无误。

例 2-4 化合物 A 的分子式为 $C_{10}H_{12}O$，其 ^1H-NMR 谱图如图 2-56 所示，试推测结构。

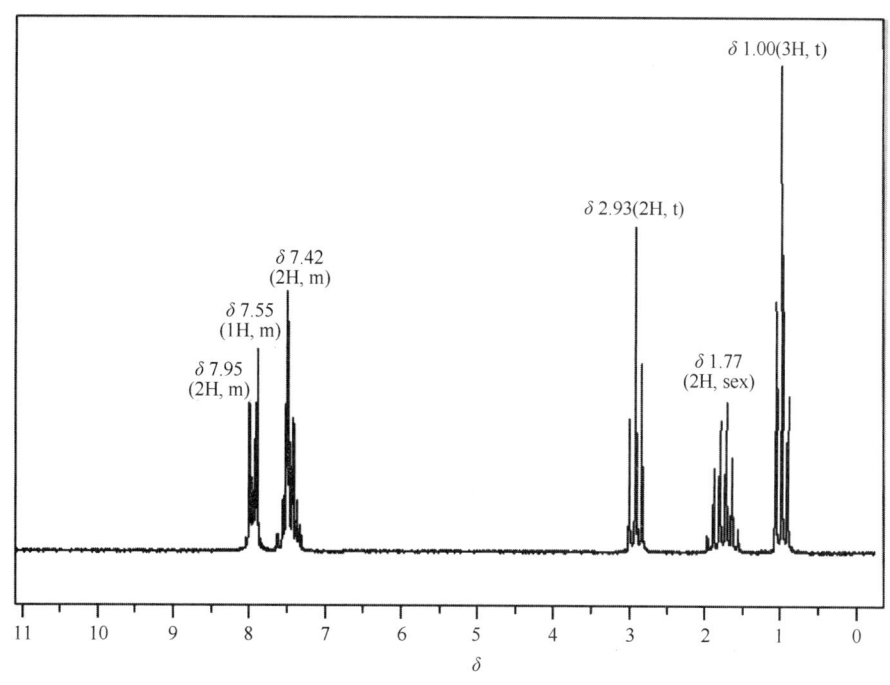

图 2-56 化合物 A 的 ^1H-NMR 谱（$CDCl_3$，90MHz）

解：

1）计算不饱和度 $U=5$，推测应该有苯环存在，可能还含有 C═O 或 C═C。

2）谱图中显示有 5 组峰，提示有 5 种化学环境不同的质子，有 2 个不同的自旋系统。在高场区，由 δ 1.00（3H，t）、δ 1.77（2H，sex）、δ 2.93（2H，t）这三组峰清晰可见，分子结构中含有正丙基 $CH_3CH_2CH_2$—结构单元，为 $A_3M_2X_2$ 系统；在低场区，根据化学位移值有三组峰处于苯环质子区，共有 5 个质子，说明为单取代苯，呈现出 AA'BB'C 高级耦合系统。

3）由分子式 $C_{10}H_{12}O$ 中扣除以上结构片段总和（$CH_3CH_2CH_2+C_6H_5=C_9H_{10}$），剩余 CO，剩余不

饱和度为 1，说明含有 1 个羰基（—CO—）。5 个芳氢的化学位移 δ（7.42～7.95）>7.26，说明该羰基与苯环直接相连。因为羰基（第三类取代基）与苯环形成大的共轭体系及杂原子的电负性，使苯环电子密度降低，邻、间、对位氢的 δ 值均移向低场，其中邻位氢的 δ 值移动较大，见图 2-46c。因此，δ 7.95（2H，m）为邻位 2 个质子、δ 7.55（1H，m）为对位质子、δ 7.42（2H，m）为间位 2 个质子多重峰。

综上所述，将上述结构片段进行连接，确定化合物 A 的结构为

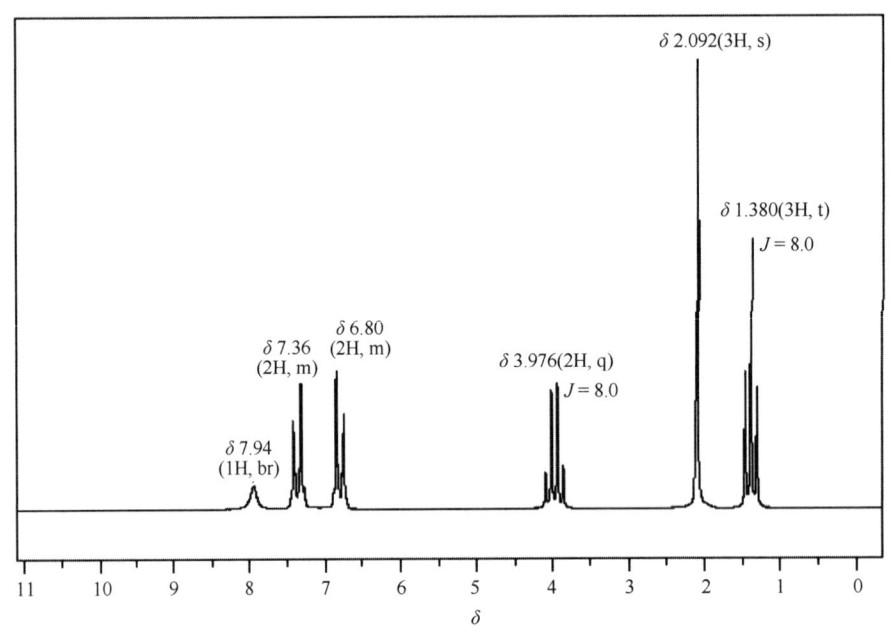

4）结构验证：经与文献核磁共振数据对照，确认无误。

例 2-5 某化合物分子式为 $C_{10}H_{13}NO_2$，其 ^{1}H-NMR 谱如图 2-57 所示。试确定该化合物的结构。

图 2-57 $C_{10}H_{13}NO_2$ 的 ^{1}H-NMR 谱（$CDCl_3$，90MHz）

解：

1）$U = \dfrac{2 + 2 \times 10 + 1 - 13}{2} = 5$，提示结构中含一个苯环及一个不饱和基团。

2）有 6 组峰，6 种化学环境不一样的质子，有四个不同自旋系统。由 δ 1.380（3H，t）、δ 3.976（2H，q）清晰可见含乙基，根据化学位移值，查表 2-4，其亚甲基应与电负性大的元素氧直接相连，即有 CH_3CH_2O—结构单元，A_3X_2 系统；δ 2.092（3H，s）示含有与不饱和基团相连的孤立甲基，A_3 系统；δ 6.80（2H，m）与 δ 7.36（2H，m）为典型的 AA'BB'系统，提示含有对位二取代苯环；δ 7.94（1H，br）推测为与氮原子相连的活泼氢信号，查表 2-4，（Ar）RCONHAr $δ_{N\text{-}H}$ 7.8～9.4，所以该基团可能是酰胺基，且—NH—与芳香环直接相连，A_1 系统。

3）综上所述，推测化合物的可能结构为

4）结构验证：使用 ChemDraw 软件，由结构预测的图谱见图 2-58。峰数、峰形、化学位移值等与图 2-57 基本一致。

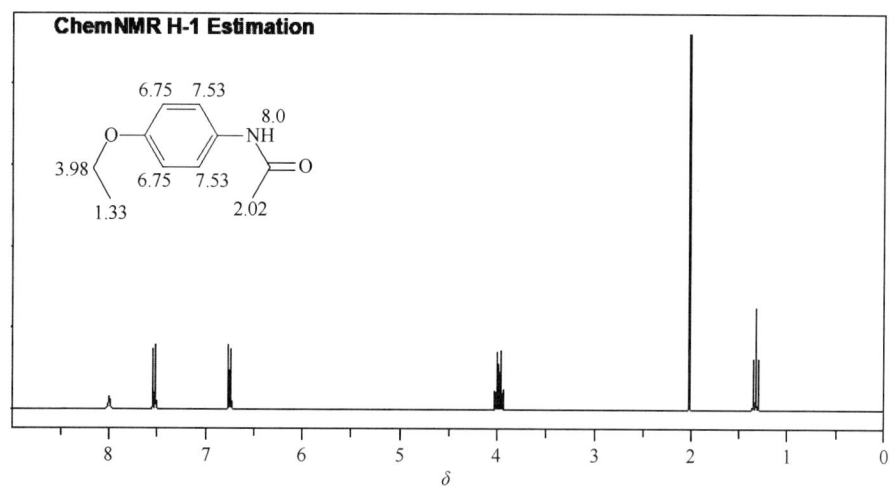

图 2-58　ChemDraw 软件由结构预测的氢谱

课堂练习：分子式为 $C_{10}H_{12}O_3$ 的化合物，其 ^{1}H-NMR 谱如图 2-59 所示。试确定该化合物的结构。

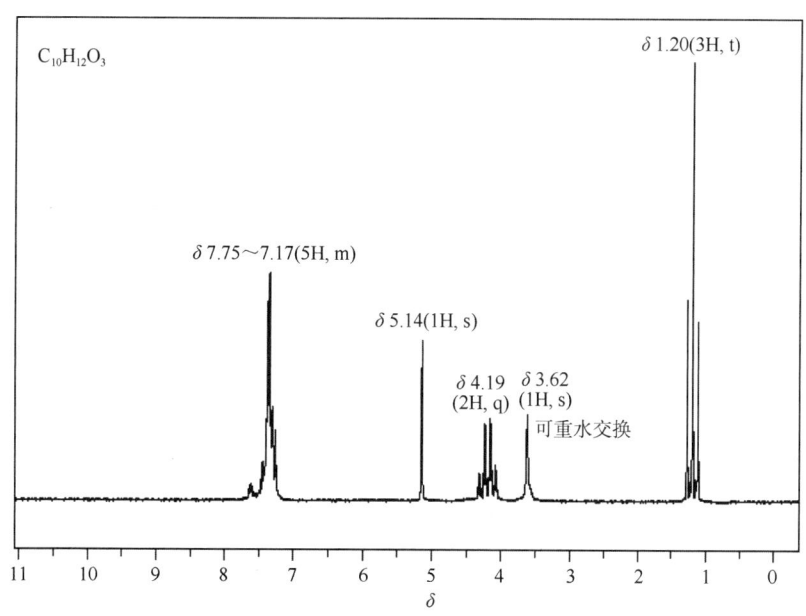

图 2-59　分子式为 $C_{10}H_{12}O_3$ 的化合物的 ^{1}H-NMR 谱（$CDCl_3$，90MHz）

习　题

1）在 ^{1}H-NMR 中，氢信号裂分为三重峰时，常用的表示符号为（　　）
　　A. s　　　　　　　B. d　　　　　　　C. t　　　　　　　D. q
2）^{1}H-NMR 中去屏蔽效应使得该 H 的化学位移值（　　）
　　A. 增大　　　　　B. 减小　　　　　C. 不变　　　　　D. 移至最大
3）苯环上的 H 被—OCH_3 取代，使苯环邻、对位 H 的 δ 值变小的原因是（　　）

A. 诱导效应　　　B. 共轭效应　　　C. 空间效应　　　D. 各向异性效应

4）^{1}H-NMR 中氢键的形成，会使该 H 的 δ 值（　　）
　　　A. 为零　　　　　B. 不变　　　　　C. 增大　　　　　D. 减小

5）核的共振频率与仪器的磁场强度有关，而耦合常数及化学位移值 δ 与其无关，为什么？

6）影响化学位移的因素主要有哪些？

7）化学等价与磁等价之间的区别是什么？

8）根据下列 NMR 数据，绘出 NMR 谱，并给出化合物的结构式。

①$C_{14}H_{14}$：δ 2.82（4H，s），δ 7.19（10H，s）。

②C_8H_{10}：δ 2.19（6H，s），δ 7.01（4H，s）。

③C_8H_{10}：δ 2.23（6H，s），δ 7.05（2H，d，J=8.0Hz），δ 7.24（2H，d，J=8.0Hz）。

④C_3H_7Cl：δ 1.55（6H，d，J=6.8Hz），δ 3.68（1H，sept.，J=6.8Hz）。

⑤$C_7H_6N_5O_2$：δ 4.02（3H，s），δ 7.48（1H，d，J=8.0Hz），δ 8.68（1H，dd，J=2.0，8.0Hz），δ 8.92（1H，d，J=2.0Hz）。

9）下列图谱（图 2-60）对应的化合物是（　　）。

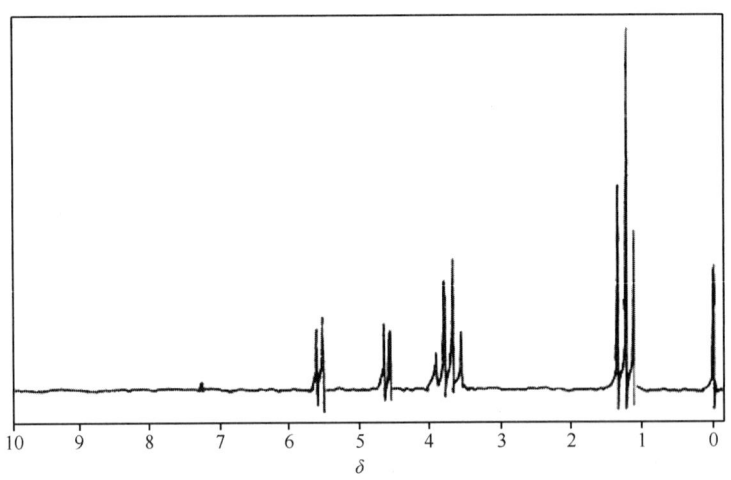

图 2-60　分子式为 $C_6H_{12}O_2Cl_2$ 的化合物的 ^{1}H-NMR 谱（CD_3Cl，90MHz）

A. CH₂—C(OCH₂CH₃)₂
　　|　　　|
　　Cl　　Cl

B. Cl₂CH—CH(OCH₂CH₃)₂

C. CH₃CH₂O—C—C—OCH₂CH₃
　　　　　　|　|
　　　　　　H H
　　　　　　|　|
　　　　　　Cl Cl

D. Cl—(CH₂)₂—O—(CH₂)₂—O—(CH₂)₂—Cl

10）一醚类化合物的分子式为 $C_8H_{10}O$，核磁共振氢谱数据为 δ 1.2 三重峰，δ 3.9 四重峰，δ 6.7～7.3 多重峰，谱图从低场到高场质子峰面积比为 5：2：3，推测其结构。

11）分子式为 C_9H_{10} 的化合物，IR 与 ^{1}H-NMR 图谱如下，推断其结构。
IR：3100，2960，1620，1580，1500，1450，1380，900，760，710cm^{-1}
NMR：δ 2.20（3H，s）、δ 5.10（1H，d）、δ 5.40（1H，d）、δ 7.30（5H，s）

12）分子式为 $C_{10}H_{14}$ 的化合物的 ^{1}H-NMR 图谱如下，推断其结构。
^{1}H-NMR：δ 0.88（6H，d）、δ 1.86（1H，m）、δ 2.45（2H，d）、δ 7.12（5H，s）

13）分子式为 $C_{10}H_{12}O_2$ 的化合物 ^{1}H-NMR 图谱（图 2-61）如下，质谱提示无苄基（m/z 91）碎片离子峰，推断其结构。

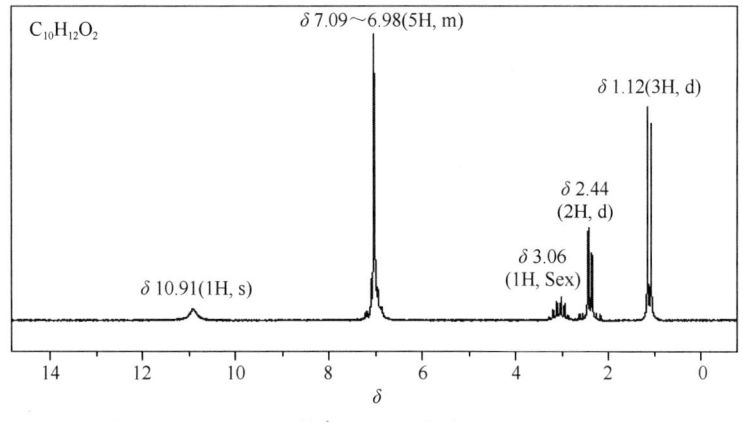

图 2-61　$C_{10}H_{12}O_2$ 的 ^1H-NMR 谱（90MHz，$CDCl_3$）

14）分子式为 $C_7H_{12}O_4$ 的某化合物 ^1H-NMR 图谱（图 2-62）如下，推断其结构。

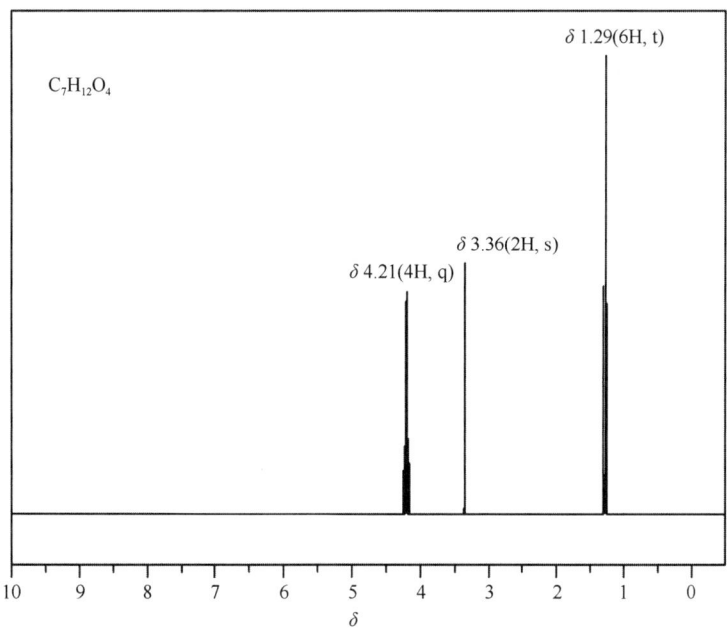

图 2-62　$C_7H_{12}O_4$ 的 ^1H-NMR 谱（$CDCl_3$，3000MHz）

第三章 一维 ^{13}C 核磁共振波谱法

第一节 一维 ^{13}C 核磁共振的特点

碳原子构成了有机化合物的基本骨架，环状和链状有机化合物碳骨架的结构是有机化学研究的核心，因此观察和研究碳原子的信号对研究有机物的结构有着非常重要的意义。党的二十大报告强调："全面推进科技自立自强，推动科技创新取得新突破。"这一精神为我国在科研创新中的努力方向指明了道路，推动了我国在中药学、药学领域的自主创新与中药现代化和标准化进程。

氢谱的应用虽然在确定分子结构方面起了非常重要的作用，但氢谱也存在局限性。当碳上的氢全部被取代后，氢谱就无法获得这一部分的结构信息；另外对于结构复杂的化合物，即使采用高磁场的仪器，氢谱信号依然可能重叠，难以解析。而碳谱可以克服氢谱这方面的缺陷，如醋酸达玛二烯酯（dammadienyl acetate）的氢谱和碳谱图如 3-1 所示，其氢谱信号在 δ_H 1～2 范围内重叠严重，难以解析，但其碳谱基本上可以给出分子中每个不等价碳核的信号，即分子中有多少个不同的碳核，谱图中就有多少个碳信号。由此可见在有机化合物结构解析中碳谱的作用更为重要。

从第二章的介绍可知，自旋量子数 $I=0$ 的核没有核磁共振信号。由于自然界丰度高（98.93%）的 ^{12}C 核的自旋量子数 $I=0$，没有核磁共振信号，而 $I=1/2$ 的 ^{13}C 核虽然可以产生核磁共振吸收信号，但其天然丰度仅为 1.07%，其信号强度很弱，给检测带来了困难。所以在早期的核磁共振研究中，一般只研究核磁共振氢谱（^{1}H-NMR），直到 20 世纪 70 年代，脉冲傅里叶变换核磁共振谱仪问世，

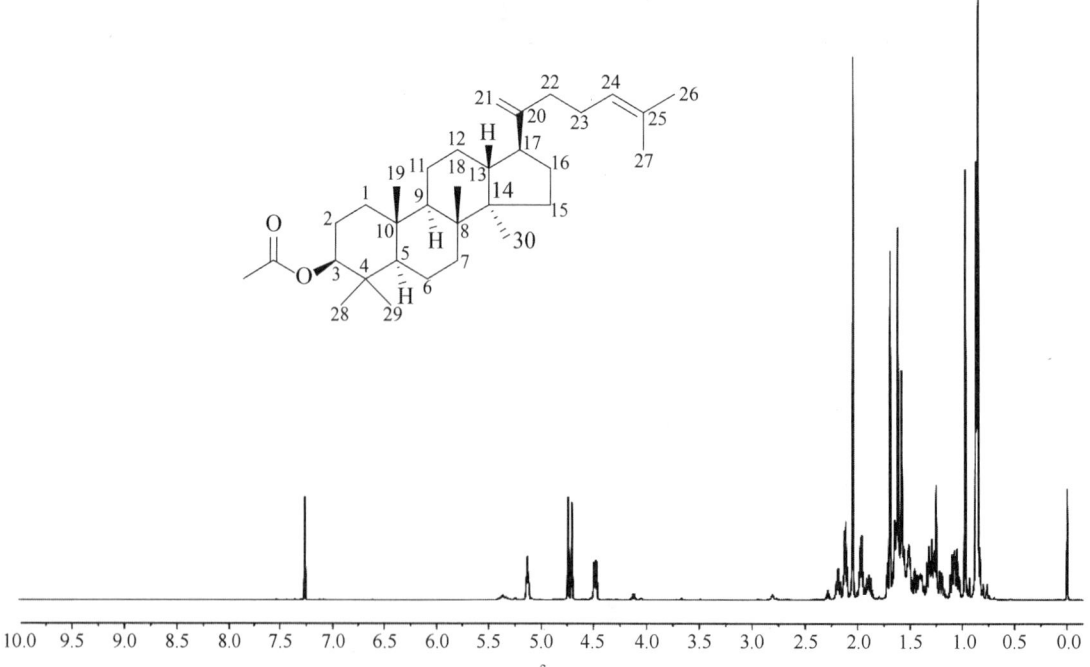

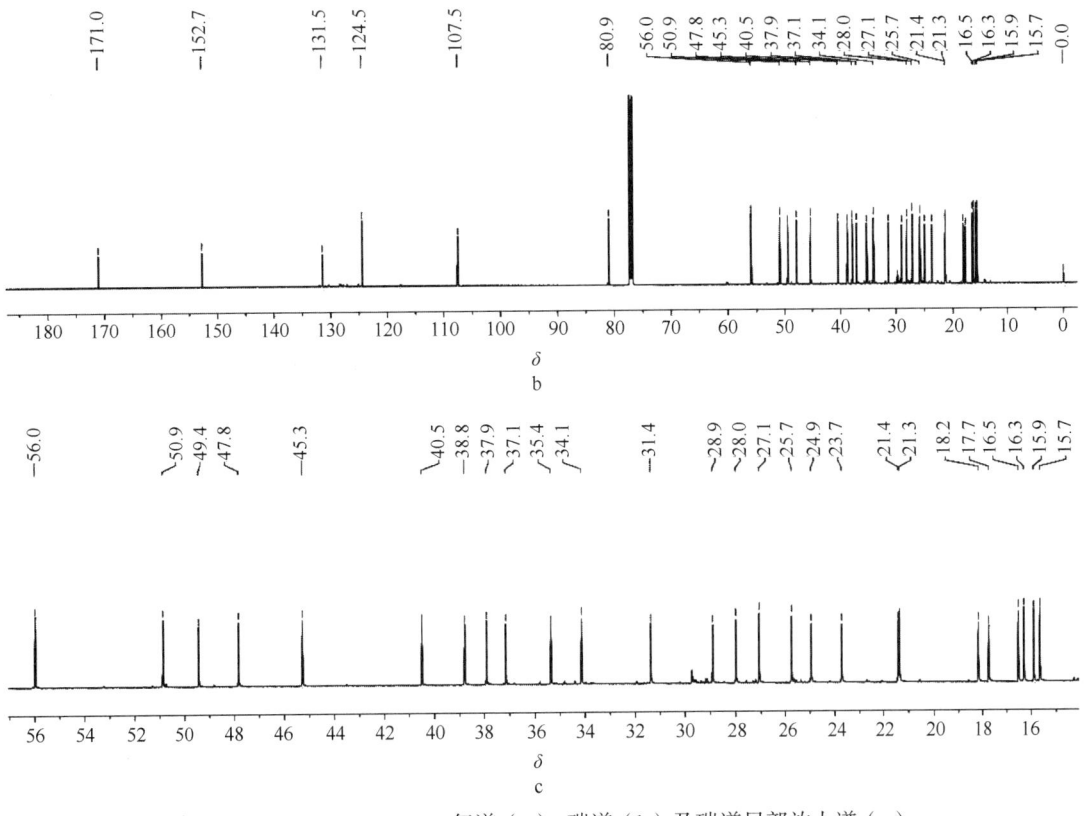

图 3-1 dammadienyl acetate 氢谱（a）、碳谱（b）及碳谱局部放大谱（c）

核磁共振碳谱（^{13}C-NMR）的工作才得以迅速发展，随着计算机技术的不断发展与更新，核磁共振碳谱的测试技术和方法也在不断地改进和增加，核磁共振碳谱也得到越来越广泛的应用。

与核磁共振氢谱相比，核磁共振碳谱有化学位移范围宽、耦合常数大、弛豫时间长、信号强度低、峰面积不能直接反映碳数及共振方法多等特点。碳核与氢核在核磁性质上的差异比较列于表 3-1。以下将对碳谱的特点一一作介绍。

表 3-1 碳核与氢核核磁性质的比较

	氢核（^{1}H）	碳核（^{13}C）
天然丰度	99.93%	1.07%
自旋量子数 I	1/2	1/2
磁矩	4.8372	1.2166
磁旋比	2.675	0.6728
Lamor 频率（T=2.35T）	100MHz	25.2MHz
弛豫时间	0.1～1s	0.1～100s
相对灵敏度	1	1/5700
化学位移范围	−2～20	0～600
常见化学位移范围	0～10	0～250

一、化学位移范围宽

^{1}H-NMR 谱信号的化学位移值的范围大多在 δ_H 0～10，少数氢信号为 15～20，而 ^{13}C 谱的信号

化学位移 δ_C 一般为 0~250，特殊情况下会再超出 50~100。由于 ^{13}C-NMR 谱化学位移范围较宽，所以 ^{13}C-NMR 谱能区分化学环境上仅有微小差异的核，这对鉴定分子结构非常有利。分子量小于 500 的化合物，如果分子中不存在对称因素，那么在其质子噪声去耦谱中，分子中每一个碳都会在碳谱上找到与其对应的谱线，如 dammadienyl acetate 分子中有 32 个碳原子，图 3-1b 和 c 中可以清晰地看到 32 个碳信号与其一一对应，表 3-2 对 dammadienyl acetate 的碳谱数据进行了归属。

表 3-2　dammadienyl acetate 的碳谱数据归属

序号	δ_C	序号	δ_C	序号	δ_C
1	38.8	11	21.4	21	107.5
2	23.7	12	24.9	22	34.1
3	80.9	13	47.8	23	27.1
4	37.9	14	49.4	24	124.5
5	56.0	15	31.4	25	131.5
6	18.2	16	28.9	26	25.7
7	35.4	17	45.3	27	17.7
8	40.5	18	16.3	28	15.9
9	50.9	19	15.7	29	28.0
10	37.1	20	152.7	30	16.5
—COO<u>C</u>H₃	21.3	—<u>C</u>OOCH₃	171.0		

二、耦合常数大

在氢谱中，^{1}H—^{1}H 之间的耦合裂分峰数及耦合常数是很重要的信息，可用来判断相邻基团的情况，以此来帮助确定化合物的结构。碳谱中同样也存在耦合现象，但 ^{13}C 核天然丰度只有 1.07%，两个相邻碳原子都是 ^{13}C 核的概率非常小，故在碳谱中一般不考虑化合物中天然丰度的 ^{13}C—^{13}C 之间的耦合，而碳原子常与氢原子连接，它们可以互相耦合，^{13}C—^{1}H 之间的一键耦合常数的数值很大，一般为 120~300Hz。^{13}C 核天然丰度很低，这种耦合对 ^{1}H 谱的影响非常小，通常可以忽略，但是 ^{13}C 核和 ^{1}H 核及其他相邻峰核之间的耦合则是必须考虑的。

1. ^{13}C—^{1}H 耦合　在碳谱中，^{13}C—^{1}H 之间的耦合是主要的，碳谱中谱线的裂分规则与氢谱一样，与相邻耦合原子的自旋量子数 I 和原子数 n 有关，遵循 $2nI+1$ 规则，谱线之间的裂距即为耦合常数 J。图 3-2 为丙酮的质子噪声去耦谱和非去耦谱。去耦谱图 3-2b 中只有两条谱线，分别是丙酮分子中的甲基碳和羰基碳，非去耦谱图 3-2a 中甲基连接有 3 个氢核，故裂分为 4 条谱线，裂距为 127.7Hz，相互耦合的碳核和氢核之间只相隔一个化学键，故耦合常数可记为 $^1J_{CH}$=127.7Hz，羰基没有直接相连的氢，因此没有 $^1J_{CH}$，但相隔两个键有 6 个氢核，羰基碳与这些氢核发生耦合，谱线裂分为 7 条，裂距为 5.7Hz，因此其耦合常数 $^2J_{CH}$=5.7Hz。

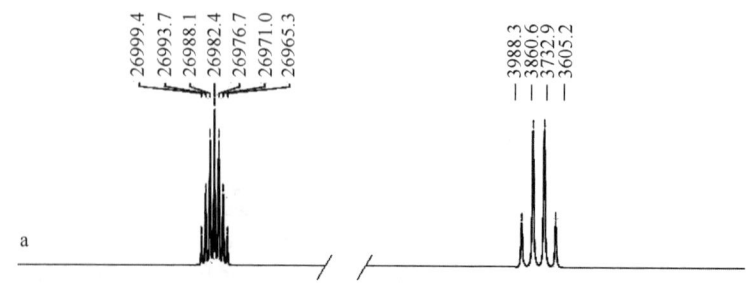

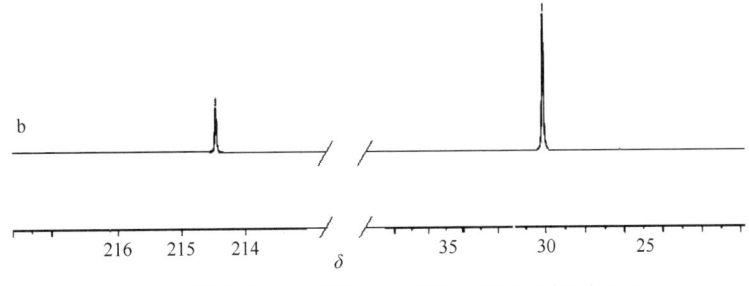

图 3-2 丙酮的非去耦谱（a）和质子噪声去耦谱（b）

^{13}C—^{1}H 耦合是碳谱中最重要的耦合作用，其中又以 $^1J_{CH}$ 最为重要。J_{CH} 为 120~300Hz，主要的影响因素是 C—H 共价键的 s 电子所占比例，$^1J_{CH}$ 值可用式（3-1）近似算出：

$$^1J_{CH}=5\times(s\%) \tag{3-1}$$

式中，s% 为 C—H 键中 s 电子所占的百分数。表 3-3 列出了不同杂化类型碳的 $^1J_{CH}$ 的实测值和计算值。

表 3-3 不同杂化类型碳的 $^1J_{CH}$ 的实测值和计算值

杂化类型	s%	计算值	化合物	$^1J_{CH}$ 实测值/Hz
sp³	25	125	CH₄	125
			CH₃NH₂	133
sp²	33	165	CH₂=CH₂	156
			C₆H₆	159
sp	50	250	CH≡CH	249
			CH≡N	269

除了 s 电子比例影响外，取代基的电负性及环的大小对 $^1J_{CH}$ 也有影响，取代基的电负性越大，$^1J_{CH}$ 值越大，取代基对碳的 $^1J_{CH}$ 的影响是 α 碳最大，β 碳较小，γ 碳与 α、β 碳方向相反。表 3-4 列出了一些常见的烃类化合物的 $^1J_{CH}$ 值。

除了 $^1J_{CH}$ 外，还可观测到 ^{13}C—^{1}H 多键耦合，在芳香族化合物中，^3J 大于 ^2J 和 ^4J。如在苯中，$^1J_{CH}=157.5$Hz，$^2J_{CH}=1.1$Hz，$^3J_{CH}=7.5$Hz，$^4J_{CH}=1.2$Hz。

2. ^{13}C—X 耦合 当 X 为 D 核、^{19}F 或 ^{31}P 核时，在质子噪声去耦谱中，可以观测到 X 核对 ^{13}C 核的耦合。如仅考虑 ^{13}C—X 的一键耦合，则 ^{13}C 谱带裂分数符合 $2nI+1$ 规则。

在 ^{13}C 谱中，常看到溶剂的多重峰，如 CDCl₃ 在 77.2 附近的三重峰，DMSO-d₆ 在 39.5 左右的七重峰，均为 D 与 ^{13}C 核的耦合裂分而成。$^1J_{CD}$ 约为 $^1J_{CH}$ 的 1/6.5。

含 ^{19}F 或 ^{31}P 的化合物，二者 I 值均为 1/2，谱带裂分数符合 n+1 规则，其耦合常数范围大。$^1J_{CF}$ 数值很大，多为负值，为 -350~-150Hz，$^2J_{CF}$ 为 20~60Hz，$^3J_{CF}$ 为 4~20Hz，$^4J_{CF}$ 为 0~5Hz。五价磷的 $^1J_{CP}$ 为 50~180Hz，三价磷的 $^1J_{CP}<50$Hz。

三、弛豫时间长

弛豫时间，如 T_1 值在碳谱中因与分子大小、碳原子的类型等有着密切的关系而有广泛的应用，如用于判断分子大小、形状；估计碳原子上的取代数、识别季碳、解释谱线强度等其他性质。

表 3-4 常见的烃类化合物的 $^1J_{CH}$ 值

化合物	$^1J_{CH}$	化合物	$^1J_{CH}$	化合物	$^1J_{CH}$
\multicolumn{6}{c}{sp³ 杂化}
CH₄	126.0	CH₃CH₃	124.9	CH₂(CH₃)₂	119.4
CH(CH₃)₃	114.2	CH₃CH=CH₂	122.4	CH₃C≡CH	132.0
CH₃—C₆H₅	129.0	CH₃I	151.1	CH₃Br	151.5
CH₃Cl	150.0	CH₂Cl₂	178.0	CHCl₃	209.0
CH₃F	149.1	CH₂F₂	184.5	CHF₃	239.1
CH₃OH	141.0	CH₃<u>CH₂</u>OH	140.2	<u>CH₃</u>CH₂OH	126.9
(CH₃)₂CHOH	142.8	C(CH₃)₃OH	126.9	CH₃OCH₃	140.0
CH₂(OCH₃)₂	161.8	CH(OCH₃)₃	186.0	CH₃COOH	130.0
CH₃CN	136.1	CH₃NO₂	146.0		
\multicolumn{6}{c}{sp² 杂化}
CH₂=CH₂	156.2	CH₂=C=CH₂	168.2	HCHO	172.0
H₂C=CHF	159.2 (2) 162.2 (3) 200.2 (1)	CH₃CH=CHCH₃	151.9	CH₃CHO	172.4
(CH₃)₂C=CH₂	148.4	C₆H₆	158.0	(H₃C)₃C-CH=C(C(CH₃)₃)(C(CH₃)₃)	143.3
\multicolumn{6}{c}{sp 杂化}
CH≡CH	249.0	CH≡C—C₆H₅	251.0	CH≡CCH₃	248.0
CH≡N	269.0	CH≡CCH₂OH	248.0		

与 ^1H 核相比，^{13}C 核的弛豫时间慢得多，某些化合物中的一些碳原子的弛豫时间长达几分钟，这使得测定弛豫时间比较方便。另外，不同种类的碳原子弛豫时间也相差较大，通过测定弛豫时间可以获得更多的结构信息。碳核弛豫时间长也是碳谱测试困难的原因之一，弄清碳谱的弛豫特点是理解和掌握碳谱的关键。高能态核全部回到低能态的时间取决于 T_1 和 T_2 之间的较大者，虽然碳核的自旋-自旋弛豫可以较快完成（T_2 较小），但是碳核的自旋-晶格弛豫时间 T_1 一般为 0.1～100s，远远超过氢核。T_2 测定较 T_1 困难，且其主要影响谱线半峰宽，而碳谱化学位移宽，影响就相对较小。T_1 涉及峰高，反映结构信息，测定又较方便，所以下文将围绕 T_1 进行讨论。

自旋-晶格弛豫是激发态的碳核将其能量传递给周围环境（如碳核传递到氢核和溶剂）回到低能态，重建玻尔兹曼分布平衡的过程。在含有大量分子的体系中，某激发态的核受到其他核磁矩提供的瞬息万变的局部磁场的作用，该局部磁场有各种不同的频率，当某一频率恰好与某一激发态核的拉莫尔频率一致时，该激发态的核就可能发生能量转移而产生弛豫。能引起自旋核弛豫的局部磁场主要如下：化学键连接核之间的相互作用，即化学键的偶极-偶极（dipole-dipole，DD）弛豫；核的自旋-转动（spin-rotation，SR）；化学位移各向异性（chemical shift anisotropy，CSA）；标量耦合（scalar coupling，SC）等。一般观测到的弛豫速率（1/T）是上述各种弛豫贡献的总和。

1. 碳核的 DD 弛豫 DD 弛豫即偶极-偶极弛豫，是碳核最主要的弛豫方式，在大多数情况下，有机分子中存在较多碳氢键的偶极作用造成局部磁场变化而起到弛豫作用的现象。因此，DD 弛豫和碳直接键合的氢核的数目有关，也与相邻碳上的氢核数目有关，它们是构成 ^{13}C 核弛豫的环境或晶格。因此，分子中连接较多氢原子的碳核比连接较少氢原子的碳核较易弛豫。例如，仅 DD 弛豫而言，亚甲基（—CH$_2$—）弛豫速率约为次甲基（—CH—）弛豫速率的 2 倍，即 CH$_2$ 的 T_1 约是 CH 的 T_1 的 1/2。碳核 DD 弛豫所需要的时间长短次序为：

$$\text{>C=O>季碳}\gg\text{—CH—>—CH}_2\text{—}$$

这里没有列出甲基碳核的 T_1，是因为碳核 DD 弛豫时间 T_1 还与分子的大小、分子的刚柔性等因素有关。对刚性分子而言，^{13}C 核的 T_1 随分子量减少而增加。大分子刚性主链上的 ^{13}C 核的 T_1 为 0.05～0.5s；中等分子的 ^{13}C 核的 T_1 为 0.1～20s，小分子化合物的 T_1 范围更大，如 CCl$_4$ 中 ^{13}C 核的 T_1 为 160s。这些数据表明，分子越小，在溶液中运动越快，核间作用时间越短，很难通过 DD 机制进行弛豫。

分子柔性或高度对称结构中 ^{13}C 核的 T_1 值很大，其原因也与局部结构的旋转运动速率快、核间作用时间短有关，核很难通过 DD 机制进行弛豫。一般情况下，位于链端的基团可以快速旋转，其碳核很难通过 DD 机制弛豫。甲基的碳核就是属于这种位于链端基团的碳核。

2. 碳核的其他弛豫方式　难通过 DD 机制进行弛豫的碳核，还可通过其他形式来进行弛豫，其中 SR 弛豫比较重要。

SR 弛豫，即自旋-转动弛豫，其机制如下：分子的整体或其中的片段转动时，核外电子也进行转动，电子的磁矩随着转动产生起伏的局部磁场，并作用于激发态核，引起弛豫。这种自旋-转动相互作用影响的大小，正比于转动速率、反比于分子的惯量。因此，SR 弛豫也与分子的大小、分子的运动特征、碳核在分子中的位置等因素有关。CCl$_4$、CH$_4$、环丙烷等小分子，烷基链端甲基、支链甲基和甾体类的角甲基等结构中的 ^{13}C 核由于转动快、惯量小，其 SR 弛豫时间也比较长。

因此，甲基碳上的氢核虽然多，但由于转动快速，难通过 DD 机制进行弛豫，而且，由于转动快、惯量小，其 SR 弛豫时间也比较长，所以总体 T_1 较长。例如，正癸烷分子中 5 种碳核的 T_1 数据为

$$\text{CH}_3\text{—CH}_2\text{—CH}_2\text{—CH}_2\text{—CH}_2\text{—CH}_2\text{—CH}_2\text{—CH}_2\text{—CH}_2\text{—CH}_3$$
$$8.74 \quad\quad 6.64 \quad\quad 5.71 \quad\quad 4.95 \quad\quad 4.36 \text{ （s）}$$

此外，化学位移各向异性（CSA）弛豫对 T_1 也有影响。CSA 弛豫是磁各向异性的分子相对于外磁场运动时，造成局部磁场起伏对碳核弛豫的作用。例如，1,4-二苯基-1,3 丁二炔中各种碳核的 T_1 数据为

$$\underset{1.1}{\text{C}_6\text{H}_5}\underset{5.3\ \ 5.5}{}\text{—C}\underset{75}{\equiv}\text{C—C}\underset{125(s)}{\equiv}\text{C—C}_6\text{H}_5$$

综合碳核的弛豫主要通过与之相连接的氢核的偶极-偶极作用和其他弛豫机制进行，各种碳核的 T_1 值一般按以下顺序排列：

$$\text{C=O>季碳}\gg\text{CH}_3\text{>CH>CH}_2$$

3. 信号强度低　由于 ^{13}C 天然丰度只有 1.07%，^{13}C 核的旋磁比（γ_C）是 ^{1}H 核的旋磁比（γ_H）的 1/4，某种特定核的信噪比正比于该核的数目 m 和 γ 的立方：

$$S/N \propto m\gamma^3 \tag{3-2}$$

所以 ^{13}C 核的 NMR 信号大约是 ^{1}H 核信号的 1/5700，比 ^{1}H 核的要低得多。只有在傅里叶变换核磁共振波谱仪上通过多次扫描（n 次）提高信噪比（$S/N \propto \sqrt{n}$），才能得到一张较好的图谱。

4. 峰面积不能直接反映碳数　碳核信号强度主要取决于其弛豫时间，T_1 值小的碳核，恢复平衡快，信号强；T_1 值较大的碳核，恢复平衡慢，信号弱；同时由于去耦双照射引起的 NOE 的作用，在对氢核去耦的过程中会使碳谱信号增强，而不同种类的碳原子的 NOE 是不同的，因此在去耦时谱线将有不同程度的增强。因此当重复扫描时，脉冲间隔时间（<5T_1）不能使分子中所有的碳核

的磁化强度矢量恢复至平衡状态时，T_1 值较大的碳核谱线强度较弱，T_1 值较小的碳核谱线强度较强。

总之，由于各碳原子的 NOE 和 T_1 的差别不同，质子噪声去耦谱的谱线强度不能定量地反映碳原子的数量。

5. 共振方法多 ^{13}C-NMR 谱除质子噪声去耦谱外，还有多种其他的共振方法，可获得不同的信息。例如，偏共振去耦谱，可获得 ^{13}C-^{1}H 耦合信息；反门控去耦谱，可获得定量信息等。因此，碳谱比氢谱提供的结构信息更丰富，解析结论更清楚。

第二节　碳谱的类型

连续波核磁共振仪的缺点是在某一时刻只能记录波谱中很窄的一部分信号。由于它是单频发射和接收，要逐个记录信号才能组成一张图谱，对于信号灵敏度低的碳核，记录一张信噪比合适的图谱时间非常长，几乎不可能。现主要通过以下方法可以获得信噪比较好的碳谱图：①使用脉冲傅里叶变换技术，宽频脉冲式照射使分子中所有碳核同时共振，缩短了测试时间，同时利用计算机技术对信号进行累加，提高了碳谱测试的灵敏度；②采取多种去耦技术，消除了 ^{1}H 核对 ^{13}C 核耦合裂分的影响，使图谱大大简化，清晰可辨；③在进行去耦的同时，不同类型的碳核均可获得不同程度的 NOE 增益，增加了信号的强度。

PFT-NMR 测试中（图 2-5），在 x 轴方向对样品施加瞬间脉冲时间 t_p（微秒级）的射频场 H_1，宏观磁化强度矢量 M_0 偏离 H_0 方向，向 y 轴方向转动 θ 角度。倾斜角 θ（$\theta=\gamma \times t_p \times H_1$）的大小由核的旋磁比、$H_1$ 的强度及其作用时间 t_p 决定。通过调节射频场强度和脉冲时间，可以形成 $\pi/2$ 脉冲，此时，倾斜角 $\theta=\pi/2$，$M_0 \rightarrow M_{y'}$，$M_{y'}$ 就刚好倾斜在 y' 轴，在 y' 轴可检测到最强的核磁共振信号，通过继续累积和傅里叶变换，获得谱图。

现代核磁共振仪至少有三个通道，即主检测通道、锁场通道、去耦通道和其他通道。通道指包括产生某射频场、调节使之通过样品探头，到 NMR 信号处理及反馈等一系列过程的物理途径。在质子噪声去耦谱中，主通道用于检测碳核，并同时全程开通去耦通道，消除氢核的耦合作用。

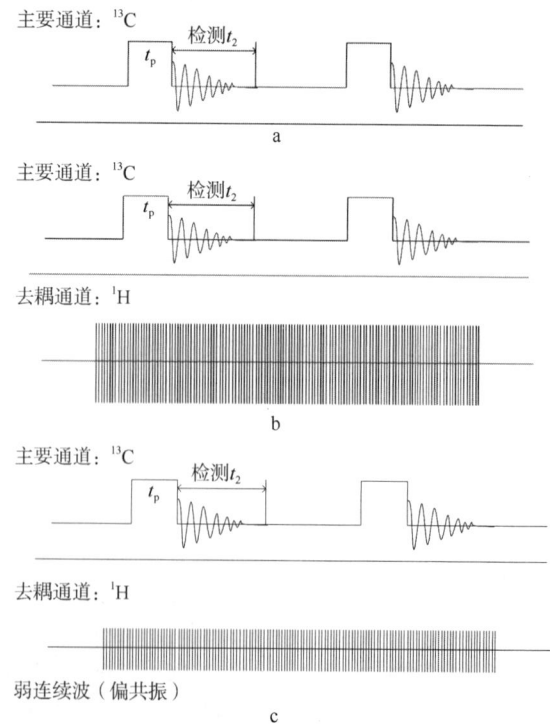

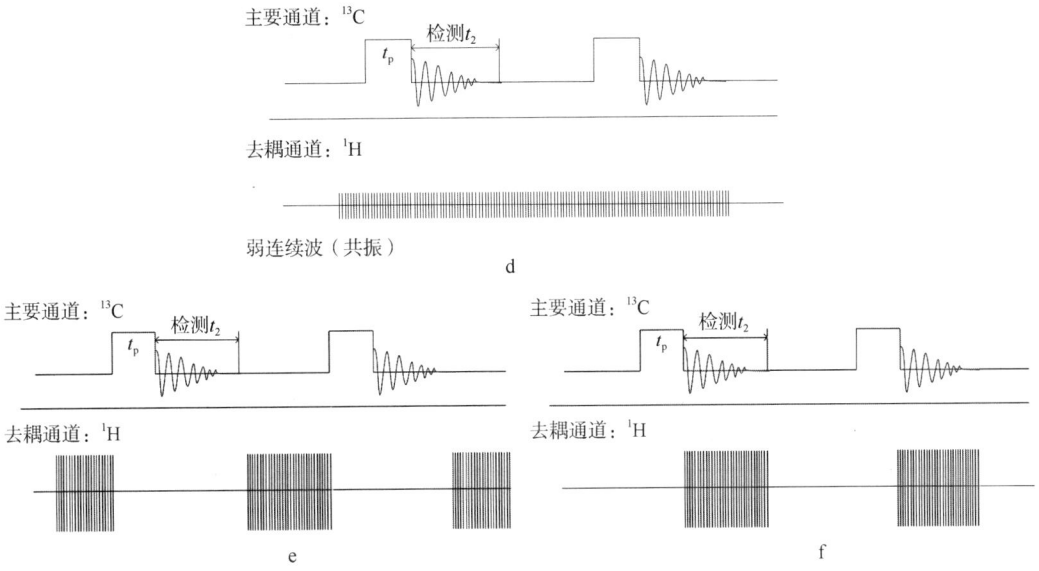

图 3-3 碳谱不同共振方法的去耦技术
a. 耦合碳谱，无去耦；b. 宽带去耦谱碳谱；c. 偏共振去耦碳谱；d. 选择性去耦碳谱；e. 门控去耦碳谱；
f. 反门控去耦碳谱

核磁共振碳谱测定时有各种不同的共振方法，每一种方法得到的谱图形状和用途有较大的差别。

1. 完全耦合碳谱　完全耦合碳谱也称为耦合共振图谱，即未经异核双照射去耦形成的碳谱，其图谱信号重叠严重，难解析，故很少使用。

例如，1-苯基-1-丁酮的质子完全耦合碳谱，图 3-4a 中，由于 ^{1}H 的耦合存在，^{13}C 信号峰裂分，虽然也有 $n+1$ 规则可循，但信号交叠严重，图谱难解析。

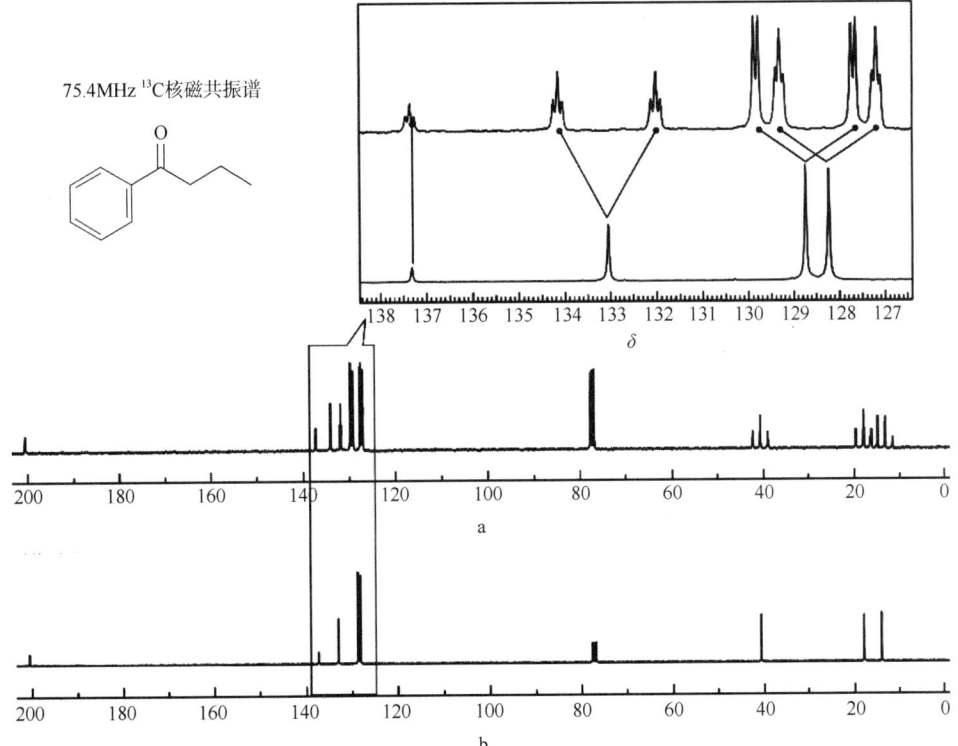

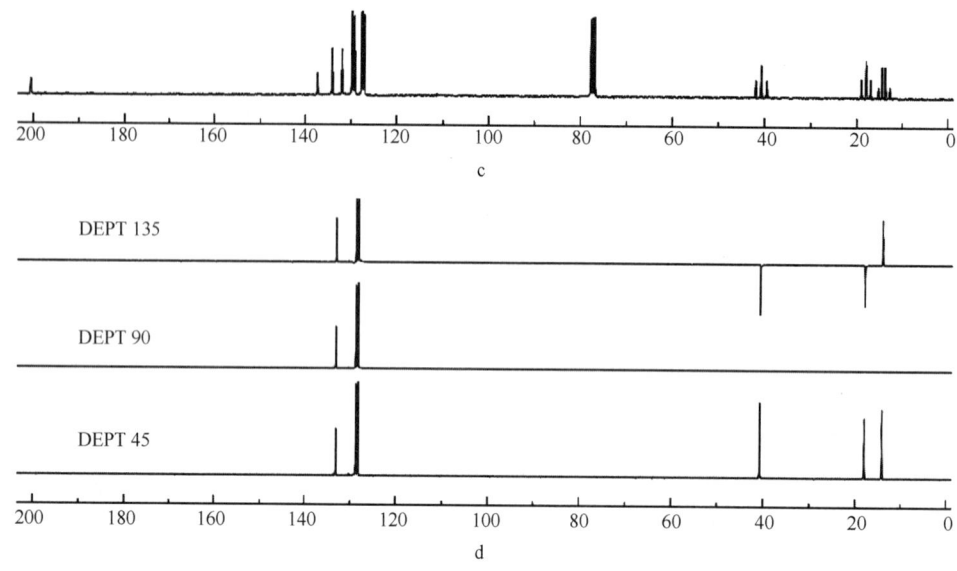

图 3-4 1-苯基-1-丁酮的碳谱图
a. 完全耦合碳谱；b. 质子噪声去耦谱；c. 偏共振去耦谱；d. DEPT 碳谱（无畸变极化转移增强）

2. 质子噪声去耦谱（proton noise decoupling spectrum） 也称为宽带去耦（broad band decoupling，BBD）谱，或质子完全去耦（proton complete decoupling，COM）谱，是最常见的碳谱。它的技术原理如下：在测定碳谱时，用一个可覆盖所有氢核共振频率的宽频强功率电磁辐射照射氢核，使样品中所有氢核共振饱和，从而去除 ^{13}C 核和 ^1H 核之间的全部耦合，使每种碳原子仅出一条共振谱线，其脉冲序列如图 3-3b 所示。如没有特别说明，通常文献及各种标准的 ^{13}C-NMR 谱图中给出的均是质子噪声去耦谱，如 1-苯基-1-丁酮的质子噪声去耦谱，如图 3-4b 所示。

COM 谱的优点是，消除 ^1H 核的耦合影响后，^{13}C 核信号均为单峰（有 D、F、P 等原子时会呈现多重峰），图谱大大简化，易于辨认。可以准确判断磁不等价碳原子的数目及其化学位移，一般如果分子中没有对称因素，且不含 D、F、P 等原子时，每个碳对应一个峰，不互相重叠，少数情况会出现两个不等价碳化学位移偶然重叠。这种信号的一一对应性，结合不同碳核的化学位移规律，使得碳谱易于解析。例如，1-苯基-1-丁酮的质子噪声去耦谱中可以清晰观察到并读出 8 个（不包括溶剂峰）不等价碳信号的化学位移值 δ_C：200.5，137.4，133.1，128.8，128.2，40.4，17.5，16.8。

解析 COM 谱时应该注意，碳信号强度与碳核数量不呈现准确的定量关系，但是，根据峰高仍可大体对相同类型碳核的数目的比例关系做出粗略估计。数目相同，而类型不同的碳核的信号强度大致次序如下：CH_2>CH>CH_3>>无质子碳核（季碳、无质子不饱和碳、腈、羰基碳）。

COM 谱的不足之处是，分子中所有的 ^{13}C 信号均为单峰，因此不能提供碳的类型（伯碳、仲碳、叔碳、季碳）方面的信息。

3. 质子偏共振去耦（off resonance decoupling，OFR）**谱** 其实验原理如下：调整去耦通道中的射频发射器，使照射 ^1H 核的射频频率微微偏离（接近但不重合）COM 谱测试时采用的 ^1H 核频率，而且射频强度合适，其脉冲如图 3-3c 所示。OFR 谱可去除碳谱中远程耦合的影响，部分保留 ^{13}C 核与其直接相连的 ^1H 核的耦合信息，得到的碳信号峰 ^{13}C-^1H 一键耦合的裂距变小，而且裂分谱线将分别呈现四重峰 q（CH_3）、三重峰 t（CH_2）、二重峰 d（CH）、单峰 s（季 C）。据此，可以判断碳的类型，对信号峰的归属有很大帮助。与耦合谱不同的是，在偏共振去耦谱中看到的裂分不是真正的耦合常数（$^1J_{CH}$），而是比 $^1J_{CH}$ 小的剩余的耦合常数，如 1-苯基-1-丁酮的偏共振去耦谱（图 3-4c）。

偏共振去耦谱已被无畸变极化转移增强（distortionless enhancement by polarization transfer，

DEPT）技术取代，现在应用不多。因其还部分保留了 ^{1}H 核的耦合影响，信号灵敏度大大降低，且对于一些较复杂的有机分子或生物高分子多重峰仍将彼此重叠，给信号识别带来一定困难。

4. DEPT 碳谱 目前在识别不同类型碳信号时，最常用的是 DEPT 法，其采用两种特殊脉冲序列分别作用于高灵敏度的 ^{1}H 核及低灵敏度的 ^{13}C 核，将灵敏度高的 ^{1}H 核磁化转移至低灵敏度的 ^{13}C 核上，从而大大提高 ^{13}C 核的观测灵敏度，受 J 值影响小，已经成为确定碳核类型首选的技术。由 DEPT 技术测得的谱图称为 DEPT 谱图。DEPT 谱脉冲序列如图 3-5 所示。

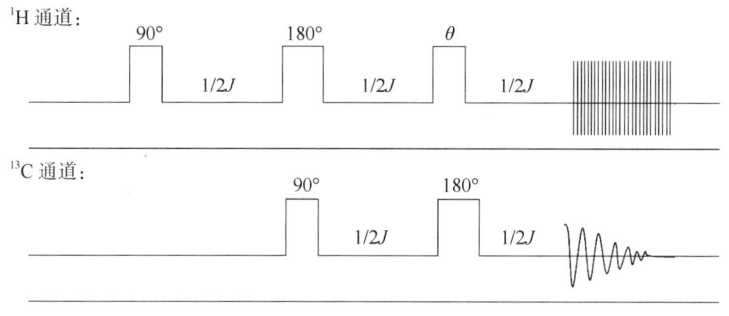

图 3-5 DEPT 谱脉冲序列示意图

图 3-5 中 J 指 $^1J_{CH}$，其值为 120～300Hz，常规操作取 140Hz，使脉冲之间的时间间隔为 3.5ms，DEPT 技术对氢核施加的去耦脉冲中，第三个脉冲是可以调整的，不同碳核与其上氢核的耦合情况不同，受到去耦脉冲的影响和表现形式也就不同。由于季碳上无直接相连的质子，只与周围质子之间有很小的多键耦合，无极化转移，故 DEPT 实验中季碳不出峰。DEPT 谱有下列三种谱图：①DEPT 45°谱中，CH$_3$、CH$_2$、CH 都出峰，且均为正峰，季碳不出峰。②DEPT 90°谱中，CH 出正峰，其余的碳均不出峰。③DEPT 135°谱中，CH$_3$、CH 出正峰，CH$_2$ 出负峰，季碳不出峰。

例如，1-苯基-1-丁酮的 DEPT 谱，（图 3-4d）。图 3-4b 为质子噪声去耦谱，与 DEPT 45°谱图对照可得出 δ_C 200.5 和 137.4 处的谱线为季碳，DEPT 90°谱图中 3 条谱线 δ_C 133.1、128.2 和 128.8 为 CH 基团上的碳原子谱线，DEPT 135°谱图中负峰 δ_C 40.4 和 17.5 为 CH$_2$ 基团上的碳原子谱线，最后 δ_C 16.8 处的谱线为 CH$_3$ 基团上的碳原子谱线。

通过差谱和计算机图形技术，还可以将 DEPT 谱的测试结果分别直接用表示 CH$_3$、CH$_2$、CH、季碳信号的谱图表示出来。

5. 质子选择性去耦（selective proton decoupling，SEL）**谱** 在已明确归属氢信号的前提下，用弱或很弱的能量选择性照射某种或某组特定的氢核（选择的频率与该特定氢核的共振频率相同），如图 3-3d 所示，消除它们对相关碳的耦合影响，结果只有与该质子相连的碳发生去耦而使谱线变成单峰，又由于 NOE 而使峰高增加，与其他质子相连的碳则发生偏共振去耦。此时图谱上峰形变化的信号便是与该氢核有耦合关系的碳信号。选择性质子去耦谱是偏共振去耦谱的特例，是归属碳氢信号之间关系的重要方法之一。

6. 门控去耦碳谱 门控去耦（gated decoupling，GD）又称交替脉冲去耦或预脉冲去耦，是在发射脉冲前，预先去耦照射，使自旋体系被去耦，此时有 NOE；接着发射脉冲，接收 FID 信号，关掉去耦照射，此时核迅速恢复耦合，其脉冲序列如图 3-3e 所示。门控去耦与耦合谱一样有耦合关系，但与耦合谱不同的是门控去耦有 NOE 使谱线增强，因此门控去耦可以得到 ^{13}C-^{1}H 的耦合信息。

7. 反转门控去耦碳谱 在脉冲傅里叶变换核磁共振谱仪中有发射门（用以控制射频脉冲的发射时间）和接收门（用以控制接收器的工作时间）。反转门控去耦方法如下：加长脉冲间隔，增加延迟时间，其脉冲序列如图 3-3f 所示，尽可能抑制 NOE，得到宽带去耦谱，使谱线强度能够代表碳数的多少，由此方法测得的碳谱称为反门控去耦（inverse gated decoupling，IGD）谱，亦称为定量碳谱。

香豆素共有不同化学环境的 9 个碳，各个碳的弛豫时间不同，去耦时 NOE 增强也不同，因此它的质子噪声去耦谱（图 3-6a）中各谱线强度均不相同。而采用反门控去耦法测得的图谱（图 3-6b）谱线强度基本一致。

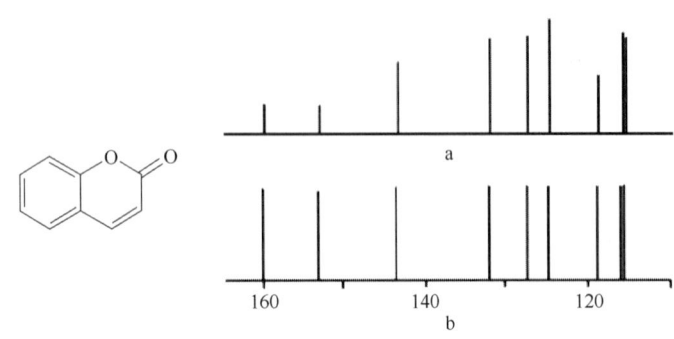

图 3-6　香豆素的碳谱图
a. 质子噪声去耦碳谱；b. 反门控去耦碳谱

第三节　化学位移值与基团结构的相关性

与氢核磁共振谱一样，化学位移也是碳谱中最重要的参数。它直接反映了所观察核周围的基团、电子分布的情况，即核所受屏蔽作用的大小。碳谱的化学位移对核所处的化学环境是很敏感的，它的范围比氢谱宽得多，一般在 $\delta_C 0\sim250$。对于分子量在 300～500 的化合物，碳谱几乎可以分辨每一个不同化学环境的碳原子，而氢谱信号有时却重叠严重。

分子有不同的构型、构象时，δ_C 比 δ_H 更为敏感。碳原子是分子的骨架，分子间碳核的相互作用比较小，而处在分子边缘的氢原子，分子间的相互作用比较大。所以对于碳核，分子内的相互作用显得更为重要，如分子的立体异构、链节运动、序列分布、不同温度下分子内的旋转、构象的变化等，在碳谱的化学位移值及谱线形状上常有所反映，这对于研究分子结构及分子运动、动力学和热力学过程都有重要的意义。

不同结构与化学环境的碳原子，其化学位移从高场到低场的顺序与对应质子的化学位移有很好的一致性，但并非完全相同。如果质子在高场，则该质子连接的碳也在高场；反之，质子在低场，该质子连接的碳也在低场。如饱和碳在较高场、炔碳次之、烯碳和芳碳在较低场，而羰基碳在更低场（表 3-5）。常见基团碳核化学位移见表 3-6。

表 3-5　碳谱中碳类型与化学位移范围

δ_C	杂化类型	碳类型
0～60		烷烃的甲基、亚甲基、次甲基和季碳等
40～60	sp^3 杂化	甲氧基或氮甲基
60～85		连氧脂肪碳
65～90	sp 杂化	炔碳
100～135		未取代的芳碳及烯碳
123～167	sp^2 杂化	取代的芳碳及烯碳
160～220		羰基碳

表 3-6 常见基团 ^{13}C-NMR 化学位移范围（TMS 为内标）

基团	δ_C	基团	δ_C
—CH$_3$	0～30	—Ar（未取代芳碳）	110～135
>CH—	31～60	—Ar—y（取代芳碳）	123～167
>C<	36～70	—COOR	155～175
—OCH$_3$	40～60	—CONHR	158～180
—OCH$_2$—	40～70	—COOH	158～185
—OCH<	60～76	—CHO	175～205
—C≡C—	70～100	α,β-不饱和醛	175～196
>C=C<	110～150	α,β-不饱和酮	180～213

一、烷　烃

1. 烷烃及取代烷烃　未被杂原子取代的烷烃化学位移 δ_C 为 0～60，在链状烷烃中，每个碳原子的化学位移与其直接相连的碳原子数和相邻近的碳原子有关，大体上伯碳在较高场，季碳在较低场。

表 3-7 列出了常见低分子量烷烃各碳原子的化学位移。结构对称的 ^{13}C 核具有相同的数值。数据表明，支链取代基中甲基的化学位移可能与直链中甲碳（δ_C14.0）相差很多，可在 7.0～30 的范围内变化。因而这一区域的吸收峰可用于鉴别直链或支链烷烃。

表 3-7 若干直链和支链烷烃的化学位移

化合物	δ_C				
	C$_1$	C$_2$	C$_3$	C$_4$	C$_5$
甲烷	−2.5				
乙烷	5.7				
丙烷	15.8	16.3	15.8		
丁烷	13.4	25.2	25.2	13.4	
戊烷	13.9	22.8	34.7	22.8	13.9
己烷	14.1	23.1	32.2		
庚烷	14.1	23.1	32.6	29.7	
辛烷	14.2	23.2	32.6	29.9	
壬烷	14.2	23.2	32.6	30.0	30.3
癸烷	14.2	23.2	32.6	31.1	30.5
异丁烷	24.5	25.4			
异戊烷	22.2	31.1	32.0	11.7	
异己烷	22.7	28.0	42.0	20.9	14.3
新戊烷	31.7	28.1			
2,2-二甲基丁烷	29.1	30.6	36.9	8.9	

续表

化合物	δ_C				
	C$_1$	C$_2$	C$_3$	C$_4$	C$_5$
3-甲基戊烷	11.5	29.5	36.9	18.8(3-CH$_3$)	
2,3-二甲基丁烷	19.5	34.3			
2,2,3-三甲基丁烷	27.4	33.1	38.3	16.1	
3,3-二甲基戊烷	7.0	25.3	36.3	14.6(3-CH$_3$)	

甲基或烷基取代会使 α 或 β 碳原子化学位移增加约 9，γ 碳原子则减少约 2.5。取代基对化学位移的影响具有加和性，一般可以应用经验公式（3-3）对链状烷烃中碳原子的化学位移值进行计算：

$$\delta_C = -2.5 + \sum nA \tag{3-3}$$

式中，δ_C 表示碳原子化学位移的计算值，A 是加和位移参数，可从表 3-8 中查到，n 表示具有相同加和位移参数的碳原子的数目，−2.5 是甲烷的化学位移。

表 3-8　化学位移计算参数

^{13}C 原子	$A(\delta)$	^{13}C 原子	$A(\delta)$
α	9.1	2°（3°）	−2.5
β	9.4	2°（4°）	−7.2
γ	−2.5	3°（2°）	−3.7
δ	0.3	3°（3°）	−9.5
ε	0.1	4°（1°）	−1.5
1°（3°）	−1.1	4°（2°）	−8.4

注：1°（3°）表示叔碳邻接的甲基；2°（4°）表示季碳邻接的仲碳；4°（2°）表示仲碳邻接的季碳。

例如，

$$\underset{1}{H_3C}-\underset{2}{C^{H_2}}-\underset{3}{\overset{\overset{7}{CH_3}}{\underset{H}{C}}}-\underset{4}{C^{H_2}}-\underset{5}{C^{H_2}}-\underset{6}{CH_3}$$

C$_1$	基本值	−2.5	C$_2$	基本值	−2.5
	1αC（C$_2$）	1×9.1		2αC（C$_1$, C$_3$）	2×9.1
	1βC（C$_3$）	1×9.4		2βC（C$_4$, C$_7$）	2×9.4
	2γC（C$_4$, C$_7$）	2×（−2.5）		1γC（C$_5$）	1×（−2.5）
	1δC（C$_5$）	1×0.3		1δC（C$_6$）	1×0.3
	1εC（C$_6$）	1×0.1		2°（3°）	1×（−2.5）
	计算值	11.4		计算值	29.8
C$_3$	基本值	−2.5	C$_4$	基本值	−2.5
	3αC（C$_2$, C$_4$, C$_7$）	3×9.1		2αC	2×9.1
	2βC（C$_1$, C$_5$）	2×9.4		3βC（C$_2$, C$_6$, C$_7$）	3×9.4
	1γC（C$_6$）	1×（−2.5）		1γC（C$_1$）	1×（−2.5）
	2个3°（2°）	2×（−3.7）		2°（3°）	1×（−2.5）
	计算值	33.7		计算值	38.9

注：C$_2$ 为连接叔碳的仲碳，C$_3$ 为叔碳连接两个仲碳，C$_4$ 为连接叔碳的仲碳。

以此类推，δ_{C_5}=−2.5+（2×9.1）+（1×9.4）+（−2.5×2）+（1×0.3）=20.4；δ_{C_7}=−2.5+（1×9.1）

+（2×9.4）+（-2.5×2）+（1×0.3）+（-1.1×1）=19.6。以上数据与文献值基本吻合。

直链烷烃或支链烷烃中氢被其他基团取代后，取代效应见表 3-9，取代基对 α 碳原子的影响与取代基的电负性有关，所有取代基对 β 碳原子的影响相对稳定，γ 碳原子则向高场位移，这是由于 γ-邻位交叉效应引起的。

表 3-9 烷烃中取代基 Y 的加和位移参数（δ_C）

取代基（Y）	端基* α	端基* β	非端基** α	非端基** β	非端基** γ	取代基（Y）	端基* α	端基* β	非端基** α	非端基** β	非端基** γ
CH_3	9	10	6	8	-2	N^+H_3	26	8	24	6	-5
$CH=CH_2$	20	6			-0.5	NHR	37	8	31	6	-4
$C=CH_2$	4.5	5.5			-3.5	NR_2	41	6			-3
C_6H_5	23	9	17	7	-2	N^+R_3	31	6			-7
COOH	21	3	16	2	-2	NO_2	63	4	57	4	
COO^-	25	5	20	3	-2	CN	4	3	1	3	-3
COOR	20	3	17	2	-2	SH	11	12	11	11	-4
COCl		33	28	2	-2	SR	20	7			-3
$CONH_2$	22	3			-3	SO_3Na	40	4			-1
COR	30	1	24	1	-3	SO_3H	42	2			-2
CHO	31	0			-2	F	68	9	63	6	-4
OH	48	10	41	8	-5	Cl	31	11	32	10	-4
OR	58	8	51	5	-4	Br	20	11	25	10	-3
OCOR	51	6	45	5	-3	I	-6	11	4	12	-1
NH_2	29	11	24	10	-5						

端基* Y–CH₂–CH₂–CH₂– （α, β, γ）

非端基** –CH₂–CH(Y)–CH₂– （γ, β, α, α, β, γ）

例如，

（1）

HO–CH₂(1)–CH₂(2)–CH₂(3)–CH₂(4)–CH₂(5)–OH

（2）

H₃C(1)–CH₂(2)–CH(3)(OH)–CH₂(4)–CH₃(5)

首先，从表 3-7 中查找母体烷烃的化学位移，标示在分子式上：（1）和（2）的母体烷烃相同。

H₃C(13.9)–CH₂(22.8)–CH₂(34.7)–CH₂(22.8)–CH₃(13.9)

再从表 3-9 中查找—OH 的取代基参数，

	α	β	γ
OH 端基	48	10	-5
OH 非端基	41	8	-5

计算化学位移及实测值为

（1）

$\delta_{C_1}=\delta_{C_5}$=13.9+48=61.9（实测值 63.1）

$\delta_{C_2}=\delta_{C_4}$=22.8+10=32.8（实测值 33.7）

δ_{C_3}=34.7−5−5=24.7（实测值 23.5）

（2）

$\delta_{C_1}=\delta_{C_5}$=13.9−5=8.9（实测值 10.1）

$\delta_{C_2}=\delta_{C_4}$=22.8+8=30.8（实测值 30.0）

δ_{C_3}=34.7+41=75.7（实测值 73.8）

考虑取代基诱导效应和空间因素的化学位移计算方法，有些取代烷烃可能没有相应的烷烃化学位移参数，下面的方法考虑了取代基的诱导效应和空间的综合作用，用式（3-4）可得到相应的化学位移计算值。

$$\delta = -2.3 + \sum_i Z_i + S + K \tag{3-4}$$

式中，Z_i 为取代基增值参数，列于表 3-10 中；S 为相邻取代基的位阻因素，表 3-10 中带 "*" 的基团要考虑 S 值；K 为取代基的构象因素，当 C—C 键可以自由旋转时，K=0。对于有多个取代基的化合物，其计算误差可能要大于单取代的化合物。

例如，

C_2	基本值	−2.3	C_3	基本值	−2.3
	1α C	9.1		2α C	2×9.1
	1β C	9.4		3β C	3×9.4
	1α COO	22.6		1α OCH$_3$	49
	3γ C	3×(−2.5)		1β COO	2.0
	1β OCH$_3$	10.1		S（t，4）	−15.0
	S（s，3）	−2.5			
	计算值	38.9		计算值	80.1
	实测值	36.2		实测值	86.3
C_4	基本值	−2.3	C_5	基本值	−2.3
	4α C	4×9.1		1α C	9.1
	1β C	9.4		3β C	3×9.4
	1γ COO	−2.8		1γ OCH$_3$	−6.2
	1β OCH$_3$	10.1		1γ C	−2.5
	S（q，3）	−15.0		1δ COO	0
				S（p，4）	−3.4
	计算值	35.8		计算值	22.9
	实测值	35.7		实测值	25.9

注：C_2 为仲碳连接叔碳，C_3 为叔碳连接季碳，C_4 为季碳连接叔碳，C_5 为伯碳连接季碳。

表 3-10 取代基增值参数 Z_i

取代基	Z_i α	Z_i β	Z_i γ	Z_i δ	取代基	Z_i α	Z_i β	Z_i γ	Z_i δ
—H	0.0	0.0	0.0	0.0	—NR$_2$*	28.3	11.3	−5.1	0.0
>C*—	9.1	9.4	−2.5	0.3	—N$^+$R$_3$*	30.7	5.4	−7.2	−1.4
▽O*	21.4	2.8	−2.5	0.3	—N$^+$H$_3$	26.0	7.5	−4.6	0.0
—C=CH$_2$*	19.5	6.9	−2.1	0.4	—NO$_2$	61.6	3.1	−4.6	−1.0
—C≡CH	4.4	5.6	−3.4	−0.6	—CN	31.5	7.6	−3.0	0.0
—Ph	22.1	9.3	−2.6	0.3	—SO—*	31.1	9.0	−3.5	0.0
—F	70.1	7.8	−6.8	0.0	—CHO	29.9	−0.6	−2.7	0.0
—Cl	31.0	10.0	−5.1	−5.0	—CO—	22.5	3.0	−3.0	0.0
—Br	18.9	11.0	−3.8	−0.7	—COOH	20.1	2.0	−2.8	0.0
—I	−7.2	10.9	−1.5	−0.9	—COO⁻	22.6	2.0	−2.8	0.0
—O—*	49.0	10.1	−6.2	0.0	—COO—	24.5	3.5	−2.5	0.0
—O—CO—	56.5	6.5	−6.0	0.0	—CONR$_2$	22.0	2.6	−3.2	−0.4
—O—NO	54.3	6.1	−6.5	−0.5	—COCl	33.1	2.3	−3.6	0.0
—S—*	10.6	11.4	−3.6	−0.4	—CN	3.1	2.4	−3.3	−0.5

邻位碳的位阻增值 S　仅计算分支最多的 α 取代基

被计算的碳原子	伯(1)	仲(2)	叔(3)	季(4)
伯碳(p)	0.0	0.0	−1.1	−3.4
仲碳(s)	0.0	0.0	2.5	−7.5
叔碳(t)	0.0	−3.7	−9.5	−15.0
季碳(q)	−1.5	−8.4	−15.0	−25.0

取代基的构象因素 K

重叠式 −4.0
顺折式 −1.0
反折式 0.0
反式 2.0
自由旋转 0.0

注：带"*"的基团要考虑 S 值。

2. 环烷烃及取代环烷烃　环烷烃由于碳环大小不同，其化学位移也有所差别，表 3-11 列出了三元环到十五元环烷烃的化学位移值，从表中数据可知，五元环到十元环的变化不大，当环张力较大时，δ_C 位于较高场，五元环以上的环烷烃 δ_C 为 26 左右。

表 3-11　环烷烃的化学位移

碳环数	δ_C	碳环数	δ_C	碳环数	δ_C
3	−2.8	9	26.0	15	27.0
4	22.9	10	25.1	20	28.0
5	25.6	11	26.3	30	29.3
6	27.1	12	23.8	40	29.4
7	28.8	13	26.2	72	29.7
8	26.8	14	25.2		

在环烷烃化学位移经验计算中，对六元环的研究较多，计算公式如式（3-5）。

$$\delta_C(k) = 27.6 + \sum A_{ks}(R_i) + 校正项 \tag{3-5}$$

式中，$\delta_C(k)$ 为取代环己烷中所讨论的碳原子的 δ 值，该碳原子处于取代基的 k 位（$k=\alpha, \beta, \cdots$）；A_{ks} 为取代基 R_i 对 k 碳原子化学位移的增值参数，A 第一个下标 k 表示取代基相对 k 碳原子的位置，第二个下标 s 为 a 或 e，它们分别代表取代基处于直立键或平伏键。校正项仅用于有 2 个或 2 个以上甲基取代时，其数值与两个取代基的空间关系有关，各取代参数见表 3-12。

表 3-12　计算取代环烷烃的经验参数

R_i	$A_{\alpha e}$	$A_{\alpha a}$	$A_{\beta e}$	$A_{\beta a}$	$A_{\gamma e}$	$A_{\gamma a}$	$A_{\delta e}$	$A_{\delta a}$
—CH₃	6	1.5	9	5.5	0	−6.5	−0.3	0
—F	64	61	6	3	−3	−7	−3	−2
—Cl	33	33	11	7	0	−6	−2	−1
—Br	25	28	12	8	1	−6	−1	−1
—I	3	11	13	9	2	−4	−2	−1
—CN	1	0	3	−1	−2	−5	−2	−1
NC≡	25	23	7	4	−3	−7	−2	−2
—OH	43	39	8	5	−3	−7	−2	−1
OCH₃	52	47	4	2	−3	−7	−2	−1
OCOCH₃	46	42	5	3	−2	−6	−2	0
NH₂	24	20	10	7	−2	−7	−1	0
取代甲基空间因素校正项							
$\alpha_a\alpha_e$	−3.8	$\alpha_e\beta_a$	−2.9	$\alpha_e\beta_e$	−2.9	$\alpha_a\beta_e$	−3.4
$\beta_a\beta_e$	−1.3	$\beta_e\gamma_a$	−0.8	$\beta_a\gamma_e$	1.6	$\gamma_a\gamma_e$	2.0

例 3-1　求下列化合物中 $C_1 \sim C_6$ 的 δ_C 值。

解：δ_{C_1}=27.6+OH（αe）+CH₃（βe）=27.6+43+9=79.6（实测值 76.4）

δ_{C_2}=27.6+CH₃（αe）+OH（βe）=27.6+6+8=41.6（实测值 40.3）

δ_{C_3}=27.6+CH₃（βe）+OH（γe）=27.6+9−3=33.6（实测值 33.8）

δ_{C_4}=27.6+CH₃（γe）+OH（δe）=27.6+0−2=25.6（实测值 25.8）

δ_{C_5}=27.6+OH（γe）+CH₃（δe）=27.6−3−0.3=24.3（实测值 25.3）

δ_{C_6}=27.6+OH（βe）+CH₃（γe）=27.6+8+0=35.6（实测值 35.6）

例 3-2 求下列化合物中 C（1）的 δ_C 值。

解：$\delta_{C(1)}$=27.6+CH$_3$（αa）+CH$_3$（βe）+CH$_3$（γe）+$\alpha_a\beta_e$=27.6+1.5+9−0−3.4=34.7（实测值 33.6）
某些饱和环烷烃类化合物的 δ_C 值有时也遵循开链烷烃的化学位移规律，如取代越多，化学位移向低场位移，α 碳取代越多，δ_C 越在低场。

二、烯　　烃

乙烯的 δ_C 值为 123.3，取代烯烃 δ_C 值为 100~170，其中端烯基（=CH$_2$）δ_C 值为 104~115，带有一个氢原子的烯碳（=CHR）δ_C 值为 120~140，而二取代的烯碳（=CRR'）δ_C 值为 145~165。在内烯烃中，两侧取代基相差越大，两个烯碳原子化学位移相差越大。顺反式烯碳化学位移相差约为 1，顺式在较高场，叠烯中间的碳原子在很低场（δ_C 值约为 200），而两端碳原子移向高场。

$$H_2C\!=\!\!\underset{74\sim 90}{}\!C\!=\!\!\overset{200\sim 215}{C}\!=\!\!\underset{90\sim 100}{}\!CRR'$$

烯碳和取代烯烃的烯碳原子化学位移可用经验式（3-6）计算，各基团的标示为

$$\delta_C(k) = 123.3 + \sum_i A_i(R_i) + \sum_i A_i'(R_i') + 校正项 \tag{3-6}$$

$$\underset{\gamma'}{C}-\underset{\beta'}{C}-\underset{\alpha'}{C}-\underset{k'}{C}=\underset{k}{C}-\underset{\alpha}{C}-\underset{\beta}{C}-\underset{\gamma}{C}$$

式中，$A_i(R_i)$ 和 $A_i'(R_i')$ 分别为 k 原子同侧及异侧的取代基及取代基参数，可以从表 3-13 中查到。

表 3-13　烯烃的取代基参数 A_i

R_i	γ'	β'	α'	α	β	γ		校正项	
—R	1.5	−1.8	−7.9	10.6	7.2	−1.5	$\alpha\alpha'$	（反式）	0
—CH=CH$_2$			−7.0	13.6			$\alpha\alpha'$	（顺式）	−1.1
—C$_6$H$_5$			−11.0	12.5					
—OH			−1.0	0	0	+6	$\alpha\alpha$		−4.8
—OR			−1.0	−39.0	29.0	2.0	$\alpha'\alpha'$		+2.5
—OAC				−26.7	18.4		$\beta\beta$		+2.3
—COCH$_3$				5.8	15.0				
—CHO				12.7	13.1				
—COOH				8.9	4.2				
—CN				14.2	−15.1				
—F				−34.3	24.9				
—Cl			2.0	−6.1	2.6	−1.0			
—Br			2.0	−1.4	−7.9	0			
—I				+7.0	−38.1				

例 3-3　顺式-3-甲基-2-戊烯化学位移计算。

$$\begin{array}{c} \overset{5}{H_3C}-\overset{4}{CH_2} \quad \overset{1}{CH_3} \\ \underset{H_3C}{\overset{3}{C}}=\underset{H}{\overset{2}{C}} \end{array}$$

解： $\delta_{C_2}=123.3+1\alpha C+2\alpha'C+1\beta'C+\alpha\alpha'$（顺） $\delta_{C_3}=123.3+2\alpha C+1\beta C+1\alpha'C+\alpha\alpha'$（顺）
  $=123.3+10.6-2\times7.9-1.8-1.1$ $=123.3+2\times10.6+7.2-7.9-1.1$
  $=115.2$（实测116.8） $=142.7$（实测137.2）

三、炔 烃

烷基取代炔烃的化学位移 δ_C 值为 65～90。端基炔碳（≡CH）比取代炔碳（≡CR）化学位移低。极性取代基直接相连的炔碳原子 δ_C 值为 25～95。由于 C≡C 键的磁各向异性效应的屏蔽作用的影响，与之直接相连的碳原子向高场位移 5～15。

例如，

$$\begin{array}{cc} HC\equiv CH & HC\equiv C-\overset{H_2}{C}-\overset{H_2}{C}-CH_3 \\ 71.9 & 68.2\ \ 83.6\ \ 20.1\ \ 22.1\ \ 13.1 \end{array}$$

四、芳 烃

芳香族化合物中碳原子的化学位移 δ_C 值为 110～170。苯在 δ_C128.5 出现单峰。取代基的诱导、共轭和空间位阻均会影响其化学位移。取代基的电负性对直接相连的芳环碳原子影响最大。共轭效应对邻位、对位碳原子影响较大。处于取代基间位的芳环碳原子化学位移变化较小（一般小于 2）。可用经验式（3-7）计算芳环碳原子的化学位移。

$$\delta_C = 128.5 + \sum Z_i \tag{3-7}$$

取代基增值参数 Z_i 的数值列于表 3-14 中。取代基的影响具有加和性。邻位二取代有时会影响计算的准确性。苯环碳原子化学位移的计算有利于信号的归属。

表 3-14 取代基对苯环碳原子化学位移的影响 Z_i

取代基	C_1	o-	m-	p-	取代基	C_1	o-	m-	p-
H	0	0	0	0	$CH_2COC_2H_5$	7.0	0.5	1.5	-1.5
CH_3	9.3	-0.6	-0.1	-3.1	CH_2COOH	4.2	0.4	1.7	-0.9
C_2H_5	15.6	-0.6	-0.1	-2.8	CH_2NO_2	2.2	2.2	2.2	1.2
n-C_3H_7	13.8	-0.1	0.1	-2.6	$CH=CH_2$	8.9	-2.5	-0.3	-1.0
$CH(CH_3)_2$	20.1	-2.0	0.0	-2.5	$C(CH)=CH_2$	12.6	-3.2	-0.6	-1.4
$C(CH_3)_3$	22.1	-3.4	-0.4	-3.1	C_6H_5	13.0	-1.1	0.5	-1.0
CH_2CH_2Br	10.6	0.3	0.3	-1.3	CF_3	2.6	-2.2	0.3	3.2
CH_2CH_2Cl	9.7	0.5	0.3	-1.4	CCl_3	16.3	-1.7	-0.1	1.8
CH_2NH_2	15.5	-1.1	0.0	-1.9	C≡CH	-6.1	3.8	0.4	-0.2
$CH_2N(CH_3)_2$	11.5	-0.1	0.5	-1.5	$C\equiv CCH_3$	-4.4	3.0	-0.4	-1.2
CH_2Cl	9.1	0.0	0.2	-0.2	CN	-15.4	3.6	0.6	3.9
$CH_2OC_6H_5$	10.5	-0.5	0.5	-0.5	COOH	2.4	1.6	-0.1	4.8
CH_2OH	13.0	-1.4	0.0	-1.2	COO^-	7.6	0.8	0.0	2.8
CH_2OCH_3	11.0	-0.4	0.5	-0.4	$COOCH_3$	2.1	1.2	0.0	4.4

续表

取代基	C_1	o-	m-	p-	取代基	C_1	o-	m-	p-
CH$_2$Br	9.2	0.1	0.4	−0.3	COCl	4.6	3.0	0.6	7.0
CH$_2$F	8.5	−0.7	0.4	0.4	CHO	7.5	0.7	−0.5	5.4
COC(CH$_3$)$_3$	10.3	−0.2	−0.2	2.6	OH	26.9	−12.7	1.4	−7.3
COCH$_3$	9.1	0.1	0.0	4.2	OCH$_3$	31.4	−15.0	0.9	−8.1
COCF$_3$	−5.6	1.8	0.7	6.7	OCOCH$_3$	23.0	−6.4	1.3	−2.3
COC$_6$H$_5$	9.4	1.7	−0.2	3.6	OC$_6$H$_5$	29.0	−9.0	2.0	−5.0
CONH$_2$	5.4	−0.3	−0.9	5.0	SH	2.2	0.7	0.4	−3.1
NH$_2$	19.2	−12.4	1.3	−9.5	SO$_2$Cl	15.6	−1.7	1.2	6.8
NHCH$_3$	21.7	−16.2	0.7	−11.8	SO$_3$H	15.0	−2.2	1.3	3.8
N(CH$_3$)$_2$	22.5	−15.7	0.9	−11.6	F	34.8	−12.9	1.4	−4.5
N(C$_2$H$_5$)$_2$	19.8	−15.6	1.0	−11.5	Cl	6.4	0.2	1.0	−2.0
NHCOCH$_3$	11.1	−9.9	0.2	−5.6	Br	−5.4	3.4	2.2	−1.0

例 3-4 2-甲氧基-5-氯苯甲酸甲酯和 3-乙基苯胺的化学位移计算。

解：

δ_1=128.5+2.1−15.0+1.0=116.6（实测 121.3）

δ_2=128.5+31.4+1.2−2.0=159.1（实测 157.8）

δ_3=128.5−15.0+1.0+0=114.5（实测 113.5）

δ_4=128.5+0.2+0.9+4.4=134.0（实测 133.1）

δ_5=128.5+6.4+0−8.1=126.8（实测 125.2）

δ_6=128.5+0.2+1.2+0.9=130.8（实测 131.3）

δ_1=128.5+19.2−0.1=147.6（实测 146.8）

δ_2=128.5−12.4−0.6=115.5（实测 114.8）

δ_3=128.5+1.3+15.6=145.4（实测 145.4）

δ_4=128.5−9.5−0.6=118.4（实测 118.0）

δ_5=128.5+1.3−0.1=129.7（实测 129.2）

δ_6=128.5−12.4−2.8=113.3（实测 112.6）

一些典型稠环芳烃和杂环芳烃类化合物的碳谱化学位移值如下：

萘：128.1, 126.0, 133.7

蒽：126.3, 128.2, 125.4, 131.8

呋喃：142.7, 109.6

噻吩：124.4, 126.2

吡咯：118.4, 108.0

噻唑：118.5, 152.2, 142.4

嘧啶：157.4, 122.1, 157.4, 159.5

吡啶：135.9, 123.9, 150.2

五、羰基碳

各类羰基类化合物在 ^{13}C-NMR 谱的最低场，其化学位移值从高到低的次序是：酮、醛＞酸＞酯≈酰氯≈酰胺＞酸酐。醛酮位于最低场，δ_C＞195；酰氯、酰胺、酯、酸酐等次之，δ_C＜185。

例如,

R-CO-R'	R-CHO	R-COOH	R-COOR'	R-CONH₂
214~204	201	187~177	174~171	178~172

羰基邻位有吸电子基团将使其化学位移值增加。

R-CO-I	R-CO-Br	R-CO-Cl
160	165	170

芳香和 α, β-不饱和羰基类化合物,由于共轭和诱导作用将增加羰基碳的电子云密度,使其向高场位移。

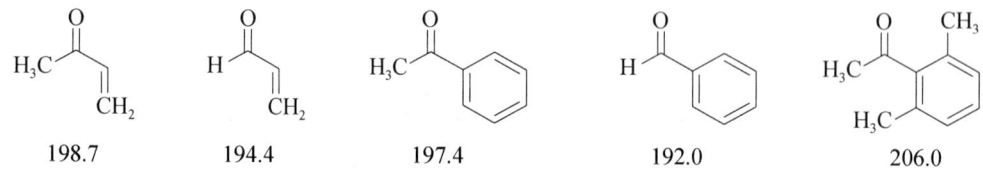

| 198.7 | 194.4 | 197.4 | 192.0 | 206.0 |

苯环上羰基邻位取代基将使其与苯环的共平面性受到影响,使其向低场位移。

第四节　影响化学位移的因素

一、碳的轨道杂化

碳谱的化学位移受碳分子轨道的杂化方式影响较大,其基本顺序与 ¹H 的化学位移平行,一般情况是

sp³ 杂化	—CH₃	0~100
sp 杂化	—C≡CH	70~130
sp² 杂化	—CH=CH₂	100~200
sp² 杂化	—C=O	150~220

二、电子效应

电子效应包括诱导效应和共轭效应。

1. 诱导效应　电负性基团会使邻近 ¹³C 核去屏蔽。基团的电负性越强,去屏蔽效应越大。例如,

H₃C—F	H₃C—Cl	H₃C—Br	H₃C—H	H₃C—I
75.4	24.9	10.0	−2.5	−20.7

但碘原子上众多的电子对碳原子产生屏蔽效应。

另外,取代基的影响还随距离电负性基团的距离增大而减少。取代烷烃中 α 效应较大,δ_C 变化可高达几十,β 效应较小,约为 10,γ 效应则与 α、β 效应符号相反,为负值,即使 δ_C 向高场移动,数值也小。对已超过 3 个键的 δ 位和 ε 位,取代效应一般都很小,个别情况下 δ_C 会有 1~2 的变化。

饱和环烷烃中有杂原子如 O、S、N 等取代时,同样有 α、β、γ 效应,与直链烷烃类似。例如,

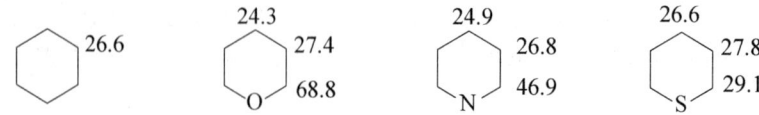

苯环取代因有共轭系统的电子环流，取代基对邻位及对位的影响较大，对间位影响较小。芳环上有杂原子时，取代效应也和饱和杂环不同。

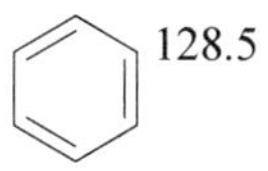

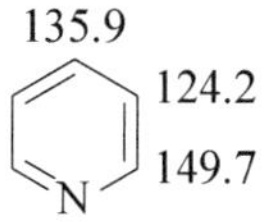

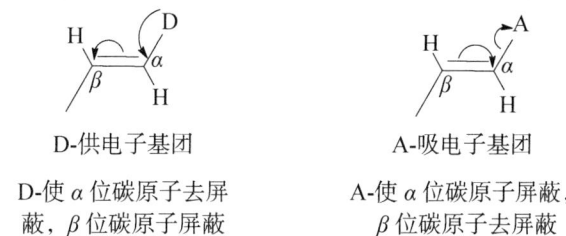

2. 共轭效应 共轭效应会使得共轭体系中的电子平均化，导致碳的化学位移向低场或高场移动。

D—供电子基团　　　　　　　A—吸电子基团

D 使 α 位碳原子去屏蔽，β 位碳原子屏蔽　　　A 使 α 位碳原子屏蔽，β 位碳原子去屏蔽

例如，1-丁烯和 1,3-丁二烯相比，后者由于双键的共轭效应使电子离域，引起键级减小，导致中心碳原子屏蔽作用增加，化学位移降低。

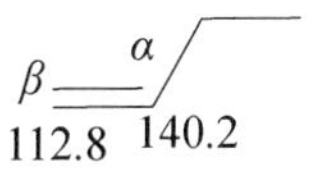

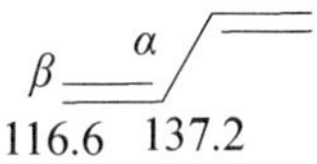

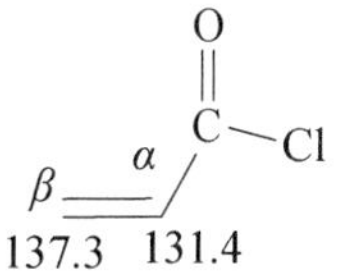

取代苯环中，供电子基团取代时能使邻、对位碳的电子云密度增加，化学位移值向高场位移；而吸电子基团取代时使邻、对位碳上的电子云密度降低，化学位移向低场位移。间位碳上的电子云密度变化不大，所以其化学位移值改变也较小。取代基对直接相连的碳原子的影响是诱导效应占主导地位。

例如，

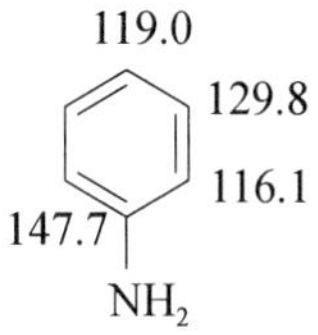

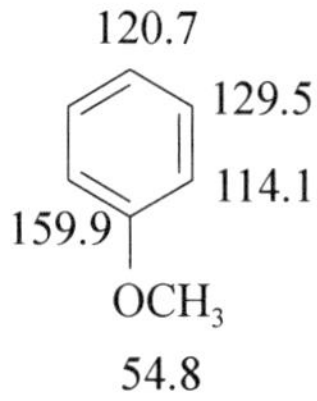

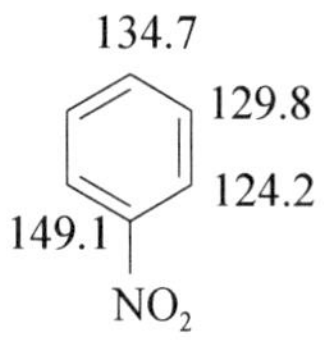

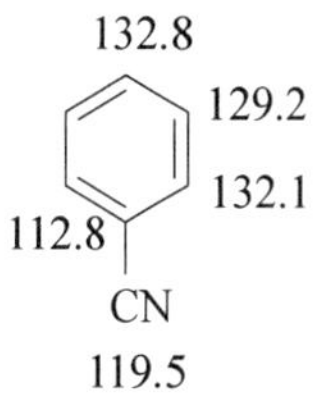

在羰基碳的邻位引入双键或含孤对电子的杂原子（如 O、N、F、Cl），由于形成共轭体系，羰基碳上电子密度相对增加，屏蔽作用增大而使化学位移偏向高场。因此，不饱和羰基碳，以及酸、酯、酰胺、酰卤的碳的化学位移比饱和羰基碳更偏向高场一些。例如，下列 3 个化合物中羰基碳的化学位移为

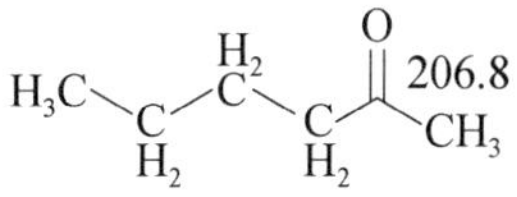

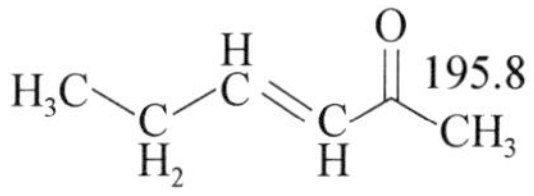

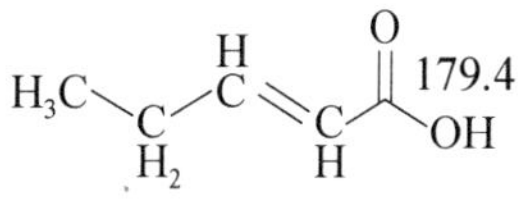

三、重原子效应

CH₄	CH₃I	CH₂I₂	CHI₃	CI₄
−2.5	−20.7	−54.0	−139.9	−292.5

大多数电负性基团的作用是去屏蔽的诱导效应，但对于较"重"的卤素，除了诱导效应外，还存在"重原子"效应，即随着原子序数增加，抗磁屏蔽增加。碘代甲烷 ^{13}C 核的化学位移比甲烷小，主要是由于碘原子核外有丰富的电子，碘原子引入对其相连的碳原子产生抗磁屏蔽作用，碘取代越多，屏蔽效应越大。

四、立体效应

^{13}C 核化学位移还受分子内几何因素的影响，相隔几个键的碳核由于空间上的接近，可能产生强烈的相互影响。通常的解释是空间上接近的碳上的氢之间的相互斥力使与之相连碳上的电子云密度增加，从而使屏蔽效应增加，化学位移向高场位移。

1. 取代基的密集性 当脂肪链碳原子上的氢被烷基取代后，其 δ_C 会相应增加。如

CH₄	CH₃R	CH₂R₂	CHR₃	CR₄	
−2.5	5.7	15.4	24.3	31.4	R=CH₃

另外，取代的烷基越大，或具有分支，被取代的碳原子 δ_C 越大。

2. γ 效应 链状结构中，α 位上的取代基与 γ 位碳原子空间距离比较接近，碳上的氢之间的相互斥力把电子推向碳核，从而使化学位移向高场移动。这就是链状烃的 γ 效应，又称为 γ 旁氏效应或 γ 邻位交叉效应（γ-gauche 立体效应）。

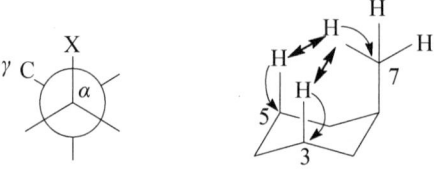

γ 效应普遍存在，如甲基环己烷上直立的甲基 C（7）对其 γ 位即 C（3）和 C（5）产生 γ 效应，使其化学位移比甲基处于平伏键上的异构体化学位移向高场移动，δ_C 变小。

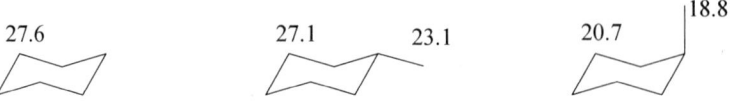

环己烷上取代基处于 a 键和 e 键对环上各个碳的化学位移的影响也不同。环己烷的化学位移为 26.6，如有取代基 X 时，各个碳的化学位移值如表 3-15 所示。

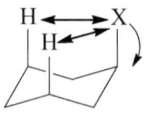

表 3-15 取代基 X 对环己烷个各碳原子 δ_C 值的影响

X	取向	α 碳	β 碳	γ 碳	δ 碳
—OH	e 键	70	35	24	25
	a 键	56	32	20	26
—Cl	e 键	60	38	27	25
	a 键	60	34	21	26

烯烃类化合物中，处于顺式的两个取代基也有这种立体效应。顺式丁二烯中的 1 位碳比反式丁二烯中的 1 位碳向高场位移约 5 个单位。

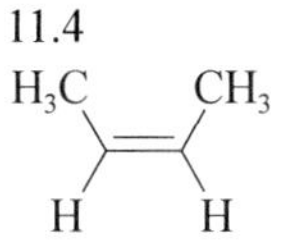

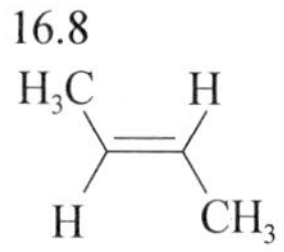

如果分子中空间位阻导致共轭程度降低，也会影响化学位移。例如，苯乙酮随着邻位甲基的引入，空间位阻增大，导致苯环和羰基所在平面扭转角（φ）增大，共轭程度降低，羰基的化学位移增加。

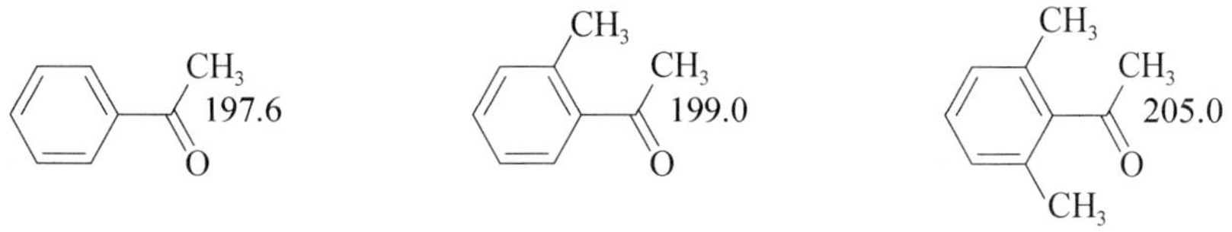

五、其他影响因素

1. 温度效应 温度变化可以引起碳化学位移的改变，温度变化会影响分子的构型、构象变化，有交换过程时，温度变化可以直接影响动态过程的平衡，从而使谱线的数目、分辨率、线形发生变化。例如，吡唑分子中存在着下列互变异构：

吡唑的变温碳谱如图 3-7 所示。温度较高时，异构化变换速度较快，C（3）和 C（5）谱线出峰位置一致，为平均值。当温度降低后，其变换速度减慢，谱线将变宽，然后裂分，最终将成为两条尖锐的谱线。当温度为-40℃时，其核磁共振碳谱有两条谱线，分别由 C（3）、C（5）和 C（4）给出。温度降低后，C（4）谱线基本不变，而 C（3）、C（5）的谱线发生变化，在-70℃时，C（3）、C（5）谱线变宽，在-100℃时，谱线继续加宽，-110℃时谱线开始分裂，直到-118℃，C（3）、C（5）呈现出两条尖锐的谱线。

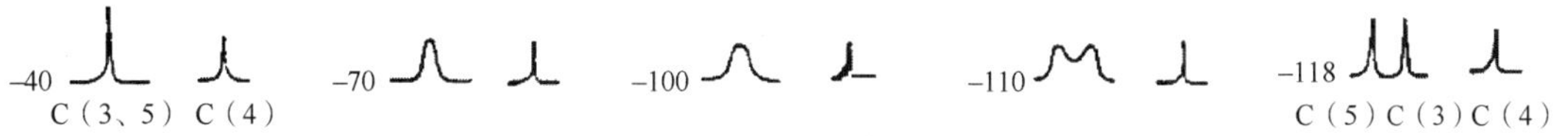

图 3-7 吡唑的变温碳谱

一般来说，温度升高，溶液黏度下降，可以减轻谱峰的宽化程度；温度升高，样品溶解度增加，可以提高难溶解样品的溶解度，提高信噪比。反之，温度降低，可以降低交换速度，有利于观察可交换质子及其耦合情况。因此，改变温度可以改善图谱的质量，使之便于解析。

2. 溶剂效应 不同的溶剂、介质，不同的浓度及不同的 pH 都会引起碳谱的化学位移值的改变。变化范围一般为几到十。由不同溶剂引起的化学位移值的变化，也称为溶剂位移效应。这通常是样品中的氢核与极性溶剂通过氢键缔合产生去屏蔽效应的结果。一般来说，溶剂对 ^{13}C 核化学位移的影响比对 ^{1}H 核化学位移的影响大。例如，苯胺在不同的溶剂中各个碳的化学位移随溶剂而改变，见表 3-16。

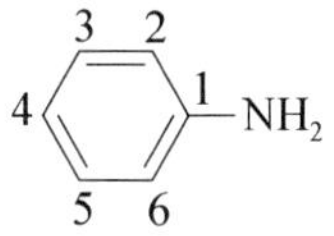

表 3-16 苯胺的溶剂效应

溶剂	C(1)	C(2)	C(3)	C(4)
CCl₄	146.5	115.3	129.5	118.8
CH₃COOH	134.0	122.5	129.9	127.4
CH₃SO₃H	128.9	123.1	130.4	130.0
DMSO-d_6	149.2	114.2	129.0	116.5
(CD₃)₂CO	148.6	114.7	129.1	117.0

当碳核附近有易随 pH 变化而离解度发生变化的基团，如—OH、—COOH、—NH₂、—SH 等时，这些基团上的电子云密度会随 pH 变化，影响邻位碳的屏蔽作用，导致其化学位移发生变化。胺、羧酸盐阴离子和 α-氨基酸等在质子化后会产生较大的高场位移，特别是 β 位，主要是由荷电基团的电场造成的，在 α 位和 γ 位上主要是诱导效应和空间效应起作用，如羧基碳原子在 pH 增大时受到屏蔽作用而使化学位移移向高场。

溶液稀释后可引起碳核几个化学位移值的变化，但对于不解离的化合物，这种稀释效应很小，可以忽略不计。

3. 氢键效应 邻羟基苯甲酸和邻羟基苯乙酮中羟基和羰基形成分子内氢键，使得羰基碳去屏蔽，化学位移增大。

苯甲醛 192.4；水杨醛 196.9；苯乙酮 197.6；邻羟基苯乙酮 204.1

第五节 一维 ¹³C 核磁共振图谱解析与实例

核磁共振碳谱是有机化合物结构解析的有力工具。因为碳原子构成了有机化合物的骨架，碳谱解析的正确与否在化合物的结构鉴定中至关重要，本节将介绍核磁共振碳谱的解析方法。

一、图谱解析步骤

1. 区分图谱中的溶剂峰和杂质峰 测定液体核磁共振碳谱也须采用氘代溶剂，除氘代水（D₂O）等少数不含碳的氘代溶剂外，溶剂中的碳原子在碳谱中均有相应的共振吸收峰，并且由于氘代的缘故在质子噪声去耦谱中往往呈现为多重峰，峰的裂分符合 $2nI+1$ 规则，由于氘的自旋量子数 $I=1$，故裂分数为 $2n+1$ 规律。常用氘代试剂在碳谱中的化学位移值和峰形可从表 3-17 查得。

表 3-17 常用氘代溶剂中残留 ¹³C 化学位移及谱线多重性

溶剂		化学位移	谱线多重性
氘代三氯甲烷	CDCl₃	77.0±0.5	三重峰
氘代丙酮	(CD₃)₂CO	29.8	七重峰
		206.5	多重峰
氘代苯	C₆D₆	128.0±0.5	三重峰
氘代二甲基亚砜	(CD₃)₂SO	39.7	七重峰
氘代甲醇	CD₃OD	49.0	七重峰

续表

溶剂		化学位移	谱线多重性
氘代吡啶	C$_6$D$_5$N	123.5	三重峰
		135.5	三重峰
		149.2	三重峰

碳谱中杂质峰的判断可参照氢谱解析时杂质峰的判别。一般杂质峰均为较弱的峰。当杂质峰较强而难以确定时，可用反转门控去耦的方法测定定量碳谱，在定量碳谱中各峰面积（峰强度）与分子结构中各碳原子数成正比，明显不符合比例关系的峰一般为杂质峰。

2. 分析化合物结构的对称性 在质子噪声去耦谱中通常每条谱线都表示一种类型的碳原子,当谱线数目与分子式中的碳原子数相等时，提示分子没有对称性，而当谱线数小于分子式中的碳原子数时，则说明分子中有某种对称性，在推测和鉴定化合物分子结构时应加以注意。但是，当化合物较为复杂，碳原子数较多时，则应考虑不同类型碳原子的化学位移值的偶然重合。

3. 按化学位移值分区确定碳原子类型 碳谱化学位移值可参见表3-5，根据其不同的分区，可大致归属谱图中各谱线的碳原子类型。

4. 碳原子级数的确定 化合物的质子噪声去耦谱与DEPT 45°、DEPT 90°和DEPT 135°谱进行分析，由此确定各谱线所属的碳原子级数。根据碳原子的级数，便可计算出与碳相连的氢原子数。若此数小于分子式中的氢原子数，则表明化合物中含有活泼氢，其数为二者之差。

5. 对各个碳谱线进行归属 根据以上步骤，已可确定碳谱中的溶剂峰和杂质峰、分子有无对称性、各谱线所属的碳原子的类型及各谱线所属的碳原子的级数，由此可大致地推测出化合物的结构或按分子结构归属各条谱线。若分子中含有较为接近的基团或骨架时，则按上述步骤也很难将所有谱线一一归属，这时可参照氢谱或采用碳谱近似计算的方法。更多情况是利用二维^{13}C-^{1}H相关谱，其可清楚地归属绝大部分有机化合物碳谱中的每一条谱线。

二、实 例 解 析

例3-5 某化合物A的分子式为C$_{16}$H$_{14}$O$_5$，结构式为

$$H_3CO-\underset{7}{\underset{6}{\overset{8}{\overset{8a}{\underset{5}{\overset{}{\bigcirc}}}}}\overset{9\ 10}{\underset{4b}{\overset{}{\bigcirc}}}\underset{OH\ O}{\overset{10a}{\underset{4a}{\overset{1}{\underset{4\ 3}{\overset{}{\bigcirc}}}}}}-OCH_3}$$

该化合物的^{13}C-NMR质子噪声去耦谱与DEPT 135°谱如图3-8所示，溶剂为氘代氯仿。请对^{13}C-NMR质子噪声去耦谱中各谱线进行指认。

解：

1）鉴别谱图中的真实谱峰。该化合物的质子噪声去耦谱共有19条谱线，查表3-17，化学位移为77.7的三重峰为溶剂峰氘代氯仿。余下16条谱线为样品峰。

2）分子对称性的分析。从化合物的结构式分析，可知该化合物没有对称性，其分子式表明分子中共有16个碳原子，这与图谱中共有16条谱线相符。

3）碳原子的δ_C值的分区。按碳谱化学位移分区规律，该化合物的碳谱可分为三个区域，即羰基区、sp^{2}杂化碳区和sp^{3}杂化碳区。羰基区有两条谱线，sp^{2}杂化碳区域有10条谱线，sp^{3}杂化碳区有4条谱线。从化合物结构上分析，在羰基区的δ_C192.2和180.6为C-4和C-1羰基信号；sp^{2}杂化碳区中δ_C162.9、158.9和157.8处的谱线应是与氧原子相连的芳香碳原子C-2、C-5或C-7；δ_C142.6、

140.5、139.3、110.8、108.6、108.1 和 102.6 为不连杂原子的芳香碳；sp^3 杂化碳区中 56.8 和 55.5 处的谱线应是与氧相连的饱和碳，而 δ_C 29.3 和 21.3 为不连杂原子的饱和碳信号。

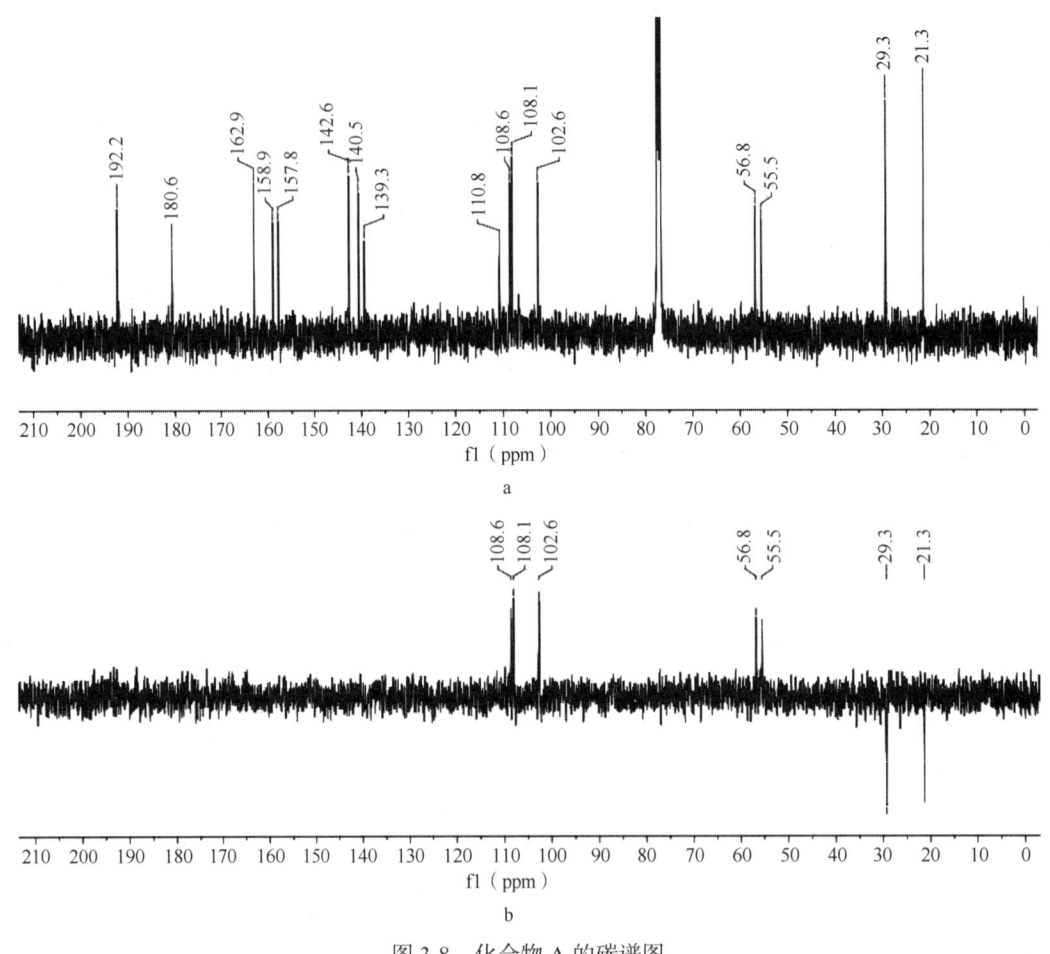

图 3-8 化合物 A 的碳谱图
a. 质子噪声去耦谱；b. DEPT 135°谱

4) 碳原子级数的确定。DEPT135°谱中共出 7 条谱线，其中 δ_C 29.3 和 21.3 为负峰，δ_C 108.6、108.1、102.6、56.8 和 55.5 为正峰，由此可知 δ_C 29.3 和 21.3 处的谱线为 C-9 或 C-10，δ_C 108.6、108.1、102.6 处的谱线为 =CH 基团中的碳原子，δ_C 56.8 和 55.5 应为甲氧基碳信号。

5) 确定谱线归属结果。综合上述分析，C-4 位 C=O 因为和 5-OH 可形成分子内氢键，化学位移较大，为 δ_C 192.2，C-1 位 C=O 则为 δ_C 180.6；δ_C 162.9、158.9 和 157.8 处的谱线应归属于 C-2、C-5 或 C-7，进一步的指认可从二维谱中获得；δ_C 142.6、140.5、139.3、110.8 为 sp^2 杂化的季碳，其中 C-4b 处于羟基邻位，化学位移值较小，为 δ_C 110.8，其余三个信号分别归属于 C-4a、C-8a 和 C-10a，区别较小，具体指认也需依靠二维谱；δ_C 108.6、108.1、102.6 三条谱线中 δ_C 102.6 为 C-6 的信号，因其处于两个连氧取代的邻位，δ_C 108.6、108.1 为 C-3 或 C-8 的信号；sp^3 杂化碳区中 δ_C 56.8 和 55.5 两条谱线为 2-或 7-OCH$_3$；δ_C 29.3 和 21.3 为 9-或 10-CH$_2$，这些谱线的进一步指认可从二维核磁共振谱中获得。

例 3-6 化合物 B 为白色粉末状固体，分子式为 $C_{10}H_{12}O_3$，^{1}H-NMR（500MHz，CDCl$_3$）δ_H：7.01（2H，d，8.4Hz），6.73（2H，d，8.4Hz），4.91（2H，t，7.0Hz），3.82（2H，t，7.0Hz），2.01（3H，s）。^{13}C-NMR（125MHz，CDCl$_3$）见图 3-9，试推测该化合物可能的结构并归属碳信号。

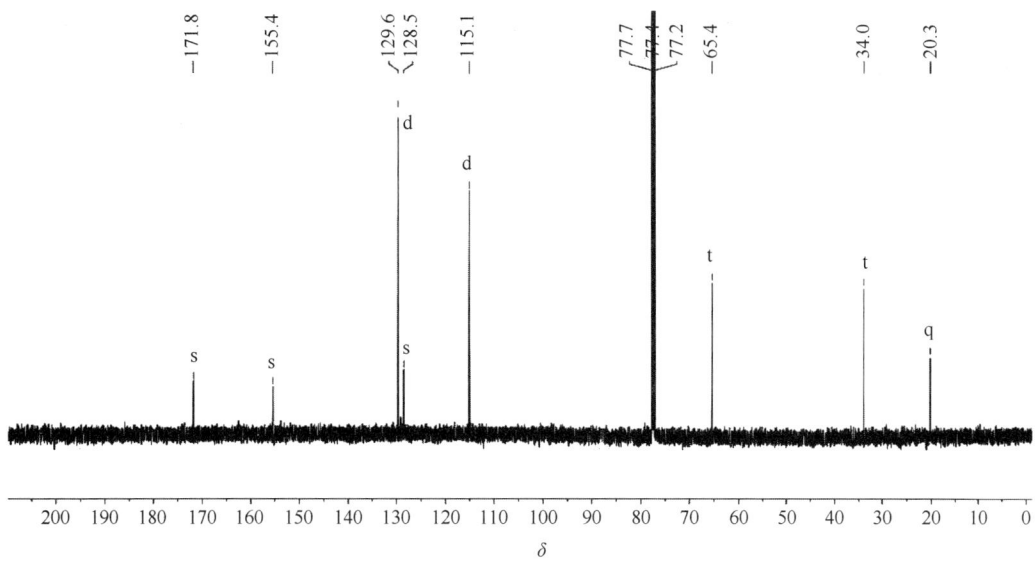

图 3-9 化合物 B 的碳谱图

解：从碳谱中观察到 8 个碳信号，结合分子式 $C_{10}H_{12}O_3$，可推测分子中有部分对称结构，仔细观察比较峰高，推测 δ_C 129.6 和 115.1 的两个芳香碳信号可能由两个磁等价碳给出，故结合化学位移、裂分峰情况，可将碳谱数据整理如下：

δ_C	重峰数	碎片结构	不饱和度	备注
20.3	q	-(C=O)-CH₃		
34.0	t	—CH₂—		
65.4	t	-(O)-CH₂—		
115.1	d	=CH— ×2		芳香碳
128.5	s	=C<	4	芳香碳
129.6	d	=CH— ×2		芳香碳
155.4	s	=C<		连氧的芳香碳
171.8	s	—C=O	1	

由分子式 $C_{10}H_{12}O_3$ 不饱和度 5 中扣除结构中的碎片总和，剩余一个 OH，应该是连在芳香碳上的—OH。结合氢谱 δ_H 7.01（2H，d，8.4Hz）和 6.73（2H，d，8.4Hz）为对位取代苯上的氢信号，δ_H 4.91（2H，t，7.0Hz）和 3.82（2H，t，7.0Hz）为—CH₂—CH₂—，δ_H 2.01（3H，s）为—COCH₃。综上所述，可推测其结构应为下式：

例 3-7 化合物 C 为白色粉末状固体，分子式为 $C_7H_6O_2$，^{1}H-NMR 谱（500MHz，CD_3OD）、^{13}C-NMR 谱（125MHz，CD_3OD）见图 3-10，试推测该化合物可能的结构并归属碳信号。

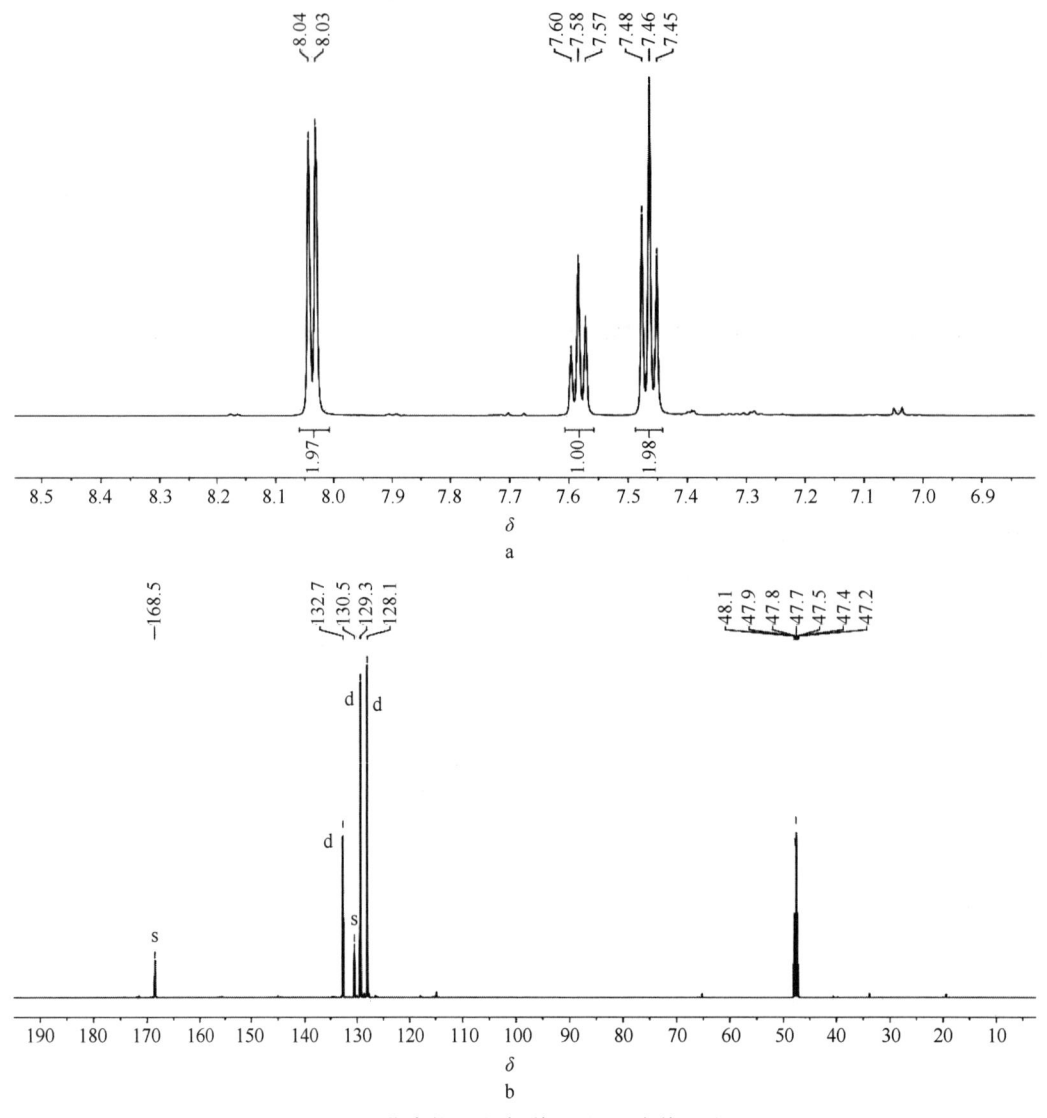

图 3-10 化合物 C 的氢谱（a）和碳谱图（b）

解：从碳谱中观察到 5 个碳信号，结合分子式 $C_7H_6O_2$，可推测结构中有部分对称结构，同为 d 峰，δ_C 129.3 和 128.1 的两个芳香碳信号比 δ_C 132.7 峰高，推测其信号可能由两个磁等价碳给出，故结合化学位移、碳的类型，可将碳谱数据整理如下：

δ_C	重峰数	碎片结构	不饱和度	备注
128.1	d	=CH— ×2		
129.3	d	=CH— ×2		
130.5	s	=C<	4	单取代苯
132.7	d	=CH—		
168.5	s	—C=O	1	

由分子式 C₇H₆O₂ 不饱和度 5 中扣除结构中的碎片总和,剩余一个 OH,应该是连在羰基碳上的 —OH。氢谱中 5 质子信号集中在芳香区,结合碳谱可推测其可能为单取代苯,3 组氢信号 δ_H 均大于 7.26,推测其为吸电子基团取代,结合分子式信息,氢谱中剩余的结构为—COOH,和碳谱相符,综上所述,可推测其结构应为下式:

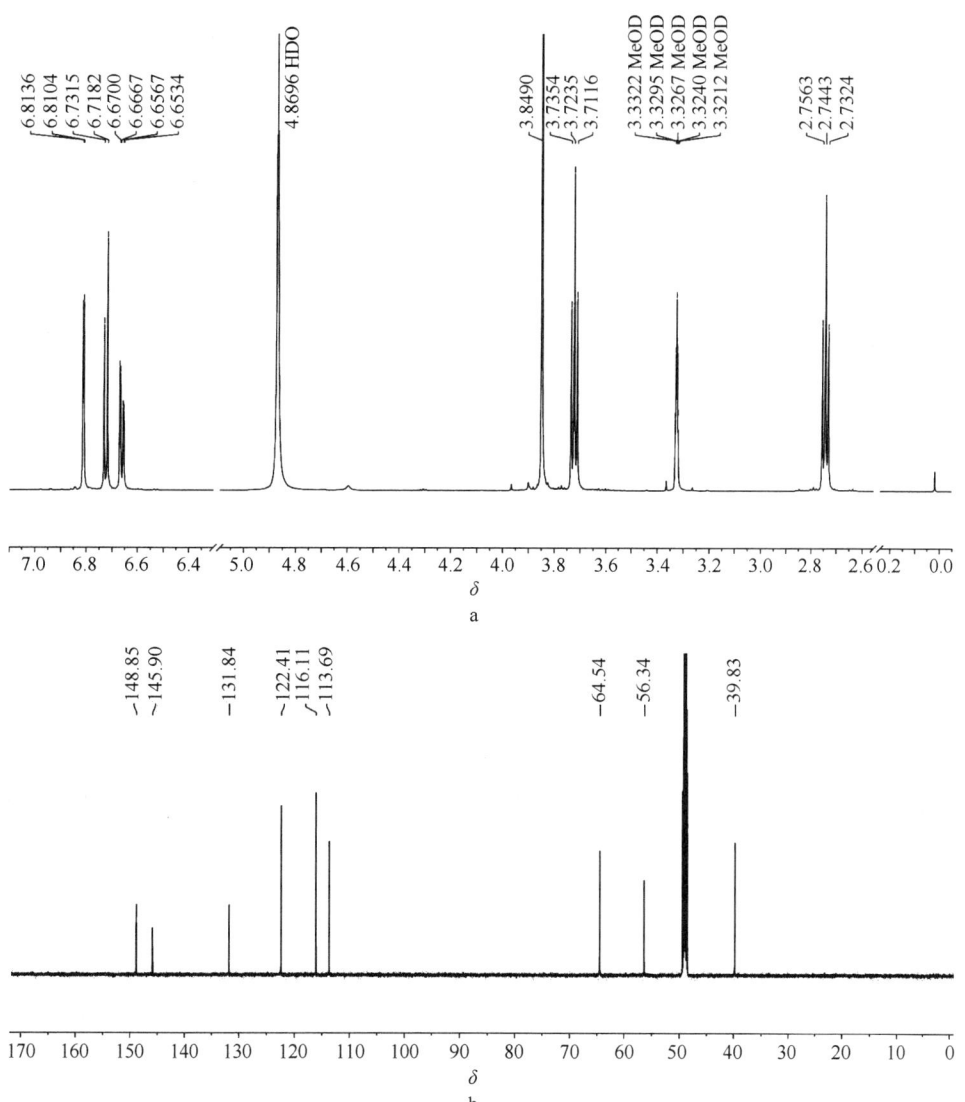

例 3-8 化合物 D 为白色针状结晶,分子式为 $C_9H_{12}O_3$,¹H-NMR(600MHz,CD₃OD)和 ¹³C-NMR(150MHz,CD₃OD)和 DEPT 谱见图 3-11,试推测该化合物可能的结构并归属碳谱信号。

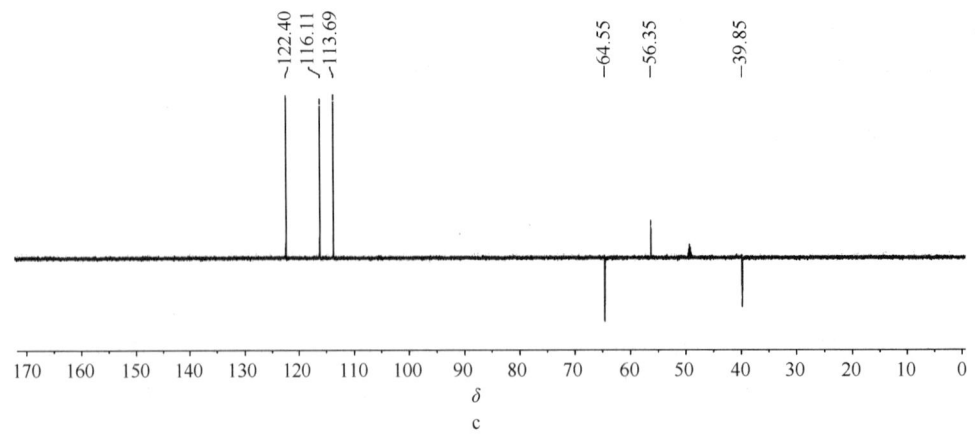

图 3-11 化合物 D 的氢谱图（a）、碳谱图（b）、DEPT 图（c）

解： 根据分子式计算化合物的不饱和度为 4，推测分子中有一个苯环。从氢谱数据 δ_H 6.81（1H，d，J=2.0Hz），6.72（1H，d，J=8.0Hz）及 6.67（1H，dd，J=8.0，2.0Hz）为苯环上 AMX 耦合系统的氢信号，另有—CH$_2$—CH$_2$—片段信号 δ_H 3.72（2H，t，J=7.1Hz）和 2.74（2H，t，J=7.2Hz）及—OCH$_3$ 信号 δ_H3.85（3H，s）。碳谱中观察到 6 个芳香碳信号和 3 个饱和碳信号，结合分子式 C$_9$H$_{12}$O$_3$，可推测结构中无对称结构，结合全氢去耦谱和 DEPT 谱，可将碳谱数据整理如下：

δ_C	碳的类型	碎片结构	不饱和度	备注
39.8	CH$_2$	—CH$_2$—		
56.3	CH$_3$	—OCH$_3$		
64.5	CH$_2$	—OCH$_2$—		
113.7	CH	=CH—		
116.1	CH	=CH—		
122.4	CH	=CH—	4	三取代苯
131.8	季 C	=C<		
145.9	季 C	=C<		
148.8	季 C	=C<		

以上数据与文献报道的 4-羟基-3-甲氧基苯乙醇的核磁数据基本一致，故可推测其结构为 4-羟基-3-甲氧基苯乙醇，结构式及碳谱数据归属如下：

$$\begin{array}{c}\text{HO} \quad 116.1 \\ 145.9 \overbrace{} 122.4 \\ 148.8 \quad 131.8 \quad 64.5 \\ \text{H}_3\text{CO} \underbrace{} \text{OH} \\ 56.3 \quad 113.7 \quad 39.8\end{array}$$

例 3-9 化合物 E 为白色针状结晶，分子式为 C$_{11}$H$_{12}$O$_4$，^{1}H-NMR（600MHz，CD$_3$OD）、^{13}C-NMR（150MHz，CD$_3$OD）见图 3-12，试推测该化合物可能的结构并归属碳谱信号。

解： 根据分子式计算不饱和度为 6，结合碳谱 δ_C169.3 推测分子中有双键和羰基。氢谱中 δ_H7.03（1H，d，J=2.1Hz），6.94（1H，dd，J=8.2，2.1Hz）及 6.78（1H，d，J=8.2Hz）为苯环上 AMX 耦合系统的氢信号；δ_H7.53（1H，d，J=15.9Hz）和 6.24（1H，d，J=15.9Hz）为反式双键上的一对烯氢信号；δ_H4.21（2H，q，J=7.1Hz）和 1.31（3H，t，J=7.1Hz）为—OCH$_2$CH$_3$ 的信号。碳谱中有除

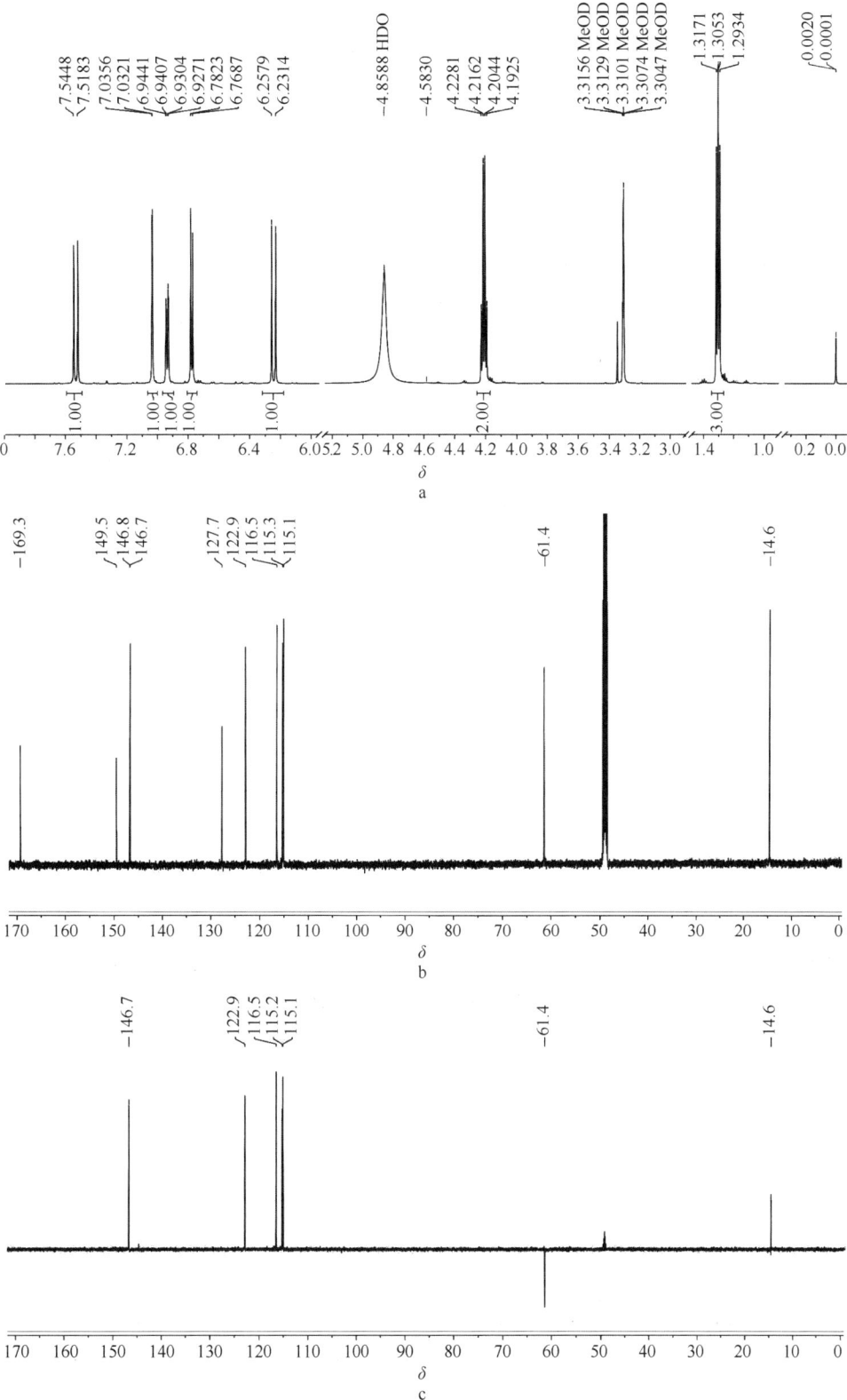

图 3-12 化合物 E 的氢谱（a）、碳谱（b）、DEPT 谱（c）

溶剂峰之外的 11 个碳信号，结合分子式、全氢去耦谱、碳谱和 DEPT 谱，可推测 E 的结构中有 1 个三取代苯环、1 个反式双键、1 个酯键和 1 个乙基，推测化合物结构为咖啡酸乙酯，其氢谱和碳谱数据与文献报道的咖啡酸乙酯的核磁数据基本一致，其结构式及氢谱碳谱数据归属如下：

编号	δ_C	δ_H (J, Hz)
1	127.7	—
2	115.3	7.03（1H，d，J=2.1Hz）
3	146.8	—
4	149.5	—
5	116.5	6.78（1H，d，J=8.2Hz）
6	122.9	6.94（1H，dd，J=8.2，2.1Hz）
7	146.7	7.53（1H，d，J=15.9Hz）
8	115.1	6.24（1H，d，J=15.9Hz）
9	169.3	—
1′	61.4	4.21（2H，q，J=7.1Hz）
2′	14.6	1.31（3H，t，J=7.1Hz）

习 题

1）某化合物分子式为 $C_7H_{14}O$，^{13}C-NMR（75MHz，$CDCl_3$）谱的信号为 δ_C：24.9，25.9，32.1，55.0，79.5。试推测该化合物的结构式并对碳谱信号进行归属。

2）一对同分异构体 A 和 B，分子式为 C_5H_{10}，^{13}C-NMR（75MHz，$CDCl_3$）谱给出的信号分别为 A δ_C：13.7（q），22.8（t），36.7（t），114.7（t），138.9（d）。B δ_C：13.6（q），17.3（q），25.8（t），123.2（d），133.2（d）。试推测该化合物 A 和 B 的结构式并对碳谱信号进行归属。

3）某化合物的分子式为 C_3H_8O，^{13}C-NMR 图谱如下，试推测其结构式。

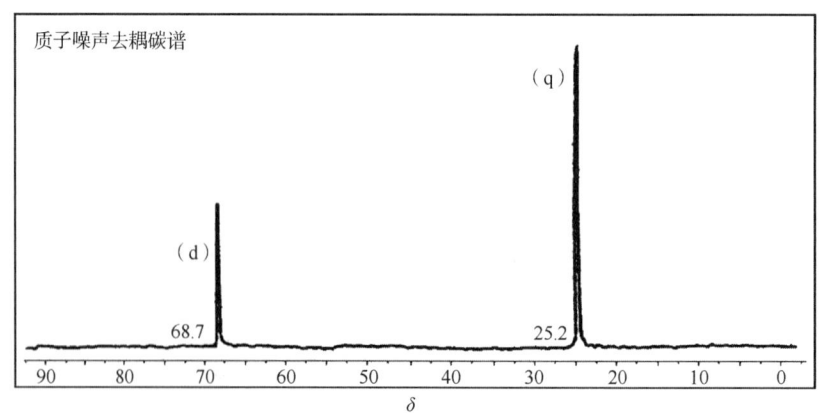

4）某化合物的分子式为 $C_2H_4Br_2$，^{13}C-NMR 图谱如下，试推测其结构式。

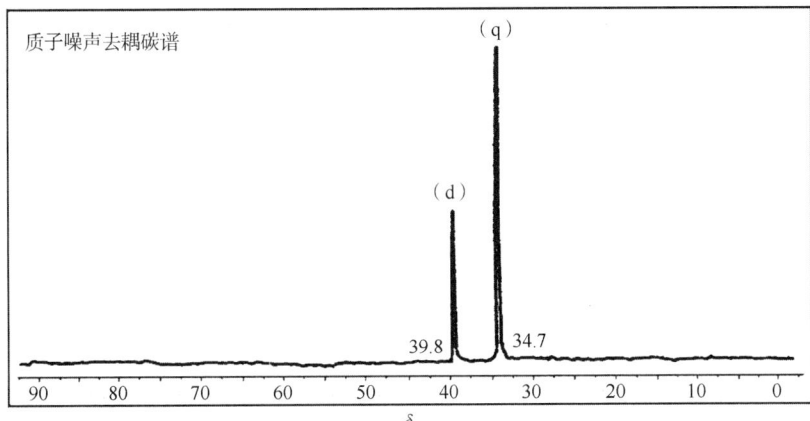

5) 某化合物的分子式为 C_5H_8，^{13}C-NMR 图谱如下，试推测其结构式。

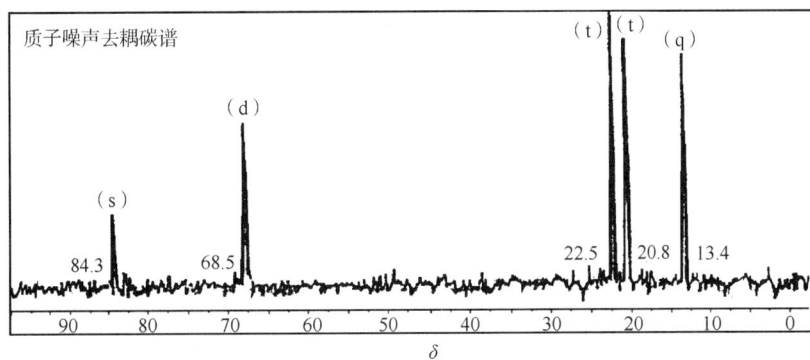

6) 某化合物的分子式为 C_5H_9ClO，^{13}C-NMR 图谱如下，试推测其结构式。

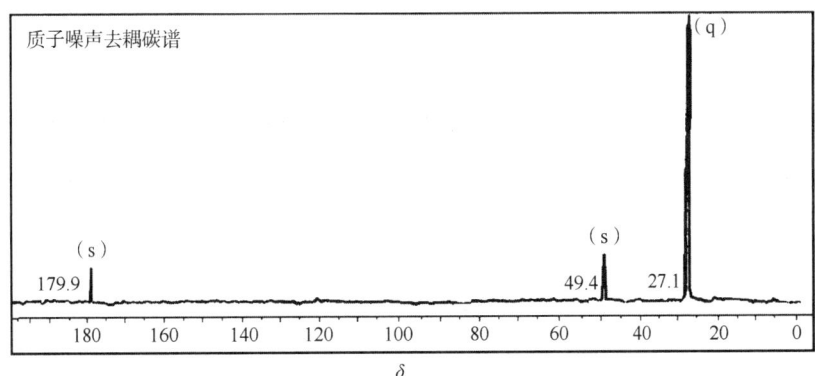

7) 某化合物的分子式为 $C_2H_5O_2N$，^{13}C-NMR 图谱如下，试推测其结构式。

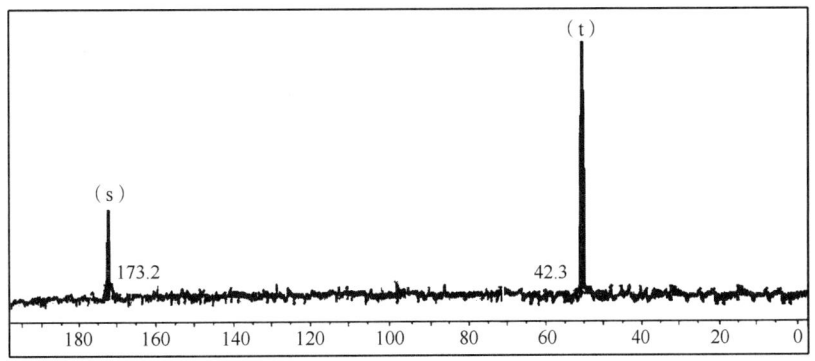

8) 某化合物为白色针状结晶，分子式为 $C_6H_{12}O_3$，^1H-NMR（400MHz，$CDCl_3$）δ_H 2.11（3H，s），2.72（2H，d，J=7.0Hz），3.36（6H，s），5.15（1H，t，J=7.0Hz），^{13}C-NMR（100MHz，$CDCl_3$）见下图，试推测该化合物可能的结构并归属氢谱和碳谱信号。

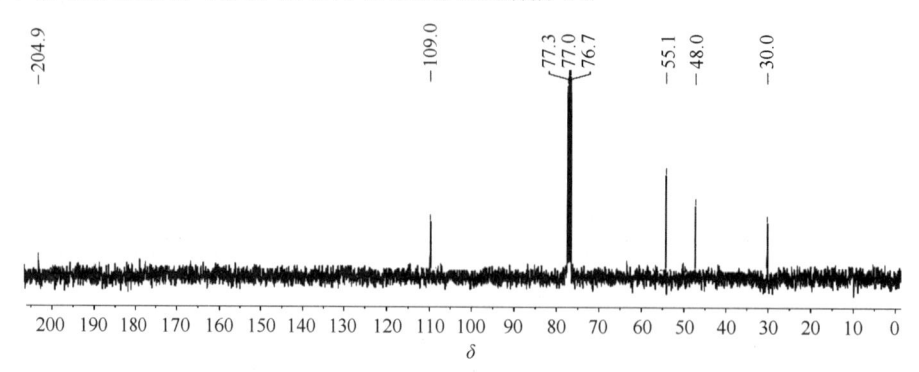

9) 某化合物的分子式为 $C_{11}H_{14}O_4$，^1H-NMR（400MHz，DMSO-d_6）δ_H 1.07（3H，t，J=7.3Hz），3.38（2H，q，J=7.3Hz），3.81（6H，s），7.22（2H，s），9.28（1H，br.s），碳谱和 DEPT-135°谱如下，试推测其结构式，并对氢谱和碳谱数据进行归属。

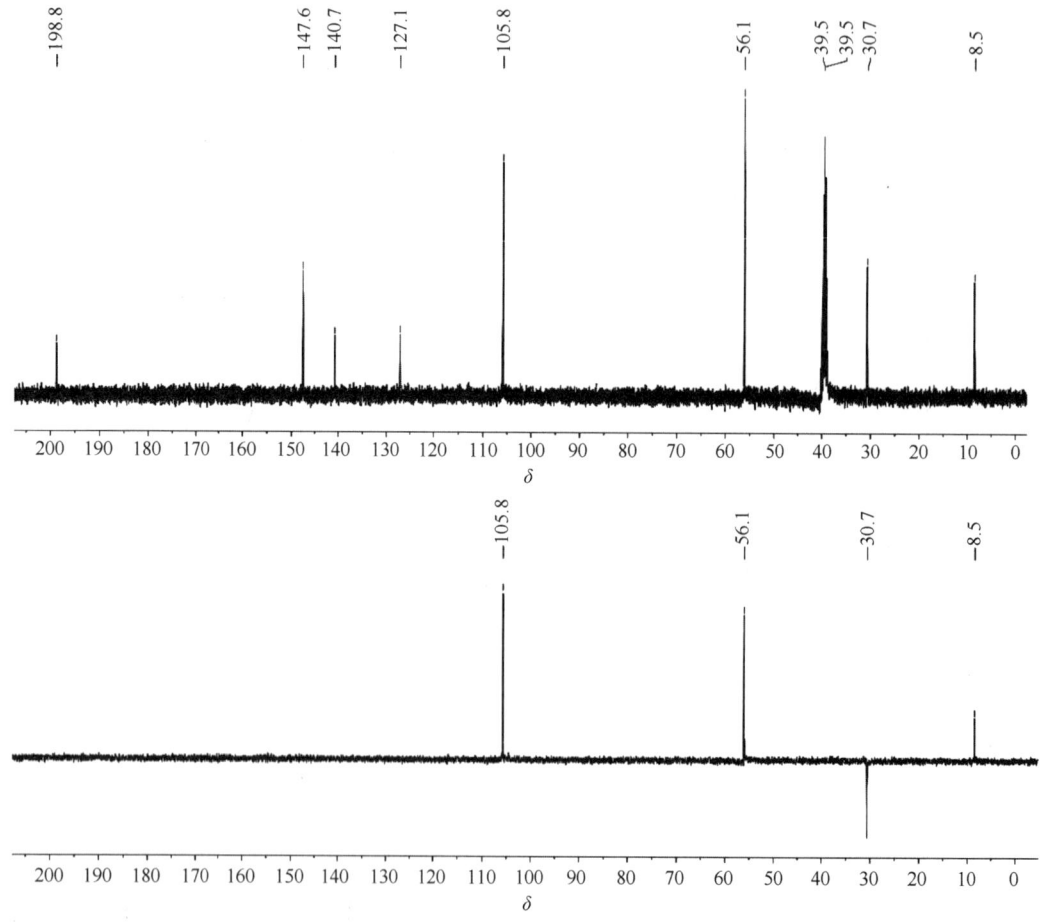

10) 某化合物的分子式为 $C_{13}H_{16}O_2$，^1H-NMR（500MHz，$CDCl_3$）δ_H 0.97（3H，t，J=7.5Hz），1.45（2H，m），1.69（2H，m），4.22（2H，t，J=6.7Hz），6.44（1H，d，J=16.0Hz），7.38（2H，m），7.52（3H，m），7.69（1H，d，J=16.0Hz）。碳谱和 DEPT-135°谱如下，试推测其结构式，并对氢谱和碳谱数据进行归属。

第三章 一维 ^{13}C 核磁共振波谱法

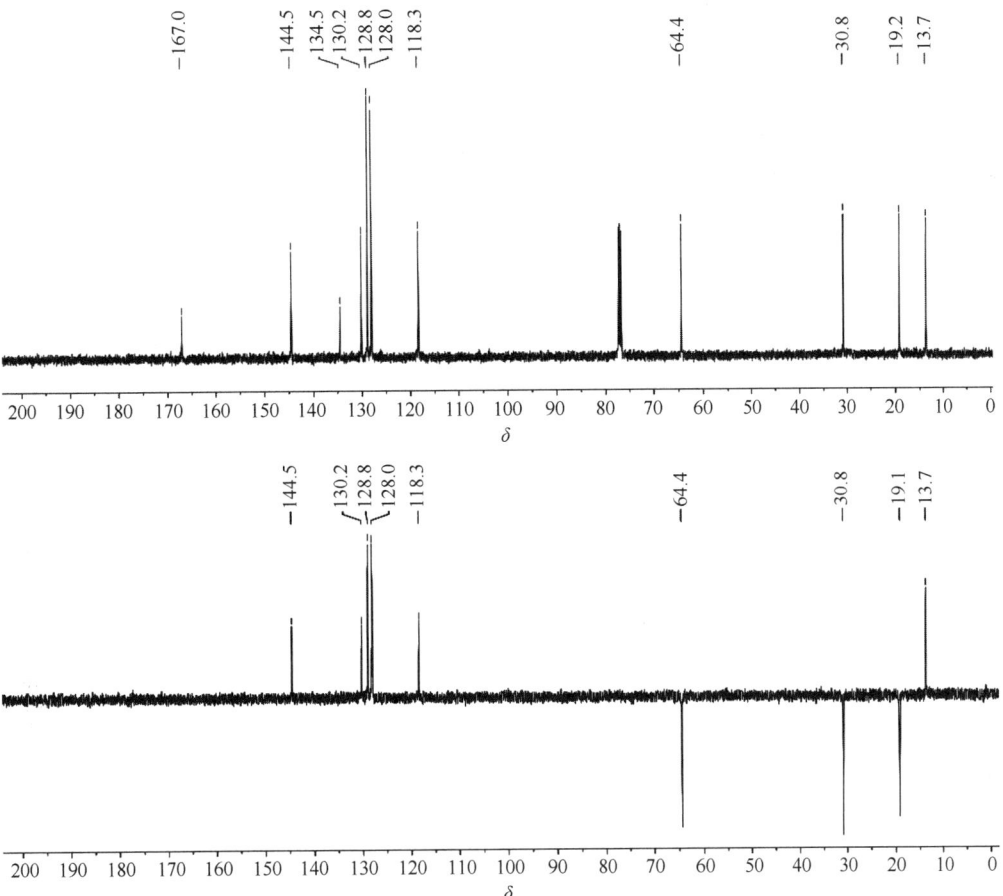

第四章　二维核磁共振波谱法

核磁共振波谱法自发现以来，已在化学、生物学和物理学等领域得到了广泛应用。但是，复杂成分的一维核磁共振谱（one-dimensional NMR spectra，1D-NMR spectra）由于存在核磁共振信号严重重叠的问题，为结构解析带来了很大困难。

二维核磁共振谱（two-dimensional NMR spectra，2D-NMR spectra）是从 1D-NMR 谱发展而来的波谱解析方法，它的出现和发展是近代核磁共振波谱学的最重要的里程碑。党的二十大报告指出："要加快建设科技强国，推动科技创新自立自强。"这一精神明确了我国在科学技术领域自立自强的战略目标，推动我国科技在全球舞台上的竞争力提升。2D-NMR 技术多用于结构复杂的活性成分的结构鉴定，为中药的现代化、标准化及国际化提供有力支撑。

2D-NMR 谱可将化学位移、耦合常数等核磁共振参数在二维平面上展开，从而减少了谱线的拥挤和重叠，而且通过提供的 ^{1}H-C-C-^{1}H、^{13}C-^{13}C、^{13}C-^{1}H、^{13}C-C-X-^{1}H 之间的耦合作用及空间的相互作用，确定核与核之间的连接顺序和分子的立体构型，有利于复杂有机化合物的结构鉴定。因此，2D-NMR 谱已成为人们分析研究物质结构和动力学的有力工具。

第一节　二维核磁共振波谱法原理与分类

一、基本原理

1. 一维核磁共振谱实验方法与过程　1D-NMR 是经过一个射频脉冲后，立即进行数据采集，得到自由感应衰减（free induction decay，FID）信号，经过一次傅里叶变换，得到一维图谱（图 4-1）。所以，1D-NMR 谱的信号只是一个频率（或磁场）的函数，共振吸收信号分布在一个频率轴（或磁场）上，可记为 $S(\omega_2)$。

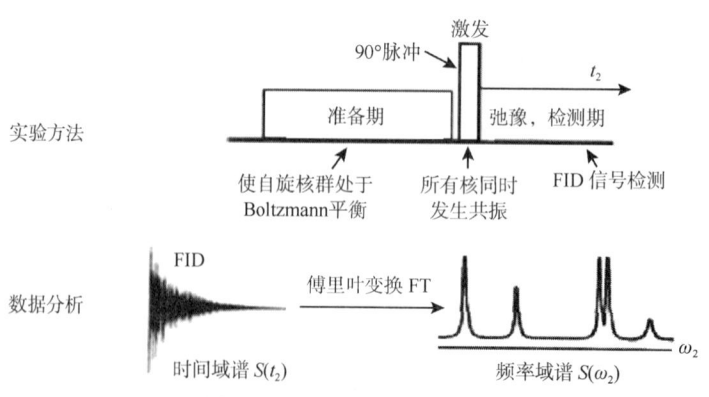

图 4-1　1D-NMR 实验示意图

2. 二维核磁共振谱实验方法与过程　图 4-2 所示为一般 2D-NMR 实验示意图。由该图可以看出，其脉冲序列一般划分为 4 个区域：依次为预备期（preparation）、演化期 t_1（发展期，evolution）、

混合期 t_m（mixing）和检测期 t_2（detection）。当样品中核自旋被激发以后，它就以确定的频率进动，并且这种进动将延迟相当一段时间（演化期、混合期和检测期），在这个意义上可以把核自旋体系看成是有记忆能力的体系。2D-NMR 的原理就是利用这种记忆能力，在演化期对核自旋施加扰动，核自旋对扰动的响应将持续到检测期，通过检测期的行为间接勾画出演化期 t_1 中核自旋的行为。

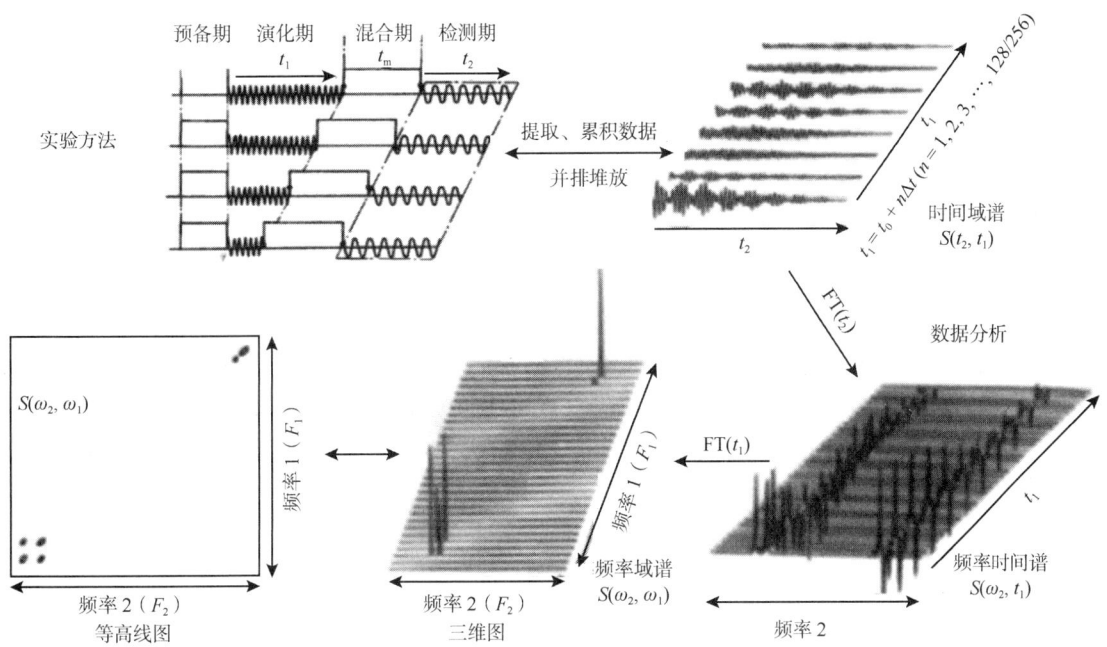

图 4-2　一般 2D-NMR 实验示意图

2D-NMR 的检测期 t_2 完全对应于 1D-NMR 的检测期，在对时间域 t_2 进行傅里叶变换后得到 F_2 频率域的频率谱。因此，2D-NMR 的关键是引入了第二个时间变量演化期 t_1。

在演化期 t_1 内用固定时间增量（Δt_1）依次递增 t_1，进行系列实验，反复叠加，每一个 Δt_1 产生一个单独的 FID，在检测期 t_2 被检测。因 t_2 时间检测的信号 $S(t_2)$ 的振幅或相位受到 t_1 的调制（即依次增加两脉冲的时间间隔 t_1，第一个脉冲使宏观磁化矢量转到 xy 平面上，并围绕 z 轴旋转。由于在不同时间内宏观磁化矢量可旋转到不同的位置，导致第二个脉冲过后采集到的 FID 信号具有不同的相位与振幅，于是被说成在 t_2 时间检测的 FID 信号的振幅与相位受 t_1 所调制），则接收的信号不仅与 t_2 有关，还与 t_1 有关。每改变一个 t_1，就记录 $S(t_2)$，因此得到分别以时间变量 t_1、t_2 为行列排列的数据矩阵。即在检测期获得一组 FID 信号，信号可表达为 $S(t_2, t_1)$。作为独立的时间变量，t_1 和 t_2 可以分别被进行傅里叶变换。经过两次傅里叶变换，得到了两个频率变量的函数，$S(\omega_2, \omega_1)$ 的二维谱。

（1）预备期：预备期通常由较长的延迟时间 T_d 组成。T_d 的作用是使实验前体系回复到平衡状态。

（2）演化期 t_1（发展期）：在预备期末，施加一个或多个 90°脉冲，使体系激发并处于非平衡状态。发展期的时间 t_1 是以某固定增量 Δt_1 为单位，逐步延迟 t_1。每增加一个 Δt_1，其对应的核磁信号的相位和幅值都会发生变化。其演化期内，可能涉及饱和、极化传递和各种激发技术。

（3）混合期 t_m：由一组固定长度的脉冲和延迟组成。在此期间，通过相干或极化的传递，建立检测条件。混合期有可能不存在，它不是必不可少的（视二维谱的种类而定）。

（4）检测期 t_2：完全对应于一维核磁共振的检测期，在此期间检测，作为 t_2 函数的各种横向矢量的 FID 的变化。

综上所述，经 1D-NMR 自然推广，采用各种脉冲序列，在两个独立的时间域进行两次傅里叶变换得到两个独立的垂直频率坐标系的谱图，即 2D-NMR 谱图。

二、常用 2D-NMR 图谱的表现形式

1. 堆积图（stacked trace plot） 也称堆叠立体图，由很多条"一维"谱线紧密排列构成（图 4-3）。堆积图的优点是直观、有立体感；缺点是难确定吸收峰的频率，大峰后面可能隐藏较小的峰，测定耗时长。

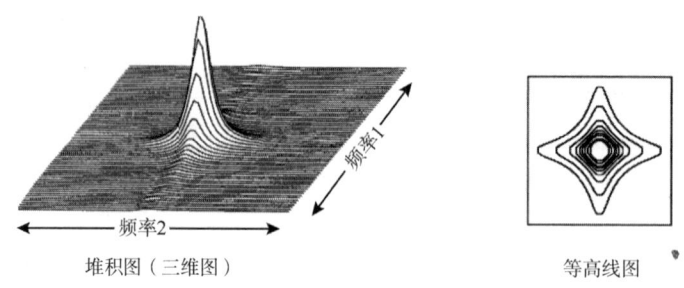

图 4-3 堆积图与等高线图示意图

2. 等高线图 堆积图横切得等高线图（contour plot），等高线图类似于等高线地图。最中心的圆圈表示峰的位置，圆圈的数目表示峰的强度（图 4-3 与图 4-4）。这种图的优点是易于找出峰的频率，作图快。因此，2D-NMR 谱一般采用等高线图。其缺点是处理过程中很可能会漏掉强度低的弱峰。

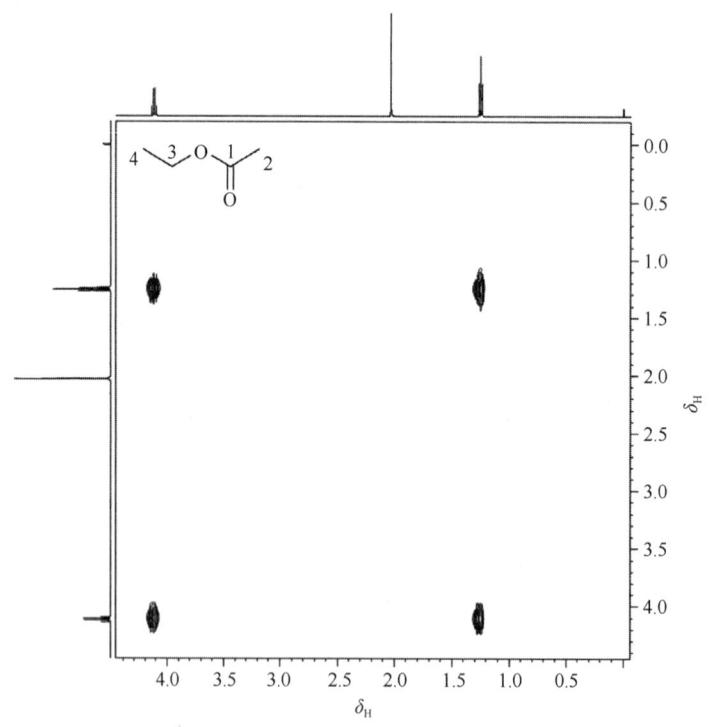

图 4-4 乙酸乙酯的 ^{1}H-^{1}H COSY 谱的等高线图

3. 投影图 通常把一维氢谱或一维碳谱投影在 F_1 域或 F_2 域，用来准确确定 F_1 域或 F_2 域各谱峰的化学位移值，以便于 2D-NMR 的解析，如图 4-5C 所示。

4. 断面图 从二维图中取出一个或几个重要的谱峰，平行于某一个频率轴或与其呈 90°角作垂直截面，按照一维方式表现出的谱图（图 4-5D）。这种图易于准确读取耦合常数。

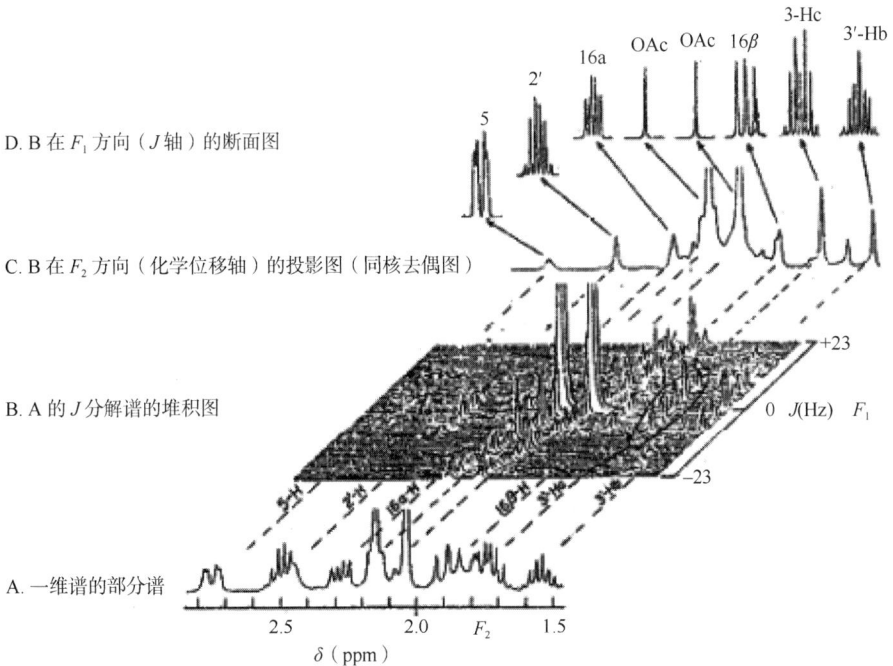

图 4-5 三毛菌素 A（trichilin A）的 2D-J 分解 ^{1}H-NMR 谱（300MHz，CDCl$_3$）

三、二维谱中共振峰的名称

2D-NMR 谱中常见的共振峰有两种：对角峰（diagonal peak），又称自峰（auto peak）；交叉峰（cross peak），又称相关峰（correlation peak）。

1. 对角峰 位于对角线上的峰称为对角峰，如图 4-6 所示。对角峰在横轴（F_2 方向）和纵轴（F_1 方向）的投影，就是常规的 NMR 谱。

2. 交叉峰 对角线两侧呈对称分布的两信号称为交叉峰（相关峰），如图 4-6 所示。交叉峰可用于判断对应核之间的相关关系。

四、二维谱的分类

二维核磁共振谱是将 NMR 提供的信息，如化学位移-化学位移（δ-δ）或化学位移-耦合常数（δ-J）等核磁共振信号在二维平面展开的图谱。它主要包括 J 分解谱、化学位移相关谱及多量子跃迁谱。二维谱又可分为同核相关谱（如 ^{1}H-^{1}H 及 ^{13}C-^{13}C 相关谱）和异核相关谱（^{13}C-^{1}H 相关谱）。

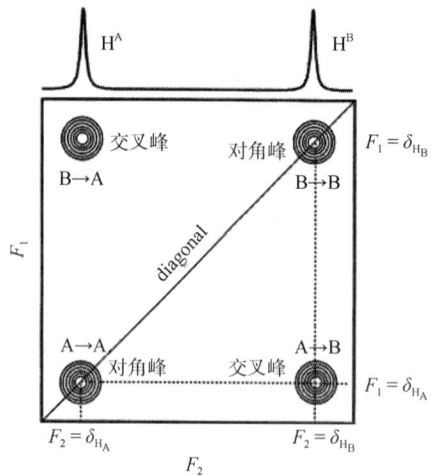

图 4-6 对角峰与交叉峰示意图

1. J 分解谱（J resolved spectrum） 也称 J 谱，或称为 δ-J 谱。二维 J 分解谱是把 δ 和 J 以二维坐标方式分开的图谱，包括同核 J 谱和异核 J 谱。

2. 化学位移相关谱（chemical shift correlation spectrum） 也称 δ-δ 谱，是二维核磁共振谱的核心，表明共振信号的相关关系。化学位移相关谱主要包括同核耦合、异核耦合、NOE 谱，应用最多的二维核磁共振谱为 ^{1}H-^{1}H 相关谱、^{13}C-^{1}H 相关谱及 ^{13}C-^{1}H 远程相关谱。

3. 多量子跃迁谱 通常所测定的核磁共振谱为单量子跃迁（$\Delta m=\pm 1$）谱。当发生多量子跃迁时，Δm 为大于 1 的整数。用脉冲序列可以检出多量子跃迁，获得多量子跃迁谱（multiple quantum spectrum）。

第二节 二维 J 分解谱

二维 J 分解谱是把重叠在一起的一维谱的化学位移 δ 和耦合常数 J 分解在具有两个坐标的平面上，能提供精确的耦合裂分信息，便于结构解析。二维 J 分解谱分为氢-氢同核二维 J 分解谱和碳-氢异核二维 J 分解谱两种。

一、氢-氢同核二维 J 分解谱

氢-氢同核二维 J 分解谱（简称同核 2D-J 分解谱），主要研究化合物中相隔 2 根或 3 根化学键 ^{1}H 核之间的相互耦合关系，确定待研究质子周围所处的化学环境。

1. 同核 2D-J 分解谱的脉冲序列 如图 4-7 所示。在演化期 t_1，第一个脉冲产生发展化学位移和同核的 J 耦合的横向磁化成分。第二个脉冲混合同一耦合自旋系统内的所有转换的磁化成分。在此期间，不同核之间通过耦合，磁化强度由 A（X）核转移给 X（A）核，经检测 t_2 后进行傅里叶变换，得到谱图。

2. 同核 2D-J 分解谱的识谱方法 在同核 2D-J 分解谱中，F_2 方向为 ^{1}H 核的化学位移；F_1 方向反映了峰的裂分情况、耦合常数值（$^3J_{HH}$ 或 $^2J_{HH}$）及峰组的峰数（二重、三重或四重峰等）。

以 3, 4-二羟基苯甲酸为例，说明同核 2D-J 分解谱的识谱方法，见图 4-8。

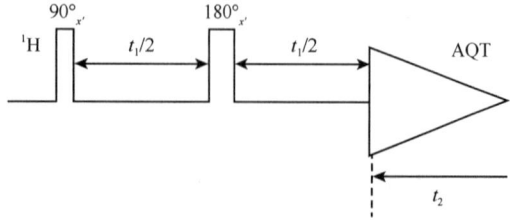

图 4-7 同核 2D-J 分解谱的基本脉冲序列图

第四章 二维核磁共振波谱法 137

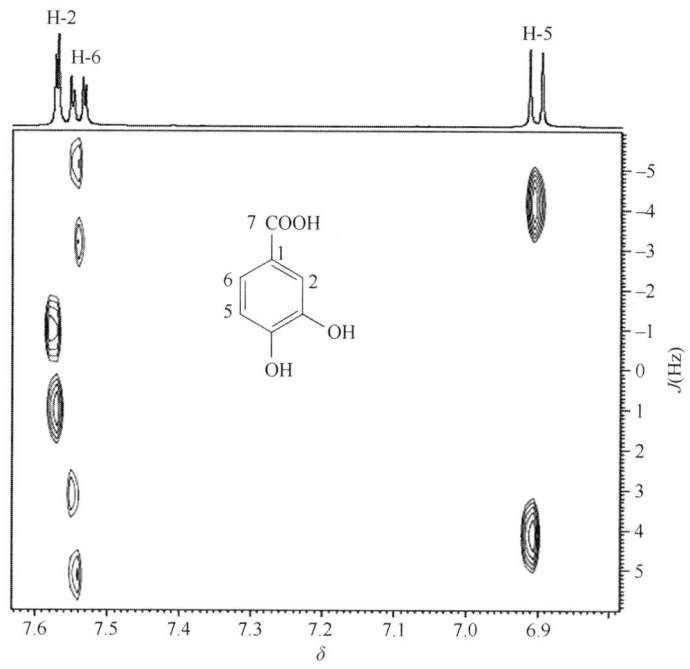

图 4-8　3,4-二羟基苯甲酸的同核 2D-J 分解谱（500MHz，CD$_3$OD）

同核 2D-J 分解谱可以提供以下信息：

1) F_2 方向投影了 3,4-二羟基苯甲酸的 ^{1}H-NMR 谱，2、6、5 位质子的化学位移值分别为 δ 7.57、7.54 和 6.90。

2) 根据各质子所对应的相关峰个数及其强度比，可知各质子所处的化学环境。例如，δ 6.90（H-5）垂直方向对应 2 个相关峰，其强度比约为 1:1，提示 H-5 与其周围的一个质子相互耦合，被裂分为二重（d）峰；再如，δ 7.54（H-6）对应 4 个相关峰，各峰强度比约为 1:1:1:1，提示 H-6 与其周围的 2 个不等价质子相互耦合，被裂分为双二重（dd）峰。

3) F_1 方向为耦合常数 J，可通过各相关峰中心之间的距离来计算 J 值。例如，δ 6.90（H-5）对应的两相关峰的距离：J=4.15−(−4.15)≈8.3Hz；δ 7.54（H-6）：J_1=5.12−(−3.14)≈8.3Hz，J_2=5.12−3.14≈2.0Hz；δ 7.57（H-2）：J=1.01−(−0.94)≈2.0Hz。

对于结构复杂化合物的 1D-NMR 谱，常出现峰相互重叠严重，不能清楚反映每种核的裂分峰形与峰数、耦合常数不易读出等问题。这些问题可以采用同核 2D-J 分解谱解决。对于弱耦合体系，只要化学位移值稍有差别，在同核 2D-J 分解谱中，就能清楚地显示相互重叠（或部分重叠）峰组的峰形。

图 4-9 所示为 Dictamnoside B 的 1D-NMR 谱。虽然该谱图是用 500MHz 核磁共振波谱仪测定的，但部分质子信号的裂分情况仍然不是十分清楚，J 值更不易读取。在其同核 2D-J 分解谱图中，这些问题很容易解决。

以 δ 3.04 为中心的质子信号，在 ^{1}H-NMR 谱（图 4-10）中以多重峰的形式堆积在一起，但在其同核 2D-J 分解谱（图 4-11）中可以观测到该质子信号裂分为 8 个小峰，强度比约为 1:1:1:1:1:1:1:1（dddd 峰），提示该质子周围有 3 个磁不等价质子与之耦合裂分。另外，观察 ^{1}H-NMR 中的 δ 3.15 信号，该信号裂分为三重峰，但在其同核 2D-J 分解谱（图 4-11）中，相应位置观测到 4 个相关信号，强度比约为 1:1:1:1（dd 峰），说明同核 2D-J 分解谱与 ^{1}H-NMR 谱相比，能更为清楚地显示质子信号的裂分情况。

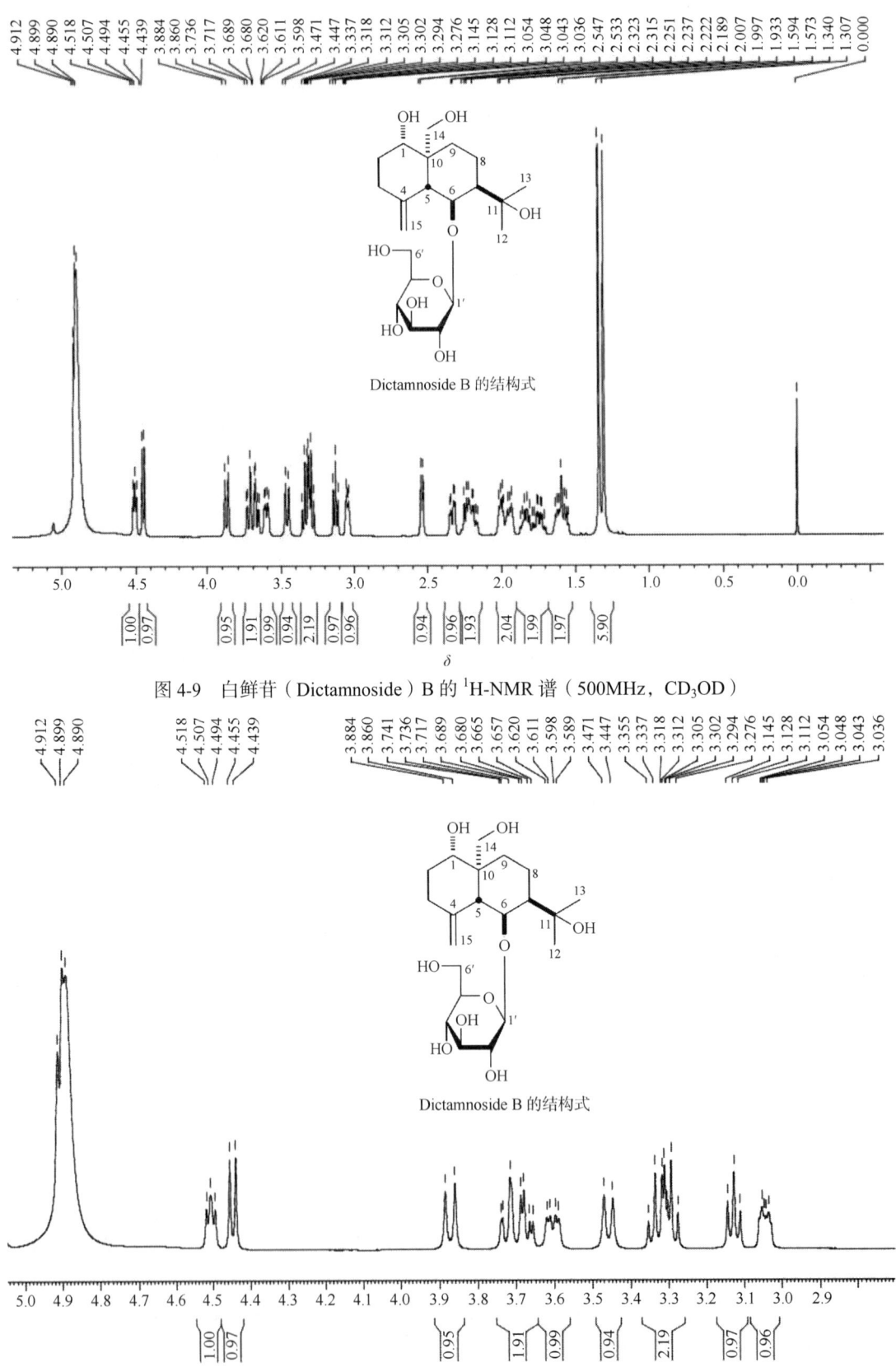

图 4-9　白鲜苷（Dictamnoside）B 的 ^{1}H-NMR 谱（500MHz，CD$_3$OD）

图 4-10　Dictamnoside B 的 ^{1}H-NMR 谱放大谱（500MHz，CD$_3$OD）

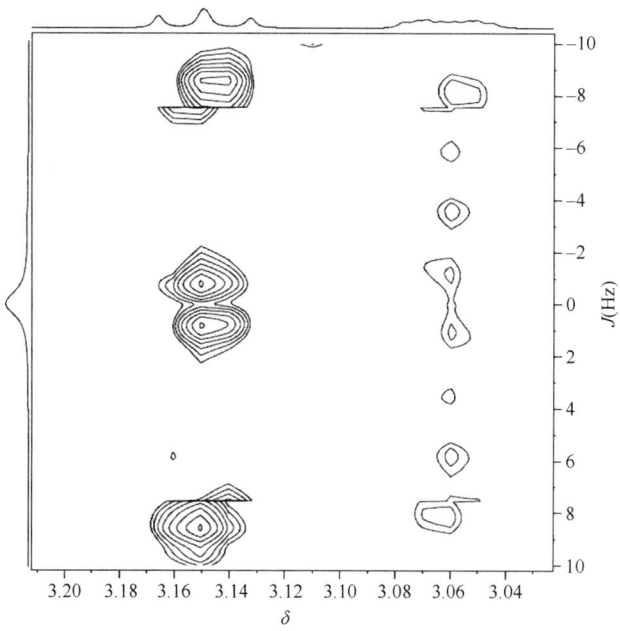

图 4-11　Dictamnoside B 的同核 2D-J 分解谱放大谱（1）（500MHz，CD$_3$OD）

此外，同核 2D-J 分解谱在处理相互重叠（或部分重叠）的质子信号时也发挥着重要作用。

在 Dictamnoside B 的测定过程中，所用氘代试剂为 CD$_3$OD（δ_{D2H}3.3，五重峰），这使得化合物中部分质子信号与氘代试剂残留质子信号发生了重叠（图 4-10 中 δ 3.25～3.40）。在其同核 2D-J 分解谱中（图 4-12），可以准确读出被掩盖质子为 2 个，其化学位移值中心位置分别为 δ 3.31 和 δ 3.36，二者均裂分为三重峰，耦合常数约为 9Hz。

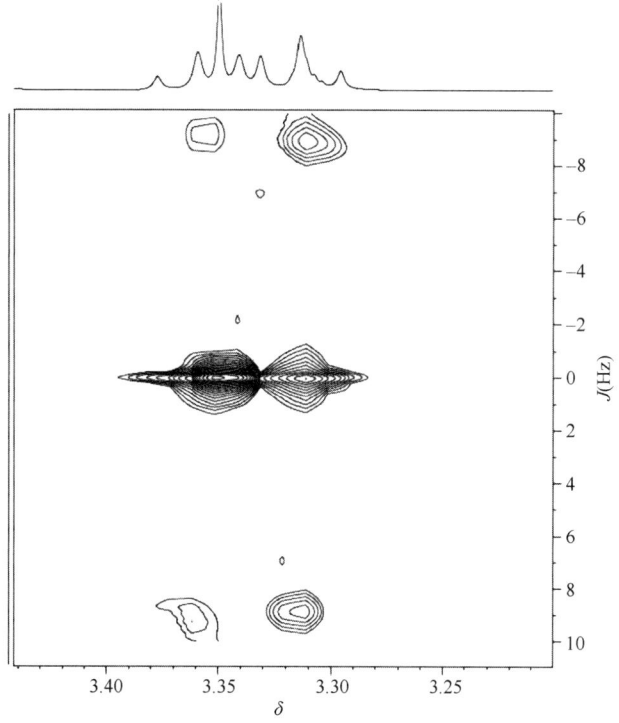

图 4-12　Dictamnoside B 的同核 2D-J 分解谱放大谱（2）（500MHz，CD$_3$OD）

二、碳-氢异核二维 J 分解谱

碳-氢异核二维 J 分解谱（简称异核 2D-J 分解谱），主要研究化合物中各 ^{13}C 核与其直接相连的 ^{1}H 核（^{13}C-^{1}H）之间的相互耦合关系，可用于判断碳的类型。

1. 异核 2D-J 分解谱的脉冲序列 如图 4-13 所示。其原理与同核 2D-J 分解谱的基本相同。区别之处如下：在给 ^{13}C 核施加 180°脉冲的同时，给 ^{1}H 核也施加 180°的脉冲，造成与 ^{13}C 核耦合的 ^{1}H 核磁化倒置，使 ^{13}C 因与 ^{1}H 自旋耦合而裂分的快速磁化分量与慢速磁化分量不能重新聚焦。在此种方法中，将 180°（^{1}H）脉冲作为选择性照射脉冲。

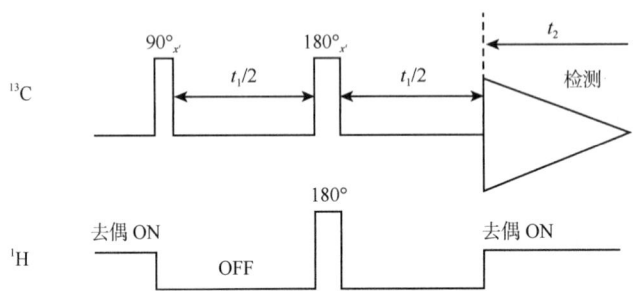

图 4-13 碳-氢异核二维 J 分解谱的基本脉冲序列图

2. 异核 2D-J 分解谱的识谱方法 在异核 2D-J 分解谱中，被测定核为 ^{13}C 核，F_2 方向为 ^{13}C 核的化学位移，F_1 方向反映了各个碳原子与其直接相连的氢原子之间的耦合裂分（$^1J_{CH}$）。

图 4-14 所示为 β-紫罗兰酮的异核 2D-J 分解谱，可以看出甲基（1，1'-，5-，10-CH$_3$）、亚甲基（2-，3-，4-CH$_2$）、次甲基（7-，8-CH）分别出现 4、3、2 个相关信号。季碳（1，5，6，9-C）不出现信号。

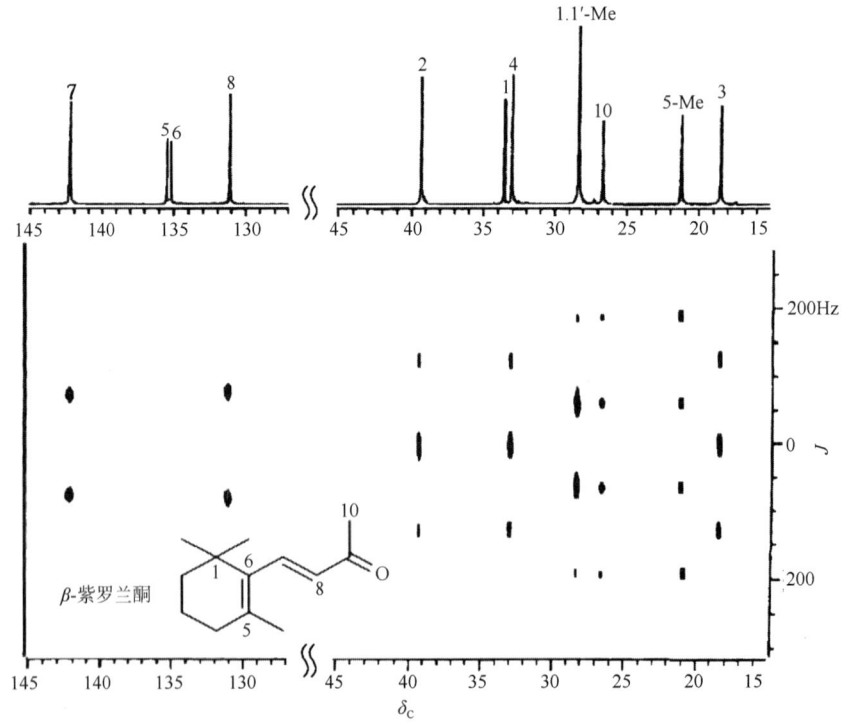

图 4-14 β-紫罗兰酮的碳-氢 2D-J 分解谱（90MHz，CDCl$_3$）

由此可知，异核 2D-J 分解谱可用于判断碳原子类型，与 ^{13}C-NMR 谱中偏共振去耦谱及 DEPT 谱具有类似的作用。

第三节 同核二维化学位移相关谱

如前所述，同核二维化学位移相关谱主要指 ^{1}H 和 ^{1}H 核或 ^{13}C 和 ^{13}C 核之间的化学位移相关谱，它们是二维核磁共振谱的核心，使用非常频繁。

一、氢-氢化学位移相关谱

氢-氢化学位移相关谱（^{1}H-^{1}H chemical shift correlation spectroscopy，^{1}H-^{1}H COSY），是 ^{1}H 核和 ^{1}H 核之间的化学位移相关谱，主要研究同一个耦合体系中质子间的相互耦合关系，能够给出氢-氢相关的结构片段。

（一）^{1}H-^{1}H COSY 谱

1. ^{1}H-^{1}H COSY 谱的脉冲序列　如图 4-15 所示。使用两个 90°脉冲，第一个为准备脉冲，第二个为混合脉冲，二者相隔时间为演化期 t_1。在演化期内化学环境不同且相邻的 ^{1}H 核的跃迁之间产生极化转移，通过耦合，磁化强度彼此转移，经检测器 t_2 后进行傅里叶变换，得到 ^{1}H-^{1}H COSY 谱图。

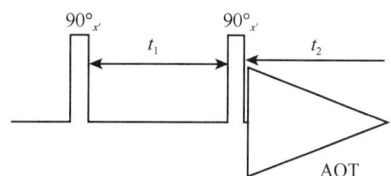

图 4-15　^{1}H-^{1}H COSY 谱的脉冲序列图

2. ^{1}H-^{1}H COSY 谱的识谱方法　^{1}H-^{1}H COSY 谱的 F_2 方向及 F_1 方向均为 ^{1}H 核的化学位移，一般列于谱图的上方及左方（或右方）。从形式上看，^{1}H-^{1}H COSY 谱为一正方形，正方形中有一对角线（一般为左下→右上），图中出现两种共振峰：对角峰和交叉峰（相关峰）。对角峰分别对应各质子的化学位移值；交叉峰表示相关质子间具有耦合关系。凡是具有耦合关系的两个 ^{1}H 核，可用通过这两个 ^{1}H 核对角峰的中心点及一对处于两者之间关于对角线对称的两个交叉峰的中心点构成的正方形，亦可用通过这两个 ^{1}H 核对角峰的中心点与一个交叉峰的中心点构成的等腰直角三角形，勾画出它们之间的耦合关系，便于图谱解析。参见图 4-16 与图 4-17。

由图 4-16 可见，对角线上出现了 5 个峰，由左下至右上分别为 5、4、2、6、1 位质子峰，它们就是所谓的对角峰。于对角线两侧呈对称分布的两峰，称为交叉峰。当出现交叉峰时，即表示两质子之间有耦合。例如，反式 4-己烯-3-酮中的 H-5 与 H-4、H-5 与 H-6、H-4 与 H-6、H-2 与 H-1 两质子对角峰之间，于对角线两侧对称都分布了两个交叉峰，即表示这四组质子之间有耦合。

^{1}H-^{1}H COSY 谱一般反映的是 ^3J 耦合关系，有时也会出现反映远程耦合（如烯丙耦合，"W"形耦合等）的相关峰。如图 4-16 中，H-5 与 H-4、H-5 与 H-6、H-2 与 H-1 两质子之间均是邻碳耦合（^3J 耦合）；但 H-4 与 H-6 之间属于烯丙耦合（^4J 耦合）。

142 波 谱 解 析

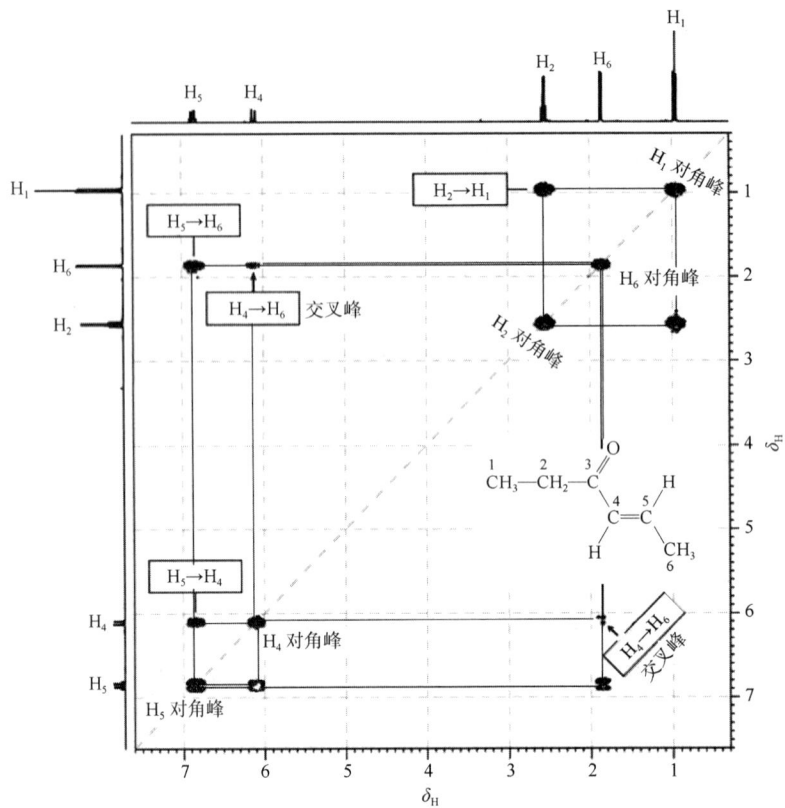

图 4-16　反式 4-己烯-3-酮的 ^{1}H-^{1}H COSY 谱（500MHz，DMSO-d_6）

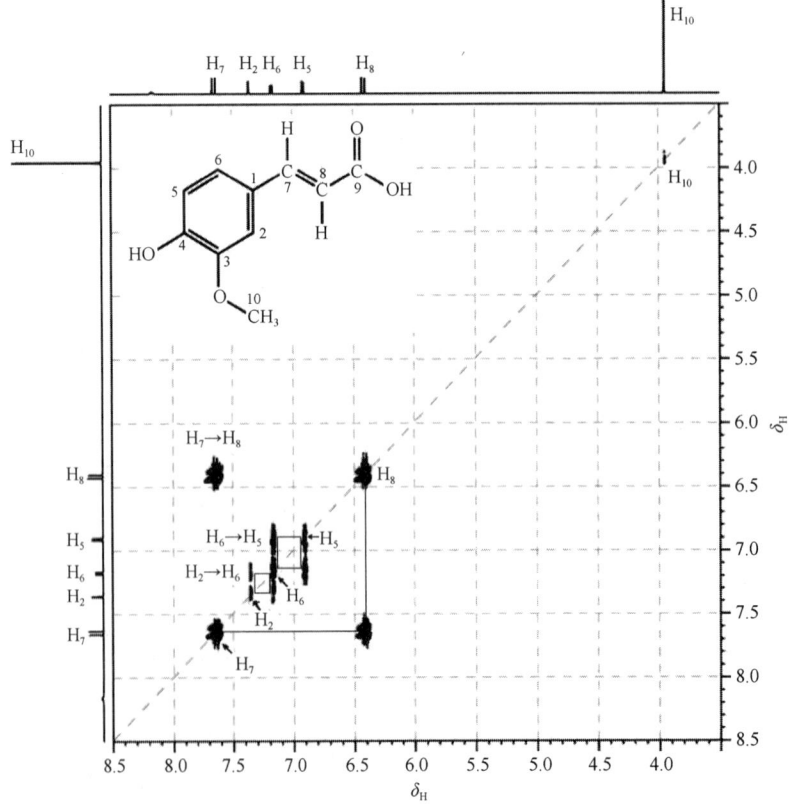

图 4-17　反式阿魏酸的部分 ^{1}H-^{1}H COSY 谱（500MHz，CD$_3$OD）

又如图 4-17 所示，反式阿魏酸（*trans*-ferulic acid）的部分 ^{1}H-^{1}H COSY 谱中，对角线上出现了 6 个信号，由左下至右上分别为 7、2、6、5、8、10 位的质子信号，它们也是所谓的对角峰。观察相关峰，可知 H-7 与 H-8 有耦合，结合化学位移值，推测结构中存在"—CH=CH—"结构片段；此外，还可知 H-2 与 H-6 之间存在烯丙耦合（^4J），H-6 与 H-5 之间存在邻位耦合（^3J），结合化学位移值，推测结构中存在一个 ABX 自旋耦合系统的苯环。此例说明，利用 ^{1}H-^{1}H COSY 谱判断耦合关系是十分方便和准确的。

另外，当 ^3J 很小（如二面角接近 90°，使 ^3J 很小）时，也可能没有相应的相关峰。

综上所述，通过 ^{1}H-^{1}H COSY 谱呈现的相关信息，一般可以找到邻碳氢、烯丙耦合及"W"形等耦合关系，进而确定结构片段的存在，这是推导未知化合物的重要一步。

^{1}H-^{1}H COSY 谱在复杂化合物的结构解析中发挥着更为重要的作用。例如，褪黑素的 ^{1}H-NMR 谱较为复杂，很难从氢谱中找出各组峰的耦合关系。但通过 ^{1}H-^{1}H COSY 谱（图 4-18）的解析可以很好地解决这个问题。由图 4-18 可见，从左下→右上，H-1 与 H-2、H-7 与 H-6、H-12 与 H-11、H-11 与 H-10 之间均有耦合。

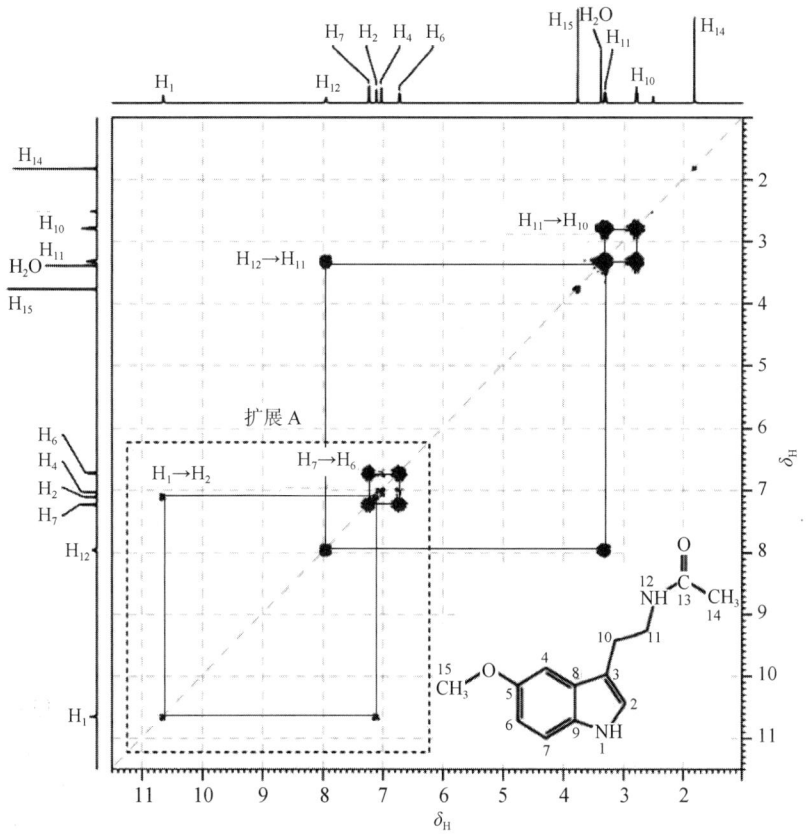

图 4-18　褪黑素的 ^{1}H-^{1}H COSY 谱（500MHz，DMSO-d$_6$）

（二）总相关谱

现已知 ^{1}H-^{1}H COSY 谱可以给出氢核之间 ^2J、^3J 耦合的相关信号。若能从某一个氢核的谱峰出发，找到与它处于同一自旋体系的所有氢核之间的相关信号，这样的二维图谱在复杂化合物的结构解析中更为有用，这种图谱被称为总相关谱（total correlation spectroscopy，TOCSY 谱）。

TOCSY 的脉冲序列如图 4-19 所示，与 ^{1}H-^{1}H COSY 的脉冲序列比较，在演化期（t_1）与检测期（t_2）之间多了一个 TOSCY 所特有的等频混合期（t_m）。在 t_m 内，同一自旋系统内的各氢核在设定脉冲序列（常用的有反复的、等时距的 4 个 180°x′脉冲或 180°x′、180°x′、180°-x′、180°-x′）的作用下，彼此之间化学位移之差被暂时除去，由 t_1 核间的弱耦合作用转变为相互间的强耦合作用，自旋系统内的各核集体自旋。当 t_m 足够长（50～100毫秒）时，耦合作用传递到整个自旋体系。因此，能够观测到某一氢核与其自旋系统内所有氢核的相关信号。

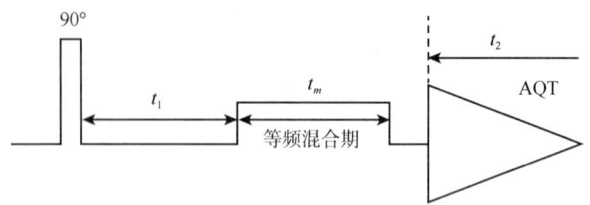

图 4-19 TOCSY 谱的脉冲序列图

二维 TOCSY 谱与 ^{1}H-^{1}H COSY 谱在形貌上非常类似，识谱方法基本相同。不同的是，从某一峰出发，在 ^{1}H-^{1}H COSY 谱中，只能观察到与其相隔 2～3 根键氢核之间的相关信号，而在 TOCSY 谱中，可以观察到与其处于同一自旋系统内所有氢核之间的相关峰，可用于自旋系统或结构片段的判定。见图 4-20-1。

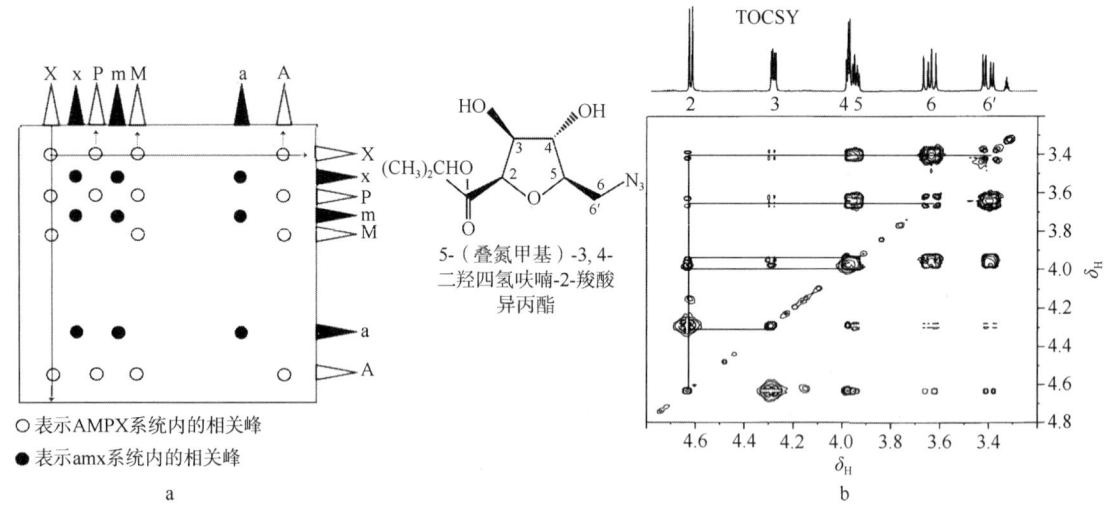

图 4-20-1　a. 含 AMPX 与 amx 两个自旋系统的 TOCSY 谱示意图；b. 5-（叠氮甲基）-3, 4-二羟四氢呋喃-2-羧酸异丙酯的 TOCSY 谱

例如，在图 4-20-1a 中，显示出两个不同自旋系统内各自的相关峰，对于 AMPX 自旋系统，从任一质子出发（如质子 X），做关于 F_2 或 F_1 的平行直线，可以找到自旋系统内所有质子间耦合的相关峰，同理，对于另一系统（amx 系统）亦是如此。从而判别与确认分子结构中所存在的各个自旋系统。在图 4-20-1b 中，从 2 位质子出发，可找到同一自旋系统中 H-2 与 H-3、H-4、H-5、H-6、H-6′接力标量耦合的所有相关峰。

AMX 自旋耦合体系的 ^{1}H-^{1}H COSY 与 TOCSY 耦合关系的比较如下：

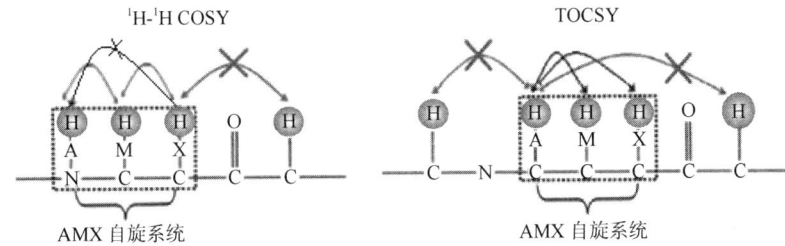

例如，乙酸正丁酯 ^1H-^1H COSY 与 TOCSY 谱的比较如图 4-20-2 所示。以 H-3 的相关信号为例，在 ^1H-^1H COSY 谱中仅观测到 H-3 与 H-4（^3J）之间的相关信号，在 TOCSY 谱中不仅可以观察到 H-3 与 H-4，还可以观察到 H-3 与 H-5、H-6 相干转移的相关峰。对于 H-4、H-5 及 H-6，也是类似的道理。

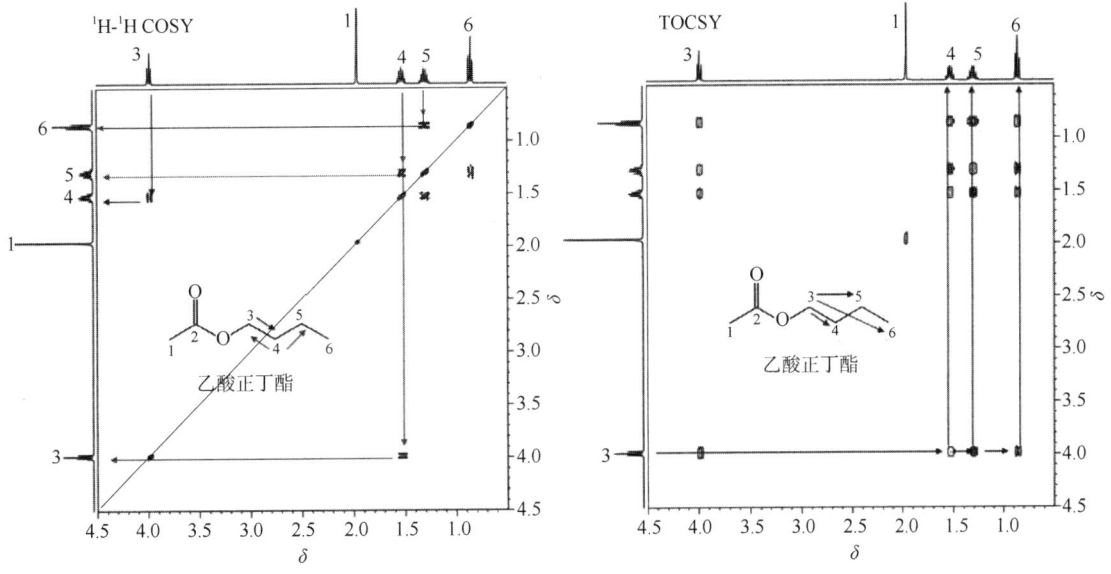

图 4-20-2　乙酸正丁酯 ^1H-^1H COSY 与 TOCSY 谱的比较

Bax 和 Davis 采用同核哈特曼-哈恩（Hartmann-Hahn）的交叉极化技术，得到同核哈特曼-哈恩谱（homonuclear Hartmann-Hahn spectroscopy，HOHAHA 谱）。HOHAHA 谱与 TOCSY 谱的主要区别在于混合期 t_m 内采用的实验方法与原理不同，但最终都使同一自旋系统的所有氢核彼此之间达到等频耦合（强耦合），各氢核集体自旋，彼此信号相关。二者在形貌、识谱方法及作用上完全相同，所以有人也把 TOCSY 谱称为 HOHAHA 谱。HOHAHA 谱的具体原理不在此赘述。

二、碳-碳化学位移相关谱

碳-碳化学位移相关谱的测定是采用巨大自然丰度双量子转移实验（incredible natural abundance double quantum transfer experiment，INADEQUATE）来完成的。它研究的是 $^1J_{^{13}C-^{13}C}$ 的耦合信息，对于被测化合物碳骨架的确定十分有用。

但由于 ^{13}C 天然丰度仅仅为 1.1%，出现相连 ^{13}C-^{13}C 耦合的概率为 0.01%，这些导致 INADEQUATE 的灵敏度非常低，对样品量及累积时间的要求高，只在必需的时候才进行此实验。

1. INADEQUATE 谱（^{13}C-^{13}C 相关谱）**的脉冲序列**　如图 4-21 所示。在此实验的操作过程中对 ^1H 核进行宽带去耦，使得 ^{13}C 核的谱线不被 ^1H 核耦合裂分。同时，对 ^{13}C 核施加 90°→T_d→

180°→T_d→90°脉冲，产生两种信号：S_0 和 S_2。S_0 来自无耦合的 ^{13}C 核，S_2 来自相互耦合的 ^{13}C 核。后者是 INADEQUATE 谱关注的重点，而 S_0 信号远远强于 S_2，必须通过相循环抑制 S_0 信号。因此，只有检测器的相位与 S_0 信号相位不同，同时与读出脉冲（第三个 90°）的相位（由Δ时间间隔内进行设定）相匹配，才能获得 ^{13}C-^{13}C 之间的相关信号。

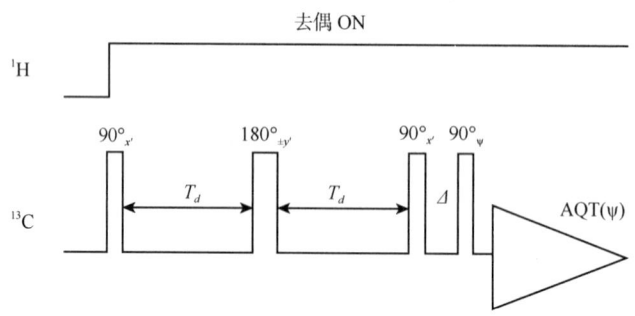

图 4-21 2D-INADEQUATE 谱的基本脉冲序列图

2. INADEQUATE 谱的识谱方法 2D-INADEQUATE 谱有两种形式。

1）第一种形式：F_2 方向是 ^{13}C 化学位移值，F_1 方向是双量子跃迁频率。该频率正比于相互耦合的一对碳原子的化学位移值的平均值。在 2D-INADEQUATE 谱中有一条 $F_1=2F_2$ 的准对角线。相互耦合的（相邻的）一对碳原子在同一水平线上（F_1 相同），其相关峰左右对称地处于准对角线的两侧，且 F_2 分别是它们的化学位移值。图 4-22 所示为 "C_1—C_2—C_3—C_4" 结构片段在此形式下的示意图。据此，可以找出相邻的两个碳原子，进而连接出整个分子的碳原子骨架。

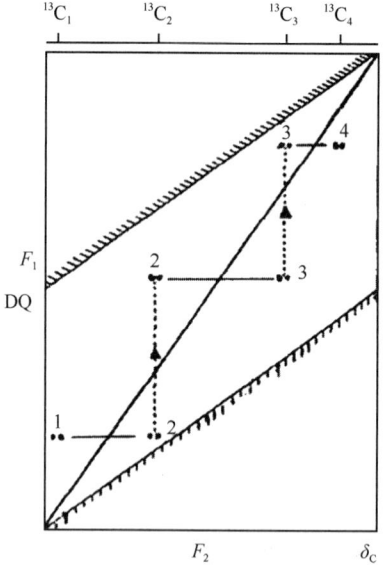

图 4-22 C_1—C_2—C_3—C_4 结构片段的 2D-INADEQUATE 谱示意图
（F_2 方向是 ^{13}C 化学位移值，F_1 方向是双量子跃迁频率）

实例如图 4-23 乙苯的 2D-INADEQUATE 谱所示。

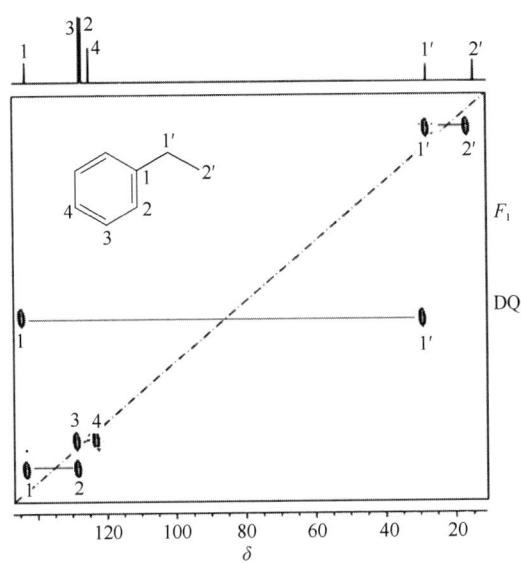

图 4-23　乙苯的 2D-INADEQUATE 谱（300MHz，CDCl₃）

常用第一种形式表示 2D-INADEQUATE 谱，又如 3-硝基苯甲醛的图谱（图 4-24）。

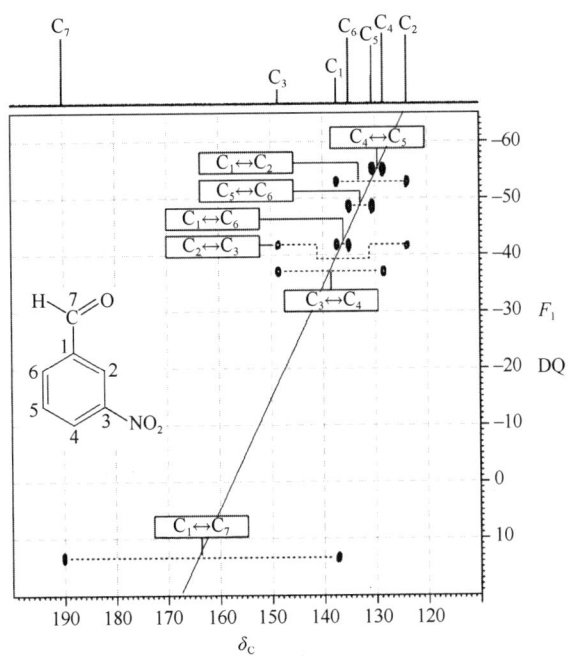

图 4-24　3-硝基苯甲醛 2D-INADEQUATE 谱（CDCl₃，150MHz）

2）第二种形式：F_2、F_1 方向都是 ^{13}C 化学位移值。如图 4-25 所示，这种图谱类似于 ^1H-^1H COSY 谱，相互耦合的 2 个碳原子作为一对双峰出现在对角线两侧对称的位置上。顺着相关峰追踪，即可查明碳原子间的连接顺序，从而确定分子中的碳骨架结构。

如正丁醇的 2D-INADEQUATE 谱（图 4-26）所示，F_2、F_1 方向均为 ^{13}C 化学位移值。从图谱中可以看出相关峰以二重峰形式出现在对角线两侧。

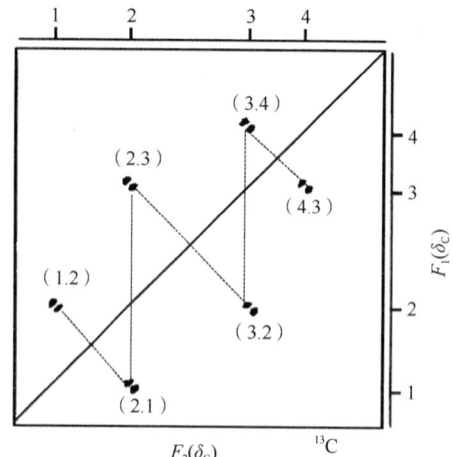

图 4-25　C_1—C_2—C_3—C_4 结构片段的 2D-INADEQUATE 谱示意图（F_2、F_1 方向均为 ^{13}C 化学位移值）

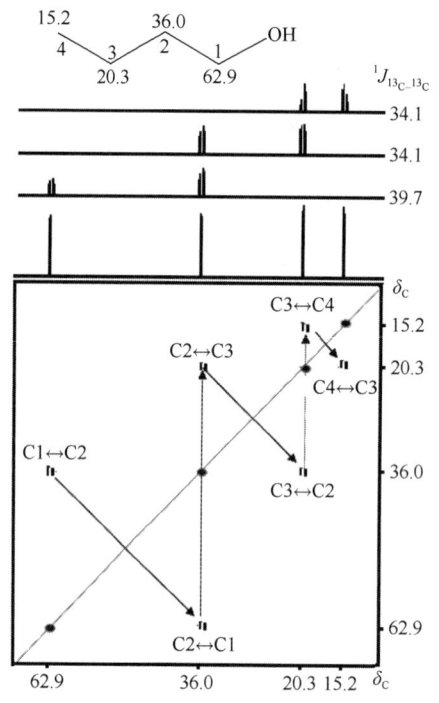

图 4-26　正丁醇的 2D-INADEQUATE 谱（100MHz，$CDCl_3$）

第四节　^{13}C-^1H 异核化学位移相关谱

按照 ^1H 核与 ^{13}C 核相关的远近，将这一类二维谱分为两种：第一种称为 ^{13}C-^1H COSY 谱，即 ^1H 核与 ^{13}C 核之间以 $^1J_{C-H}$ 相耦合；第二种为远程 ^{13}C-^1H COSY 谱或 COLOC（C, H correlation spectroscopy via long range coupling）谱，即 ^1H 核与 ^{13}C 核之间以 $^nJ_{C-H}$ 相耦合。

无论是近程耦合的 ^{13}C-^1H COSY 谱，还是远程耦合的 ^{13}C-^1H COSY 谱，如在测定过程中都是对 ^{13}C 核进行采样，观察 ^1H 核与 ^{13}C 核之间的耦合信号，此种实验方法称为正相实验。其缺点是灵敏度低、样品需求量大、测定累加时间长。

因此，出现了另外一种测试方法，通过对 ^{1}H 核进行采样，观察 ^{1}H 核与 ^{13}C 核之间的耦合信号。因为 ^{1}H 天然丰度高，极大地增加了测定的灵敏度，缩短了信号累加时间，这种实验被称为反转模式。

因为反转模式具有上述诸多优点，目前 ^{1}H 检测的异核多量子相干相关谱（^{1}H detected heteronuclear multiple quantum coherence，HMQC）或 ^{1}H 检测的异核单量子相干相关谱（^{1}H detected heteronuclear single quantum coherence，HSQC）取代了 ^{13}C-^{1}H COSY 谱，用于研究 $^1J_{\text{C-H}}$ 的相关信息；^{1}H 检测的异核多键相关谱（^{1}H detected heteronuclear multiple bond coherence，HMBC）取代了远程 ^{13}C-^{1}H COSY 谱或 COLOC 谱，用于研究 $^nJ_{\text{C-H}}$ 的相关信息。

一、^{1}H 检测的异核多量子相干相关谱（HMQC）

如前所述，HMQC 谱中将显示直接相连的 ^{1}H 核和 ^{13}C 核的相关信息。

1. HMQC 谱的脉冲序列 图 4-27a 所示为 HMQC 的基本脉冲序列，为了消除直接与 ^{12}C 相连的氢（^{1}H-^{12}C）的磁化矢量的干扰及间接与 ^{13}C 相连的氢（$^2J_{\text{C-H}}$、$^3J_{\text{C-H}}$）的磁化矢量的干扰，往往采用加双线性旋转去耦（bilinear rotational decoupling，BIRD）的 HMQC 的脉冲序列（图 4-27b）进行 HMQC 谱的测定。即先采用 BIRD 脉冲，有效抑制上述干扰信号，然后开始基本脉冲序列；$t_1/2 \to 180° \to t_1/2$ 起 δ 标记的作用，将 δ_{H} 和 δ_{C} 关联起来；然后，在采样时对 ^{13}C 去耦，因而得到的是不被 ^{13}C 耦合裂分的 ^{1}H 信号。

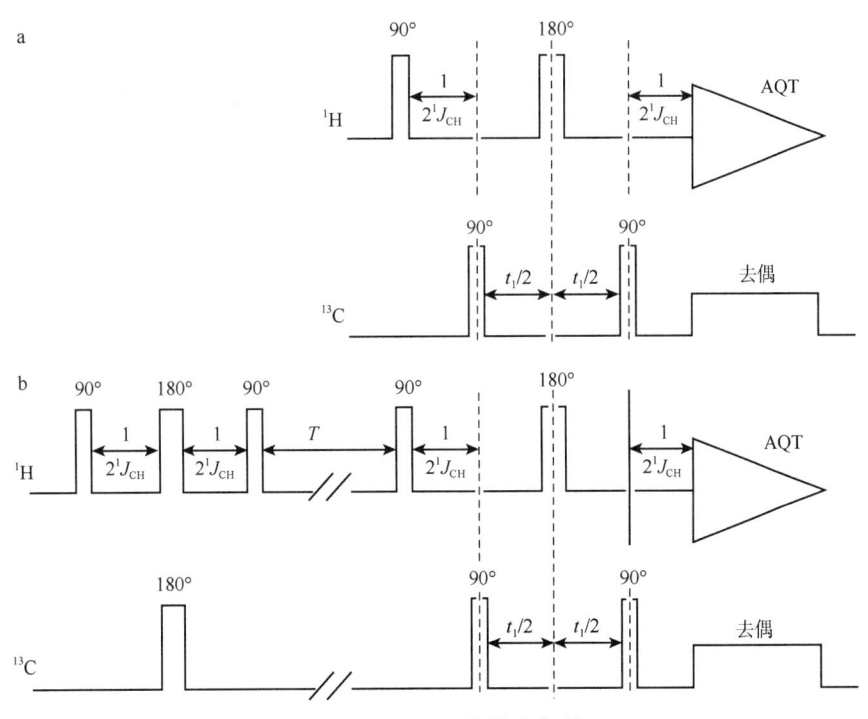

图 4-27　HMQC 的脉冲序列
a. HMQC 的基本脉冲序列；b. 加 BIRD 的 HMQC 的脉冲序列

2. HMQC 谱的识谱方法 在乙酸乙酯的 HMQC 谱中，F_2 方向和 F_1 方向分别为 ^{1}H 核和 ^{13}C 核的化学位移值。在图谱中没有对角峰，相关峰出现在 ^{13}C 化学位移及与该碳原子直接结合的 ^{1}H 的化学位移的交点处，季碳无相关信号（图 4-28），表明 ^{1}H 核与 ^{13}C 核之间以 $^1J_{\text{C-H}}$ 相互耦合的信息。由此可见，HMQC 谱是 DEPT 谱的进一步完善，是异核相关谱中较为重要的图谱。

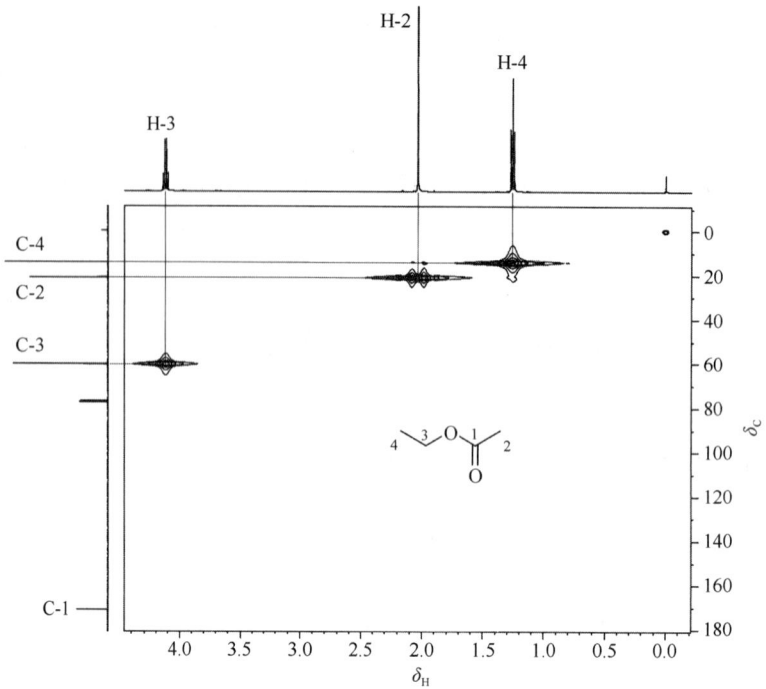

图 4-28　乙酸乙酯的 HMQC 谱（500MHz，CDCl$_3$）

又如，反式丁烯酸乙酯，由 HMQC 谱（图 4-29）很容易找到与 C$_A$、C$_B$ 直接键合的 ^{1}H。

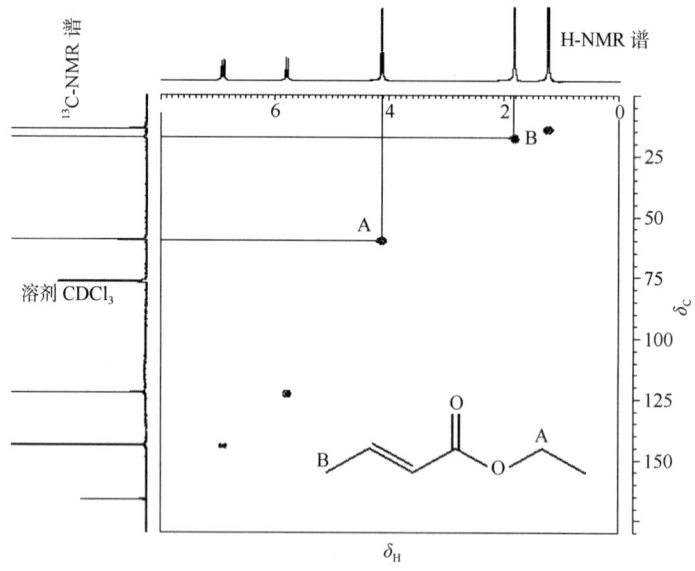

图 4-29　反式丁烯酸乙酯的 HMQC 谱（500MHz，CDCl$_3$）

二、^{1}H 检测的异核单量子相干相关谱（HSQC）

HSQC 与 HMQC 的作用相同，可以提供直接相连的 ^{13}C 核与 ^{1}H 核的相关信号。

HSQC 的优点是氢核一维（F_2）分辨率高、灵敏度高，当样品量少时，测定 HSQC 更好。因此，HSQC 常代替 HMQC 使用。HSQC 存在的缺点是碳核一维（F_1）分辨率低，相关峰强度取决于基团所处的化学环境，彼此间差别较大（如甲基单峰的相关峰强度远高于裂分为多重峰的亚甲基的相关峰强度），要求精确设置参数。对于生物大分子，通常使用增敏的 HSQC，脉冲序列中增加重聚焦 INEPT（refocusing INEPT），可以把部分在普通 HSQC 中不能被检测的信号转为可检测信号。

1. HSQC 谱的脉冲序列　HSQC 谱的脉冲序列（图 4-30）首先包括一个低敏核极化转移增强（insensitive nuclei enhanced by polarization transfer，INEPT），产生从 ^{1}H 到 ^{13}C 的极化转移，使 ^{13}C 的磁化矢量增强；接着 $t_1/2 \rightarrow 180° \rightarrow t_1/2$ 起 δ 标记的作用；然后施加一个反转的 INEPT，^{13}C 的磁化矢量再传回 ^{1}H 的磁化矢量；最后进行采样。

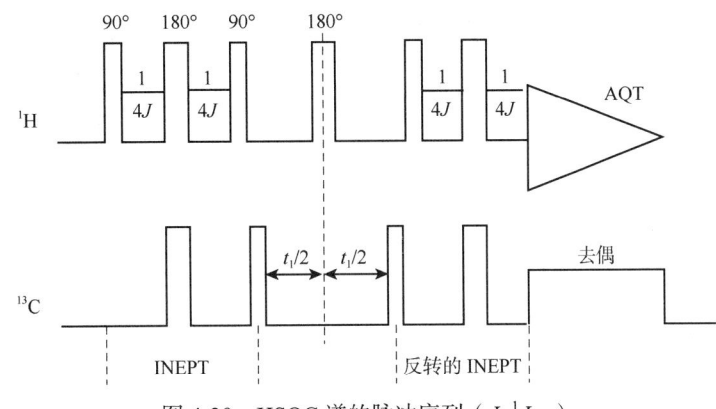

图 4-30　HSQC 谱的脉冲序列（$J = {}^1J_{CH}$）

2. HSQC 谱的识谱方法　HSQC 谱的坐标轴含义及识谱方法与 HMQC 谱相同（图 4-31）。

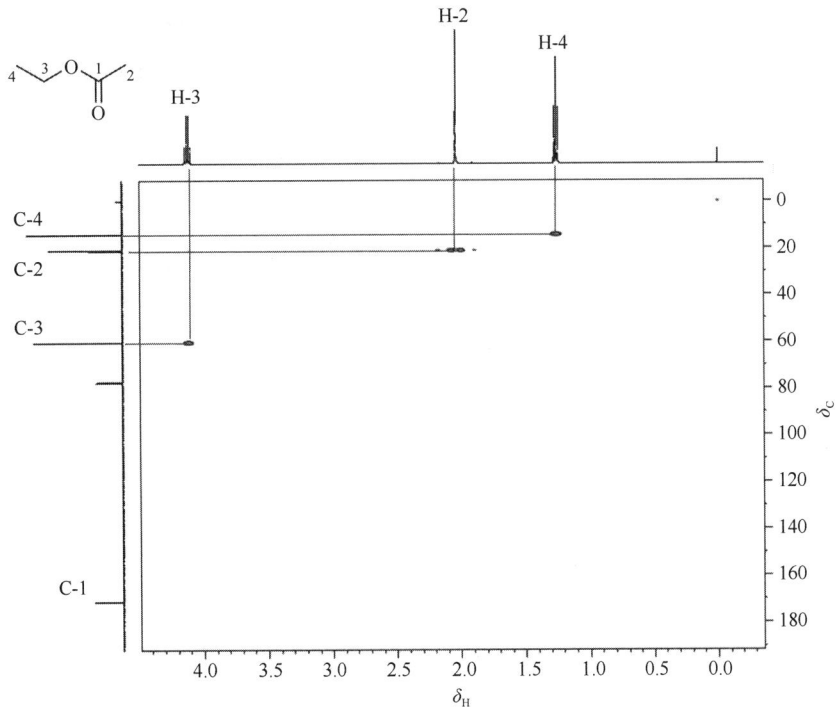

图 4-31　乙酸乙酯的 HSQC 谱（500MHz，CDCl$_3$）

通过比较相同采样次数的乙酸乙酯的 HSQC 谱（图 4-31）和 HMQC 谱（图 4-28），不难发现，HSQC 谱的测定灵敏度高一些，这主要是因为二者脉冲序列不同。因此，HMQC 谱近来常被 HSQC 谱代替。

在 HSQC（HMQC）谱中，可以根据相关峰将未知物的氢谱和碳谱关联在一起，对于甲基、次甲基、等价的亚甲基，每个碳信号都有一个相关峰；季碳信号没有相关峰（图 4-32）；活泼氢信号也没有相关峰（图 4-33）。对于两质子不等价的亚甲基，每个碳信号都有两个相关峰，如图 4-32 虚线方框标记部分的信号，提示 Dictamnoside B 中 2、3、8、9、14 及 6′位亚甲基上质子均为磁不等价质子。因此，HSQC（HMQC）谱对于确定官能团的存在起着重要作用。

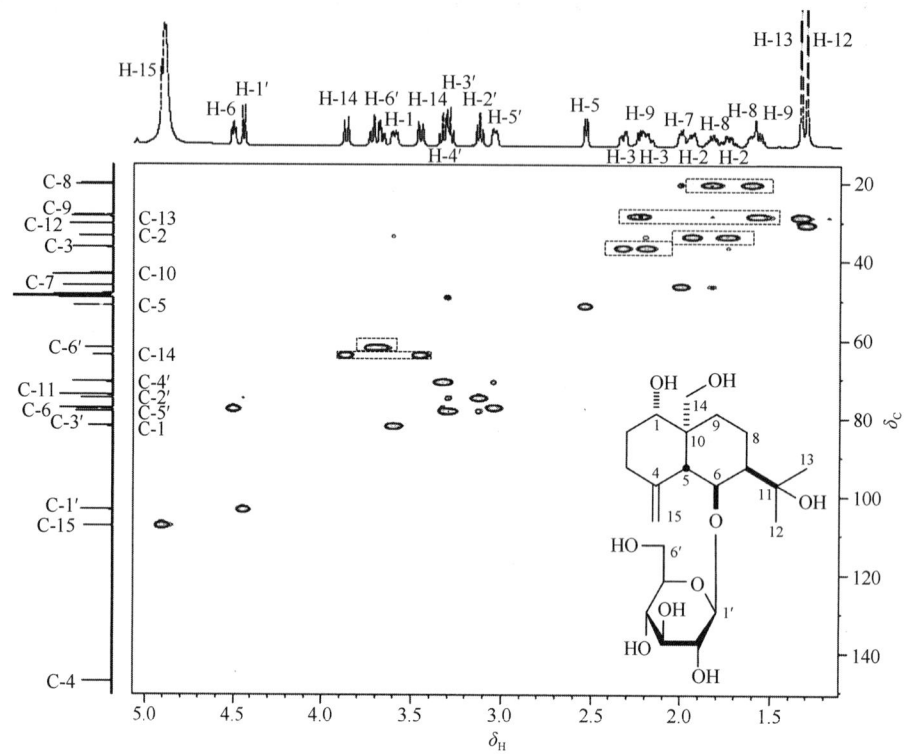

图 4-32　Dictamnoside B 的 HSQC 谱（500MHz，CD$_3$OD）

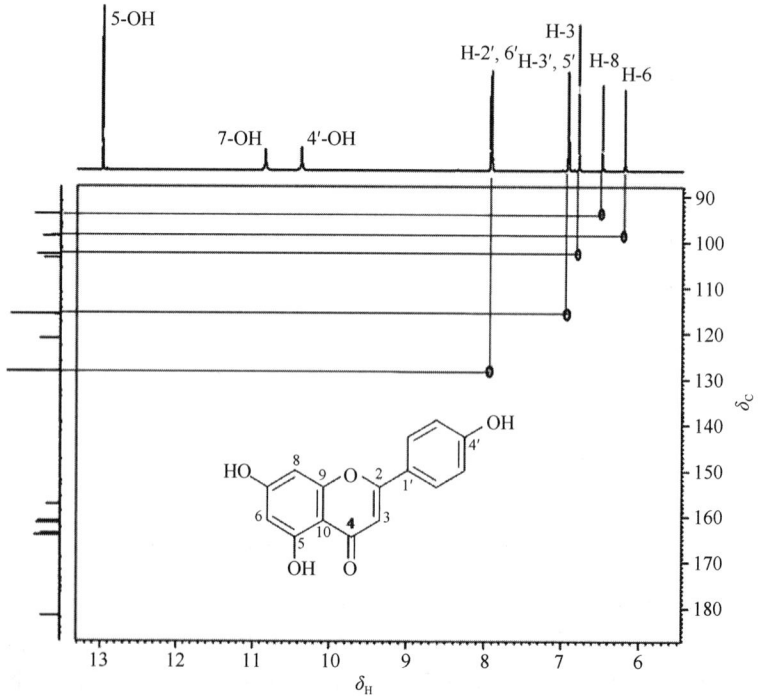

图 4-33　芹菜素的 HSQC 谱（500MHz，DMSO-d_6）

除了上述基本作用外，HSQC（HMQC）谱还能够帮助我们很好地解决氢谱中信号重叠的问题。即使用 500MHz 核磁共振波谱仪测定 Dictamnoside B 的 ^{1}H-NMR 谱，在 δ 1.52～1.67，2.13～2.30，3.20～3.40 部分信号重叠还是比较严重，很难通过 ^{1}H-NMR 谱对氢信号进行详细归属，但 HSQC 谱却能给出非常清晰的答案，如图 4-32 所示。

此外，HSQC（HMQC）谱也能帮助我们将氢信号从溶剂峰或水峰中辨别出来，如通过 δ 4.90 与 δ 107.7（C-15）之间的碳氢相关信号（图 4-32），可以推知 Dictamnoside B 中 H$_2$-15 的信号完全被水峰所掩盖，其化学位移值为 δ 4.90。

三、^{1}H 检测的异核多键相关谱（HMBC）

^{1}H 检测的异核多键相关谱（HMBC）能高灵敏度地检测 ^{13}C-^{1}H 远程（$^2J_{CH}$、$^3J_{CH}$ 甚至 "W" 形耦合的 $^4J_{CH}$）相关信息，它可以跨越季碳或杂原子，将从 ^{1}H-^{1}H COSY 谱中获得的孤立的自旋体系与季碳（或杂原子）相连接，给出分子的平面结构。对于质子数目少、不饱和程度高化合物的结构解析来说，HMBC 发挥着不可或缺的作用。

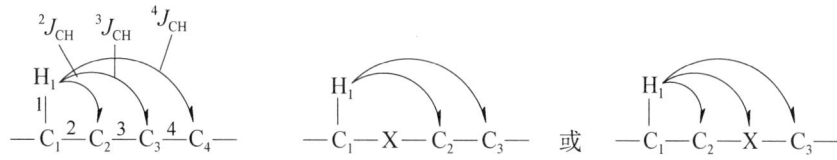

C$_2$、C$_3$：季碳或质子化碳，X：O、N、S、C = O

HSQC 与 HMBC 的比较如下：

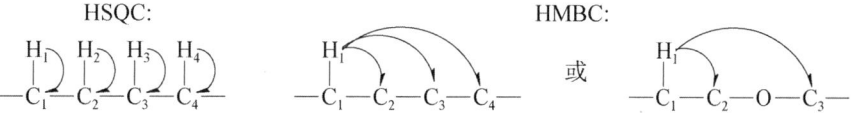

1. HMBC 的脉冲序列　HMBC 谱的基本脉冲序列如图 4-34 所示，前一半为低通道滤波，它能够强烈抑制与 ^{13}C 直接相连的 ^{1}H 的磁化矢量，而有效保留与 ^{13}C 相隔 2→n 键相连的 ^{1}H 的磁化矢量，因而，在 HMBC 上可以突出远程耦合相关信号；后一半 $t_1/2$→180°→$t_1/2$ 起 δ 标记的作用；接着进行采样。

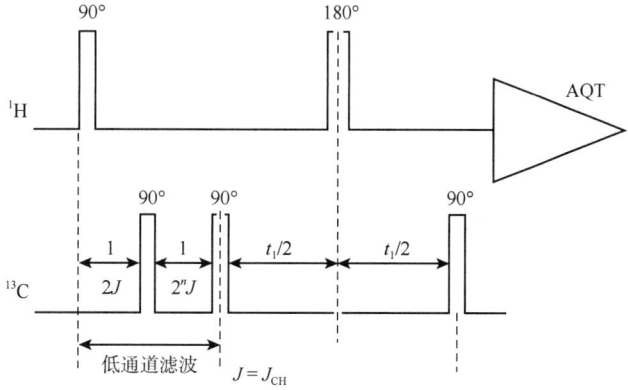

图 4-34　HMBC 的基本脉冲序列

2. HMBC 的识谱方法　与 HSQC 谱相同，HMBC 的 F_2 方向和 F_1 方向分别为 ^{1}H 核和 ^{13}C 核的化学位移值。在该图谱中可以观测到以下几种相关峰。

（1）反映碳氢远程耦合的相关峰：它们是一个个孤立的相关峰。通过这样的相关峰分别作垂线和水平线，会与碳信号及质子信号相交，提示该碳原子和这个质子之间具有远程耦合关系。图 4-35、图

4-36 所示为芹菜素的部分 HMBC，从图中可以观测到 H-3 与 C-2、4、10、1′；H-6 与 C-5、7、8、10；H-8 与 C-6、7、9、10；H-2′、6′与 C-3′、5′、4′；H-3′、5′与 C-1′、2′、6′、4′之间的远程耦合信号。

有时在上述一对峰的中间还有一个峰（即出现三峰），在垂直方向与氢谱中某个峰组的中心相对应，与一对峰的作用相同。如图 4-35 中所观测到的信号 d、e。

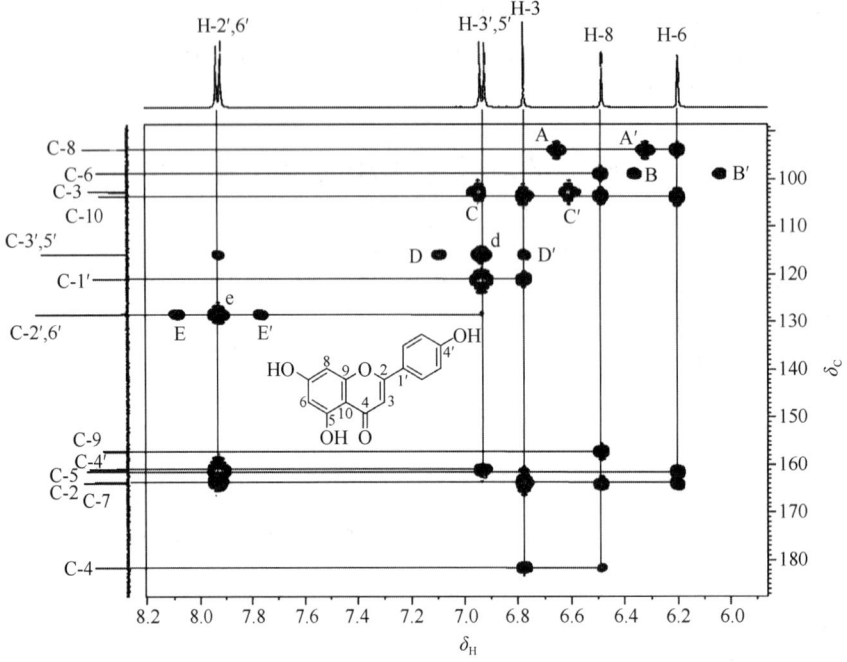

图 4-35　芹菜素的 HMBC 放大谱（1）（500MHz，DMSO-d_6）

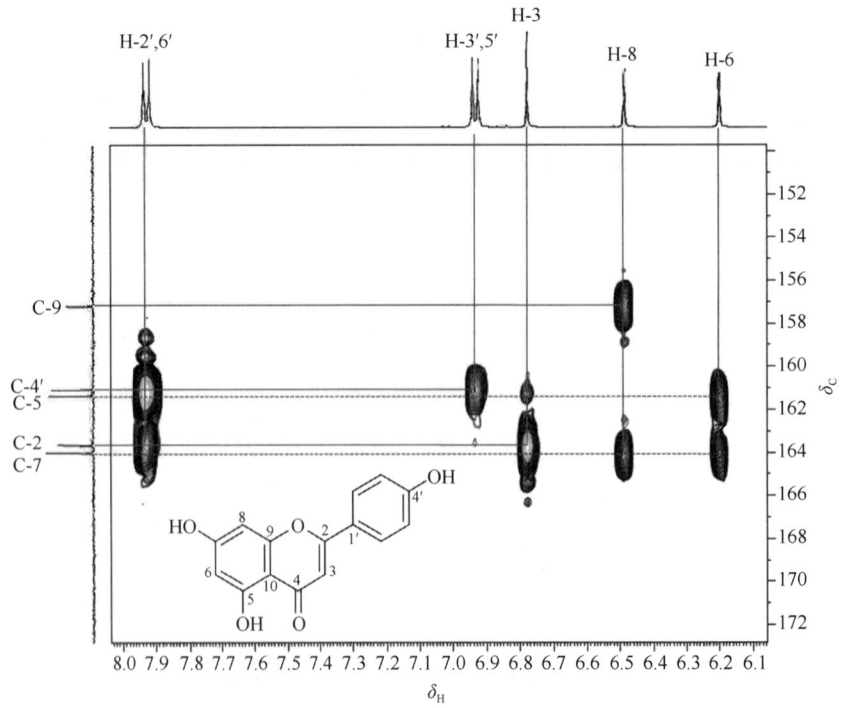

图 4-36　芹菜素的 HMBC 放大谱（2）（500MHz，DMSO-d_6）

（2）反映碳氢近程耦合的一组相关峰：在 HMBC 中水平方向出现一对峰（双峰），其水平线（与

F_2 平行）穿过碳谱中的一条谱线，双峰的中心对准氢谱中的一个峰组，提示该碳原子和这个质子之间直接相连，相当于 HSQC 谱所能提供的信息。例如，图 4-35 中 A-A′、B-B′、C-C′、D-D′、E-E′ 就属于这种对称信号。又如，图 4-37 中 H-6 与 C-6，H-5 与 C-5 的一键耦合。

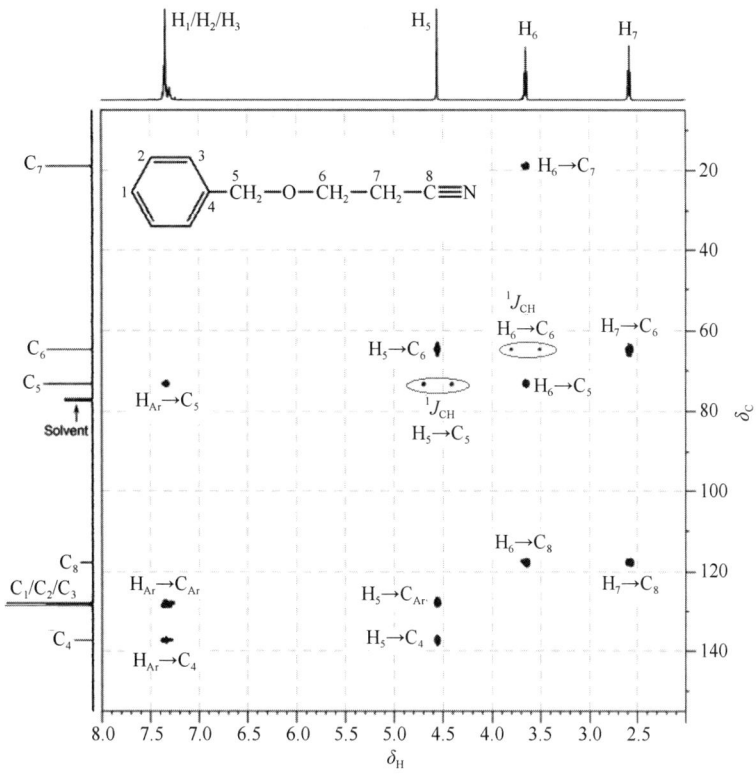

图 4-37　苄氧基丙腈的 HMBC（CDCl$_3$，500Mz）

此外，需要指出的是，在 HMBC 图谱测定过程中，采用通常的参数设置，最容易反映跨越三根键的远程耦合，也可能反映跨越两根键或四根键的远程耦合，但它们的强度一般比较低。图 4-38 所示为

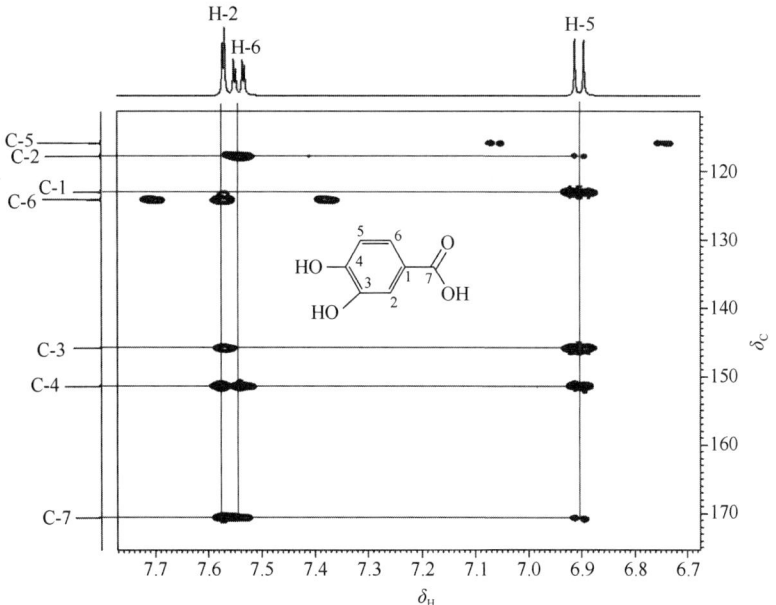

图 4-38　3,4-二羟基苯甲酸的 HMBC

3,4-二羟基苯甲酸的 HMBC，以 H-5 对各碳原子的远程相关为例，发现 H-5 与 C-1、3（分别跨越三根键）远远高于 H-5 与 C-4（跨越两根键）及 H-5 与 C-7（跨越四根键）之间的相关峰强度。

第五节　二维 NOE 谱

一、NOE 谱概述

核欧沃豪斯效应（nuclear Overhauser effect，NOE）是一种跨越空间的效应，是磁不等价核耦极矩之间的相互作用。它可用于研究分子内部质子之间的空间距离（当质子间的空间距离小于 5Å 时，可以观察到 NOE 效应），分析分子的相对构型及构象，是研究有机化合物立体化学的必不可少的工具。

NOE 的检测可以采用一维或二维方式。在 1D-NOE 的测定过程中每次只能选定某氢信号，对其进行选择性照射，使之达到饱和，记录此时的图谱，与该化合物的常规的氢谱信号相减，得到二者的差谱（NOE 差谱），进而判断哪些氢信号与被照射氢信号有 NOE 相关，推测质子间空间距离的远近或相对构型等。在 1D-NOE 的测定过程中存在以下问题：①要求被照射氢信号与其他氢信号不重叠，否则会产生误判。②每次只能进行一个氢信号的照射，若需要研究多个谱峰的 NOE，不仅费时，还很可能发生遗漏。

因此，可以采用 2D-NOE 测定，用一张二维谱表示出所有基团间的 NOE 作用。

二、NOESY 谱

1. 核欧沃豪斯效应谱（nuclear Overhauser effect spectroscopy，NOESY）的脉冲序列　2D-NOESY 谱，其基本脉冲序列由 3 个非选择性的 90°脉冲组成（图 4-39）。即在 ^{1}H-^{1}H COSY 谱的脉冲序列基础上，加一个固定延迟（混合时间 t_m）和第三个 90°脉冲，以检测 NOE 和化学交换信息。

在上述序列中演化期 t_1、检测期 t_2 仍为两个逐渐加长的时间变量；t_m 为混合时间，在此期间，核与核之间相互靠近，有耦极-耦极相互作用，发生交叉弛豫，产生 NOE。

t_m 是一个时间定值，若太短，发生的交叉弛豫少；若太长，交叉弛豫衰减过多，无论是哪种情况，均导致信号灵敏度不够。因此，t_m 是 NOESY 实验的关键参数。t_m 的选择与样品相对分子质量、溶剂、测定核磁共振波谱仪的频率等都有关系。一般样品的相对分子质量大，测定用溶剂黏度大时，应适当缩短 t_m；反之，则增大 t_m。

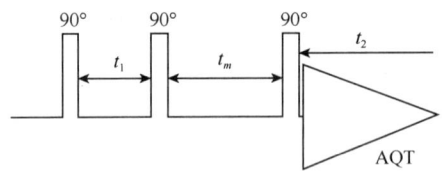

图 4-39　NOESY 谱的脉冲序列图

2. NOESY 谱的识谱方法　与 ^{1}H-^{1}H COSY 谱相同，谱的 F_2 方向及 F_1 方向均为 ^{1}H 核的化学位移值。45°对角线上各点在两方向上的投影均为一维谱，非对角线上的点如能与对角线上的点构成正四边形，则表示对角线上两点所对应的两个质子（或质子群）间有 NOE 相关。

NOESY 谱用于取代基位置方面的研究，如判断芳香环上甲基、甲氧基、醛基、烯键、糖苷等取代基的位置。以异香荚兰醛为例，其 NOESY 谱（图 4-40）中观测到的 H-5 与 4-OCH$_3$ 之间的 NOE 相关信号，提示甲氧基与 5 位氢相邻；而 H-7 与 H-2、6 之间的 NOE 相关信号，提示醛基的取代位置为 1 位。

第四章 二维核磁共振波谱法 157

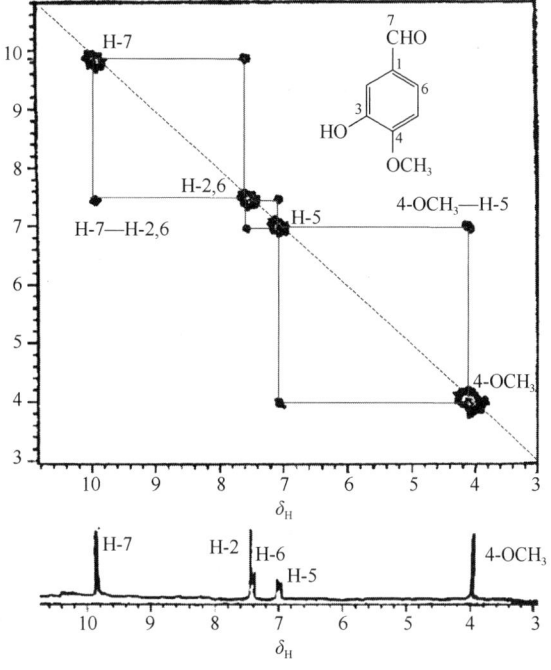

图 4-40 异香荚兰醛的 NOESY 谱

通常 NOESY 谱要与 ^{1}H-^{1}H COSY 谱对照比较,排除邻位耦合($^3J_{HH}$)产生的耦合峰,如图 4-40 所示,呈现了 H-5 与 H-6 的 $^3J_{HH}$ 耦合的交叉峰。

同样,在反式-4-己烯-3-酮的 NOESY 谱(图 4-41)中所观测到的 H-4→H-2/H-6 和 H-5→H-2/H-6

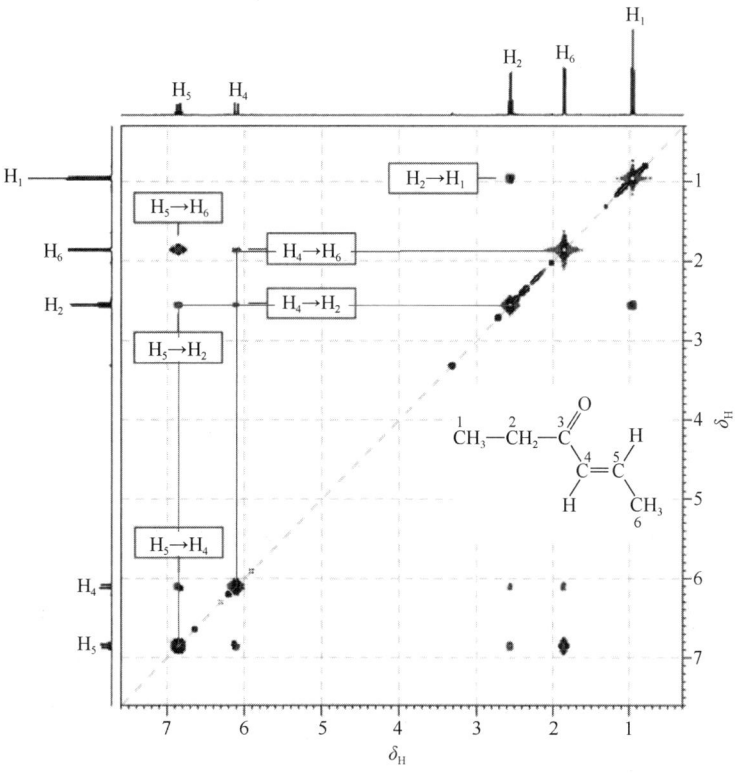

图 4-41 反式-4-己烯-3-酮的 NOESY 谱

的 NOE 相关信号，清楚地表明了分子中的反式烯烃官能团。如果乙烯基为顺式几何构型，则图谱上应不存在 H-4→H-6 和 H-5→H-2 的 NOE 相关信号。

NOESY 谱用于化合物的相对构型与构象方面的研究，如由（7S, 8R）-dehydrodiconiferyl alcohol 的 NOESY 谱（图 4-42）中观测到的 H-7 与 H$_2$-9、H-8 与 H-2 之间的 NOE 相关信号，可以确定 H-7 与 H-8 之间互为反式构型（构象异构）。

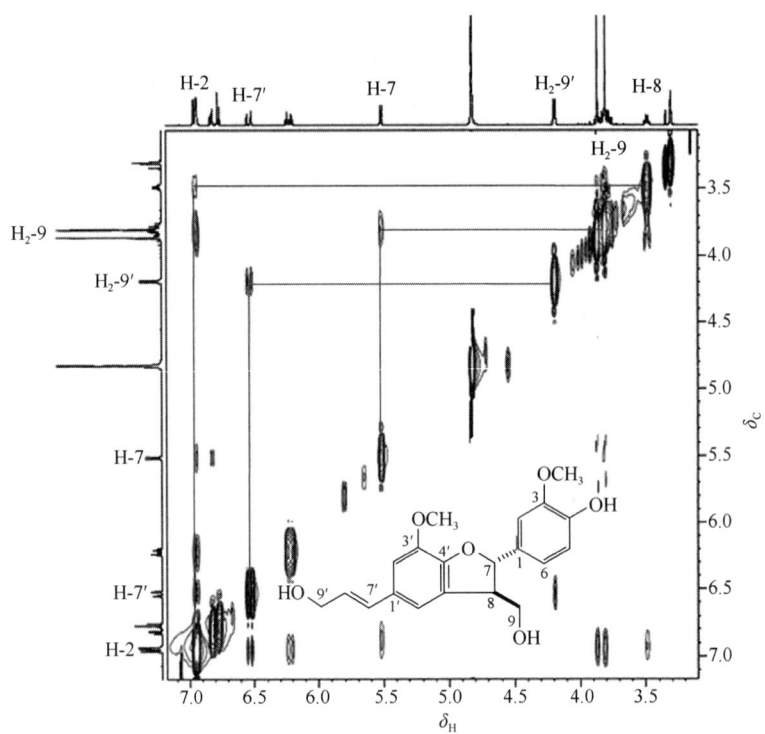

图 4-42 （7S, 8R）-dehydrodiconiferyl alcohol 的 NOESY 谱

又如图 4-42 所示，H-7′与 H$_2$-9′之间的 NOE 相关信号，提示（7S, 8R）-dehydrodiconiferyl alcohol 中 7′位烯键为反式构型（构型异构）。

三、ROESY 谱

在 NOE 的测定过程中，小分子化合物快速运动易产生 NOE，大分子化合物或小分子化合物降低温度易产生负的 NOE，而有些中等大小的分子（分子量为 300~1500）有时很难产生 NOE，即 NOE 增益接近于零，无法测到 NOESY 谱中的相关峰。而旋转坐标系的核欧沃豪斯增强谱（rotating frame Overhause-enhancement spectroscopy，ROESY）谱作为旋转坐标系中的 NOESY 谱，其相关峰强度受相对分子质量大小的影响较小，能有效地克服 NOESY 谱的不足，是一种解决中等大小化合物立体结构的理想技术与方法。

四、ROESY 谱的脉冲序列

ROESY 谱脉冲序列（图 4-43）采用低功率自旋锁定。90°脉冲产生横向磁化矢量，由此开始演化期 t_1，在 t_1 的时间内完成各种横向磁化矢量的频率标记。在自旋锁定期间发生交叉弛豫，即发生旋转坐标系中的 NOE。最后在检测期 t_2 完成采样。

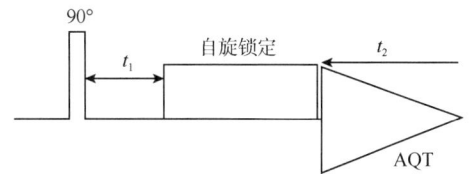

图 4-43　ROESY 谱的脉冲序列图

ROESY 谱的解析方法和说明的问题与 NOESY 谱一致。

第六节　二维谱解析步骤与实例

2D-NMR 谱在复杂有机化合物平面结构解析与相对构型、构象的确定方面发挥着不可或缺的作用，已成为人们分析、研究物质结构和动力学的有力工具。以 2D-NMR 谱为主，推导未知有机化合物结构最为常用的谱图包括 ^{1}H-NMR、^{13}C-NMR、DEPT、^{1}H-^{1}H COSY、HSQC、HMBC、NOESY 谱等。此外，还需要通过质谱确定化合物的相对分子质量、分子式，并综合应用其他波谱方法进行结构验证。

一、解 析 步 骤

1. 通过质谱确定化合物的相对分子质量与分子式，计算不饱和度

2. 含碳氢官能团的确定　综合应用 ^{1}H-NMR、^{13}C-NMR、DEPT 及 HSQC 谱，确定未知物中碳氢官能团的信息。

（1）^{1}H-NMR 谱的辨识：根据 ^{1}H-NMR 谱提供的质子的化学位移值、耦合裂分及氢分布等信息，找出一些特征峰，并确定各谱线的大致归属，确定 O、N 等杂原子的可能的连接。

（2）^{13}C-NMR 谱的辨识：对照 ^{13}C 质子噪声去耦谱及 DEPT135°谱，结合 ^{13}C-NMR 谱提供的碳原子的化学位移值，确定碳的类型，以及 O、N 等杂原子的可能的连接。

（3）碳氢信号的归属：利用 HMQC 或 HSQC 等谱，识别含有质子的基团，判断直接相连的碳氢，建立 ^{13}C-^{1}H 之间的连接。

3. 耦合片段的确定　利用 ^{1}H-^{1}H COSY 谱、同核 2D-J 分解谱等，判断耦合关系，建立 ^{1}H-^{1}H 之间的连接，识别自旋耦合系统或结构片段。

4. 分子骨架（平面结构）的确定　利用 HMBC 所提供的碳-氢远程相关信号，判断四键以内碳与碳、碳与基团之间的连接顺序，建立片段间的连接，以及季碳、杂原子等的归属，确定化合物的平面结构。

5. 构型构象的确定　利用 1D-NOESY 及 2D-NOESY 谱等明确取代基之间距离的远近，确定化合物的相对构型。

6. 结构的佐证　综合应用其他波谱加以佐证。对于已知未知物，查阅文献相比对；对于新化合物（完全未知物），需要采用相关图谱如圆二色光谱、X 射线单晶衍射或化学反应等技术和方法验证结构解析的准确性。

二、实 例 解 析

1. 实例一 已知某化合物 A 的分子式为 C_4H_6NCl，其 ^1H-NMR、^{13}C-NMR、^1H-^1H COSY 与 HSQC 谱如图 4-44～图 4-46 所示，试推测其结构。

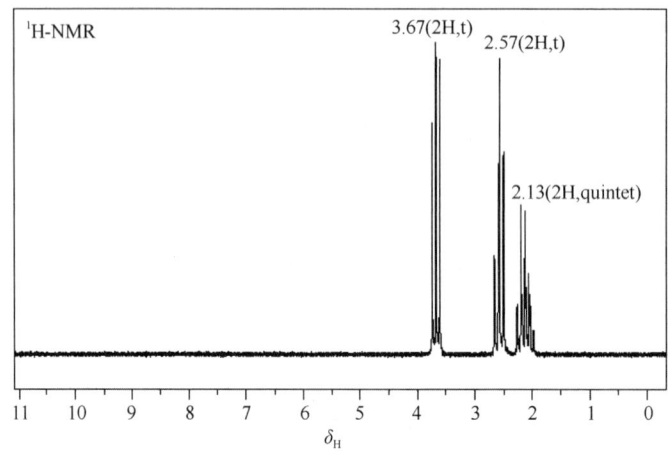

图 4-44 化合物 A 的 ^1H-NMR 谱

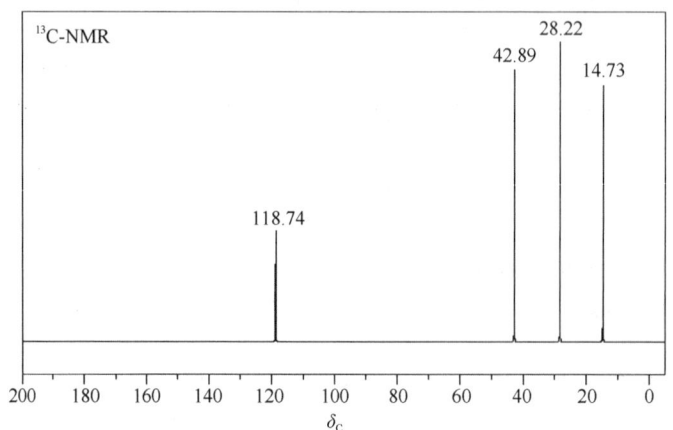

图 4-45 化合物 A 的 ^{13}C-NMR 谱

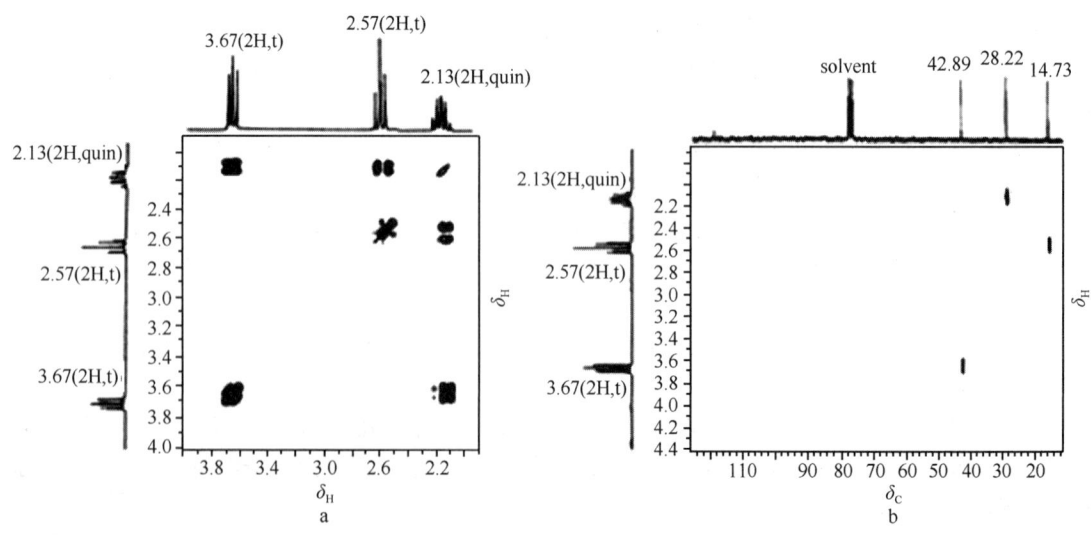

图 4-46 a. 化合物 A 的 ^1H-^1H COSY 谱；b. 化合物 A 的 HSQC 谱

解：

1）$U=2$，提示结构中含有 2 个双键或 1 个双键与 1 个饱和环或 1 个三键。

2）^{1}H-NMR 谱中的 δ_H 3.67（2H，t）提示该—CH$_2$—与电负性大的原子相连接，且有 2 个相邻质子；δ_H 2.57（2H，t）提示该 CH$_2$ 有 2 个相邻质子；δ_H 2.13（2H，quin）提示该 CH$_2$ 与两个化学环境不同的 CH$_2$ 相连接，即结构中存在—CH$_2$—CH$_2$—CH$_2$—结构片段。

3）^{13}C-NMR 谱中 δ_C 42.89、28.22、14.73 为饱和碳信号，δ_C 118.74 为不饱和碳信号。

4）^{1}H-^{1}H COSY 谱中三组质子之间均有相关信号，进一步证明—CH$_2$—CH$_2$—CH$_2$—结构片段的存在。

5）HSQC 谱中 δ_H 2.13 与 δ_C 28.22、δ_H 2.57 与 δ_C 14.73、δ_H 3.67 与 δ_C 42.89 分别相关，提示这些氢和碳分别为一键相连；δ_C 118.74 在该谱中无相关信号，说明该碳为季碳。

综上所述，结合分子式信息，推测化合物 A 的结构为 ClCH$_2$CH$_2$CH$_2$C≡N。

2. 实例二 分子式为 C$_5$H$_9$ClO$_2$ 的某化合物 B，^{1}H-NMR、^{13}C-NMR（BBD+OFR）、^{1}H-^{1}H COSY、HSQC、HMBC 图谱如图 4-47～图 4-51 所示，试推测该化合物的结构。

解：

1）分子式为 C$_5$H$_9$ClO$_2$，$U=1$，提示含 1 个双键。

2）^{1}H-NMR：δ_H1.19（3H，t）与 3.52（2H，q）提示含有乙基；δ_H3.11（2H，t）与 δ_H3.73（2H，t），提示含有 2 个相邻的亚甲基，且根据化学位移值，这三个亚甲基应与电负性较大的基团 y 或元素 x 相连。因此，有下列结构片段：

$$CH_3CH_2—x \qquad x—CH_2CH_2—y$$

^{13}C-NMR（BBD+OFR）：^{13}C 谱确定化合物含有一个羰基碳 δ_C 172.3（s）。对应了不饱和度为 1 的计算结果。余均为饱和碳。

^{1}H-^{1}H COSY：COSY 谱显示了两个独立的自旋体系：—CH$_2$CH$_3$ 片段为 δ_H3.52、1.19；—CH$_2$CH$_2$—片段为 δ_H3.11、3.73。证实了氢谱的推断。

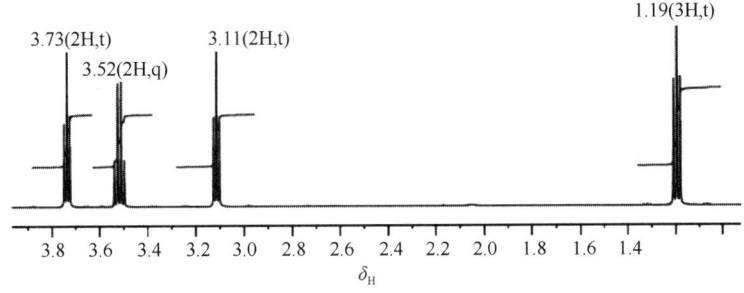

图 4-47 化合物 B 的 ^{1}H-NMR 谱（500MHz，CDCl$_3$）

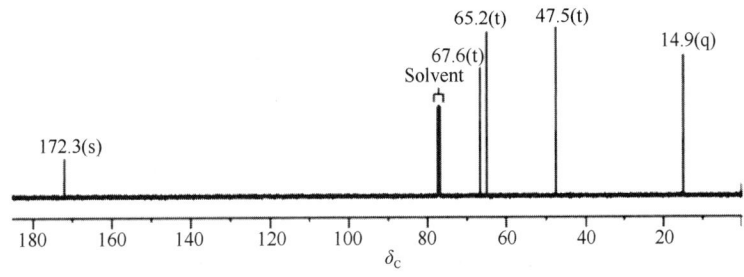

图 4-48 化合物 B 的 ^{13}C-NMR 谱（500MHz，CDCl$_3$）

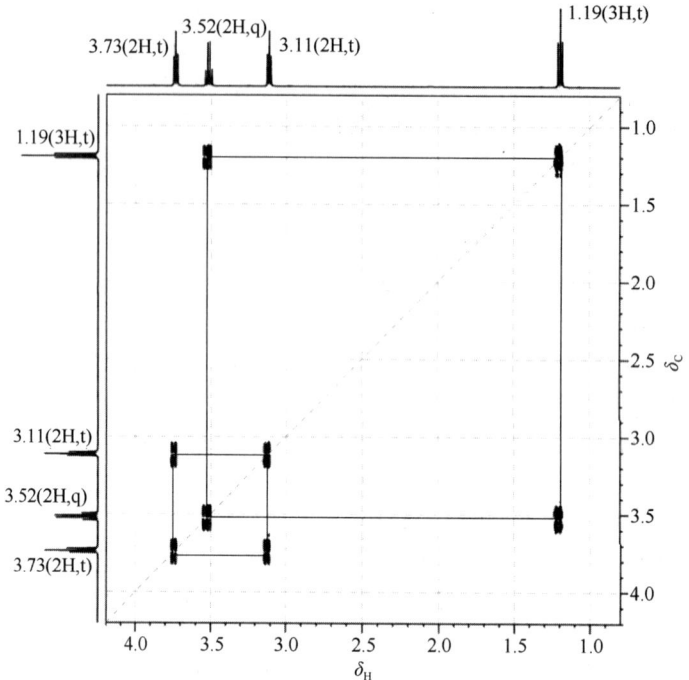

图 4-49 化合物 B 的 ^{1}H-^{1}H COSY 谱（500MHz，CDCl$_3$）

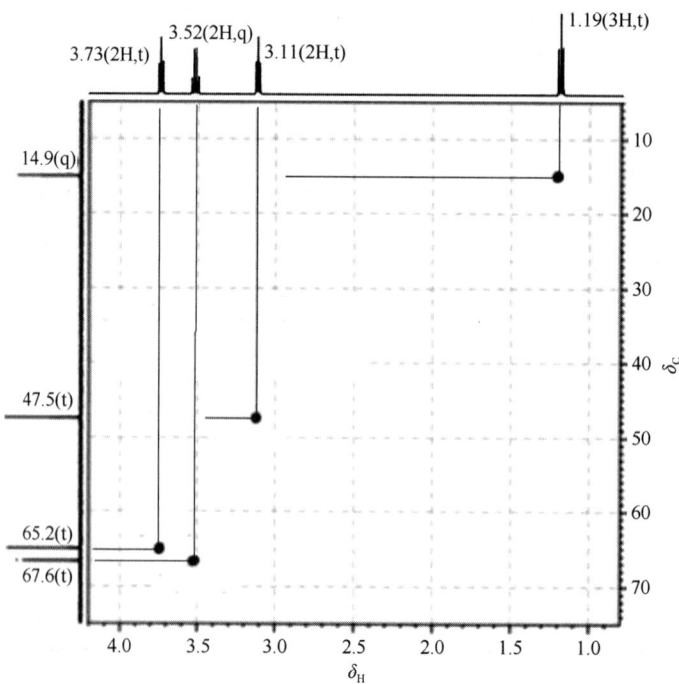

图 4-50 化合物 B 的 HSQC 谱（500MHz，CDCl$_3$）

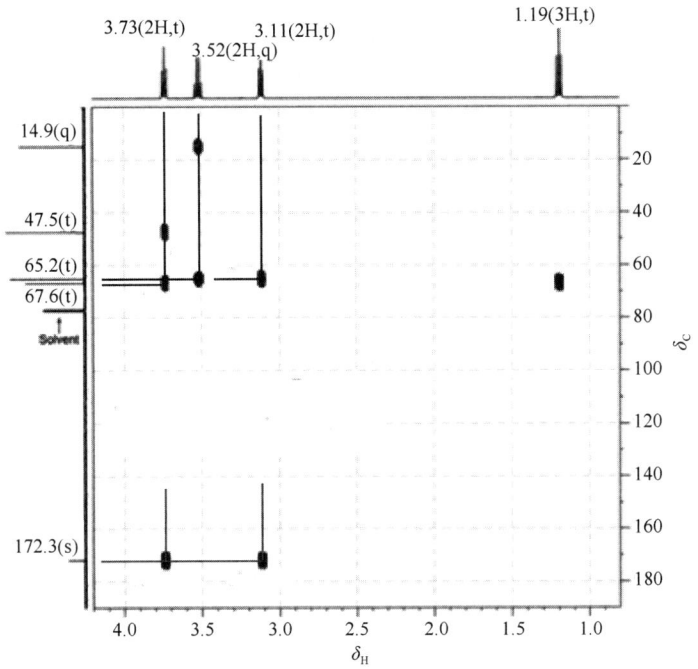

图 4-51 化合物 B 的 HMBC（500MHz，CDCl₃）

在 HSQC 图谱中，$\delta_H 3.73/\delta_C 65.2$ 和 $\delta_H 3.52/\delta_C 67.6$ 的相关性，表明 $\delta_C 65.2$ 和 $\delta_C 67.6$ 的碳与氧或氯结合。综上，得两种可能的结构：

Cl—CH₂—CH₂—C—O—CH₂—CH₃   CH₃—CH₂—O—CH₂—CH₂—C—Cl
              ‖   ‖
              O   O
              A   B

3）在 HMBC 中，$\delta_H 3.11$、$\delta_H 3.73$ 与 $\delta_C 172.3$ 之间的关联，表明—CH₂CH₂—片段与羰基结合。$\delta_H 3.73 \rightarrow \delta_C 67.6$ 和 $\delta_H 3.52 \rightarrow \delta_C 65.2$ 之间的关联，表明两个不同自旋系统中的亚甲基存在（3.73）H—C（65.2）—O—C（67.6）—H（3.52）碳氢异核三键相关。即

而这些相关性在异构体 A 中是不存在的，因此异构体 B 是正确的答案。

CH₃—CH₂—O—CH₂—CH₂—C—Cl
                         ‖
                         O

3. 实例三 某化合物 C 为白色粉末状固体，分子式为 $C_{10}H_{10}O_4$。其在 CD_3OD 测得的 ¹H-NMR、¹³C-NMR、¹H-¹H COSY、HSQC、HMBC 和 NOESY 谱如图 4-52～图 4-57 所示。其红外光谱提示分子中含有羟基和羰基，试解析其结构。

解：

1）$U=6$，提示结构中含有 1 个苯环和 2 个双键。

2）¹H-NMR 和 ¹³C-NMR 谱中溶剂和残留的水信号的排除：该化合物测定用试剂为氘代甲醇（CD_3OD）。在 ¹H-NMR 谱中，可以看到 $\delta_H 3.31$ 为甲醇未氘代完全所残留质子的信号（溶剂峰），$\delta_H 4.80$ 左右的峰为水的质子信号；在 ¹³C-NMR 谱中，$\delta_C 48.9～49.2$ 为 CD_3OD 的碳信号。

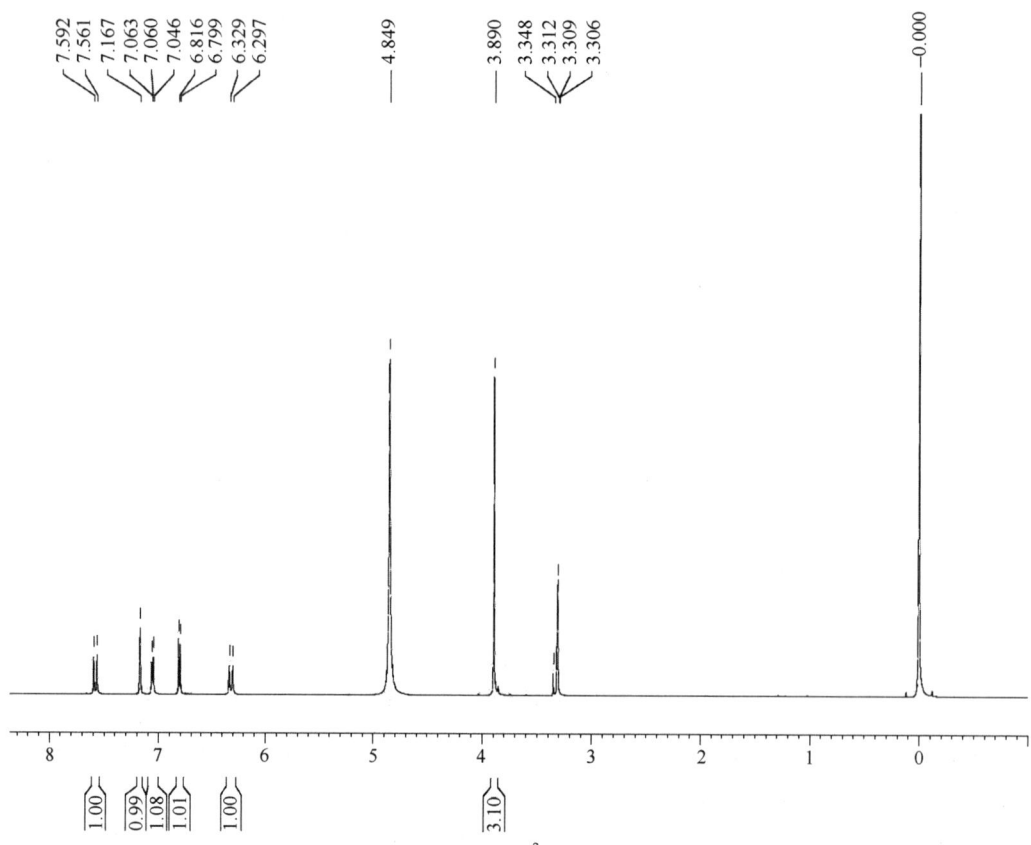

图 4-52　化合物 C 的 ^{1}H-NMR 谱（500MHz，CD$_3$OD）

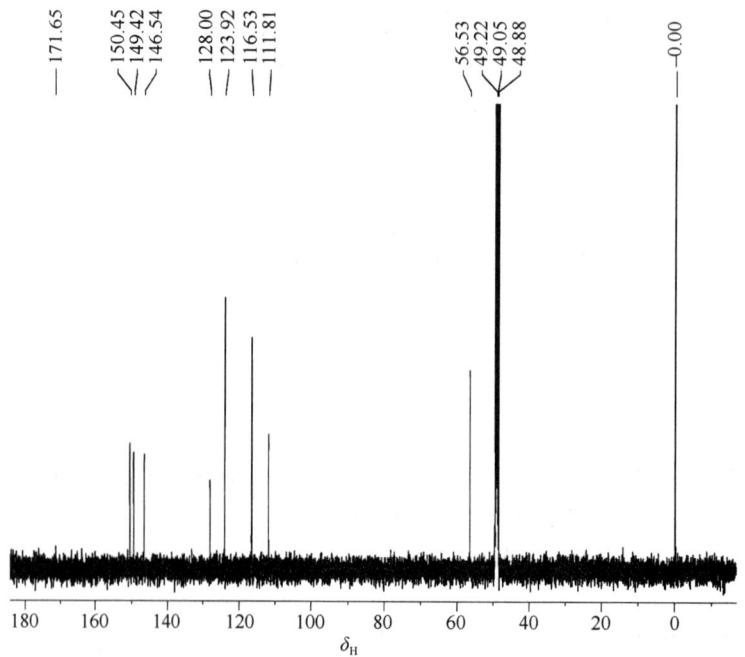

图 4-53　化合物 C 的 ^{13}C-NMR 谱（125MHz，CD$_3$OD）

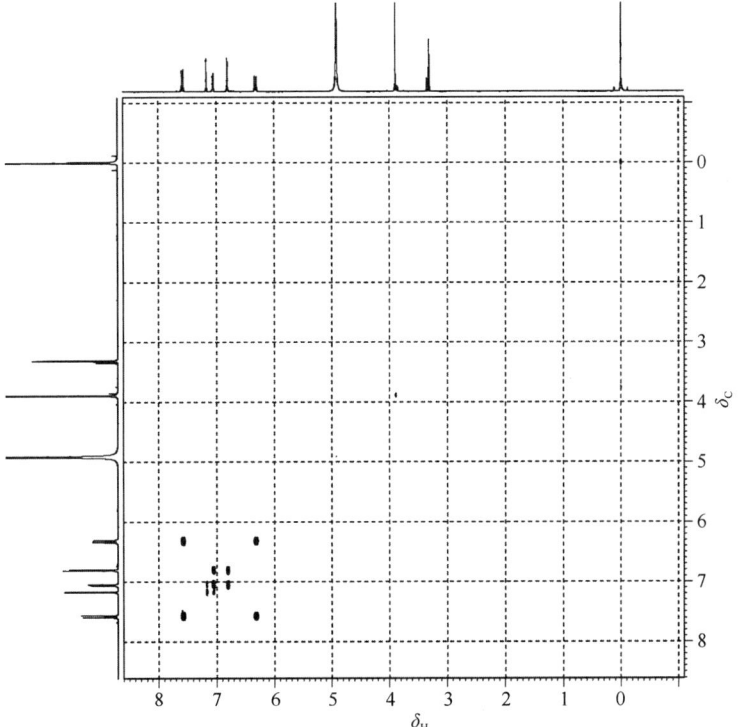

图 4-54 化合物 C 的 ^{1}H-^{1}H COSY 谱（500MHz，CD$_3$OD）

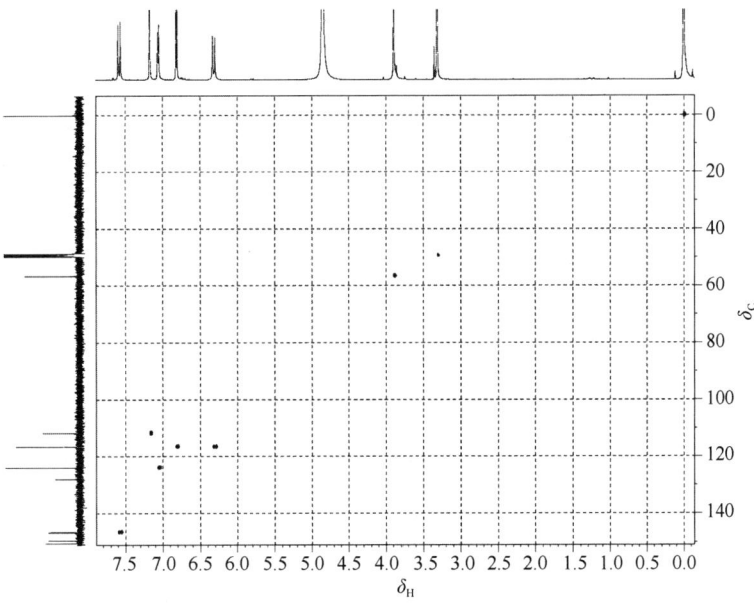

图 4-55 化合物 C 的 HSQC 谱（500MHz，CD$_3$OD）

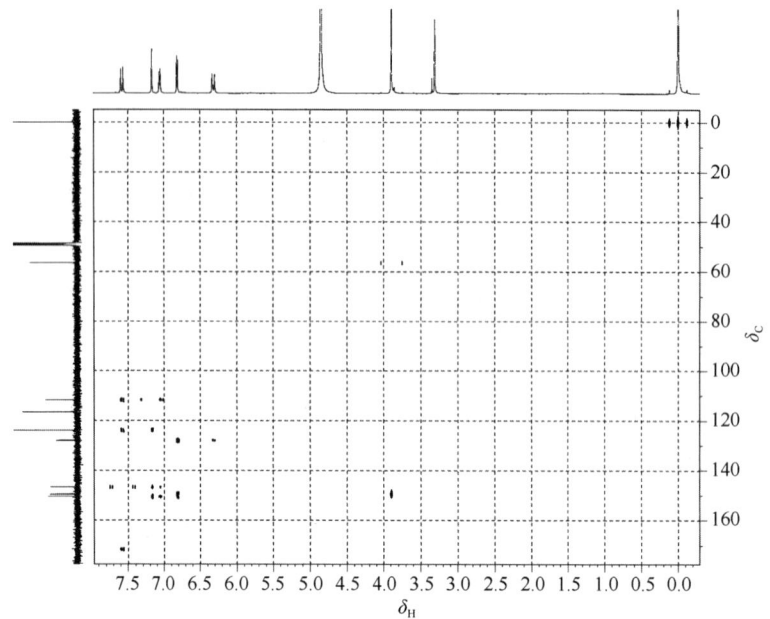

图 4-56 化合物 C 的 HMBC（500MHz，CD₃OD）

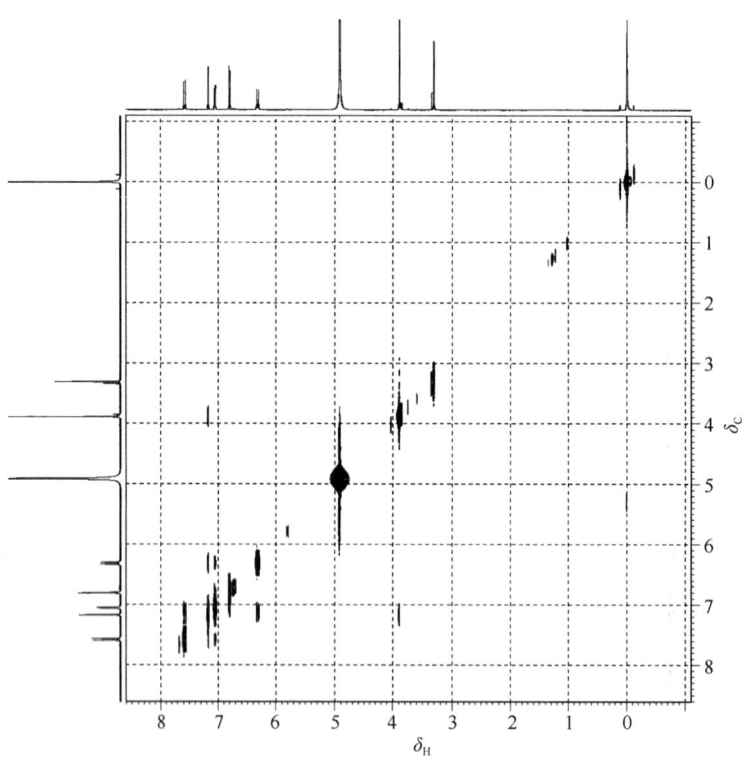

图 4-57 化合物 C 的 NOESY 谱（500MHz，CD₃OD）

3）结合 ¹H-NMR、¹³C-NMR 和 HSQC 谱，对化合物 C 中各质子的化学位移值、耦合裂分情况，以及对应的碳信号、碳原子种类进行归属（表 4-1）。

4）由表 4-1 中的归属，推测结构中含有 1 个 CH₃O–（δ_H 3.89；δ_C 56.5）；δ_H 6.31（1H, d, J=15.5Hz），7.58（1H, d, J=15.5Hz）所对应质子的耦合常数在 13~18Hz，结合 ¹H-NMR 谱中所出现的二者之间的招手效应，提示结构中存在 1 个反式二取代烯键；而 δ_H 6.81（1H, d, J=8.5Hz），7.05（1H, dd，J=1.5，8.5Hz），7.17（1H，d，J=1.5Hz）所对应质子的耦合裂分情况及耦合常数的大小，提示结构中存在 1 个 ABX 自旋耦合系统的苯环。此外，结合红外光谱给出的信息，推测分子中含有 1 个邻二氧取代的苯环（δ_C 149.4，150.5）和 1 个羰基碳（δ_C 171.7）。

表 4-1　化合物 C 的氢谱、碳谱及 HSQC 谱数据归属

δ_C	碳原子种类	δ_C
56.5	CH$_3$	3.89（3H，s）
111.8	CH	7.17（1H，d，J=1.5Hz）
116.5	CH	6.81（1H，d，J=8.5Hz）
116.5	CH	6.31（1H，d，J=15.5Hz）
123.9	CH	7.05（1H，dd，J=1.5，8.5Hz）
128.0	C	—
146.5	CH	7.58（1H，d，J=15.5Hz）
149.4	C	—
150.5	C	—
171.7	C	—

5）^{1}H-^{1}H COSY 谱中观测到的 δ_H 6.31 与 δ_H 7.58 之间的氢氢相关信号，验证了反式二取代烯键的存在；而 δ_H 7.05 与 δ_H 6.81，7.17 的相关信号，验证了 ABX 自旋耦合系统苯环的存在。化合物 C 中含有的官能团和结构片段如下：

6）由其 HMBC 可以观测到表 4-2 所示碳氢之间的远程相关信号。

表 4-2　化合物 C 的 HMBC 数据归属

δ_H	发生远程耦合碳的 δ_C
3.89	149.4
6.31	128.0
6.81	128.0、149.4
7.05	111.8、146.5、150.5
7.17	123.9、146.5、150.5
7.58	111.8、123.9、128.0、171.7

其中，δ_H 6.81 与 δ_C 128.0、149.4；δ_H 7.05 与 δ_C 111.8、150.5；δ_H 7.17 与 δ_C 123.9、150.5 之间的碳氢远程相关信号证明了邻二氧取代 ABX 自旋耦合系统苯环的存在。邻二氧取代 ABX 自旋耦合系统苯环（a）的结构如下。

δ_H 7.58 与 δ_C 171.7 之间的碳氢远程相关信号，提示结构中存在反式丙烯酰结构片段。反式丙烯酰结构片段（b）的结构如下。

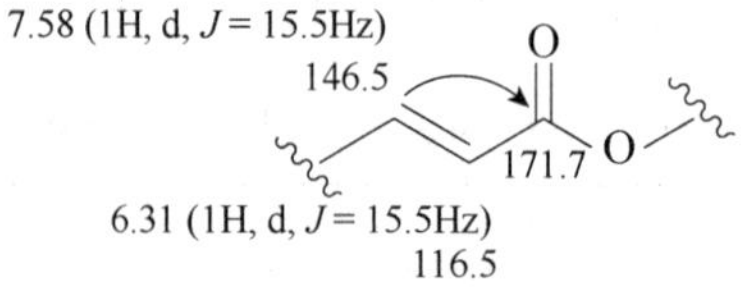

通过 δ_H 6.31 与 δ_C 128.0；δ_H 7.58 与 δ_C 111.8、123.9、128.0 之间的碳氢远程相关信号，将 a 和 b 连接在了一起；同时，通过 δ_H 3.89 与 δ_C 149.4 之间的相关信号，确定了甲氧基的取代位置，得到 c，结构如下。化合物 C 的核磁数据归属见表 4-3。

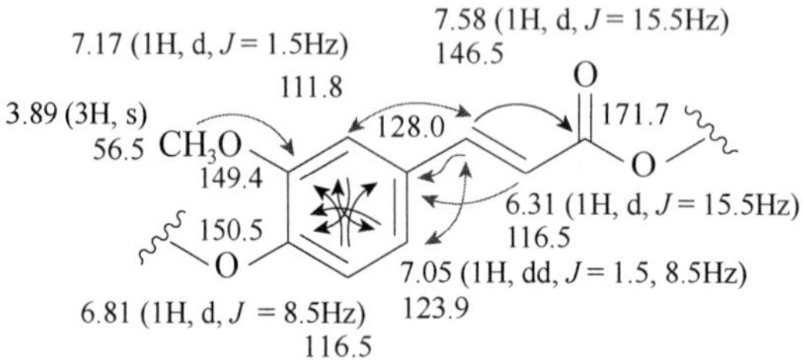

结合其分子式 $C_{10}H_{10}O_4$，确定了化合物 C 的结构，为反式阿魏酸。化合物 C 的结构图如下。

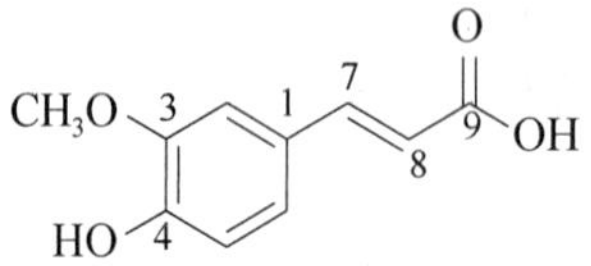

为了确定甲氧基的取代位置，我们又进行了 NOESY 谱的测定，在 NOESY 谱（图 4-57）中观测到的 δ_H 3.89 与 δ_H 7.17 之间的 NOE 相关信号，进一步证明甲氧基的取代位置为 C-3。

表 4-3 化合物 C 的核磁数据归属

No.	δ_C	δ_H
1	128.0	—
2	111.8	7.17（1H，d，J=1.5Hz）
3	149.4	—
4	150.5	—
5	116.5	6.81（1H，d，J=8.5Hz）
6	123.9	7.05（1H，dd，J=1.5，8.5Hz）
7	146.5	7.58（1H，d，J=15.5Hz）
8	116.5	6.31（1H，d，J=15.5Hz）
9	171.7	C
3-OCH₃	56.5	3.89（3H，s）

4. 实例四 某化合物 D 的 ¹H-NMR、¹³C-NMR、DEPT135°、¹H-¹H COSY、HSQC、HMBC、部分放大谱（溶剂 CD₃OD）及圆二色谱（CD 谱）分别如图 4-58～图 4-65 所示，且已知化合物 D 的相对分子质量 M_w=290，试解析其结构。

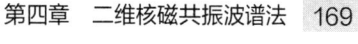

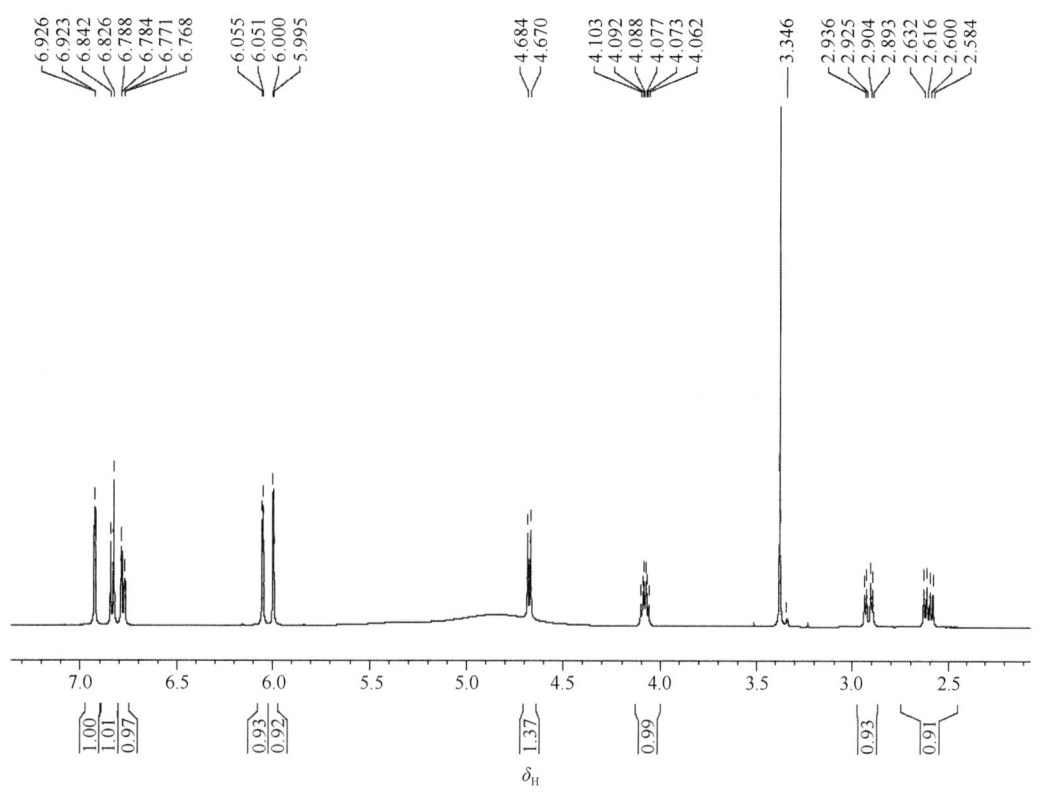

图 4-58 化合物 D 的 ^{1}H-NMR 谱（500MHz，CD$_3$OD）

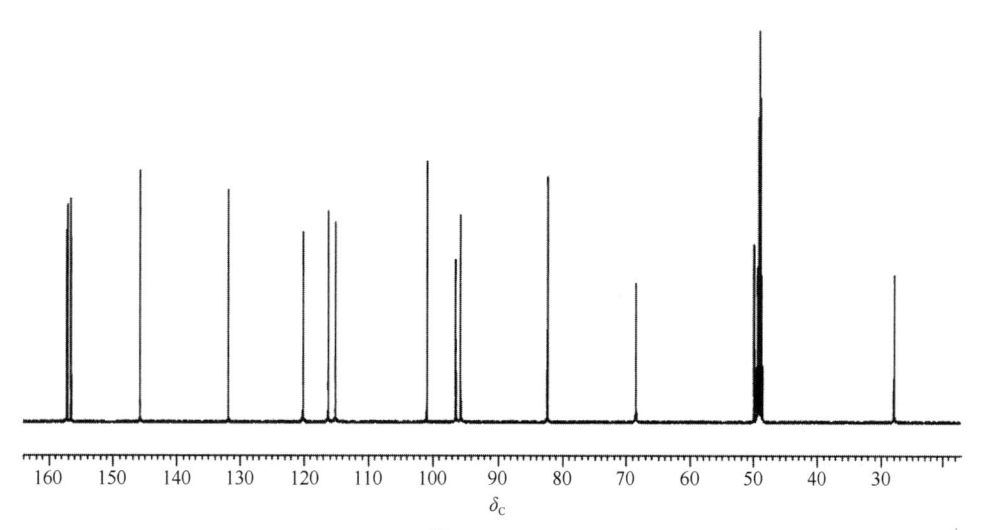

图 4-59 化合物 D 的 ^{13}C-NMR 谱（125MHz，CD$_3$OD）

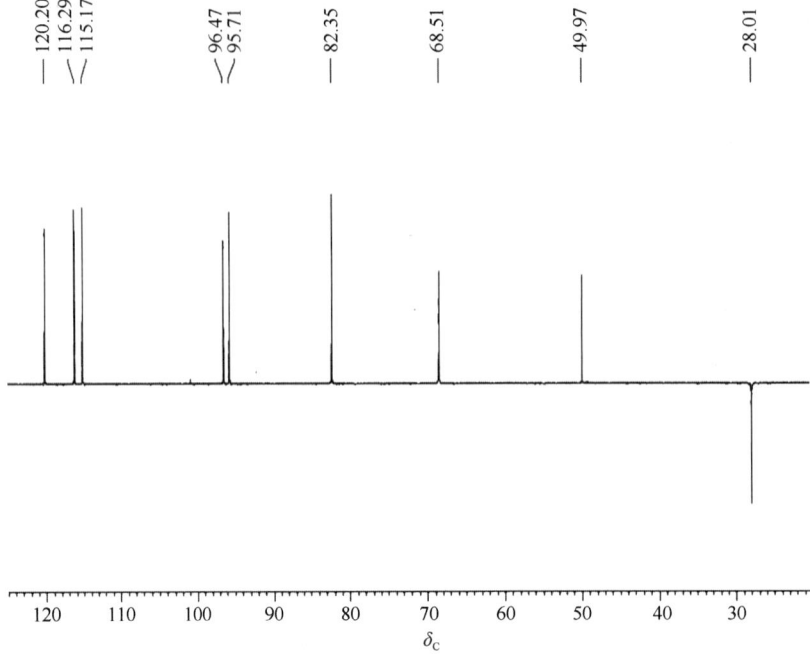

图 4-60　化合物 D 的 DEPT135°谱（125MHz，CD$_3$OD）

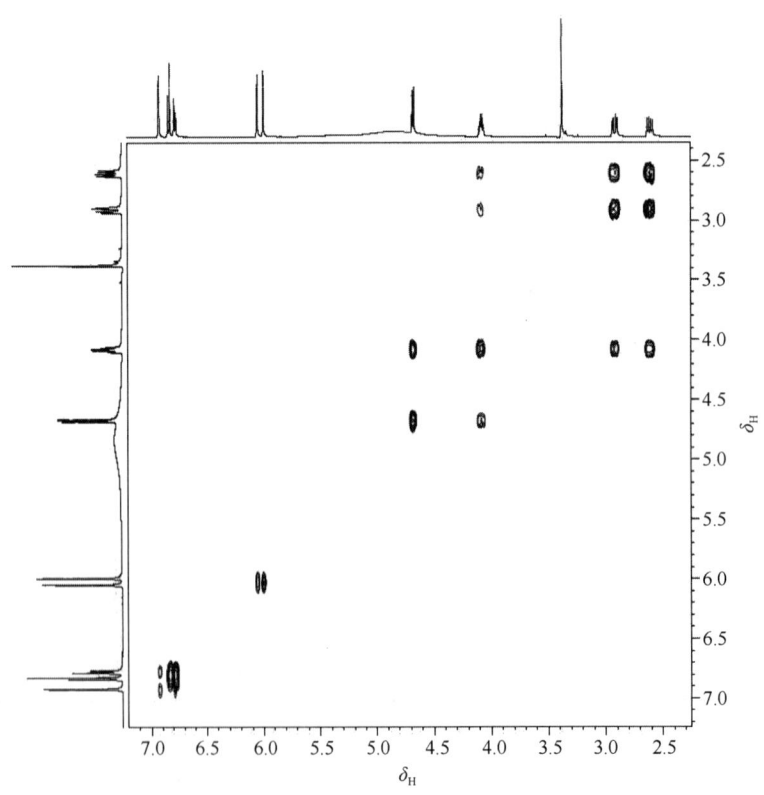

图 4-61　化合物 D 的 ^{1}H-^{1}H COSY 谱（500MHz，CD$_3$OD）

第四章 二维核磁共振波谱法

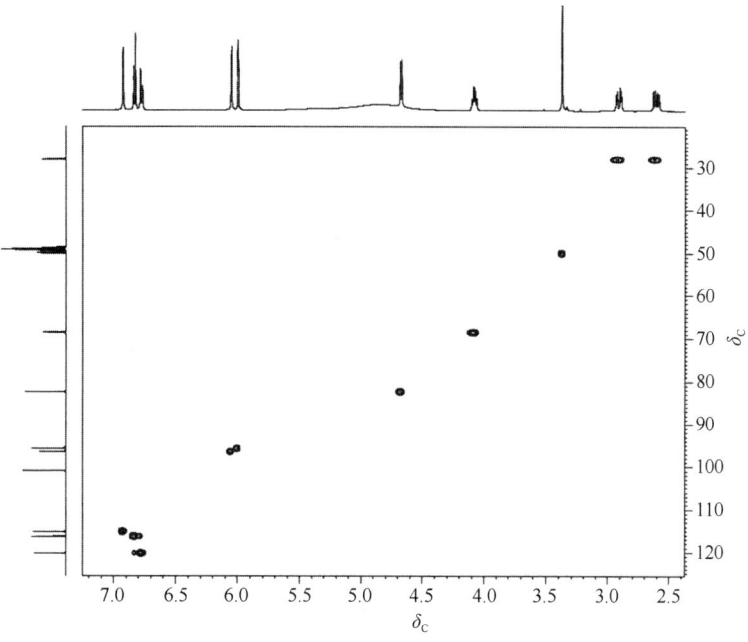

图 4-62 化合物 D 的 HSQC 谱（500MHz，CD$_3$OD）

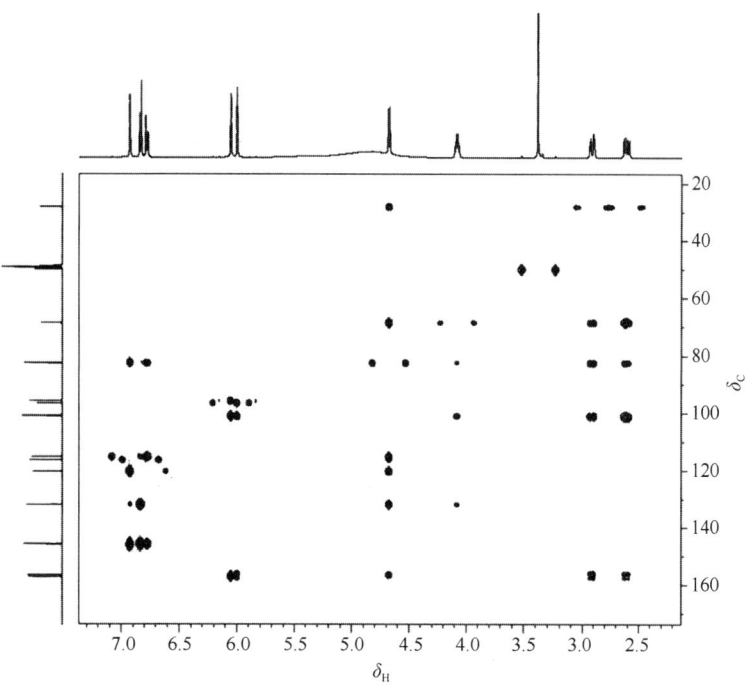

图 4-63 化合物 D 的 HMBC（500MHz，CD$_3$OD）

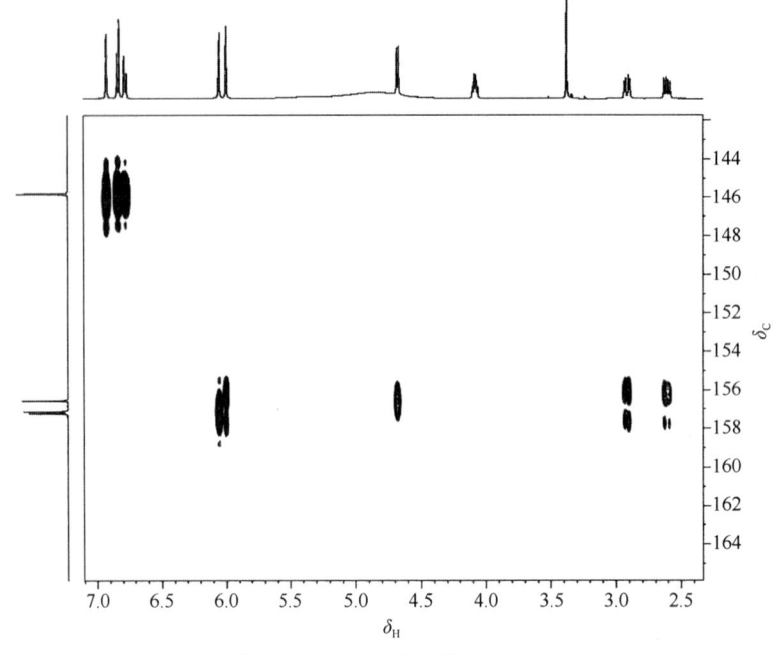

图 4-64 化合物 D 的 HMBC 放大谱（500MHz，CD₃OD）

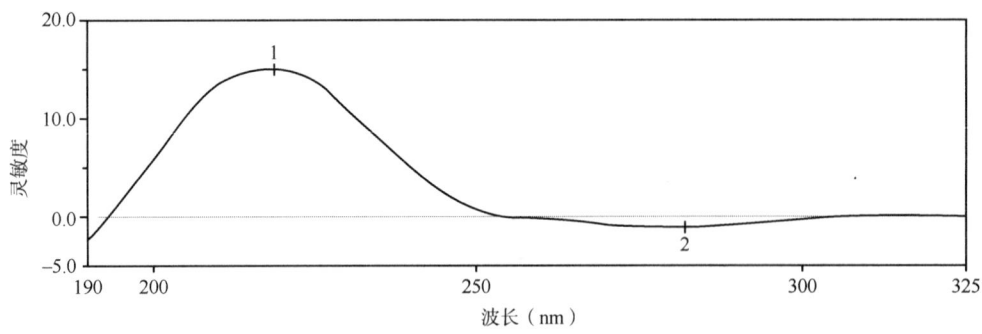

图 4-65 化合物 D 的 CD 谱

解：

1）该氢谱测定所用试剂为 CD₃OD，可以看到 δ 3.35 处为其溶剂峰（氘代不完全残留的甲醇峰）；δ 4.80 左右的峰为水峰。此外，在本次实验中还引入了普通的甲醇（δ 3.38）。

2）由 ¹H-NMR 谱可知，该化合物有 9 个氢原子。通过耦合常数的大小及招手效应，可推测 δ 2.61 与 δ 2.91、4.08、4.68；δ 6.00 与 6.05；δ 6.78 与 6.84、6.92 之间相互耦合裂分。结合化学位移值的大小，可推测 δ 6.78、6.84、6.92 为 ABX 自旋耦合系统芳香环上的三个质子信号，δ 6.00、6.05 为 1, 2, 3, 4-四取代芳香环上的两个质子信号。δ 4.08、4.68 为连氧碳上的质子信号。

3）由 ¹³C-NMR 谱可知，该化合物中含有 15 个碳原子。结合 DEPT 谱（δ 50.0 为引入的甲醇的碳信号）可知，该化合物中含有 1 个亚甲基、7 个次甲基、7 个季碳。15 个碳信号大多数（12 个）处于低场区，推测该化合物的类型为黄酮。由 δ_C 68.5、82.4 可推知结构中有两个连氧次甲基，该推测与 ¹H-NMR 谱数据（δ 4.08、4.68）相吻合。

4）通过 HSQC 谱的解析，将 ¹H-NMR 谱和 ¹³C-NMR 谱相关联，数据整理如表 4-4 所示。

表 4-4 化合物 D 的氢谱、碳谱、DEPT 谱及 HSQC 谱数据归属

δ_C	碳原子种类	δ_H
28.0	CH$_2$	2.61（1H，dd，J=7.5，16.0Hz）
		2.91（1H，dd，J=5.0，16.0Hz）
68.5	CH	4.08（1H，ddd，J=5.0，7.5，7.5Hz）
82.4	CH	4.68（1H，d，J=7.5Hz）
95.7	CH	6.00（1H，d，J=2.0Hz）
96.5	CH	6.05（1H，d，J=2.0Hz）
101.0	C	—
115.2	CH	6.92（1H，d，J=1.5Hz）
116.3	CH	6.84（1H，d，J=8.0Hz）
120.2	CH	6.78（1H，dd，J=1.5，8.0Hz）
131.9	C	—
145.79	C	—
145.82	C	—
156.6	C	—
157.1	C	—
157.2	C	—

5）通过 ^{1}H-^{1}H COSY 谱的解析，验证上述耦合关系的推测及推导结构片段的存在。由图 4-61 中观测到的 δ_H 2.61 与 δ_H 2.91；δ_H 4.08 与 δ_H 2.61、2.91、4.68 之间的氢氢相关信号，提示结构中存在结构片段 a，图示如下。

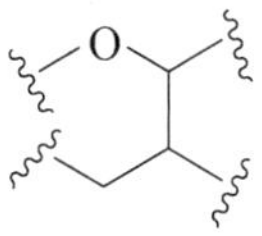

δ_H 6.00 与 δ_H 6.05 之间的氢-氢相关信号，进一步验证了 1, 2, 3, 4-四取代芳香环的存在。而 ABX 自旋耦核系统苯环的存在由 δ_H 6.78 与 δ_H 6.84、6.92 之间的氢氢相关信号得到了证明。各质子之间的相关信号归属如表 4-5 所示。

表 4-5 化合物 D 中各质子氢谱、COSY 谱数据归属

δ_H	相耦合质子的 δ_H
2.61	2.91、4.08
2.91	2.61、4.08
4.08	2.61、2.91、4.68
4.68	4.08
6.00	6.05
6.05	6.00
6.78	6.84、6.92
6.84	6.78
6.92	6.78

6）由图 4-63、图 4-64 中可以观测到表 4-6 所示碳氢之间的远程相关信号。

表 4-6 化合物 D 的 HMBC 数据归属

δ_H	发生远程耦合碳的 δ_C
2.61	68.5、82.4、101.0、156.6、157.1
2.91	68.5、82.4、101.0、156.6、157.1
4.08	82.4、101.0、131.9
4.68	28.0、68.5、115.2、120.2、131.9、156.6
6.00	96.5、101.0、156.6、157.2
6.05	95.7、101.0、157.1、157.2
6.78	82.4、115.2、145.82
6.84	131.9、145.79
6.92	82.4、120.2、131.9、145.82

其中，δ_H 6.00 与 δ_C 96.5、101.0、156.6、157.2；δ_H 6.05 与 δ_C 95.7、101.0、157.1、157.2 之间的碳氢远程相关信号提示结构中存在结构片段 b，图示如下。

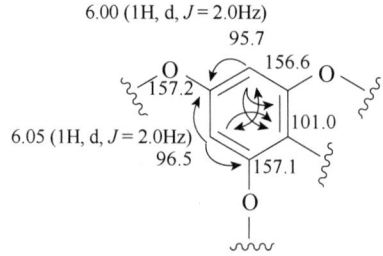

而 δ_H 6.78 与 δ_C 115.2、145.82；δ_H 6.84 与 δ_C 131.9、145.79；δ_H 6.92 与 δ_C 120.2、131.9、145.82 之间的碳氢远程相关信号提示结构中存在结构片段 c，图示如下。

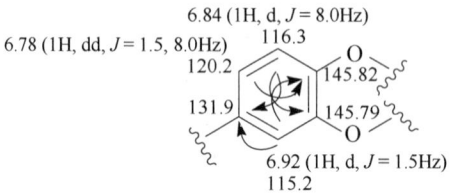

最后，通过 δ_H 2.61、2.91 与 δ_C 101.0、156.6、157.1；δ_H 4.08 与 δ_C 101.0、131.9；δ_H 4.68 与 δ_C 115.2、120.2、131.9、156.6 之间的碳氢远程相关信号，将结构片段 a、b 及 c 连接在一起，构成了结构片段 d，图示如下。

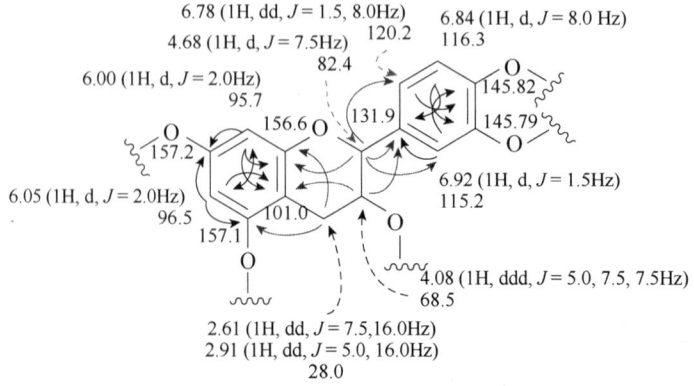

结合其相对分子质量 M_w=290，可知结构片段 c 中的剩余 5 个氧原子均连接了氢原子，由此，确定了化合物 D 的平面结构，为一黄烷醇类成分。

其 H-2 与 H-3 之间的耦合常数 J=7.5Hz，提示两质子互为反式构型。

为确定其绝对构型，进行了 CD 谱（图 4-65）的测定，其 CD 谱在 282nm 呈现负的 Cotton 效应，提示 2 位的绝对构型为 R。由此，确定该化合物的绝对构型为 2R，3R。

化合物 D 的碳氢数据归属如表 4-7 所示。其比旋光度$[\alpha]_D^{25}$=+14.5°（c=0.50，丙酮：H_2O=1∶1），^{1}H-NMR、^{13}C-NMR 数据与文献中报道的（+）-儿茶素的基本一致，故鉴定该化合物为（+）-儿茶素。

化合物 D 的结构图

表 4-7 化合物 D 的核磁数据归属

No.	δ_C	δ_H（J）
2	82.4	4.68（1H, d, J=7.5Hz）
3	68.5	4.08（1H, ddd, J=5.0, 7.5, 7.5Hz）
4	28.0	2.61（1H, dd, J=7.5, 16.0Hz）
		2.91（1H, dd, J=5.0, 16.0Hz）
5	157.1	—
6	96.5	6.05（1H, d, J=2.0Hz）
7	157.2	—
8	95.7	6.00（1H, d, J=2.0Hz）
9	156.6	—
10	101.0	—
1′	131.9	—
2′	115.2	6.92（1H, d, J=1.5Hz）
3′	145.79	—
4′	145.82	—
5′	116.3	6.84（1H, d, J=8.0Hz）
6′	120.2	6.78（1H, dd, J=1.5, 8.0Hz）

习 题

1）用来确定化合物相邻质子间耦合关系的 NMR 谱为（   ）
　　A. ^{1}H-^{1}H COSY 谱　　　　　　B. HSQC 谱
　　C. HMQC 谱　　　　　　　　　D. INADEQUATE 谱

2）用来确定化合物中碳氢一键相关的 NMR 谱为（   ）
　　A. ^{1}H-^{1}H COSY 谱　　　　　　B. HSQC 谱
　　C. HMBC　　　　　　　　　　D. INADEQUATE 谱

3）用来确定化合物中碳氢远程相关的 NMR 谱为（　　）
   A. ^{1}H-^{1}H COSY 谱　　　　　B. HSQC 谱
   C. HMBC　　　　　　　　　　D. INADEQUATE 谱

4）^{1}H-^{1}H COSY 谱能提供什么结构信息？

5）HMBC 能提供什么结构信息？

6）NOESY 谱能提供什么结构信息？

7）某化合物 E 为白色粉末状固体，分子式为 $C_9H_{10}O_2$，^{1}H-NMR、^{13}C-NMR、HSQC 和 HMBC 见图 4-66～图 4-69，试推测该化合物可能的平面结构并归属碳氢信号。

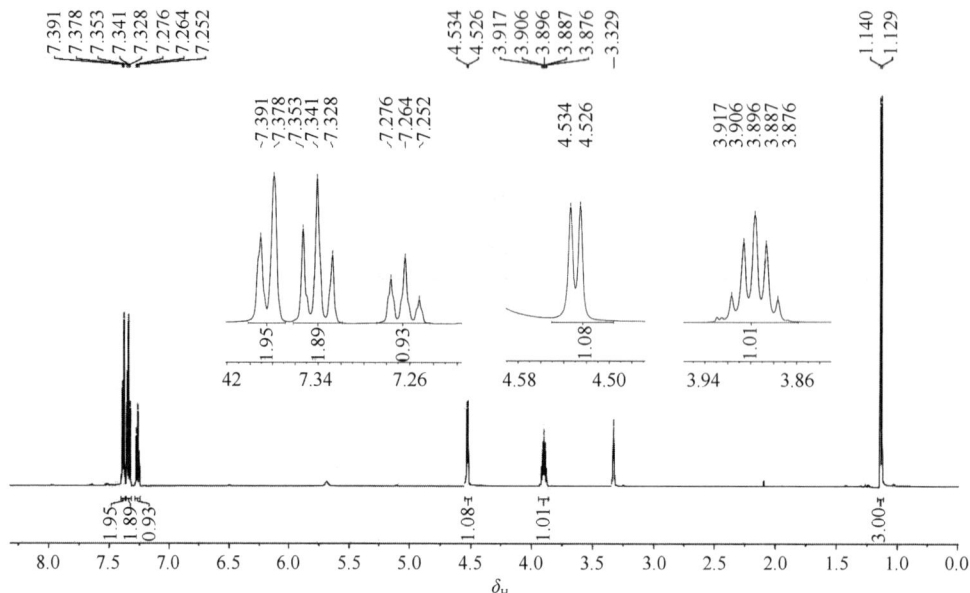

图 4-66　化合物 E 的 ^{1}H-NMR 谱（600MHz，CD$_3$OD）

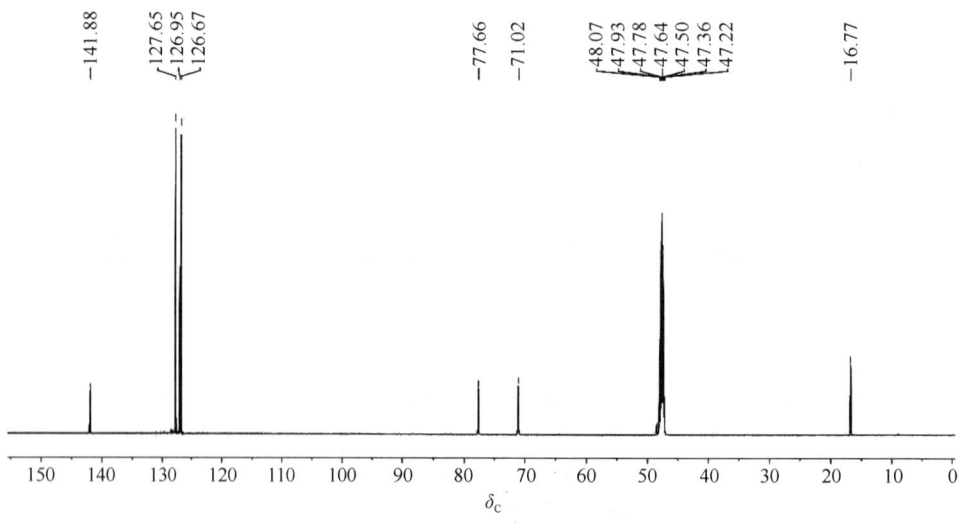

图 4-67　化合物 E 的 ^{13}C-NMR 谱（150MHz，CD$_3$OD）

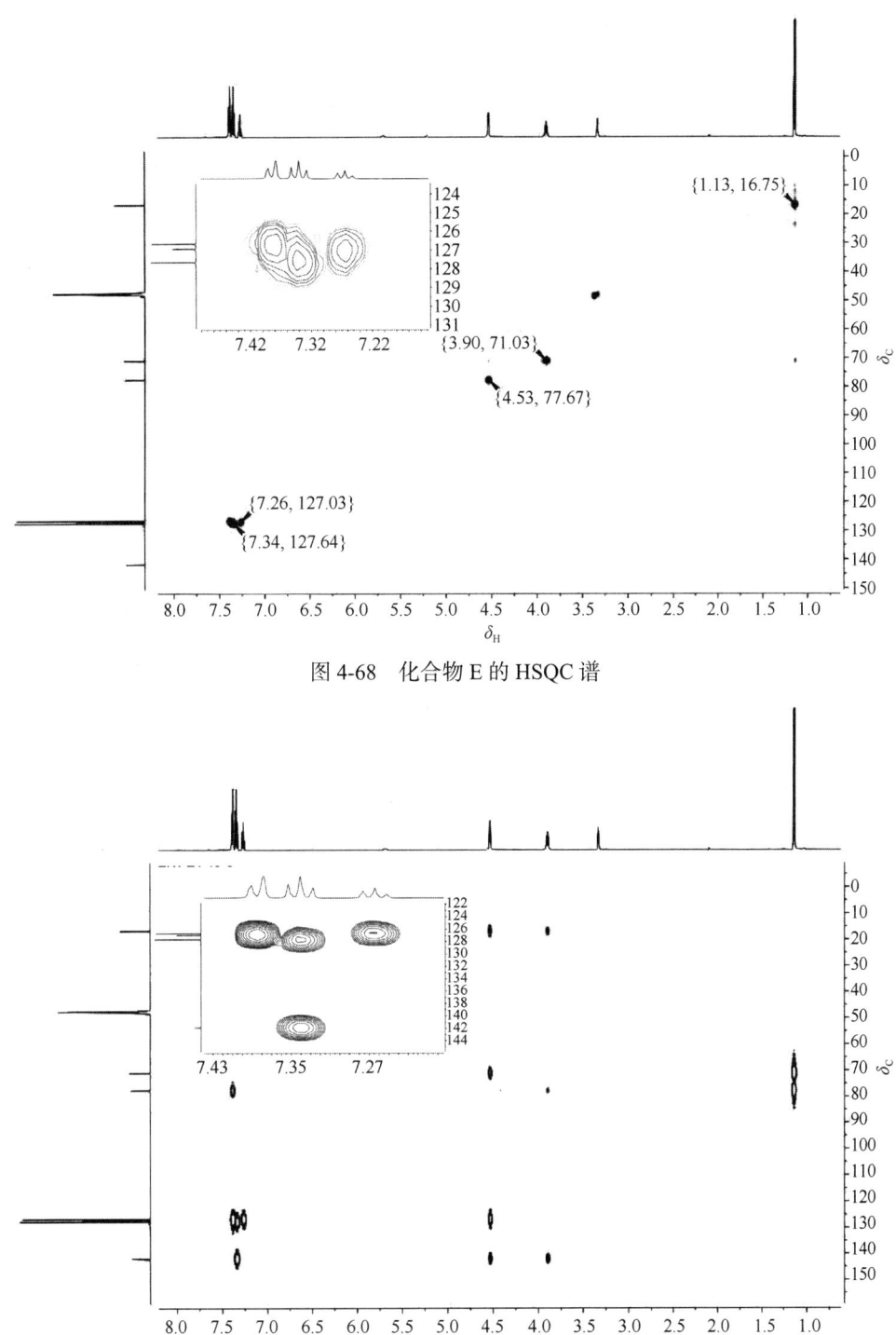

图 4-68 化合物 E 的 HSQC 谱

图 4-69 化合物 E 的 HMBC

8）某化合物 F 的 HMBC 放大谱见图 4-70，试画出与 δ_H 6.96 具有碳氢远程相关的碳信号。

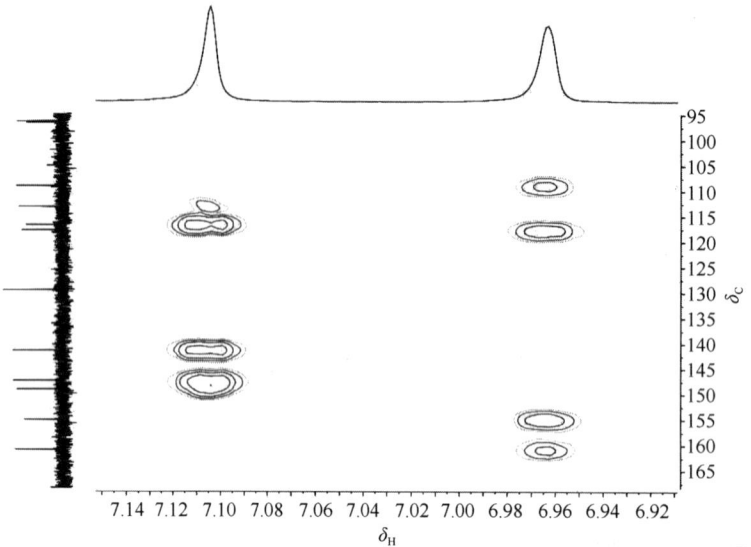

图 4-70 化合物 F 的 HMBC（部分放大谱）（400MHz，CD₃OD）

9）某化合物 G 的 NOESY 谱如图 4-71 所示，试指出哪些信号之间存在 NOE 相关。

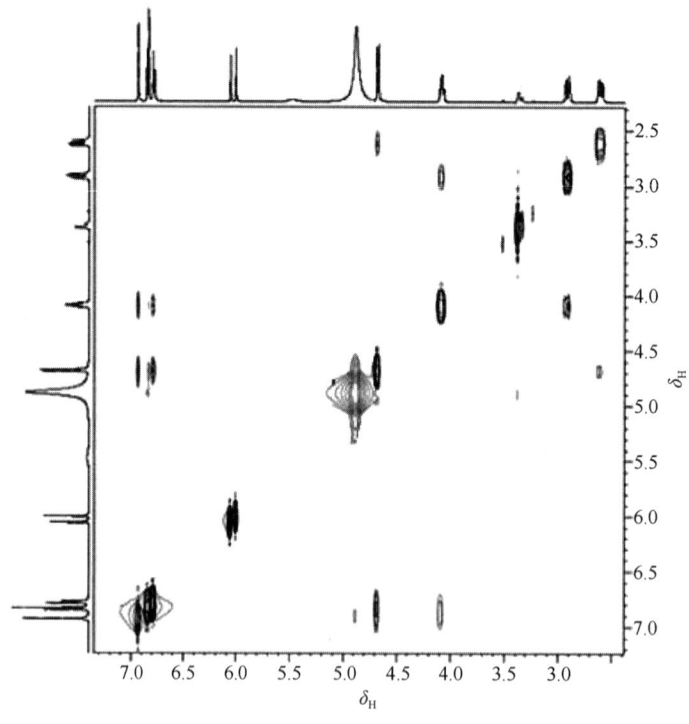

图 4-71 化合物 G 的 NOESY 谱（500MHz，CD₃OD）

10）乙基正丁基醚的氢谱（图 4-72）在 δ_H 0.87、1.11、1.36、1.52、3.27 和 3.29（部分重叠）处有信号，碳谱在 δ_C 13.5、15.0、19.4、32.1、66.0 和 70.1 处有信号，请结合 ¹H-¹H COSY（图 4-73），HSQC 谱（图 4-74）的解析对其氢谱和碳谱数据进行归属。

$$\overset{1}{H_3C}—\overset{2}{CH_2}—O—\overset{3}{CH_2}—\overset{4}{CH_2}—\overset{5}{CH_2}—\overset{6}{CH_3}$$

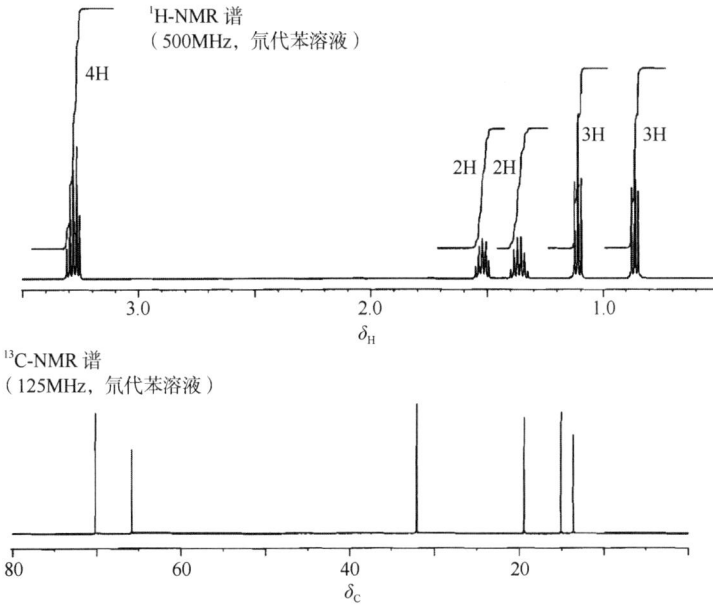

图 4-72　乙基正丁基醚的 ^{1}H-NMR 和 ^{13}C-NMR 谱

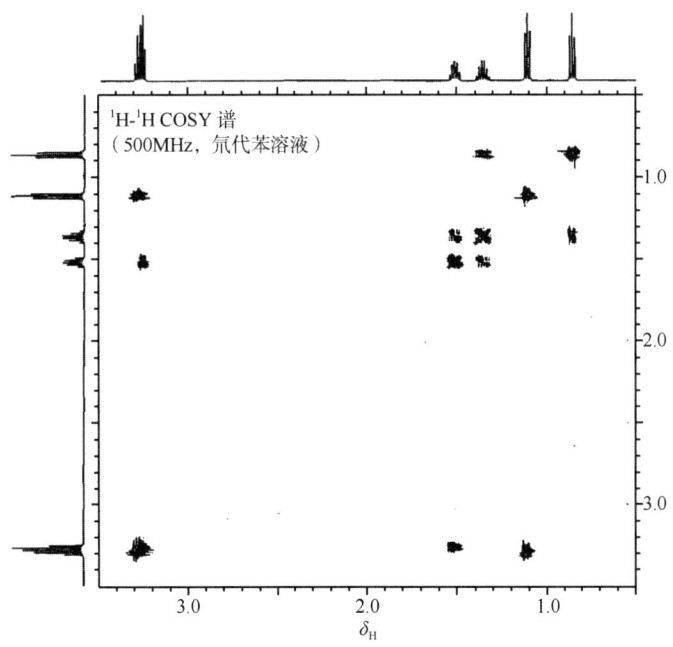

图 4-73　乙基正丁基醚的 ^{1}H-^{1}H COSY 谱

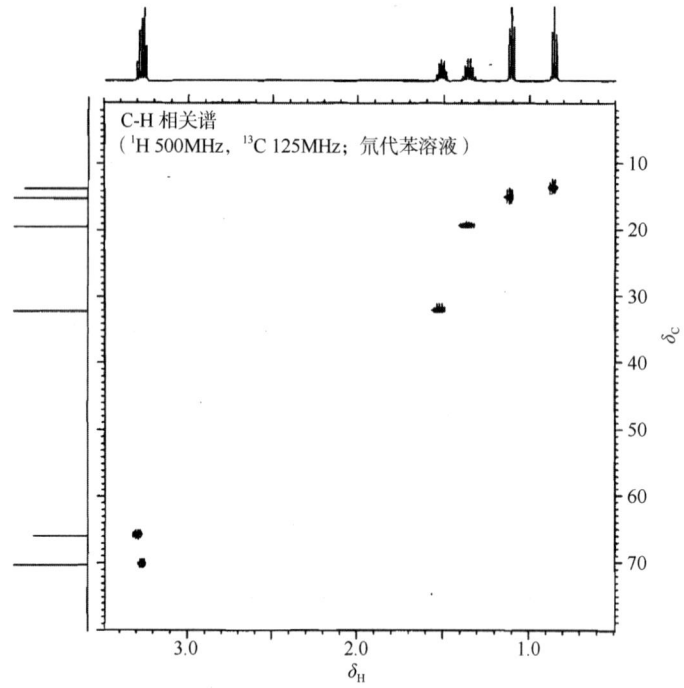

图 4-74　乙基正丁基醚的 HSQC 谱

第五章 波谱综合解析

对于结构复杂的未知物，仅靠一种波谱技术很难推测其化学结构。通常将多种波谱（UV、IR、MS、^{1}H-NMR、^{13}C-NMR、2D-NMR 等）结合起来综合运用、相互补充与相互验证，则可以更好地进行结构解析。综合运用多种波谱进行结构解析的方法称为波谱综合解析。

第一节 综合解析程序

一、各种波谱提供的结构信息与作用

不同的波谱提供了不同的结构信息，为了正确地导出结构，必须十分熟悉每种波谱提供的结构信息与作用，充分掌握各类化合物的不同波谱特征（表5-1）。

1. 质谱 主要用于测定相对分子质量，确定分子式，通过解析质谱图中各主要离子峰确定可能的结构单元。另外，质谱法还可以作为一个验证手段，验证所推测结构的正确性。

2. 红外吸收光谱 主要用于确定化合物具有哪些官能团及化合物的类型（芳香族、脂肪族、羰基化合物、羟基化合物、胺类等）。

3. 一维核磁共振氢谱 ^{1}H-NMR 在结构解析中主要提供有关质子类型、分布、相邻质子数量与含氢基团连接顺序等方面的结构信息。

1）质子类型可说明化合物中含有哪些官能团，如是否含有醛基、双键、芳环等。

2）氢的分布可以说明各种含氢官能团中氢原子的数目。

3）通过峰的裂分数目可以推测相邻基团含有氢原子的数目；化学位移值与基团结构的相关性有助于推测各基团的连接顺序。

4. 一维核磁共振碳谱 可获得化学不等价碳原子的数目、相同化学环境中碳原子的数目、碳原子的级别，乃至化合物碳骨架的结构。

5. 二维核磁共振波谱 可以用于推测结构更复杂、相对分子质量更大的分子结构。^{1}H-^{1}H COSY 可以得到分子中相邻碳上的氢 ^{1}H-^{1}H 之间的耦合关系，自旋系统与结构片段；^{13}C-^{13}C COSY 可判断直接相连的碳；HSQC 或 HMQC 可以把直接相连的碳和氢关联起来；HMBC 可以获得 ^{13}C-^{1}H 远程耦合信息，把含氢基团和季碳或其他杂原子关联起来。NOESY 或 ROESY 可以获得空间构型与构象。二维核磁共振图谱的类型与用途见表5-2。

二、解析程序

1. 了解关于样品的信息 包括样品来源，熔点、沸点、溶解度等物理性质，以及用其他分析手段测定得到的数据。用于测定各种谱图的样品是否是高纯度（＞98%）的物质，否则会得出错误的解析结果。

表 5-1 各类化合物的波谱特征

化合物		UV	IR (cm^{-1})	^{1}H-NMR	^{13}C-NMR	MS (m/z)
烷烃	CH$_3$	无吸收	1460，1380。异丙基 1385，1375；叔丁基 1395，1365	在 $\delta 0 \sim 5$ 之间，从质子数可确定是否有 —CH$_3$、=CH$_2$ 或 =CH，当呈现一级图谱时，由分裂线和出现的信息有可能推测出其相邻部分结构。也可以由 2D-NMR 直接确定	在 $\delta 0 \sim 65$ 范围内，CH$_3$（q，四重峰）。也可由 DEPT 或 2D-NMR 直接确定	有 m/z 29+14n 碎片离子峰群，支链上有甲基时有 m/z 15 或 M-15 峰
	CH$_2$、CH		CH$_2$1470，由于相邻官能团的不同会有一些位移，难以得到 CH 的信息。C—CH$_2$—C 770 C—(CH$_2$)$_2$—C 750~740 C—(CH$_2$)$_3$—C 740~730 C—(CH$_2$)$_4$—C 730~725 C—(CH$_2$)$_n$—C (n>4) 720		在 $\delta 0 \sim 65$ 范围内：—CH$_2$—（d，二重峰）。也可由 DEPT 或 2D-NMR 直接确定	有 —CH$_2$—，则有相差 m/z 14 的峰
季碳		无吸收	难以得到直接信息	不能得到直接信息	DEPT 碳谱无峰	叔丁基（t-C$_4$H$_9$，m/z 57，41）
烯烃		孤立双键无吸带，共轭双键有 K 带	$\nu_{C=C}$1680~1620（分子对称时不出现），在 1000~650 根据不饱和碳氢的面外弯曲所产生的吸收峰峰位可推断出各种取代类型	烯环若有氢，在 $\delta 4 \sim 8$ 有吸收峰。由质子数和自旋-自旋分裂推断出各种取代类型	在 $\delta 100 \sim 160$ 范围内，用 CH$_2$=（t），CH=（d），C=（s）的组合可确定双键的存在	有 m/z 27+14n 碎片离子峰群与麦氏重排离子峰
炔烃		无吸收	2260~2100，如果有炔氢在 3310~3300 出现吸收带	若有炔氢，在 $\delta 2 \sim 3$ 有吸收峰	$\delta 60 \sim 90$，有炔碳峰	m/z 39，强 M-1 峰
芳烃		B 带，E$_2$ 带	非共轭苯环 1600，1500 两个吸收带，共轭苯环 1600，1580，1500，1450 3~4 个吸收带；用 900~650 可推断苯环的取代类型	苯环上质子 $\delta 6 \sim 9$，从裂分谱型大致能推断出取代基及取代方式	$\delta 110 \sim 170$（芳杂环 175），能推断出取代方式，从其位置也可大致推断出取代种类	有苯环时，出现 m/z 77，65，51，39 峰
羰基化合物	羧酸	R 带	$\nu_{C=O}$1685~1700，在 3300~2500 很宽的范围内有很强的 ν_{OH} 吸收	羧酸质子 $\delta 10 \sim 13$	羰基碳 $\delta 160 \sim 185$（s）	m/z 45；麦氏重排：m/z 60，74···M-17，M-45
	酯	R 带	$\nu_{C=O}$1725~1735cm^{-1} ν_{C-O-C}^{as} 1300~1150cm^{-1} ν_{C-O-C}^{s} 1150~1000cm^{-1}	与 R—COO 相连的烷基质子 $\delta 3.6 \sim 5$	羰基碳 $\delta 150 \sim 175$（s）	①R 若是烷基，则其中之一肯定有一个强峰； ②麦氏重排：甲醇酯 m/z 74，乙醇酯 m/z 88，丙醇酯 m/z 102； ③M+1 麦氏重排：乙酸酯 m/z 61，丙酸酯 m/z 75，丁酸酯 m/z 89

第五章 波谱综合解析

续表

化合物		UV	IR (cm⁻¹)	¹H-NMR	¹³C-NMR	MS (m/z)
羰基化合物	酰胺	R 带	$v_{C=O}$ 1650~1680；3500~3100 伯酰胺双峰，仲酰胺单峰，叔酰胺无峰	酰胺质子 δ5~8.5	羰基碳 δ160~180 (s)	m/z 30，44，M-44 麦氏重排；m/z 59+14n
	醛	R 带	$v_{C=O}$ ~1725，α,β-不饱和醛~1690，2820，2720 费米共振双峰	醛质子 δ9~10.5	羰基碳 δ175~205 (s)	①m/z 29，44+14n 碎片离子峰，②M-1，M-29，M-43
	酮	R 带	$v_{C=O}$ ~1715，α,β-不饱和酮~1675	与其相邻的烷基质子 δ2.1~2.65	羰基碳 δ195~225 (s)	m/z 43，57，71……；麦氏重排；58+14n
醇		无吸收或有末端吸收	在 3550~3100 很宽的范围内有很强的吸收，1300~900 能确定出各种醇的类型。伯醇 (1050)，仲醇 (1100)，叔醇 (1150)	在 δ0.5~5.5 有吸收峰。加入重水，吸收峰消失	没有直接信息，与其相连的碳原子峰与烷基碳原子相比，向低场位移	①m/z 31+14n 含氧碎片离子峰群，伯醇 (31)，仲醇 (45)，叔醇 (59)；②M-1，M-18，M-(18+28)，M-(18+15)，M-(18+R)
胺		无吸收或有末端吸收	3500~3100 有中等强度或窄的吸收峰。伯胺双峰，仲胺单峰，叔胺无峰	在 δ0.5~5.0 有吸收峰。加入重水，吸收峰消失	没有直接信息，有两种与其相连的碳原子峰与烷基碳原子相比，向低场位移	m/z 30+14n；M-1
醚		无吸收	烷基醚 1150~1070 芳香醚 1275~1200，1075~1020	没有直接信息，与氧原子相邻的碳上的氢与烷基质子相比，向低场位移	没有直接信息，与氧原子相连的碳与烷基碳原子相比，向低场位移	m/z 31+14n 含氧碎片离子峰群
腈		无吸收或有末端吸收	2275~2215	没有直接信息	δ117~126	没有直接信息
硝基化合物		R 带	C—NO₂ 1580~1500，1380~1300 O—NO₂ 1650~1620，1280~1270 N—NO₂ 1630~1550，1300~1250	没有直接信息	没有直接信息	脂肪族硝基化合物有很强的 m/z 30，46 吸收峰；芳香族硝基化合物有很强的 M-46，M-30 的质谱峰
含硫化合物		无吸收	S—H 2590~2550 S=O 1420~1010	除—SH 外没有直接信息	没有直接信息	m/z 32+R，34+R；M-33，M-34 ^{32}S : ^{34}S=100 : 4.44（[M] : [M+2]）
卤化物		无吸收	有各种吸收谱带，但不具特征性	没有直接信息	没有直接信息	有明显的 M-X，M-R，M-HX，M-HX ^{35}Cl : ^{37}Cl=3 : 1，^{79}Br : ^{81}Br=1 : 1

表 5-2　二维核磁共振图谱的类型与用途

图谱类型	F_2 频率轴	F_1 频率轴	峰类型与图谱信息	用途
^{1}H, ^{1}H-2D J 谱	^{1}H 化学位移值	$^3J_{HH}$ 值	F_2 方向提供了质子峰的组数与化学位移值；F_1 方向提供了每组的峰数与耦合常数 $^3J_{HH}$	用于确定自旋系统，判断耦合关系，精确测量耦合常数 $^3J_{HH}$
^{13}C, ^{1}H-2D J 谱	^{13}C 化学位移值	$^1J_{C-H}$ 值	F_2 方向提供了 ^{13}C 峰的组数与化学位移值；F_1 方向提供了每组的峰数与耦合常数 $^1J_{C-H}$ 值	用于确定碳的级别与精确测量耦合常数 $^1J_{C-H}$
^{1}H-^{1}H COSY	^{1}H 化学位移值	^{1}H 化学位移值	对角峰与交叉峰（相关峰），邻位耦合信息	通过 $^3J_{HH}$ 耦合，利用交叉峰判断耦合关系
TOCSY	^{1}H 化学位移值	^{1}H 化学位移值	对角峰与交叉峰，同一自旋体系内所有氢核之间的接力标量耦合信息	利用交叉峰判断自旋系统内的所有的 ^{1}H-^{1}H 耦合关系，用于自旋系统的确认
2D-INADEQUATE 第一种形式	^{13}C 化学位移	双量子跃迁频率	相互耦合的 2 个碳原子作为一对双峰排列在平行于 F_2 域的同一水平线上	通过 $^1J_{CC}$ 耦合判断直接相连的碳
2D-INADEQUATE 第二种形式	^{13}C 化学位移	^{13}C 化学位移	相互耦合的碳原子作为一对双峰出现在对角线两侧对称的位置上	通过 $^1J_{CC}$ 耦合判断直接相连的碳
HSQC（HMQC）	^{1}H 化学位移值	^{13}C 化学位移值	只有交叉峰，无对角峰，无季碳峰	通过 $^1J_{CH}$ 耦合判断直接相连的碳、氢
HMBC	^{1}H 化学位移	^{13}C 化学位移	相隔 2~5 个键 ^{13}C-^{1}H 耦合的谱图上出现交叉单峰；一键耦合的 ^{13}C-^{1}H 谱图上出现交叉双峰，无对角峰	通过 $^2J_{CH}$-$^4J_{CH}$ 或 $^5J_{CH}$ 耦合，利用交叉单峰，判断四键以内碳与碳或碳与基团之间的连接顺序
NOESY, ROESY	^{1}H 化学位移值	^{1}H 化学位移值	对角峰与交叉峰，非键合 NOE	利用交叉峰，判断非键合（两核空间距离<0.5nm）核的空间距离，用于构象分析

2. 确定相对分子质量　一般运用现代质谱的方法确定相对分子质量，质谱中分子离子的质荷比即为相对分子质量。

3. 确定分子式　分子式的确定有以下几种方法。

1）用质谱精密质量法或同位素丰度法确定分子式。

2）综合利用各种波谱方法提供的信息确定分子式：从 ^{1}H-NMR 的积分曲线高度比得到 H 原子数目（注意分子结构对称时，H 原子数可能是计算值的整数倍）；从 IR、MS 与 NMR 确定 O、N、S、Cl、Br 等杂原子的类型与数目；由 ^{13}C-NMR 的谱线数可得到 C 原子数（结构对称时，C 原子数 > 谱线数）。

$$C原子数 = \frac{分子相对质量 - H原子质量 - 杂原子质量}{12} \quad (5-1)$$

式（5-1）的计算值应为整数，否则应检查 H 原子数或其他杂原子数是否有误。也可由 ^{13}C-NMR 反转门控去耦技术定量测定 C 原子数。

3）其他分析方法确定分子式：现代的元素定量分析仪只需要几毫克的样品就可得到有关数据，结合分子量即可计算出分子中 C、H、O、N、S 等原子数。

4. 计算化合物的不饱和度 U，判断化合物的类型　$U=0$，该化合物为饱和链状烷烃或其衍生物。$U=1$，该化合物含有 1 个饱和环或 1 个双键。$U=2$，该化合物含有 1 个饱和环与 1 个双键或 2 个双键、2 个饱和环或 1 个三键等。$U \geq 4$，含有苯环等。

第五章　波谱综合解析

5. 找出结构单元（基团）　从多种波谱中提取有关结构的信息，列出可能的结构单元（基团）。

6. 计算剩余基团　有的基团波谱特征性不强，有的时候分子中含有 1 个以上的相同基团，为防止漏掉这些基团，需将分子式与已确定的所有结构单元的元素组成作一比较，计算出差值，该差值就是剩余基团。

7. 将小的结构单元（基团）组合成较大的结构单元　从 ^1H 和 ^{13}C 谱的化学位移和耦合常数，找出相邻基团的重要线索，确定基团连接顺序。二维谱确定基团间的关联更为简便可靠。质谱碎片峰为重要的证据。紫外光谱判断有无共轭体系。红外光谱某些基团的吸收位置可反映该基团与其他基团相连接的关系。

8. 提出可能的结构式，用波谱数据进行核对，排除不合理结构　核对已找出的结构单元中的不饱和基团和分子的不饱和度是否相符；注意不饱和键和杂原子的位置；从推出的可能结构出发，对各种图谱进行指认；利用各种经验公式计算核磁共振的化学位移、耦合常数及紫外吸收带位置等，由计算值与实测值比较；利用质谱碎裂机理推测碎裂途径及碎片质荷比；利用各种化学或结构办公软件模拟理论图谱，如 ChemDraw、ACD/Lab 等，模拟理论图谱，与实测图谱进行比较，确定可能的结构。

9. 结构验证

（1）质谱验证：运用质谱断裂机理，推断出的正确结构一定能写出合理的裂解反应，解释质谱图主要碎片离子峰，由此可验证结构的正确性。

（2）标准图谱验证：对于已知未知物，确定的可能结构可与各种波谱的标准图谱进行对照，借以验证结构的正确性。

1）常用的标准光谱如下：①《萨德勒标准光谱》（*the Sadtler standard spectra*），是由美国费城萨德勒研究实验室（Sadtler Reserch Laboratories，Inc.）自 1966 年以来连续编印出版的各种化合物的多种谱图，是当今世界上最大型谱图集，收集的谱图数量最多，品种齐全。其包括的图谱有红外光谱（棱镜）91000 张、红外光谱（光栅）91000 张、^1H 核磁共振 64000 张、高分辨（300MHz）^1H 核磁共振 12000 张、C-13 核磁共振 42000 张、荧光光谱 2000 张、紫外光谱 48140 张、差热分析 2000 张等。不仅收集了纯度极高的标准样品的谱图，还收集了商品化合物光谱，如商业红外、商业紫外、商业核磁共振等。②Wiley/NBS registry of mass spectral data.，由美国威利/国家统计局登记的大规模质谱数据。③《质谱八峰索引》（*Eight peak index of mass spectra*）有 81000 张质谱图。

2）免费查阅化合物光谱数据与图谱的网站：①Spectral Database forOrganic Compounds（有机化合物光谱数据），由日本国立先进工业科学与技术研究院（National Institute of Advanced Industrial Science and Technology，AIST）建立，提供免费查询有机化合物 6 种波谱：EI-MS、FTIR、^1H-NMR、^{13}C-NMR、拉曼光谱和电子自旋共振波谱（ESR）。网址：http：//riodb01.ibase.aist.go.jp/sdbs/cgi-bin/direct_frame_top.cgi。②Chemistry WebBook（化学互联网手册），由美国国家标准与技术研究院（the National Institute of Standards and Technology，NIST）建立，提供化学热力学参数和各种波谱（IR、MS、UV、GC 等）数据及图谱。网址：http：//webbook.nist.gov/chemistry/。③中国化学专业数据库，由中国科学院上海有机化学研究所建设，目前已经建设完成 19 个方面的数据内容与技术，分别是化合物结构数据库、化学反应数据库、红外谱图数据库、质谱谱图数据库、化学物质分析方法数据库、药物与天然产物数据库、中药与有效成分数据库、化学配方数据库、毒性化合物数据库、化工产品数据库、中国化学文献数据库、化学核心期刊（英文）数据库、专业情报数据库、精细化工产品数据库、生物活性数据库、工程塑料数据库、化合物名称翻译、结构处理技术共享和化学网络资源数据库。注册后即可免费使用数据库。网址：http：//202.127.145.134/default.htm。

（3）2D-NMR 或单晶 X 射线衍射波谱验证：对于新化合物，若是结构简单或较复杂的化合物，仅用 IR、^1H-NMR、^{13}C-NMR 与 MS 推测出的可能结构，需用 2D-NMR 提供的各种图谱进行结构确认；若是结构很复杂的天然化合物，应用 2D-NMR 推测出的可能结构，则需用圆二色光谱、单晶 X 射线衍射波谱进行结构确认。

第二节 综合解析示例

例 5-1 某化合物的四种图谱如图 5-1～图 5-4 所示，试由下列图谱推断该化合物的结构。

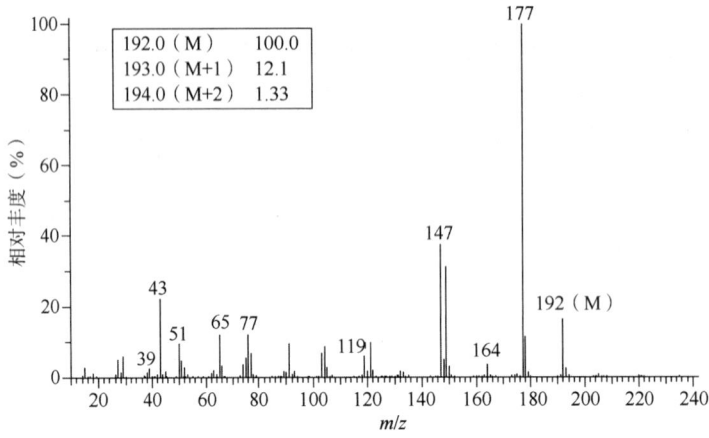

图 5-1 未知物的 MS 图

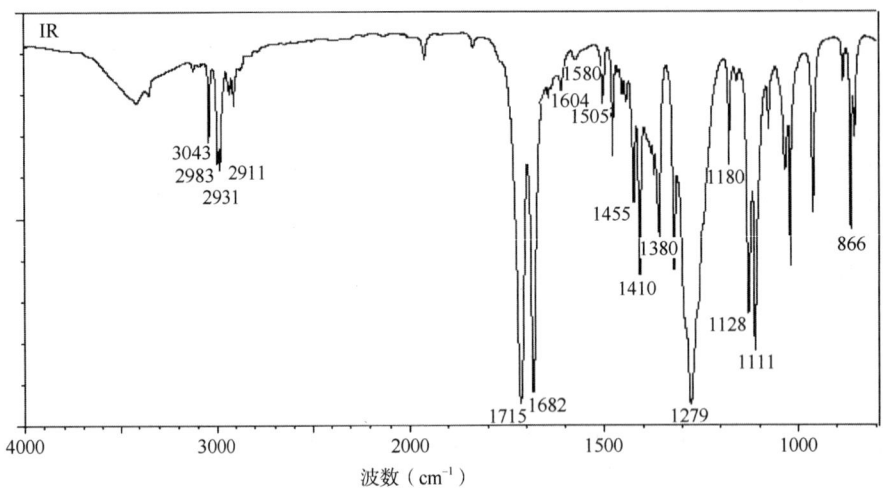

图 5-2 未知物的 IR 图

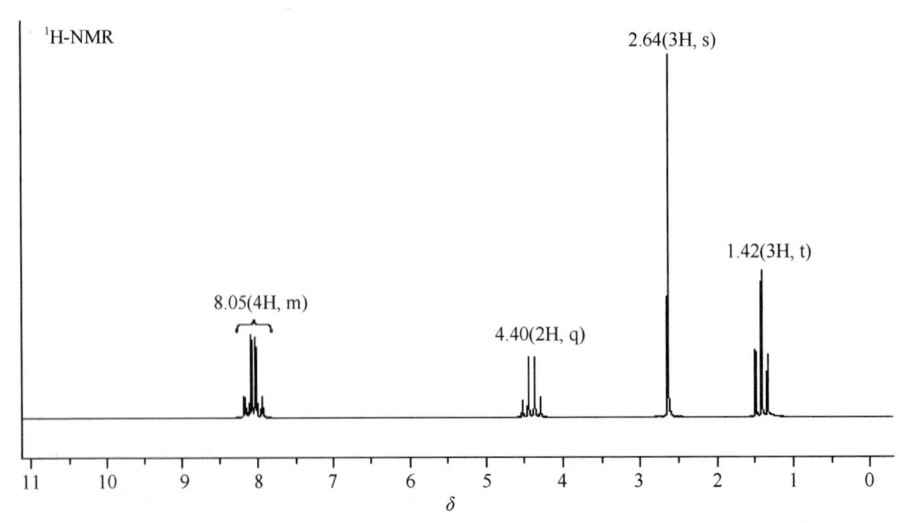

图 5-3 未知物的 ^{1}H-NMR 谱

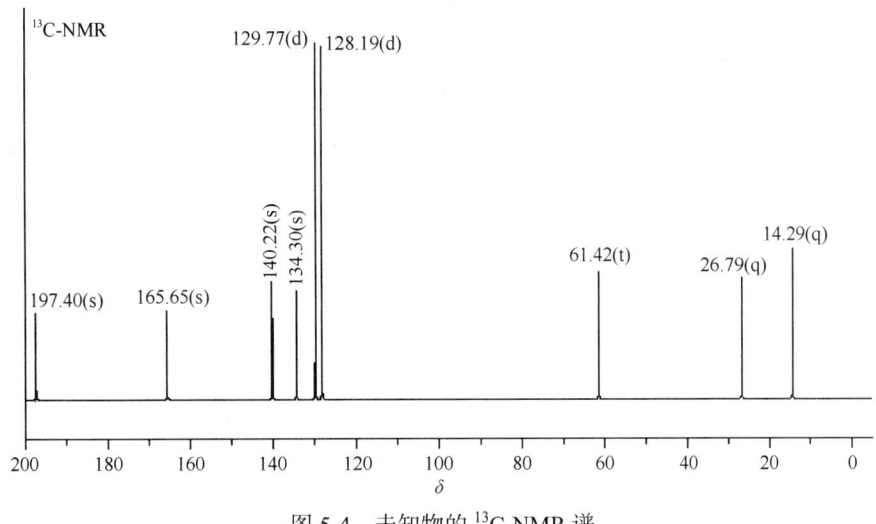

图 5-4 未知物的 ^{13}C-NMR 谱

解:

(1) 求分子式: 由 M+2 相对丰度可知不含有硫, 由质谱可知不含有氮或含偶数氮, 设 $n_N=0$ 时, 含碳数与含氧数计算如下:

$$n_C = \frac{\frac{[M+1]}{[M]} \times 100\%}{1.08} = \frac{12.1}{1.08} = 11.2 \approx 11$$

$$n_O = \frac{\frac{[M+2]}{[M]} \times 100\% - 0.006 n_C^2}{0.20} = \frac{1.33 - 0.006 \times 11^2}{0.20} \approx 3$$

求得分子式为 $C_{11}H_{12}O_3$, 分子式中一价元素的数目 n_1 符合不等式 $\frac{1}{2}n_4 \leqslant n_1 \leqslant 2n_4 + n_3 + 4$, 所求分子式合理, 故不含氮。不饱和度 $U=6$, 提示含有 1 个苯环与 2 个双键。

(2) 图谱解析

$$\left.\begin{array}{l}\delta 1.42 \text{ (3H, t)} \\ \delta 4.40 \text{ (2H, q)}\end{array}\right\} \text{—OCH}_2\text{CH}_3$$

1) ^{1}H-NMR:

$\delta 2.64$ (3H, s), 含孤立甲基, 根据 δ 值, 该甲基应与不饱和基团羰基相连。

$\delta 8.05$ (4H, m), 呈现 AA'BB'自旋系统, 示苯环对位取代。

2) IR: 3043cm^{-1}, 苯环不饱和碳氢伸缩振动。

2983、2931cm^{-1}, 示含甲基与亚甲基。

1715cm^{-1}, 示含与苯环共轭的酯羰基; 1682cm^{-1}, 示含与苯环共轭羰基。

1604、1580、1505、1455cm^{-1}, 示存在共轭苯环。

1455、1410、1380cm^{-1}, 为甲基与亚甲基弯曲振动。

1279cm^{-1} 为 ν_{C-O-C}^{as}, 1111cm^{-1} 为 ν_{C-O-C}^{s}。

866cm^{-1}, 提示苯环对位取代。

3) ^{13}C-NMR: $\delta 14$ (q) 与 $\delta 61$ (t), 含 CH$_3$—CH$_2$—O—结构单元。

$\delta 26$ (q), 与不饱和基团羰基相连的甲基碳。

$\delta 128$ (d)、129 (d), 苯环上两个叔碳。

$\delta 134$（s）、140（s），苯环上两个季碳。

$\delta 165$（s），酯羰基碳；$\delta 197$（s），酮羰基碳。

4）MS：低质量端 m/z 39，51，65，77，为苯环碎片离子峰，提示含有苯环；m/z 43 提示含有乙酰基。高质量端 m/z 192（$OE^{+\bullet}$）→177（EE^+），简单裂解，$\Delta m=15$，脱去甲基；m/z 192（$OE^{+\bullet}$）→164（$OE^{+\bullet}$），四元环过渡重排，$\Delta m=28$，脱去乙烯；m/z 192（$OE^{+\bullet}$）→147（EE^+），简单裂解，$\Delta m=45$，脱去乙氧基；m/z 192（$OE^{+\bullet}$）→119（EE^+），简单裂解，$\Delta m=73$，脱去乙氧酰基。

（3）综合上述信息，其结构为

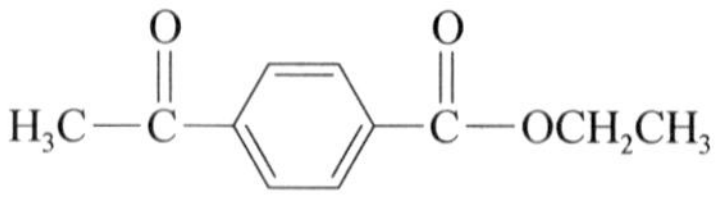

$$H_3C-\overset{O}{\underset{}{C}}-\underset{}{\text{苯环}}-\overset{O}{\underset{}{C}}-OCH_2CH_3$$

（4）结构验证：

$$H_3C-\overset{O}{\underset{43}{C}}-\underset{}{\text{苯环}}-\overset{O}{\underset{119\ \ 147}{C}}-O-CH_2CH_3 \quad (177)$$

$$H_3C-\overset{O}{\underset{}{C}}-\underset{}{\text{苯环}}-\overset{O}{\underset{}{C}}-\overset{+\bullet}{O}\underset{H}{\overset{CH_2}{|}}\underset{}{CH_2} \xrightarrow{-H_2C=CH_2} H_3C-\overset{O}{\underset{}{C}}-\underset{}{\text{苯环}}-\overset{O}{\underset{}{C}}-\overset{+\bullet}{O}H$$

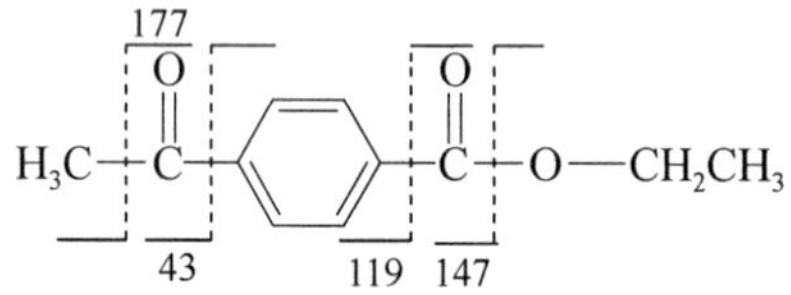

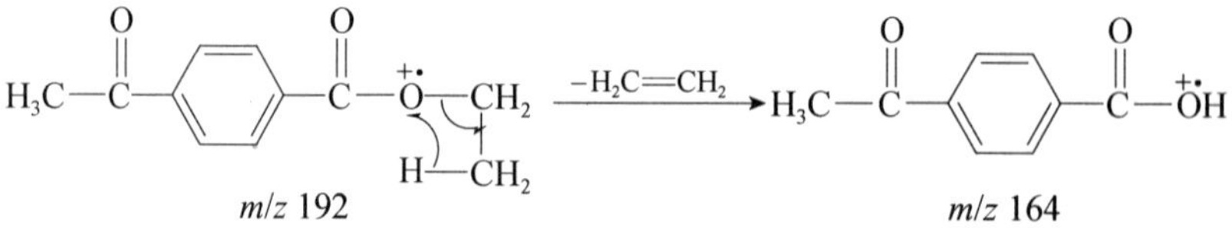

m/z 192 m/z 164

结论：经验证，推断的结构正确。

例 5-2 某化合物的四种图谱如图 5-5～图 5-8 所示，试由下列图谱推断该化合物的结构。

解：

（1）求分子式：把[M]：[M+1]：[M+2]=67.4：7.9：0.69 相对于基峰的丰度之比，转换为相对于分子离子峰的百分相对丰度之比：

$$179(M) \qquad 67.4 \rightarrow 67.4 \times \frac{100}{67.4}=100.0$$

$$180(M+1) \qquad 7.9 \rightarrow 7.9 \times \frac{100}{67.4}=11.7$$

$$181(M+2) \qquad 0.69 \rightarrow 0.69 \times \frac{100}{67.4}=1.02$$

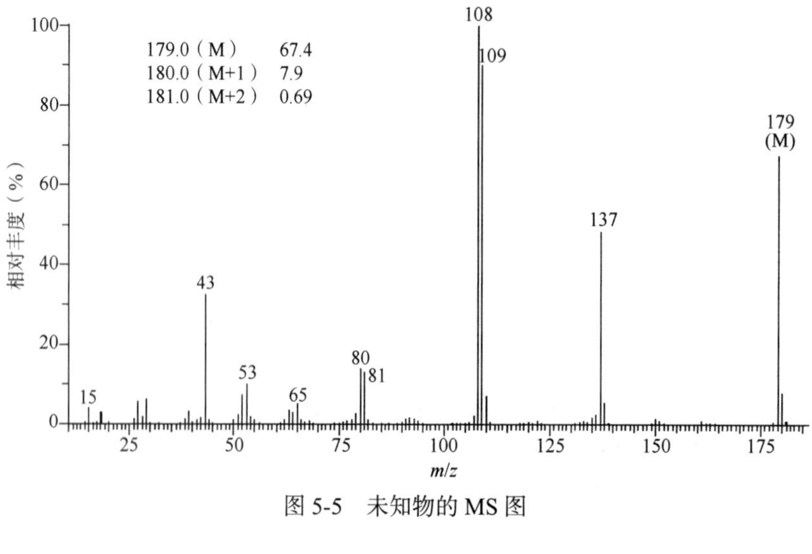

179.0（M）   67.4
180.0（M+1） 7.9
181.0（M+2） 0.69

图 5-5 未知物的 MS 图

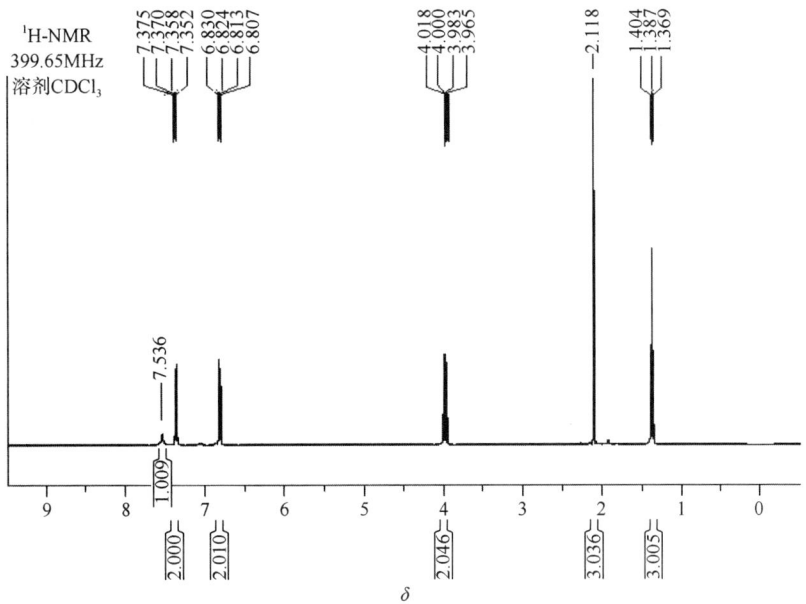

图 5-6　未知物的 ^{1}H-NMR 谱

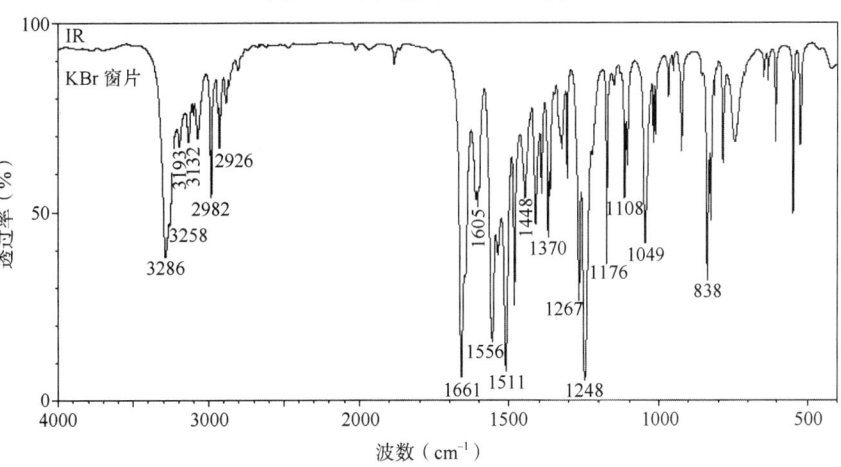

图 5-7　未知物的 IR 图

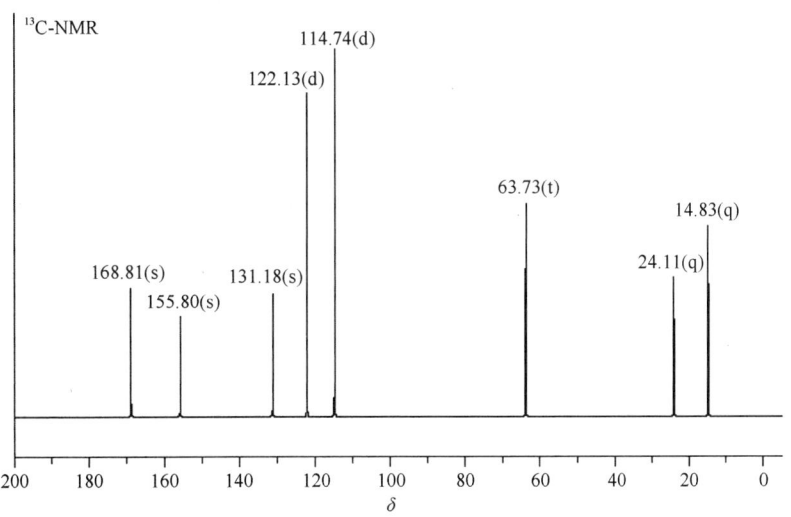

图 5-8　未知物的 ^{13}C-NMR 谱

由 M+2 相对丰度可知不含有硫，由氮律可知含有奇数氮，设 $n_N=1$，含碳数与含氧数计算如下：

$$n_C = \frac{\frac{[M+1]}{[M]} \times 100\%}{1.08} = \frac{11.7 - 0.37}{1.08} \approx 10$$

$$n_O = \frac{\frac{[M+2]}{[M]} \times 100\% - 0.006 n_C^2}{0.20} = \frac{1.02 - 0.006 \times 10^2}{0.20} \approx 2$$

求得分子式为 $C_{10}H_{13}NO_2$，分子式中一价元素的数目 n_1 符合不等式 $\frac{1}{2}n_4 \leq n_1 \leq 2n_4 + n_3 + 4$，所求分子式合理，故只含有 1 个氮。不饱和度 $U=5$，提示含有一个苯环与一个双键。

（2）图谱解析

1）高分辨 ^{1}H-NMR：

$\delta 1.369 \sim 1.404$（3H，t）
$\delta 3.965 \sim 4.018$（2H，q） $\bigg\}$ A_3X_2 系统，根据 δ 值，应含 $CH_3—CH_2—O—$ 结构。

$\delta 6.807 \sim 6.830$（2H，m）
$\delta 7.352 \sim 7.375$（2H，m） $\bigg\}$ 低分辨氢谱中的 AA'BB' 系统，在高分辨氢谱中转化为 AA'XX' 自旋系统，示苯环对位取代。

$\delta 7.536$（1H，s），根据 δ 值，查表 2-4，表中 R—CO—NH—Ar δ 7.8～9.4，提示酰胺中的亚氨基可能与苯环相连。

2）IR：3286、3258、3193、3132 cm^{-1} 为缔合状态的仲酰胺 N—H 伸缩振动所产生的多条谱带而不是单峰，原因是仲酰胺基中氮与羰基的 P→π 共轭效应，致 C—N 旋转受阻而产生顺式与反式异构体，缔合状态时顺式形成二聚体，反式形成多聚体，故产生多条谱带。

2982、2926 cm^{-1}，示含甲基与亚甲基。

1661 cm^{-1}，为 $\nu_{C=O}$，示含酰胺基（酰胺 I 带）。

1605、1511 cm^{-1}，示含非共轭苯环。

1556 cm^{-1}，为 $\beta_{N—H}$（酰胺 II 带）。

1448、1370 cm^{-1}，为甲基与亚甲基弯曲振动。

1267 cm^{-1}，为 $\nu_{C—N}$（酰胺 III 带）。

1248 cm^{-1} 为 $\nu_{R—O—Ar}^{as}$；1049 cm^{-1} 为 $\nu_{R—O—Ar}^{s}$。

838 cm^{-1}，提示苯环对位取代。

3）^{13}C-NMR：$\delta 14.83$（q）与 63.73（t）含 $CH_3—CH_2—O—$ 结构单元。

$\delta 24.11$（q），与不饱和基团（羰基）相连的甲基碳。

$\delta 114.74$（d）、122.13（d），苯环上两种叔碳。

$\delta 131.18$（s）、155.80（s），苯环上两种季碳。

$\delta 168.81$（s），酰胺羰基碳。

4）MS：m/z 65 为苯环碎片离子峰，提示含有苯环；m/z 43 提示含有乙酰基；m/z 179（OE$^{+\bullet}$）→137（OE$^{+\bullet}$），重排裂解，$\Delta m=42$，脱去乙烯酮，示含有乙酰基；m/z 137（OE$^{+\bullet}$）→109（OE$^{+\bullet}$），四元环过渡重排，$\Delta m=28$，脱去乙烯，示含有乙氧基；m/z 137（OE$^{+\bullet}$）→m/z 108（EE$^+$），简单裂解，$\Delta m=29$，脱去乙基。

（3）综合上述，其结构为

$$CH_3—CH_2—O—\phenyl—NH—CO—CH_3$$

（4）结构验证：

第五章 波谱综合解析

结论：经验证，推断的结构正确。

例 5-3 某未知物的 MS、^{1}H-NMR、^{13}C-NMR、^{1}H-^{1}H COSY、HMQC 及 HMBC 图谱如图 5-9～图 5-14 所示，试推测其结构。

解：

（1）由图 5-9 可见，相对分子质量为 116；m/z 116（OE$^{+\bullet}$）→m/z 73（EE$^+$），简单裂解，$\Delta m=43$，脱去游离基，结合附录 2 分析，可能为乙酰基或丙基；m/z 116（OE$^{+\bullet}$）→56（OE$^{+\bullet}$），重排裂解，$\Delta m=60$，脱去中性分子，结合附录 2 分析，可能为 CH$_3$COOH，提示乙酸酯类化合物；m/z 43 的离子可能结构片段为乙酰基或丙基。

（2）由图 5-10 可见，有 5 种氢。δ_H 4.07（2H，t），查表 2-4，根据化学位移值，—CH$_2$—应与氧连接，自身三重峰提示邻接亚甲基，有—OCH$_2$—CH$_2$—结构片段；δ_H 2.04（3H，s）为孤立的甲基；δ_H 0.94（3H，t）的甲基应与亚甲基相邻，有 CH$_3$CH$_2$—结构片段。

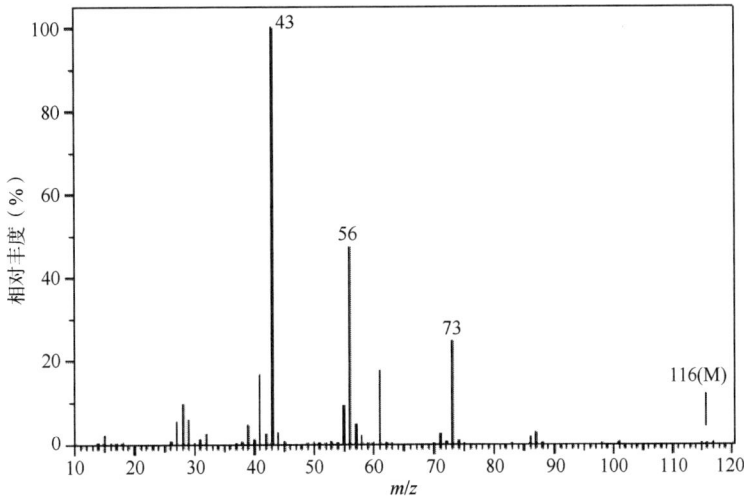

图 5-9　某未知物的 MS 图

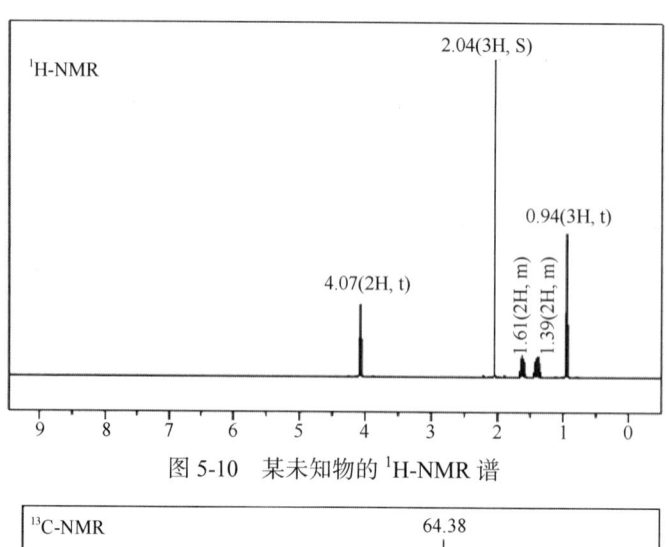

图 5-10　某未知物的 ^{1}H-NMR 谱

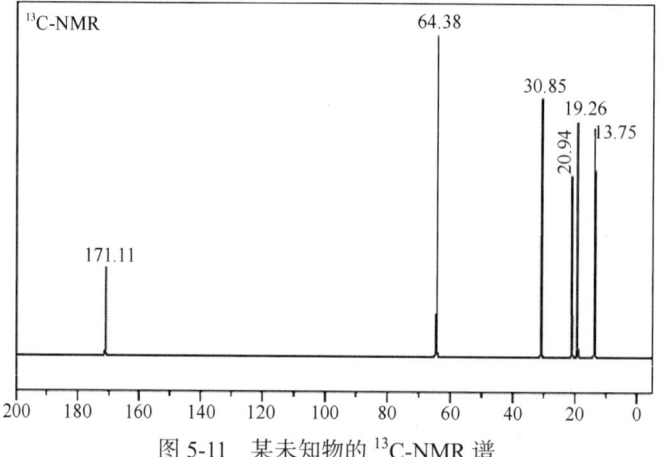

图 5-11　某未知物的 ^{13}C-NMR 谱

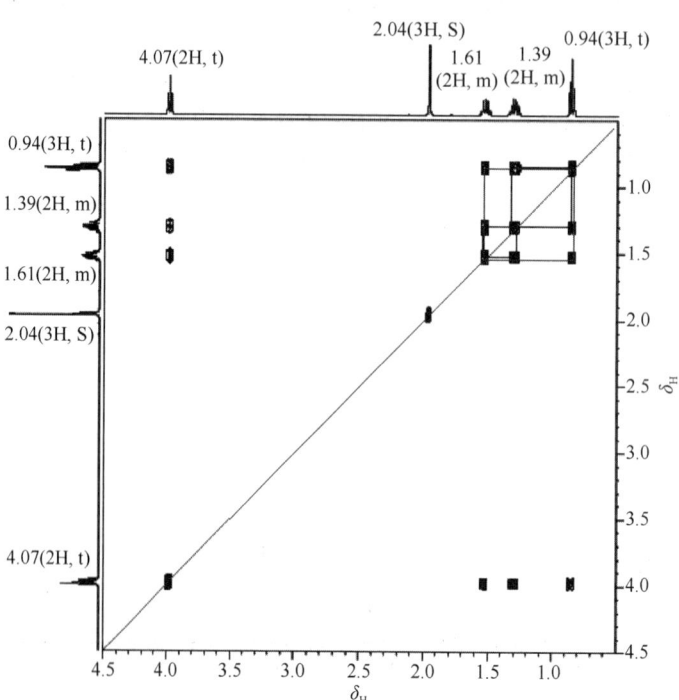

图 5-12　某未知物的 ^{1}H-^{1}H COSY 谱

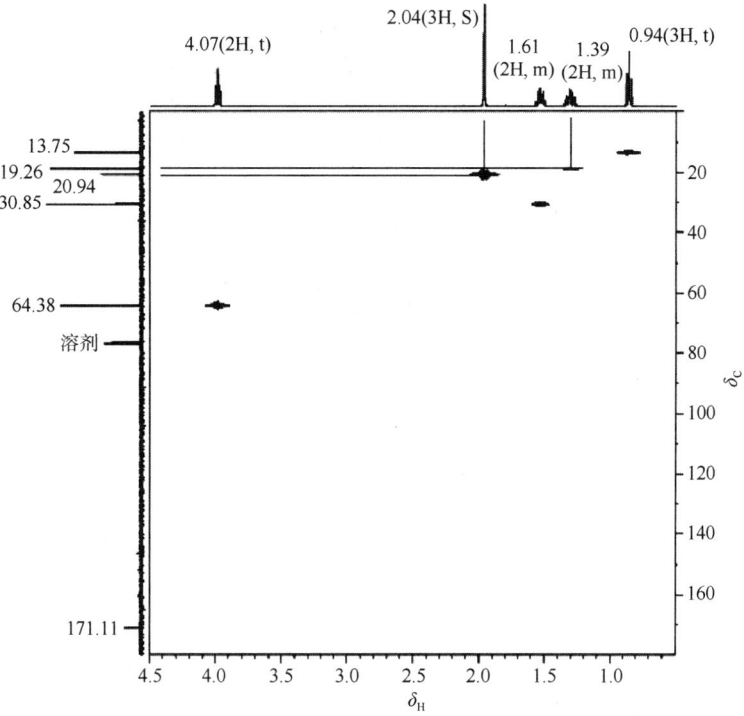

图 5-13　某未知物的 HMQC 谱

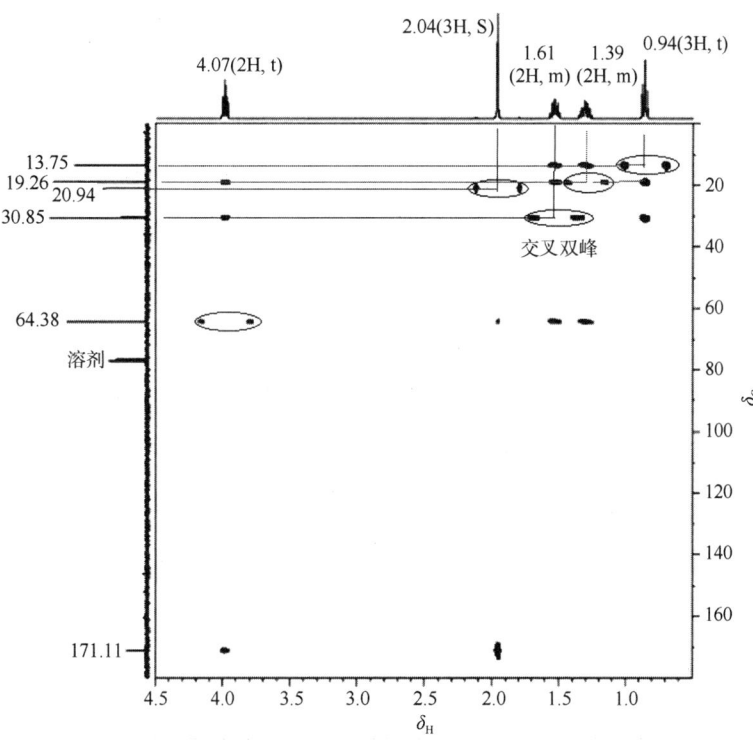

图 5-14　某未知物的 HMBC

（3）由图 5-11 可见，有 5 种饱和碳，1 个酯羰基碳（$\delta_{C=O}$ 160～190）。

（4）由图 5-12 可见，除 δ_H 2.04 的质子外，其余质子之间均有耦合。

（5）由图 5-13（HMQC）可见，δ_C 171.11 在该谱上无峰，羰基碳；δ_H 4.07 与 δ_C 64.38 的 H 与 C 一键相连；δ_H 2.04 与 δ_C 20.94 的 H 与 C 一键相连；δ_H 1.61 与 δ_C 30.85 的 H 与 C 一键相连；δ_H 1.39 与 δ_C 19.26 的 H 与 C 一键相连；δ_H 0.94 与 δ_C 13.75 的 H 与 C 一键相连。

（6）由图 5-14（HMBC）可见，先由 δ_H 2.04（3H，s）出发分析，其 H 与 δ_C 171.11、δ_C 64.38 的 C 多键相连（交叉单峰）；即可得结构片段：

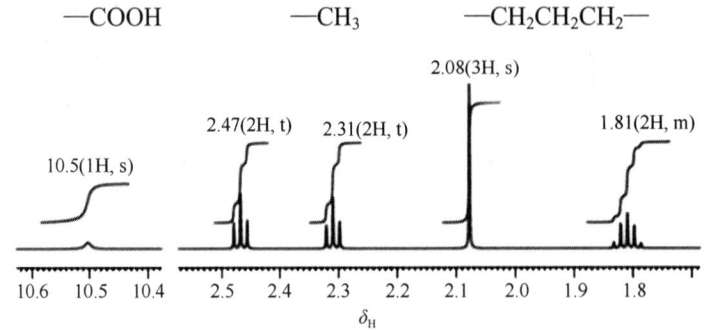

再由 δ_H 4.07 与 δ_C 19.26、δ_C 30.85、δ_C 171.11 呈现的交叉单峰多键相连；δ_H 0.94 与 δ_C 19.26、δ_C 30.85 呈现的交叉单峰，多键相连。可得结构片段：

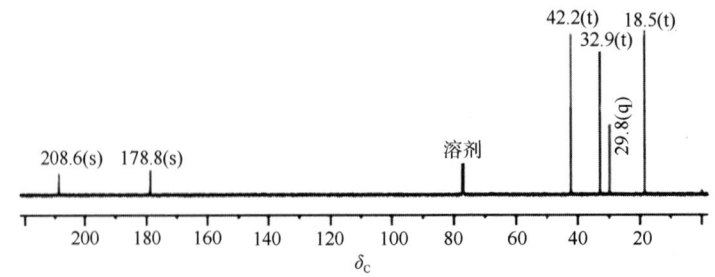

所以其结构为：$CH_3COOCH_2CH_2CH_2CH_3$。

例 5-4 分子式为 $C_6H_{10}O_3$ 的某化合物，^{1}H-NMR、^{13}C-NMR、HSQC、HMBC 图谱如图 5-15～图 5-18 所示，试推测该化合物的结构。

解：

（1）分子式为 $C_6H_{10}O_3$，$U=2$，提示含 2 个双键。

（2）^{1}H-NMR：δ_H 10.5（1H，s）提示含 1 个羧基（δ_H 10～13）；δ_H 2.08（3H，s）提示含 1 个与不饱和基团相连的孤立甲基；δ_H 1.81（2H，m）、2.31（2H，t）、2.47（2H，t）提示含 3 个相邻的亚甲基。根据化学位移值，其中有 2 个亚甲基与不饱和基团相连，另一个亚甲基在这两者之间。因此，有下列结构片段：

—COOH   —CH₃   —CH₂CH₂CH₂—

图 5-15 分子式为 $C_6H_{10}O_3$ 的某化合物的 ^{1}H-NMR 谱（600MHz，$CDCl_3$）

图 5-16 分子式为 $C_6H_{10}O_3$ 的某化合物的 ^{13}C-NMR 谱（150MHz，$CDCl_3$）

第五章 波谱综合解析

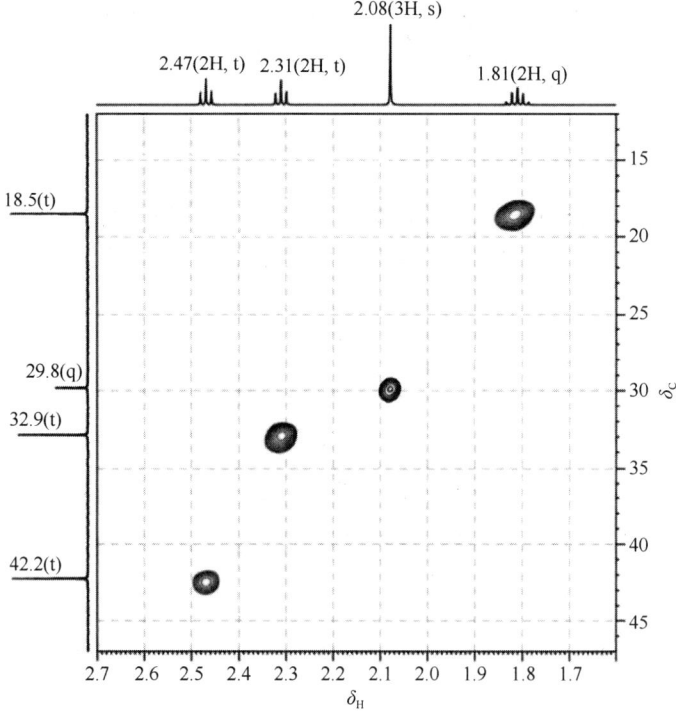

图 5-17 分子式为 $C_6H_{10}O_3$ 的某化合物的 HSQC 谱（600MHz，$CDCl_3$）

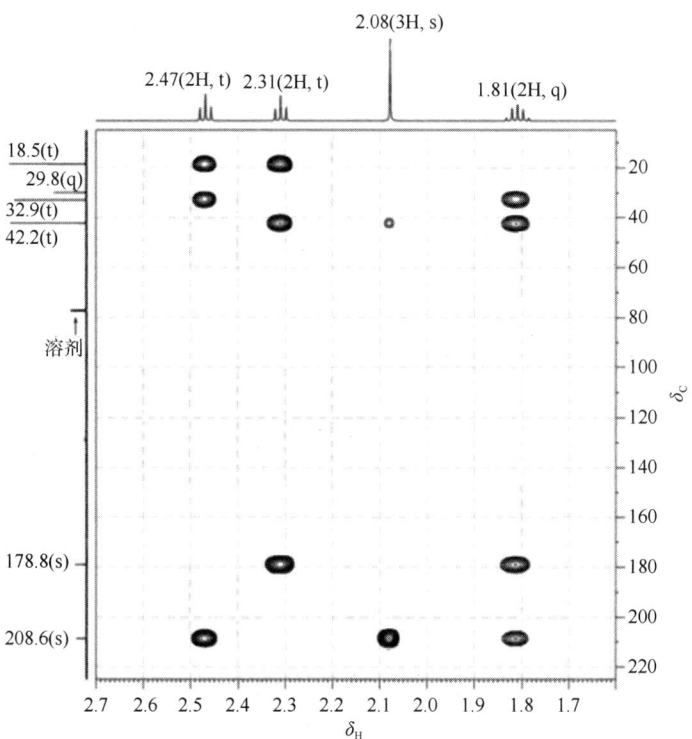

图 5-18 分子式为 $C_6H_{10}O_3$ 的某化合物的 HMBC 谱（600MHz，$CDCl_3$）

（3）^{13}C-NMR（BBD+OFR）：δ_C 208.6（s）为酮羰基碳（$\delta_{C=O}$ 210±10）；δ_C 178.8（s）为羧基碳（羧酸、酯、酰胺、酰氯：$\delta_{C=O}$=160～190）；其余均为饱和碳。

（4）HSQC：δ_H 1.81 的 H 与 δ_C 18.5 的 C 有相关信号，表明它们之间一键相连；δ_H 2.08 的 H 与 δ_C 29.8 的 C 一键相连；δ_H 2.31 的 H 与 δ_C 32.9 的 C 一键相连；δ_H 2.47 的 H 与 δ_C 42.2 的 C 一键相连；羰基无相关信号。

综合上述光谱提供的结构信息，推测得下列结构：

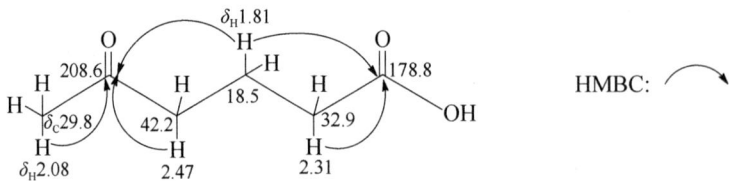

（5）在 HMBC 谱中，δ_H 2.08、2.47、1.81 与酮羰基碳 δ_C 208.6 相关；δ_H 2.31、1.81 与 δ_C 178.8 有很强的相关性，确定了其归属。证实了上述结构的推测。

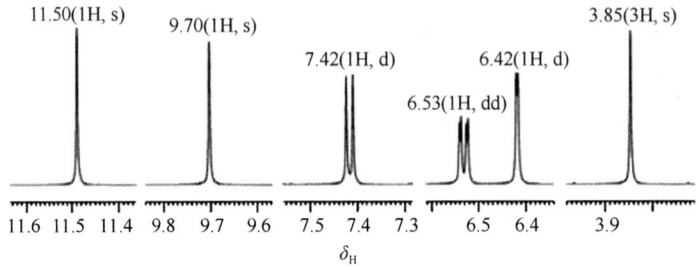

例 5-5 分子式为 $C_8H_8O_3$ 的某化合物，^{1}H-NMR、^{13}C-NMR、HSQC、HMBC 谱如图 5-19～图 5-22 所示。其 IR 信息：3022cm^{-1}（宽峰），1675cm^{-1}，试推测该化合物的结构。

解：

（1）分子式为 $C_8H_8O_3$，U=5，提示含 1 个苯环及 1 个双键。

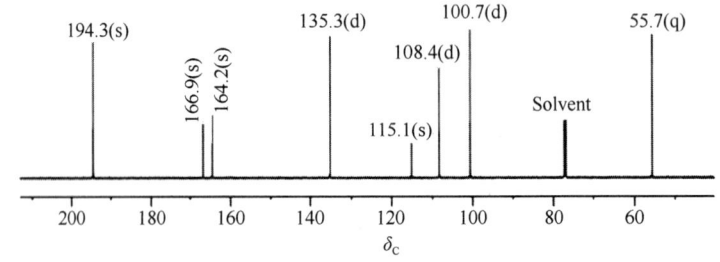

图 5-19 分子式为 $C_8H_8O_3$ 的某化合物的 ^{1}H-NMR 谱（600MHz，CDCl$_3$）

图 5-20 分子式为 $C_8H_8O_3$ 的某化合物的 ^{13}C-NMR 谱（600MHz，CDCl$_3$）

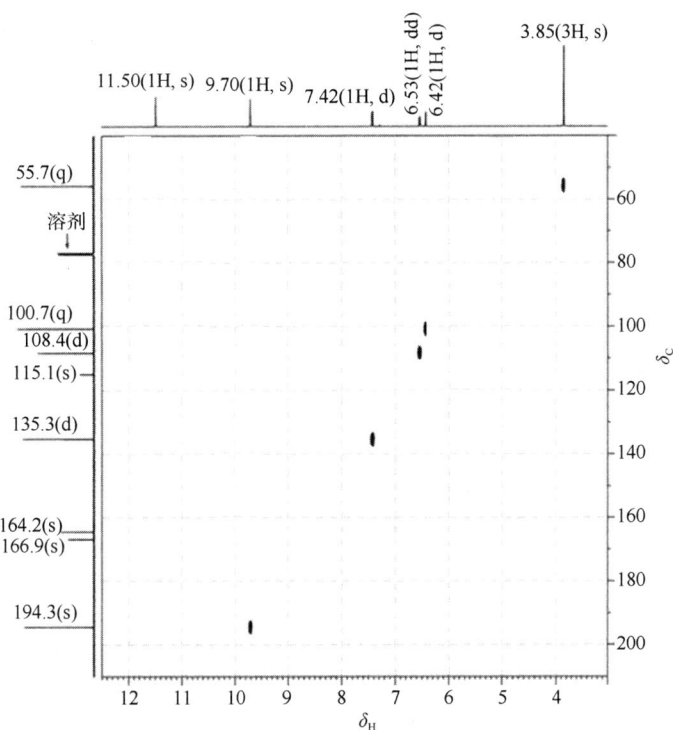

图 5-21　分子式为 $C_8H_8O_3$ 的某化合物的 HSQC 谱（600MHz，$CDCl_3$）

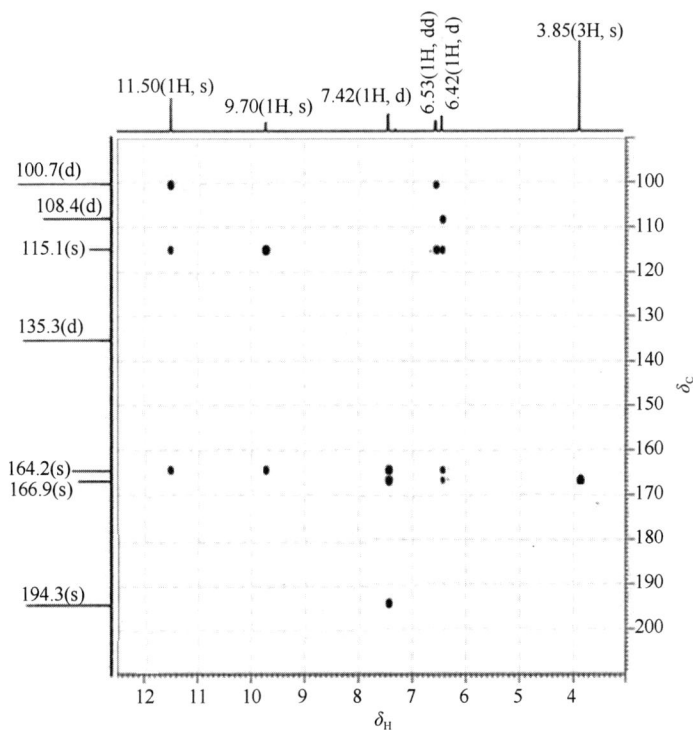

图 5-22　分子式为 $C_8H_8O_3$ 的某化合物的 HMBC（600MHz，$CDCl_3$）

（2）^{1}H-NMR：δ_H 11.50（1H，s）为分子内缔合酚羟基质子（δ_H 10～16）峰，非缔合酚羟基质子峰一般 δ_H 4～8；δ_H 9.70（1H，s）为醛基质子（δ_H 9～10）峰；δ_H 7.42（1H，d）、6.53（1H，dd）与 6.42（1H，d）为苯环上三个质子，由此说明该化合物为三取代苯。三个取代基中有两个分别是

醛基、羟基，根据 δ_H 3.85（3H，s），取代基中还有 1 个甲基与电负性较大的氧相连，即甲氧基。又因为是缔合酚羟基，所以羟基应与醛基相邻。结构片段如下：

（3）^{13}C-NMR（BBD+OFR）：δ_C 194.3（s）为醛羰基碳（δ_C=200±5），δ_C 55.7（q）为甲氧基碳，δ_C 166.9（s）、164.2（s）、115.1（s）三个季碳峰，苯环上有三个取代基，与氢谱结论一致。根据化学位移值，δ_C 166.9（s）、164.2（s）的两个季碳应与甲氧基、羟基直接相连。δ_C 115.1（s）与醛基相连。δ_C 135.3（d）、108.4（d）、100.7（d）为苯环上三个叔碳。

（4）HSQC：由 HSQC 谱很容易识别出质子化的碳。δ_C 194.3 与 δ_H 9.70 一键相连，为醛基碳；δ_C 55.7 与 δ_H 3.85 一键相连，为甲氧基碳；δ_C 135.3 与 δ_H 7.42 一键相连；δ_C 108.4 与 δ_H 6.53 一键相连；δ_C 100.7 与 δ_H 6.42 一键相连。季碳无峰。由此证实了碳谱与氢谱的相应结论。

（5）HMBC：在 HMBC 中，δ_H 7.42、6.53、6.42、3.85 与 δ_C 166.9（s）皆有三键与二键耦合的相关峰，所以甲氧基应处于苯环的 4 位。另外的依据是：①δ_C 100.7 的叔碳应处于苯环 3 位，原因这个叔碳应夹在两个供电基团之间，由于两个供电基团邻对位屏蔽效应的加合作用，这个叔碳化学位移值最小。②氢谱亦显示，δ_H 7.42 与 δ_H 6.53 具有较大的邻位耦合，δ_H 6.53 与 δ_H 6.42 具有较小的间位耦合，δ_H 7.42 与 δ_H 6.42 对位耦合 ^5J=0。所以该化合物应为 2-羟基-4-甲氧基苯甲醛。

例 5-6 分子式为 $C_6H_{10}O$ 的化合物，^{1}H-NMR 的投影图与 ^{13}C-NMR 的投影图，以及 ^{1}H–^{1}H COSY、HSQC、^{1}H-^{1}H NOESY 图谱如图 5-23～图 5-25 所示，试推测结构。

解：

（1）分子式为 $C_6H_{10}O$，U=2，提示含 2 个双键。

（2）^{1}H-NMR 投影图：δ_H 6.85（1H，m）与 6.11（1H，d）为烯烃区 2 个质子，表明为二取代烯烃；δ_H 1.86（3H，d），根据化学位移值及裂分峰数，表明该甲基与 C═C 相连，且与一个质子相邻，所以有—CH═CH—CH$_3$ 结构片段；δ_H 0.96（3H，t）与 2.56（2H，q）提示含有乙基，查表 2-4，根据化学位移值，乙基中亚甲基应与不饱和基团相连，此不饱和基团应为羰基，故有 CH_3CH_2CO— 结构片段。

（3）^{13}C-NMR（BBD+OFR 部分）投影图：δ_C 131.9（d）及 δ_C 142.8（d）为 2 个烯碳，结合氢谱与化学位移值，其中 δ_C 142.8（d）应与羰基相连，故有—COCH═CH—结构片段。

（4）^{1}H—^{1}H COSY：由该图谱可进一步看出氢谱中存在 2 个不同的自旋系统，一个自旋系统是 δ_H 6.85（1H，m）、6.11（1H，d）、1.86（3H，d）这 3 种质子之间的相互耦合，为 A_3MX 系统，根据化学位移值及裂分峰数，有—CH═CH—CH$_3$ 结构片段；另一个自旋系统是 δ_H 2.56（2H，q）与 0.96（3H，t）之间的相互耦合，为 A_3X_2 系统，根据化学位移值及裂分峰数，含—COCH$_2$CH$_3$ 结构

片段。均证实了氢谱与碳谱的结论。综合上述推测其结构应为 CH₃CH₂COCH=CHCH₃

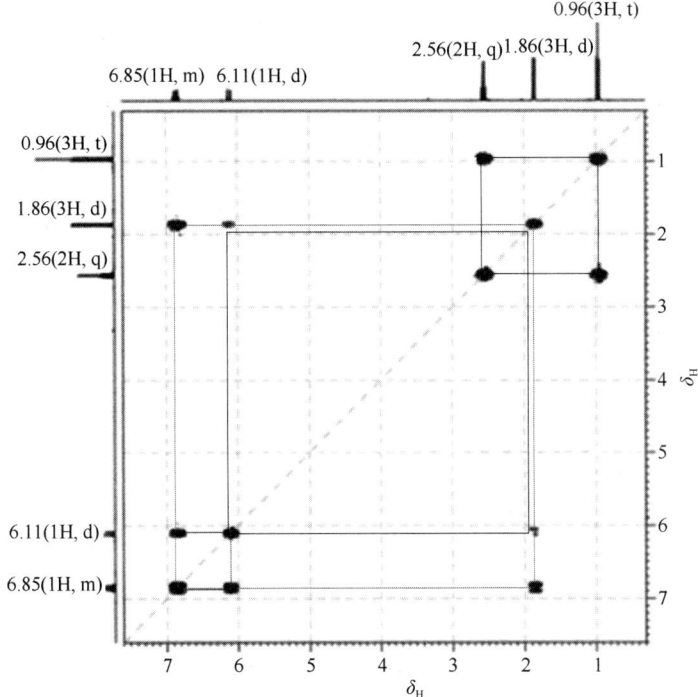

图 5-23　分子式为 C₆H₁₀O 的 ¹H–¹H COSY 谱（400MHz，DMSO-d_6）

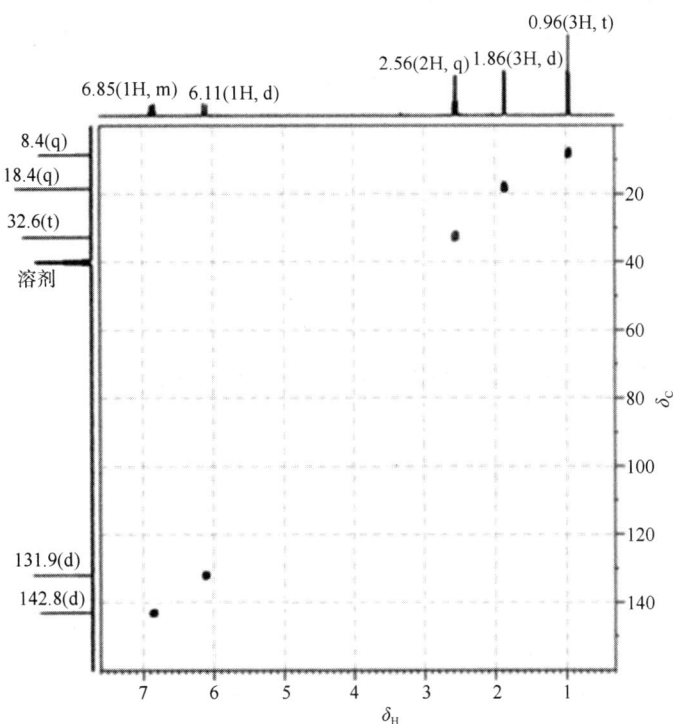

图 5-24　分子式为 C₆H₁₀O 的 HSQC 谱（400MHz，DMSO-d_6）

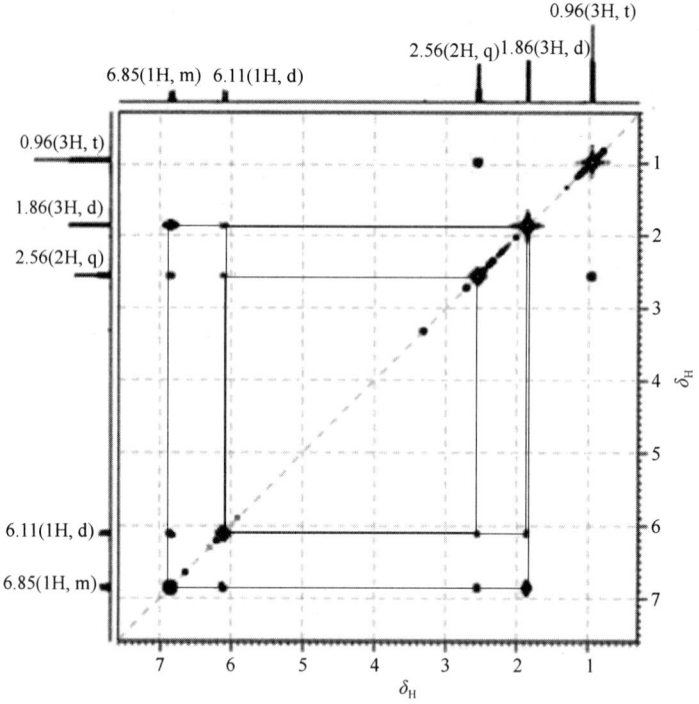

图 5-25 分子式为 $C_6H_{10}O$ 的 $^1H-^1H$ NOESY 谱（400MHz，DMSO-d_6）

（5）HSQC：δ_H 0.96（3H，t）→δ_C 8.4（q），δ_H 1.86（3H，d）→δ_C 18.4（q），δ_H 2.56（2H，q）→δ_C 32.6（t），δ_H 6.11（1H，d）→δ_C 131.9（d），δ_H 6.85（1H，m）→δ_C 142.8（d）。

（6）$^1H-^1H$ NOESY：由 δ_H 6.11（1H，d）→δ_H 2.56（2H，q）、δ_H 6.11（1H，d）→δ_H 1.86（3H，d）和 δ_H 6.85（1H，m）→ δ_H 2.56（2H，q）呈现的 NOE 相关信号，可判断烯烃官能团的反式几何结构。如为顺式，则无 δ_H 6.85（1H，m）→δ_H 2.56（2H，q）NOE 相关信号。

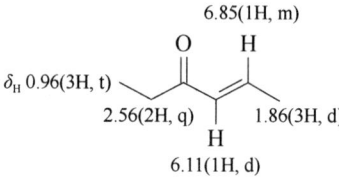

应用 ChemDraw 软件预测的 ^1H-NMR 图谱的峰形、峰数与化学位移值与实测值基本一致。

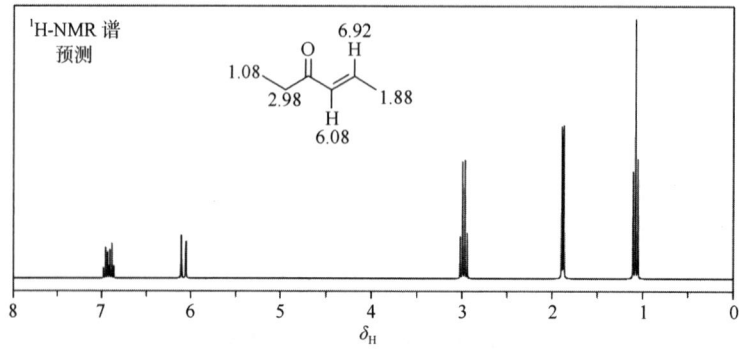

例 5-7 分子式为 $C_{10}H_{12}O_3$ 的某化合物，IR 在 1720cm^{-1} 处有明显吸收峰，^{1}H-NMR、^{13}C-NMR、^{1}H-^{1}H COSY、HSQC、HMBC 图谱如图 5-26～图 5-30 所示，试推测该化合物的结构。

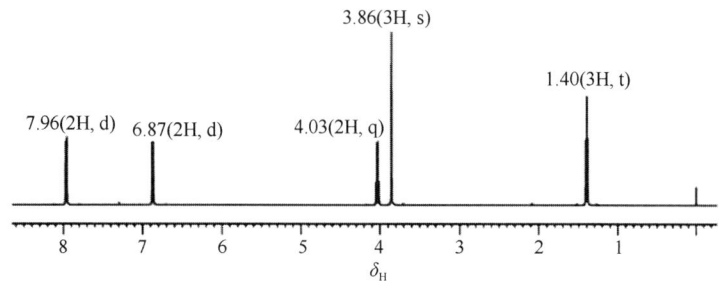

图 5-26 分子式为 $C_{10}H_{12}O_3$ 的某化合物的 ^{1}H-NMR（500MHz，CDCl$_3$）

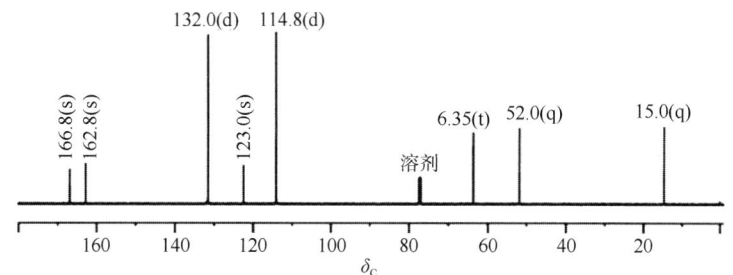

图 5-27 分子式为 $C_{10}H_{12}O_3$ 的某化合物的 ^{13}C-NMR 谱（125MHz，CDCl$_3$）

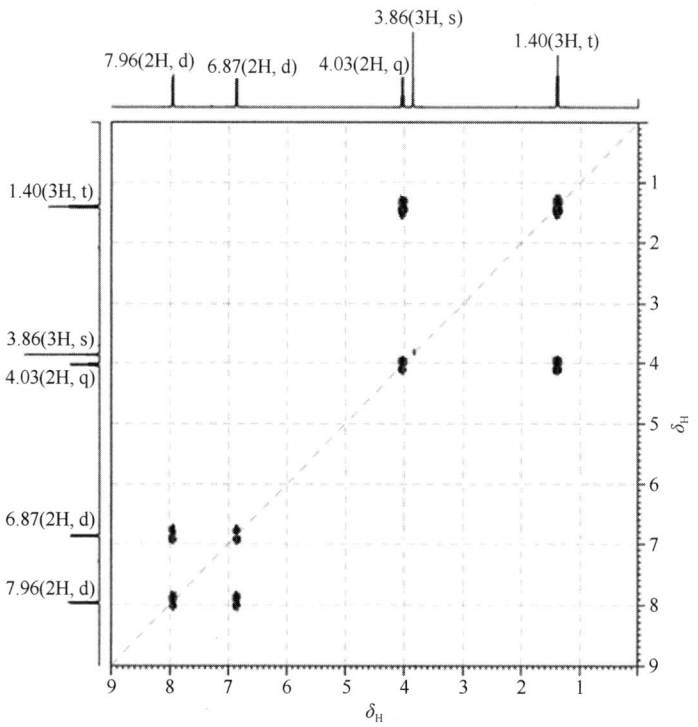

图 5-28 分子式为 $C_{10}H_{12}O_3$ 的某化合物的 ^{1}H-^{1}H COSY 谱（500MHz，CDCl$_3$）

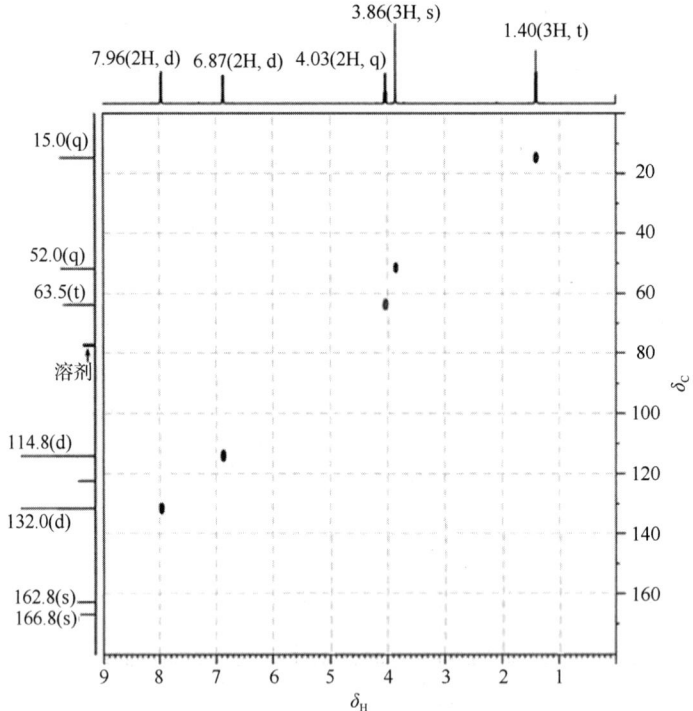

图 5-29 分子式为 $C_{10}H_{12}O_3$ 的某化合物的 HSQC 谱（500MHz，$CDCl_3$）

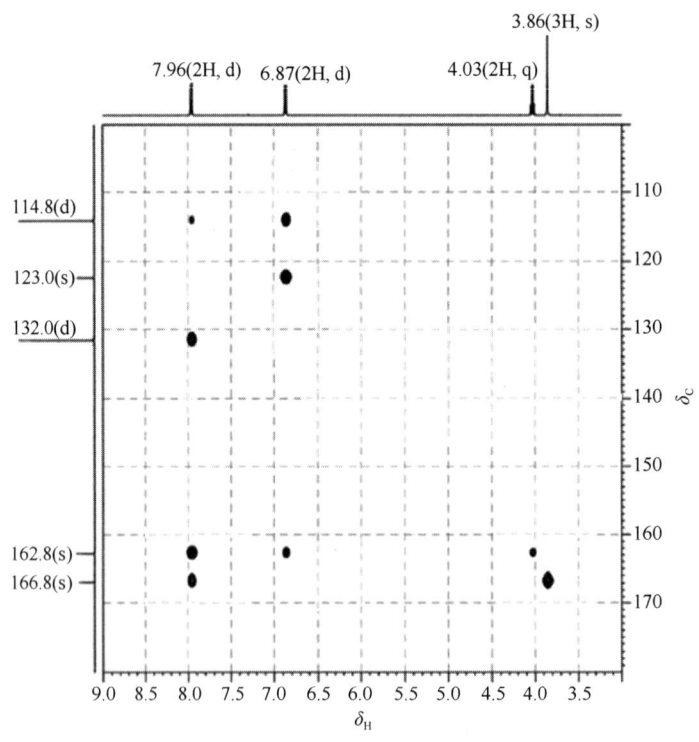

图 5-30 分子式为 $C_{10}H_{12}O_3$ 的某化合物的 HMBC 谱（500MHz，$CDCl_3$）

解：
（1）分子式为 $C_{10}H_{12}O_3$，$U=5$，提示含苯环与一个双键。IR 1720cm^{-1} 提示含羰基。
（2）^{1}H-NMR：在 ^{1}H-NMR 核磁共振波谱中，δ_H 7.96 和 6.87 处有两个芳香族质子信号，具有典

型的对位二取代苯环耦合模式。甲氧基（δ_H 3.86）和乙氧基（δ_H 4.03 和 1.40）也有信号。

（3）^{13}C-NMR（BBD+OFR）：在 ^{13}C-NMR 中，饱和碳区有三种不等价的碳，分别是 δ_C 15.0（q）甲基碳、δ_C 63.5（t）与氧相连的亚甲基碳、δ_C 52.0（q）甲氧基碳。芳香碳区 δ_C 114.8（d）与 δ_C 132.0（d）属于芳环叔碳，且峰高大约是其他碳峰的 2 倍，故分别具有 2 个同样的叔碳。δ_C 123.0（s）属于芳环季碳。还有 1 个季碳峰，是 δ_C 162.8（s）还是 δ_C 166.8（s）需由其他图谱确定。

（4）^{1}H-^{1}H COSY：在 ^{1}H-^{1}H COSY 光谱中，显示了 δ_H 7.96 和 6.87 两种芳香信号相互耦合的相关信号、δ_H 4.03（—OCH$_2$—）和 1.40（—CH$_3$）的相互耦合的相关信号。δ_H 3.86 只有对角峰（弱），因在这种图谱中，C—H 一键耦合通常被压制，所以信号很弱，无与其他质子相互耦合的相关信号。

（5）HSQC：HSQC 谱很容易识别质子化碳。质子化芳香碳分别位于 δ_C 132.0 和 δ_C 114.8。—OCH$_2$—碳位于 δ_C 63.5，—CH$_3$ 位于 δ_C 15.0，—OCH$_3$ 位于 δ_C 52.0。

综合上述光谱提供的结构信息，存在下列结构片段：

组合成平面结构有两种同分异构体 A 与 B：

（6）HMBC：在 HMBC 光谱中，δ_H 6.87 和 7.96 芳环质子与 δ_C 162.8 的 ^{13}C 存在 $^2J_{\text{C-H}}$ 与 $^3J_{\text{C-H}}$ 耦合的相关峰，从而表明 δ_C 162.8 是芳环季碳峰。由于该碳与氧原子结合，其峰位向低场移动。因此，δ_C 166.8 一定是羰基碳的信号。

δ_H 4.03 乙氧基中亚甲基质子与 δ_C 162.8（s）芳环季碳两者之间的相关性，证实乙氧基直接与苯环结合。δ_H 3.86 甲氧基质子与 δ_C 166.8（s）羰基碳之间的强相关性确定了结构为异构体 A。

例 5-8 分子式为 C$_7$H$_5$NO$_3$ 的化合物，^{1}H-NMR、^{13}C-NMR（BBD+OFR）如下（表图）、^{1}H–^{1}H COSY、HSQC、HMBC、2D-NOESY 图谱如图 5-31～图 5-35 所示，试推测结构。

^{1}H-NMR 谱（CDCl$_3$，400MHz）：δ 7.82（1H，t），8.28（1H，m），8.51（1H，m），8.73（1H，t）和 10.15（1H，s）

^{13}C-NMR 谱：δ 124.4（d），128.6（d），130.5（d），134.8（d），137.5（s），148.8（s）和 189.9（d）

解：（1）分子式为 C$_7$H$_5$NO$_3$，$U=6$，提示含有苯环和 2 个双键。

（2）^{1}H-NMR：δ_H 10.15（1H，s），醛基质子；δ_H 7.82（1H，t），8.28（1H，m），8.51（1H，m），8.73（1H，t），相互耦合的苯环上 4 个质子，提示苯环双取代。剩余 1 个 N、2 个 O，有硝基。

（3）^{13}C-NMR（BBD+OFR）：δ_C 124.4（d），128.6（d），130.5（d），134.8（d），苯环上 4 个叔碳；δ_C 137.5（s）与 148.8（s），苯环上 2 个季碳；δ_C 189.9（d），醛羰基碳。

（4）^{1}H–^{1}H COSY：δ_H 8.73（H，t）与 8.51（H，m）、8.28（H，m）呈现相互耦合相关峰；且 δ_H 8.51（H，m）、δ_H 8.28（H，m）还与 7.82（H，t）呈现相互耦合相关峰；未见 δ_H 8.73（H，t）

与 δ_H 7.82（H, t）相关信号，说明彼此处于对位。

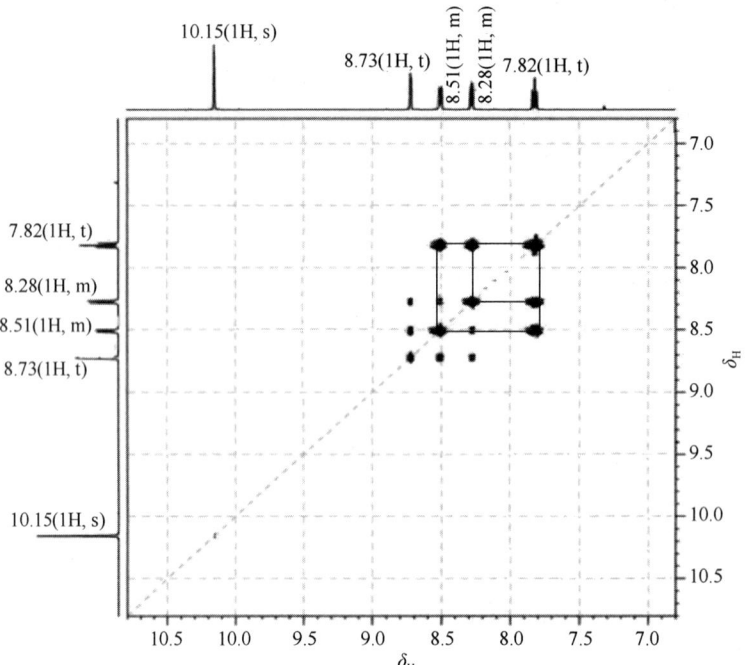

图 5-31　分子式为 $C_7H_5NO_3$ 的 ^1H-^1H COSY 谱（500MHz，CDCl$_3$）

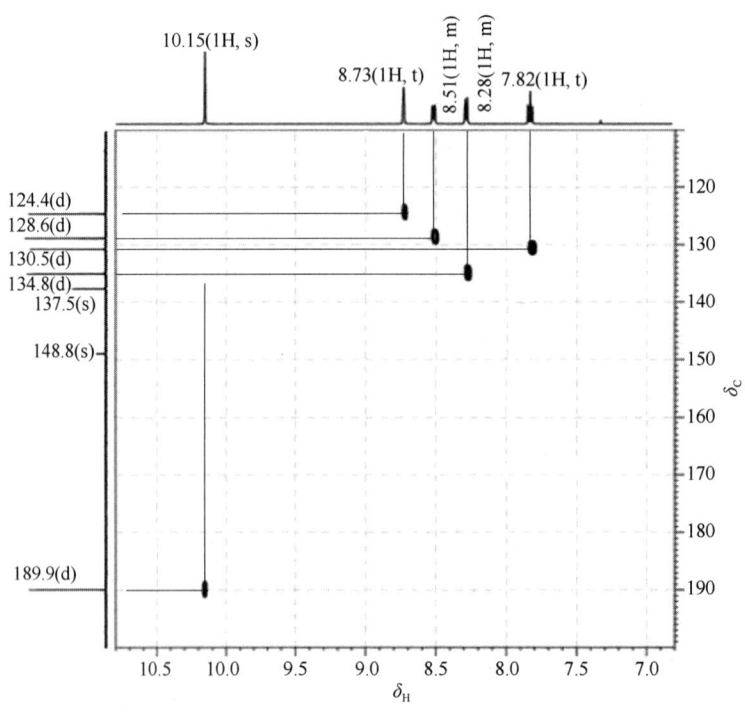

图 5-32　分子式为 $C_7H_5NO_3$ 的 HSQC 谱（500MHz，CDCl$_3$）

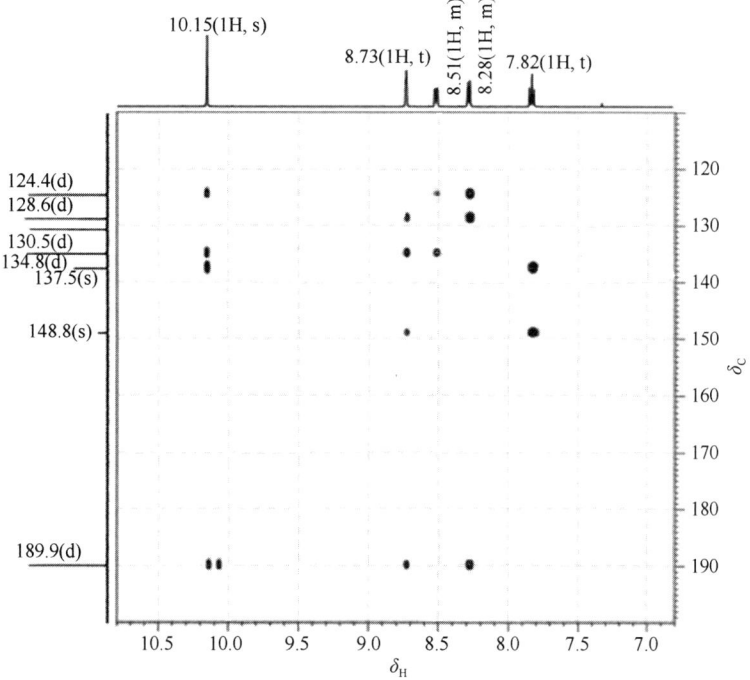

图 5-33　分子式为 $C_7H_5NO_3$ 的 HMBC（500MHz，$CDCl_3$）

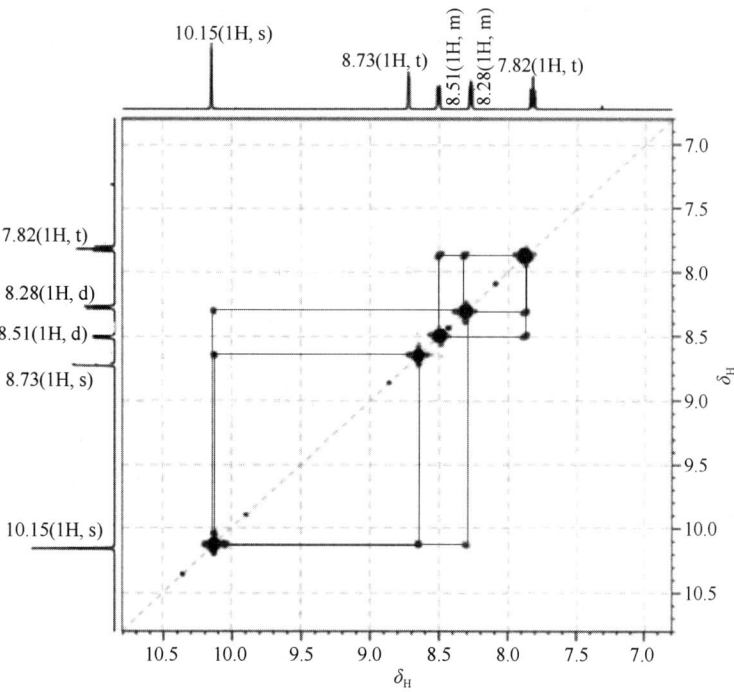

图 5-34　分子式为 $C_7H_5NO_3$ 的 ^1H-^1H NOESY 谱（500MHz，$CDCl_3$）

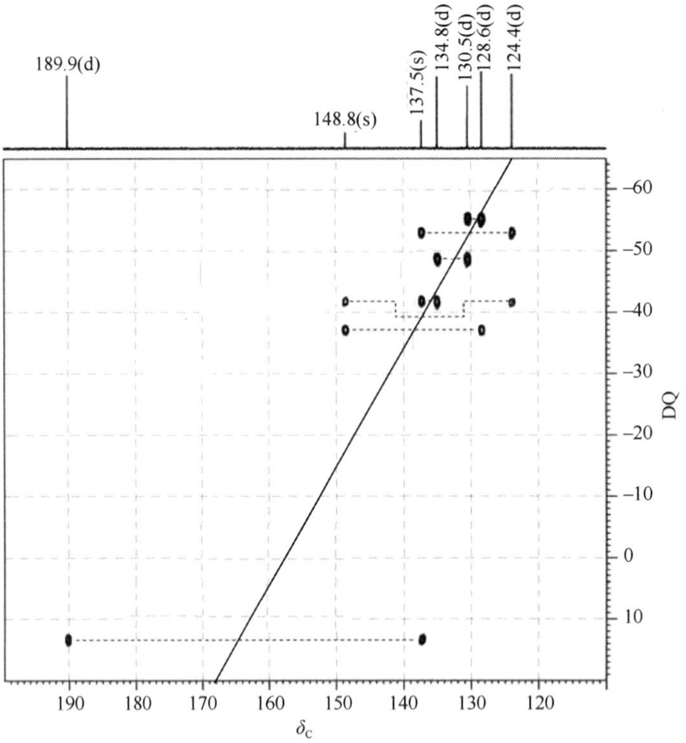

图 5-35　分子式为 $C_7H_5NO_3$ 的 INADEQUATE 谱（500MHz，CDCl$_3$）

（5）HSQC：δ_H 10.15（1H，s）→δ_C 189.9（d）；δ_H 8.73（1H，t）→δ_C 124.4（d）；δ_H 8.51（H，m）→δ_C 128.6（d）；δ_H 8.28（H，m）→δ_C 134.8（d）；δ_H 7.82（H，t）→δ_C 130.5（d）；均有相关信号，表明均为一键相连。

（6）HMBC：在 HMBC 中，三键耦合 $^3J_{C-H}$ 是较大的远程耦合，并产生最强的交叉峰，提示含有芳香体系；δ_H 10.15（1H，s）的醛基质子与 δ_C 189.9（d）的碳[醛基的本位（ipso position）碳]之间的相关性表现为交叉双峰，示一键相连；此外，δ_H 10.15（H，s）的醛基质子还与 δ_C 124.4（d）、δ_C 134.8（d）相关，说明醛基的 2 个邻位均为叔碳，碳上连有质子。硝基与醛基彼此不相邻，可能位于醛基的对位或间位。

（7）^{1}H-^{1}H NOESY：δ_H 10.15（1H，s）与 δ_H 8.73（1H，t）和 δ_H 8.28（H，t）相关，同样说明这 2 个质子与醛基质子相邻近；δ_H 8.51（H，m）与 δ_H 7.82（H，t）相关，δ_H 7.82（H，t）与 δ_H 8.28（H，m）相关，由这 2 组相关信号说明这 3 个质子彼此相邻。同时提示硝基处于醛基的间位。

（8）INADEQUATE：6 个碳呈现苯环首尾相连的特性，即 189.9（d）→137.5（s）→δ124.4（d）→148.8（s）→128.6（d）→130.5（d）→134.8（d）→137.5（s）→189.9（d），与此同时，根据碳谱的化学位移推断—NO$_2$ 连接在 δ_C 148.8（s），推断结构为间硝基苯甲醛。

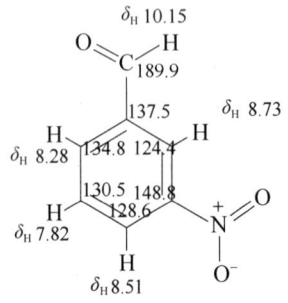

例 5-9 分子式为 C_6H_6BrN 的某化合物，^1H NMR、^{13}C NMR（BBD+OFR）、HSQC、HMBC 图谱如图 5-36～图 5-39 所示，试推测该化合物的结构。

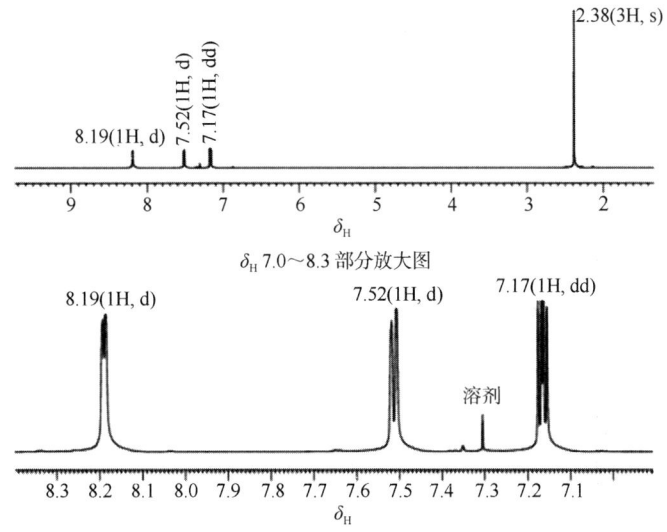

图 5-36　分子式为 C_6H_6BrN 的某化合物的 ^1H-NMR 谱（600MHz，$CDCl_3$）

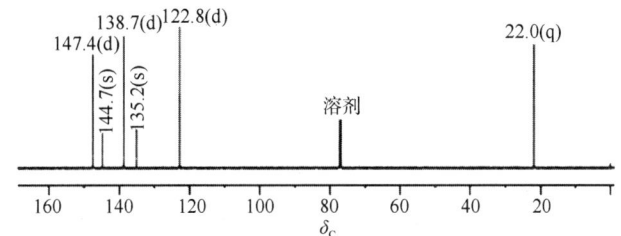

图 5-37　分子式为 C_6H_6BrN 的某化合物的 ^{13}C-NMR 谱（600MHz，$CDCl_3$）

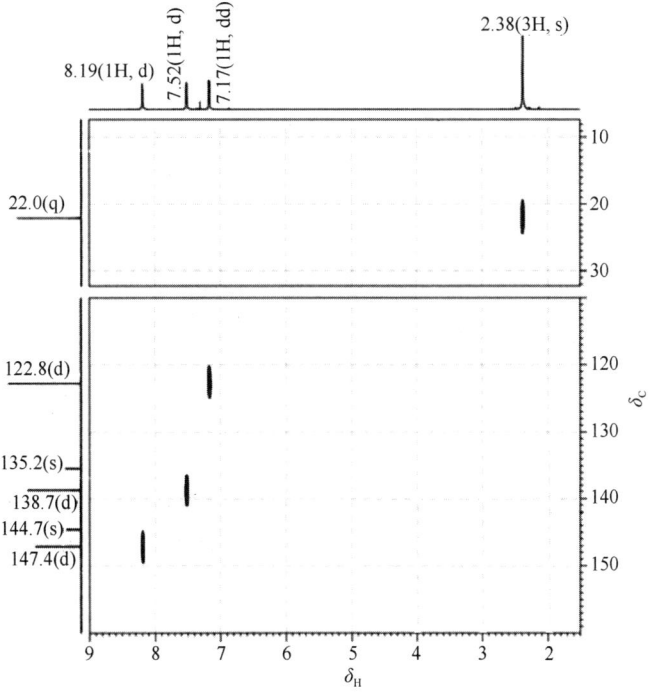

图 5-38　分子式为 C_6H_6BrN 的某化合物的 HSQC 谱（600MHz，$CDCl_3$）

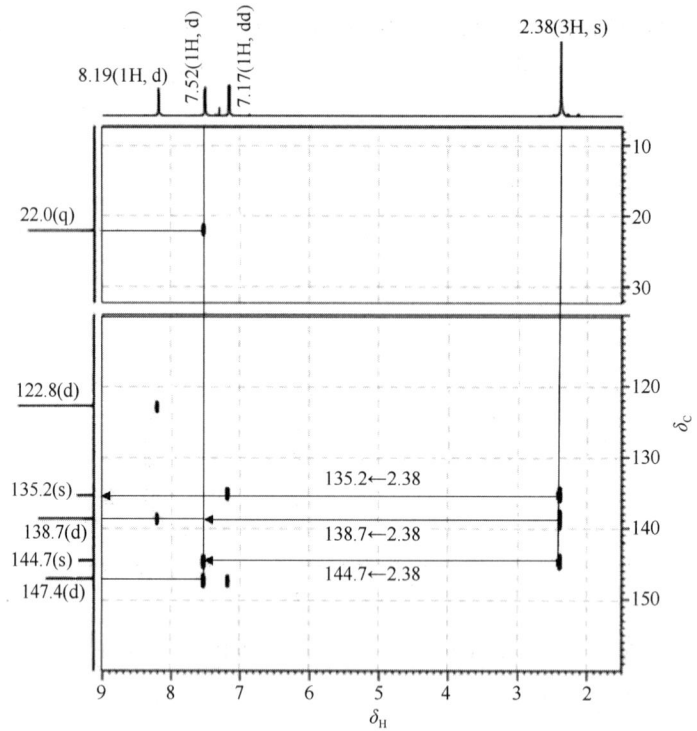

图 5-39 分子式为 C_6H_6BrN 的某化合物的 HMBC（600MHz，CDCl$_3$）

解：

（1）分子式为 C_6H_6BrN，$U=4$，提示可能含有类芳环的结构。

（2）^{1}H-NMR：图谱显示 1 个甲基和 3 个芳香质子信号。这解释了分子式中所有的氢原子，也意味着芳香环必须包含 N。其中 1 个芳香质子的化学位移 δ_H 8.19 证明其与氮原子相邻。原因是：一般 α 位的杂环芳氢的吸收峰处于低场。例如：

	呋喃	吡咯	噻吩	吡啶	吲哚	喹啉
	6.30 / 7.40	6.22 / 6.68	7.04 / 7.29	7.75 / 7.38 / 8.29	6.47 / 7.29	8.04 / 7.51 / 9.10
	（CDCl$_3$ 中）			(DMSO-d_6 中)		

在 δ_H 7.17 的信号是一个双二重峰，表明它位于其他 2 种质子（δ_H 7.52、8.19）之间的芳香质子。因此，芳环上 3 个质子彼此相邻。

（3）^{13}C-NMR（BBD+OFR）：δ_C 22.0（q）为甲基碳；δ_C 122.8（d）、138.7（d）、147.4（d）为 3 个芳环叔碳；δ_C 135.2（s）、144.7（s）为 2 个芳环季碳。芳环上总共只有 5 个碳，因此芳香环必须包含 N，证实了氢谱的结论。

（4）HSQC：δ_H 7.17（1H, dd）与 δ_C 122.8（d）、δ_H 7.52（1H, d）与 δ_C 138.7（d）、δ_H 8.19（1H, d）与 δ_C 147.4（d）分别一键相连，δ_H 2.38（3H, s）与 δ_C 22.0（q）一键相连，这都验证了 ^{1}H-NMR 谱中具有 3 个芳香质子与 1 个孤立甲基的推测。

综合上述结构信息，得到两种备选结构：

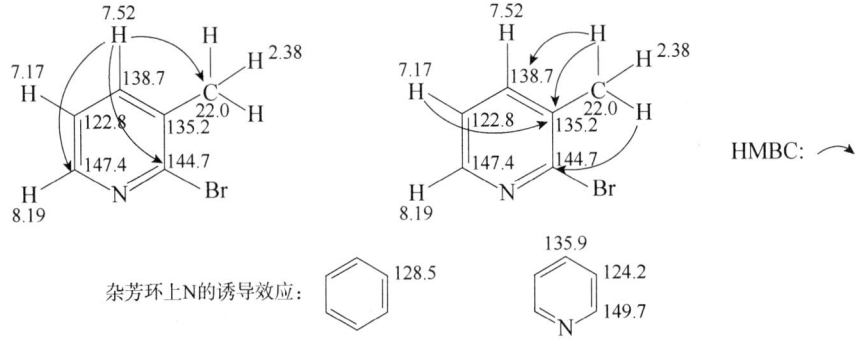

（5）HMBC：δ_H 7.52 和甲基碳 δ_C 22.0 之间有很强的相关性。在异构体 A 中，δ_H 7.52 的 H 与 δ_C 22.0 的 C 相隔 4 个化学键，而在异构体 B 中相隔 3 个化学键。因此，异构体 A 被排除，而异构体 B 被确定为正确的结构。此外，由 δ_H 2.38→δ_C 135.2、δ_H 7.17→δ_C 135.2 的相关性，可证实与甲基碳相连的芳环碳 δ_C 为 135.2；由 δ_H 2.38→δ_C 144.7、δ_H 7.52→δ_C 144.7 的相关性及杂芳环上 N 的诱导效应，均可证实与 Br 相连的芳环碳 δ_C 为 144.7。

例 5-10 分子式为 $C_{10}H_{12}O$ 的某化合物，^{1}H-NMR、^{13}C-NMR、^{1}H-^{1}H COSY、HSQC、HMBC、^{1}H-^{1}H NOESY 图谱如图 5-40～图 5-45 所示，其 IR 信息：3320（br）cm^{-1}，1600（w）cm^{-1}，1492（m）cm^{-1}，1445（m）cm^{-1}，试推测该化合物的结构。

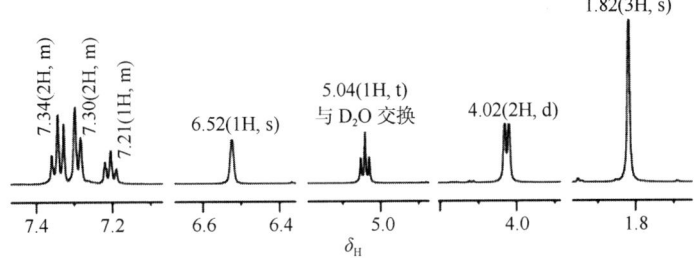

图 5-40 分子式为 $C_{10}H_{12}O$ 的某化合物的 ^{1}H-NMR 谱（500MHz，DMSO-d_6）

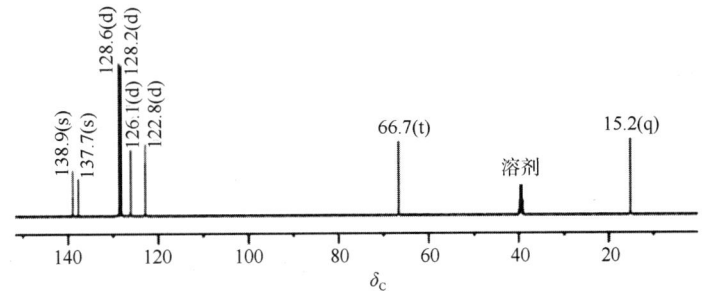

图 5-41 分子式为 $C_{10}H_{12}O$ 的某化合物的 ^{13}C-NMR 谱（500MHz，DMSO-d_6）

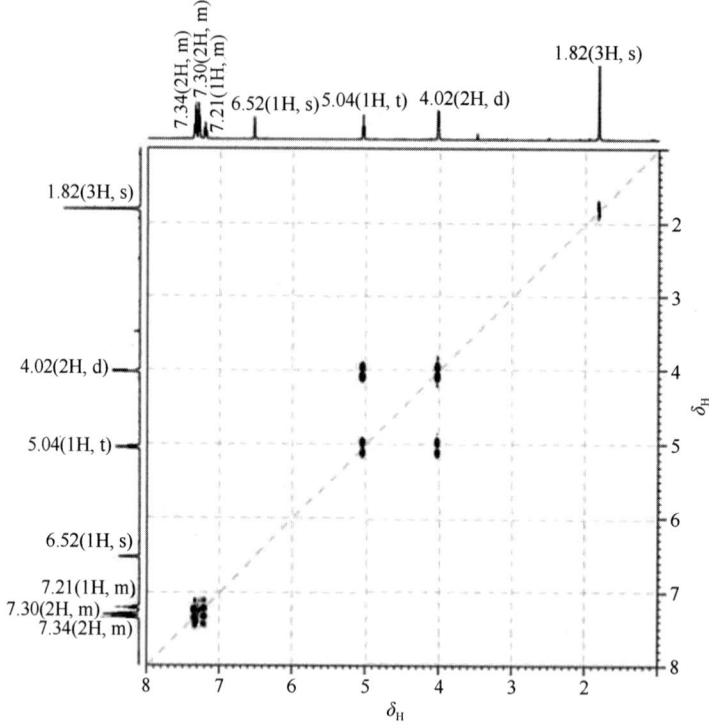

图 5-42　分子式为 $C_{10}H_{12}O$ 的某化合物的 ^1H-^1H COSY 谱（500MHz，DMSO-d_6）

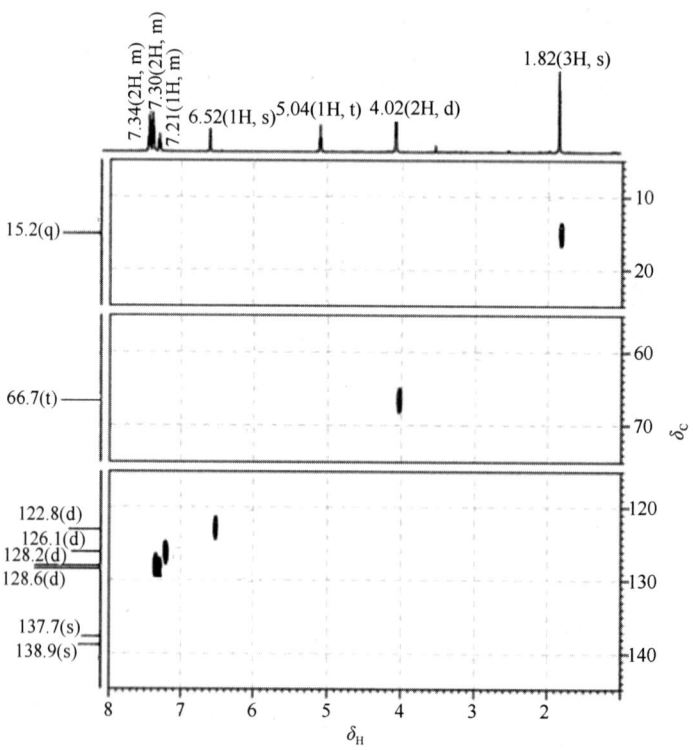

图 5-43　分子式为 $C_{10}H_{12}O$ 的某化合物的 HSQC 谱（500MHz，DMSO-d_6）

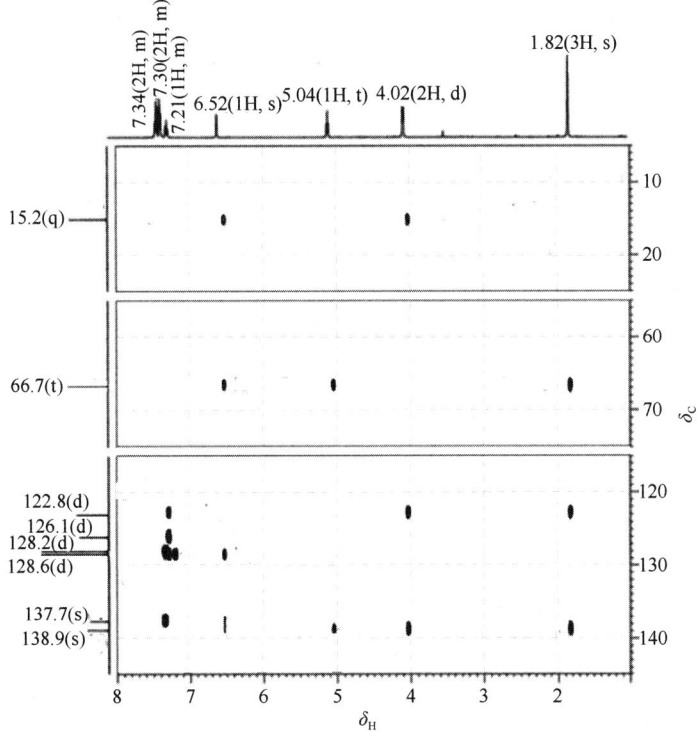

图 5-44　分子式为 $C_{10}H_{12}O$ 的某化合物的 HMBC（500MHz，DMSO-d_6）

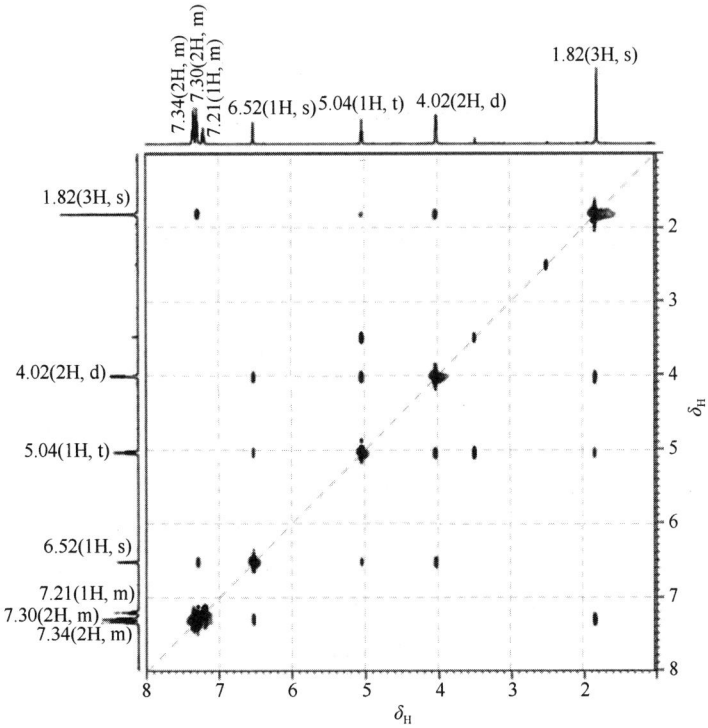

图 5-45　分子式为 $C_{10}H_{12}O$ 的某化合物的 ^{1}H-^{1}H NOESY 谱（500MHz，DMSO-d_6）

解：

（1）分子式为 $C_{10}H_{12}O$，$U=5$，提示可能含一个苯环及一个双键。

（2）IR：3320cm^{-1}（br）提示含有羟基；1600（w）cm^{-1}、1492（m）cm^{-1}、1445（m）cm^{-1}提示含有苯环。

（3）^{1}H-NMR：δ_H 1.82（3H，s）的信号，根据化学位移值，提示含有与具有一定电负性基团相连的孤立甲基；δ_H 5.04（1H，t）的质子可与D$_2$O交换，所以应含有—OH，由于交换速度慢，羟基质子受到邻近亚甲基质子的耦合而被裂分为三重峰。这也证实了红外光谱含有羟基的推断；δ_H 4.02（2H，d）提示含有与电负性较大的羟基相连的亚甲基，并被羟基质子分裂为二重峰，由此可见，应存在HOCH$_2$—结构片段；δ_H 6.52（1H，s）的信号位于烯烃质子区，表明含有1个烯烃质子；在δ_H 7.21～7.34芳烃质子区内，呈现3组峰共5个芳环质子，表明存在一个单取代苯环。

（4）^{13}C-NMR（BBD+OFR）：在^{13}C-NMR图谱中，我们也发现了烯碳原子和芳碳原子的存在。并应注意到δ_C 128.2（d）与δ_C 128.6（d）2个叔碳峰的高度基本是其他只含有1个碳的碳峰的2倍，所以每个叔碳峰含有2个相同的碳，即=CH—×2。

（5）^{1}H-^{1}H COSY：该图谱中呈现了2个不同的自旋耦合系统。一个是δ_H 5.04（1H，t）与δ_H 4.02（2H，d）呈现相互耦合的相关峰，表明—OH和—CH$_2$是彼此直接相连，也证实了氢谱的这个推断；另一个是δ_H 7.34（2H，m）、δ_H 7.30（2H，m）与δ_H 7.21（1H，m）呈现5个质子相互耦合的相关峰，应为AA′BB′C系统，单取代。

（6）HSQC：HSQC谱易于识别质子化碳，δ_C 128.6（d）、δ_C 128.2（d）和δ_C 126.1（d）为芳香族叔碳；δ_H 6.52（1H，s）与δ_C 122.8（d）有相关峰，进一步证明δ_H 6.52（1H，s）为烯烃质子，δ_C 122.8（d）为烯碳峰；δ_C 66.7（t）为—OCH$_2$的仲碳峰，δ_C 15.2（q）为—CH$_3$伯碳峰；δ_C 138.9（s）与δ_C 137.7（s）无相关信号，季碳峰，但还不能归属。

（7）HMBC：在HMBC中，=CH、—OH、=CH$_2$和—CH$_3$基团与在芳香/烯烃区域δ_C 138.9（s）的季碳之间存在关联。将其连接到=CH—基团提供了一个HO—CH$_2$—C（CH$_3$）=CH片段。即

$$\underset{\underset{CH_3}{|}}{HO-CH_2-\overset{\delta_C 138.9\,(s)\downarrow}{C}=CH-} \qquad \underset{\underset{CH_3}{|}}{HO-CH_2-C=CH-} \qquad HMBC:\curvearrowright$$

也说明δ_C 138.9（s）为烯烃季碳，δ_C 137.7（s）为芳环季碳。烯烃质子δ_H 6.52（1H，s）与芳香碳δ_C 137.7（s）和δ_C 128.6（d）的相关性表明，苯基连接在=CH基团上。

（8）^{1}H-^{1}H NOESY：双键的构型可以由^{1}H-^{1}H NOESY谱推导出来。δ_H 6.52（1H，s）→4.02（2H，d）和δ_H 6.52（1H，s）→5.04（1H，t）的关联表明烯烃质子与—CH$_2$OH在双键的同一侧。同样，δ_H 1.82（3H，s）→7.30（1H，d）关联表明甲基和苯基在双键的同一侧。甲基和烯烃质子之间没有关联，这证实了这些基团在双键上是相互反式的。综上推得化合物结构：

习　题

1）某化合物 MS、IR、^{1}H-NMR 图如图 5-46～图 5-48 所示，试根据各波谱提供的信息解析化合物的结构。

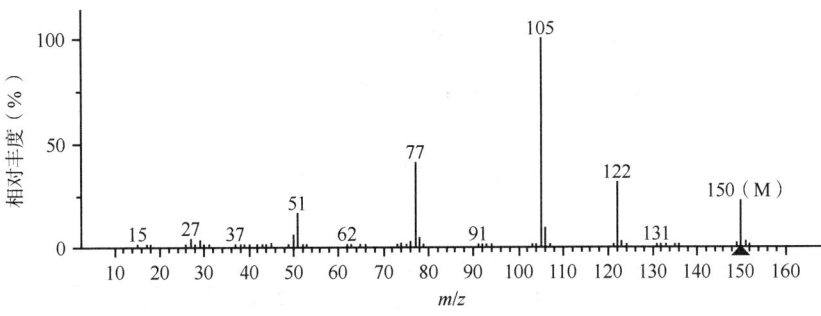

图 5-46　未知物的 MS 图

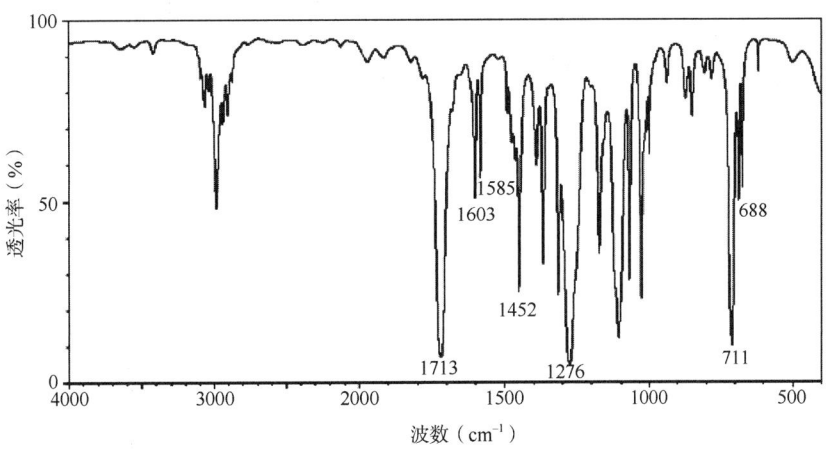

图 5-47　未知物的 IR 图

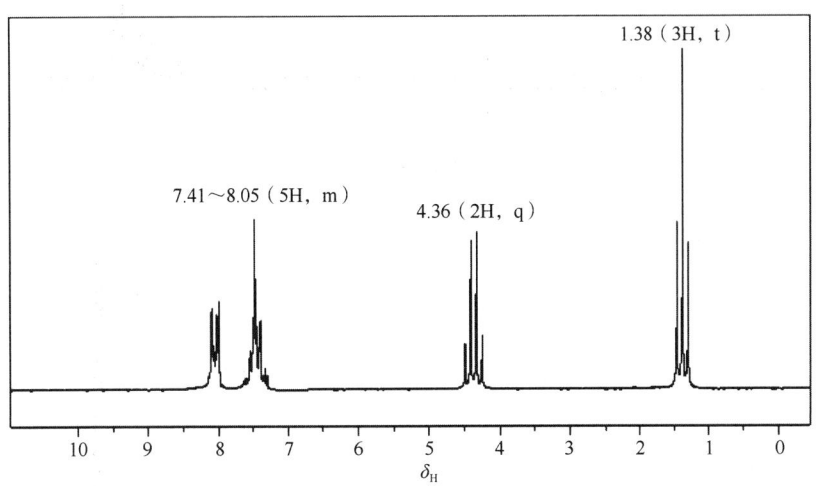

图 5-48　未知物的 ^{1}H-NMR 谱

2）某化合物 MS、IR、^{1}H-NMR、^{13}C-NMR 图如图 5-49～图 5-52 所示，试根据各波谱提供的信息确定化合物的结构。

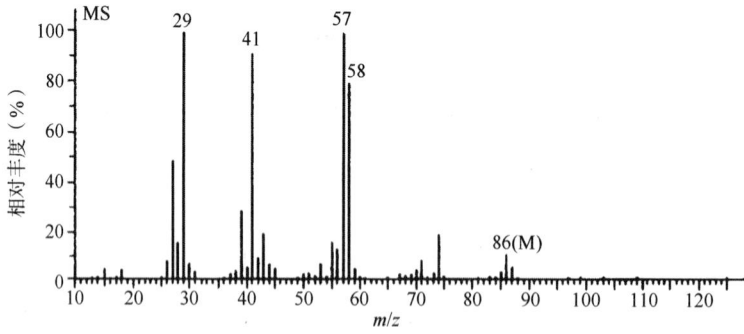

图 5-49　未知物的 EI-MS 图

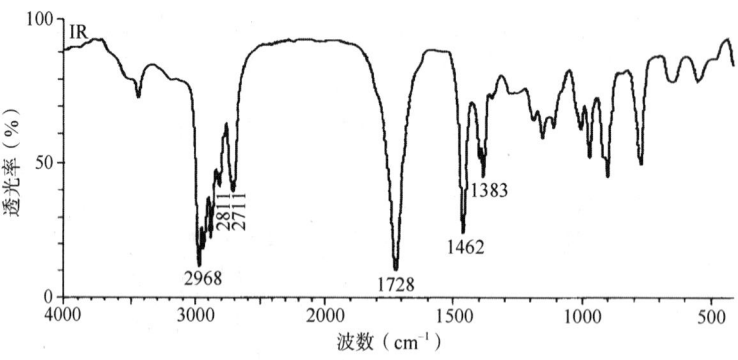

图 5-50　未知物的 IR

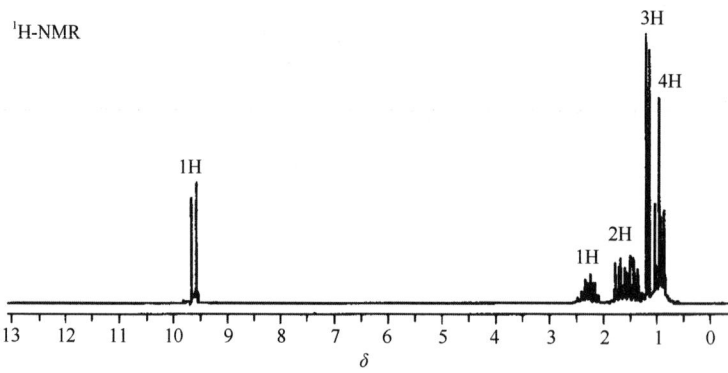

图 5-51　未知物的 ¹H-NMR 谱

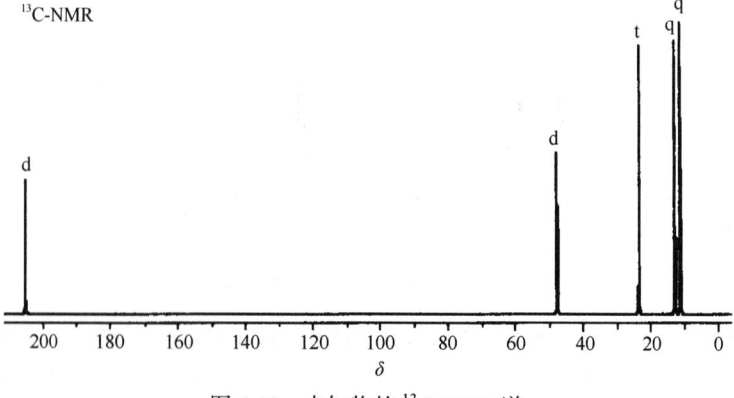

图 5-52　未知物的 ¹³C-NMR 谱

3）某化合物 MS、IR、^{1}H-NMR、^{13}C-NMR 图如图 5-53～图 5-56 所示，试根据各波谱提供的信息解析化合物的结构。

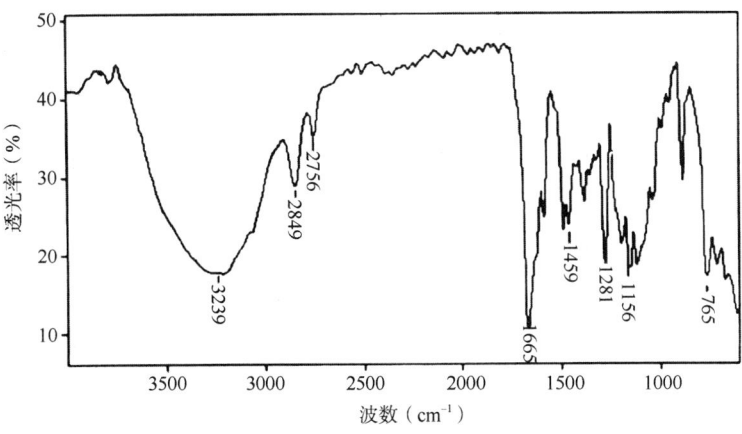

图 5-53　未知物的 IR 图

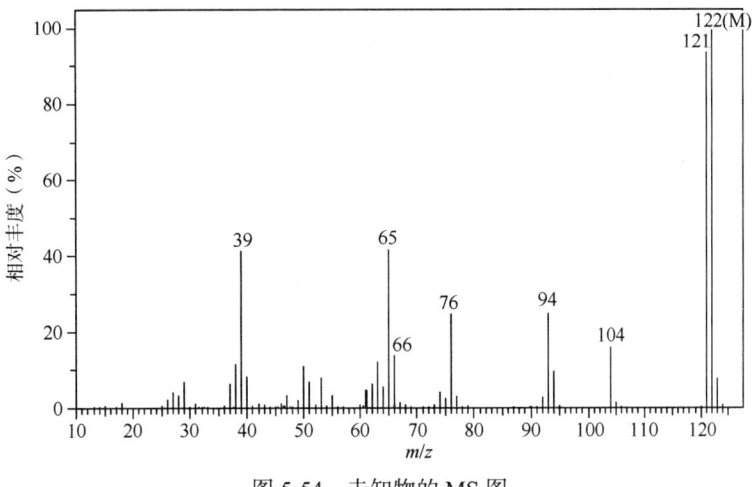

图 5-54　未知物的 MS 图

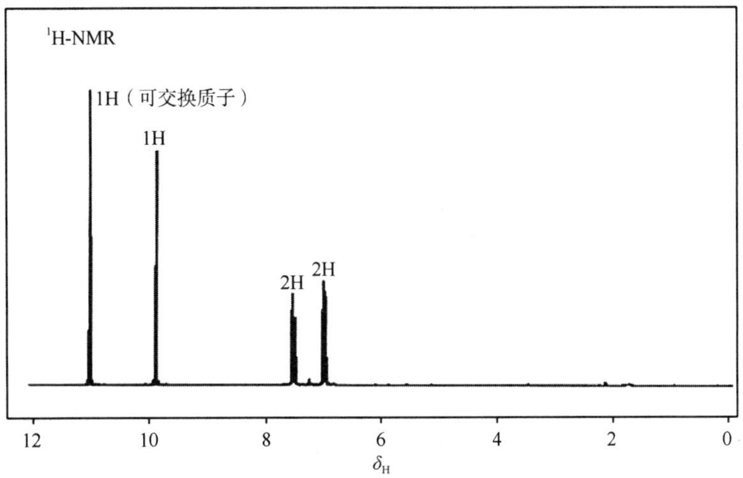

图 5-55　已知物的 ^{1}H-NMR 谱

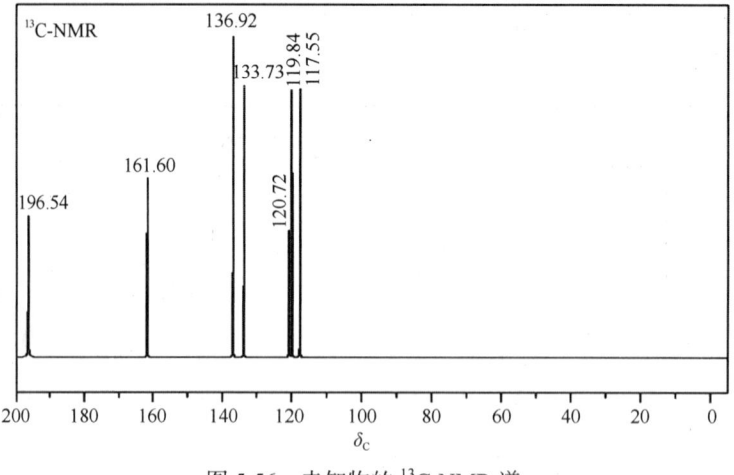

图 5-56 未知物的 ^{13}C-NMR 谱

4）分子式为 $C_9H_{11}NO$ 的化合物，根据如下谱图（图 5-57～图 5-60）确定其结构。

5）分子式为 $C_7H_{14}O_2$ 的化合物，其 ^{1}H-NMR、^{13}C-NMR（BBD+OFR）数据如下，^{1}H-^{1}H COSY、HSQC、HMBC 与 INADEQUATE 图谱如图 5-61～图 5-64 所示，试推测结构。

^{1}H-NMR 谱（溶剂 CDCl$_3$，400MHz）：δ 0.92（6H，d），1.52（2H，q），1.69（1H，m），2.04（3H，s），4.09（2H，t）.

^{13}C-NMR（BBD+OFR）谱：δ_C 21.0（q），22.5（q），25.1（d），37.4（t），63.1（t），171.2（s）

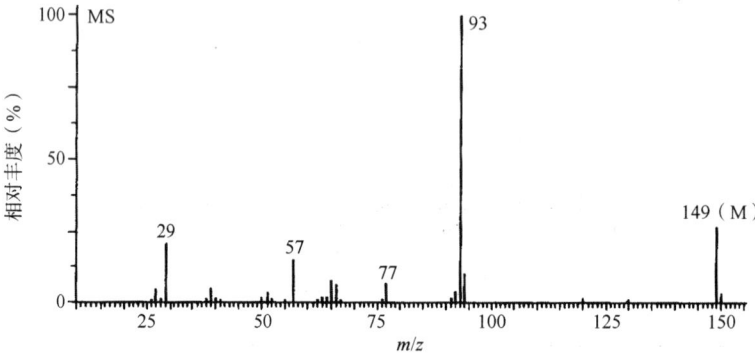

图 5-57 未知物 EI-MS 图

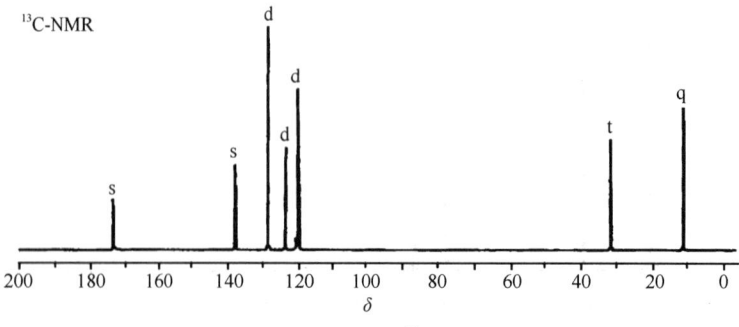

图 5-58 未知物的 ^{13}C-NMR 谱

第五章 波谱综合解析

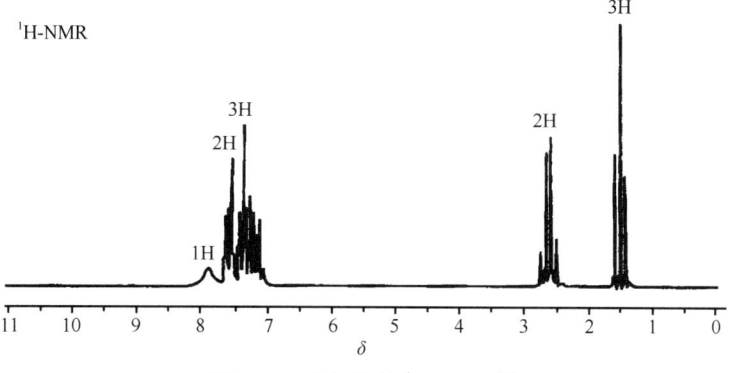

图 5-59 未知物的 ¹H-NMR 谱

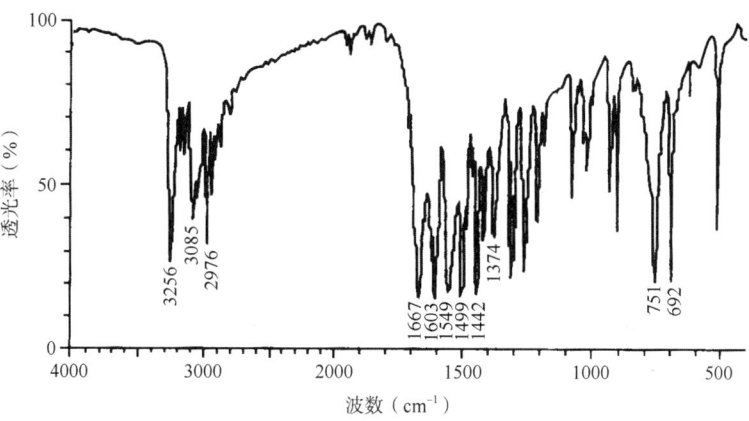

图 5-60 未知物的 IR 图

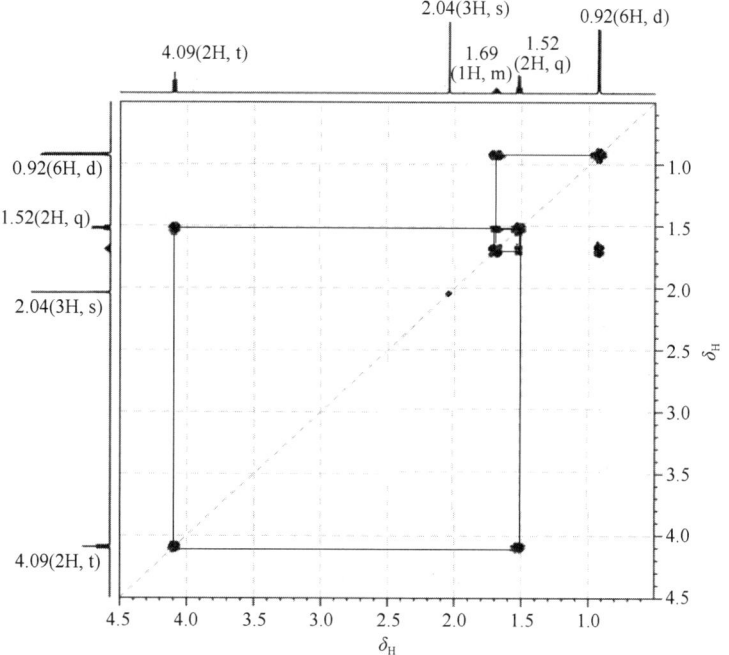

图 5-61 分子式为 $C_7H_{14}O_2$ 的 ¹H-¹H COSY 谱（600MHz，CDCl₃）

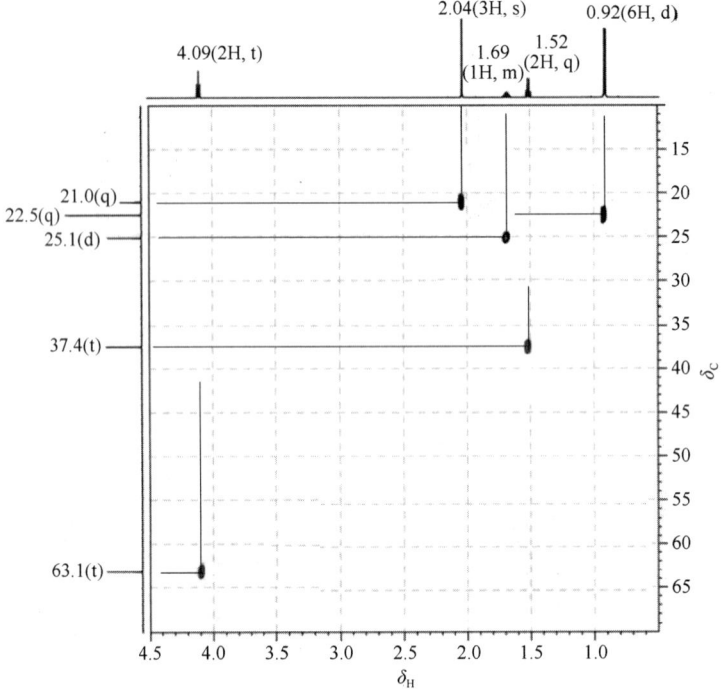

图 5-62　分子式为 $C_7H_{14}O_2$ 的 HSQC 谱（600MHz，$CDCl_3$）

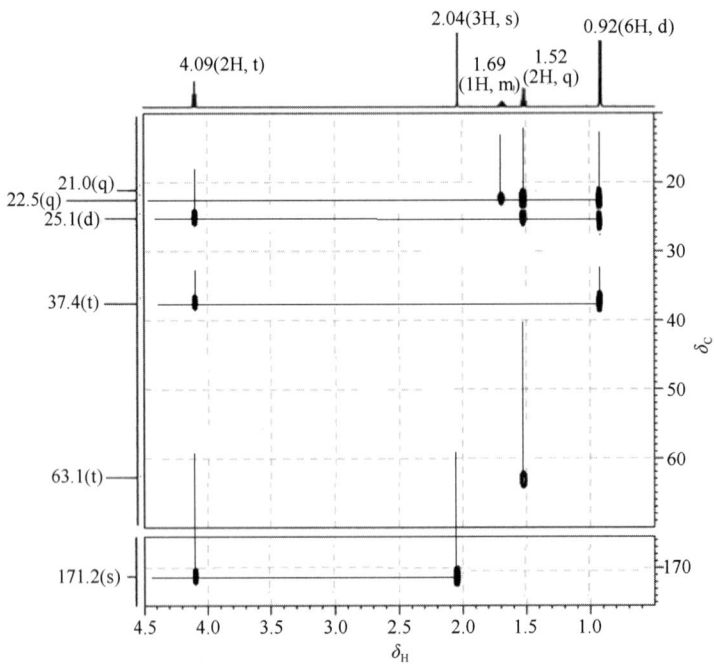

图 5-63　分子式为 $C_7H_{14}O_2$ 的 HMBC（600MHz，$CDCl_3$）

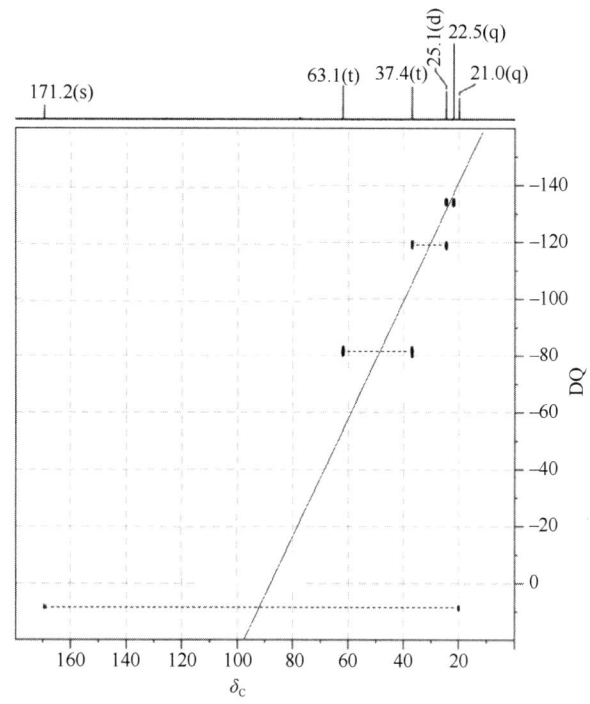

图 5-64　分子式为 $C_7H_{14}O_2$ 的 INADEQUATE 谱（150MHz，$CDCl_3$）

6）分子式为 $C_{11}H_{14}O_2$ 的化合物，其红外图谱在 1715cm^{-1} 处有峰，^{1}H-NMR、^{13}C-NMR（BBD+OFR）、^{1}H-^{1}H COSY、HSQC、HMBC 图谱如图 5-65～图 5-68 所示，试推测结构。

7）分子式为 $C_7H_{14}O_3$ 的化合物，^{1}H-NMR、^{13}C-NMR（BBD+OFR）、^{1}H-^{1}H COSY、HSQC、HMBC 图谱如图 5-69～图 5-72 所示，试推测结构。

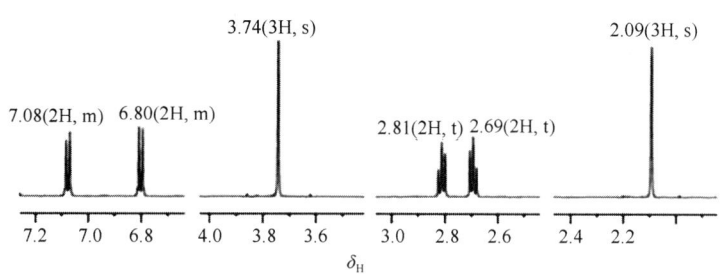

图 5-65　分子式为 $C_{11}H_{14}O_2$ 的某化合物的 ^{1}H-NMR 谱（300MHz，$CDCl_3$）

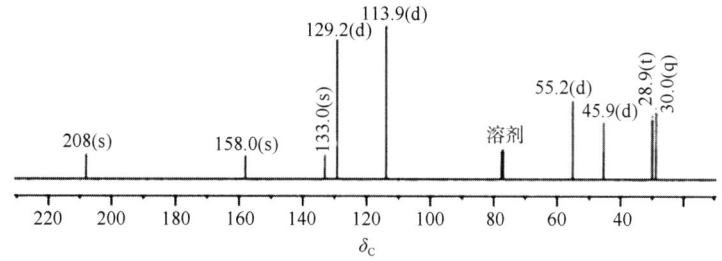

图 5-66　分子式为 $C_{11}H_{14}O_2$ 的某化合物的 ^{13}C-NMR 谱（300MHz，$CDCl_3$）

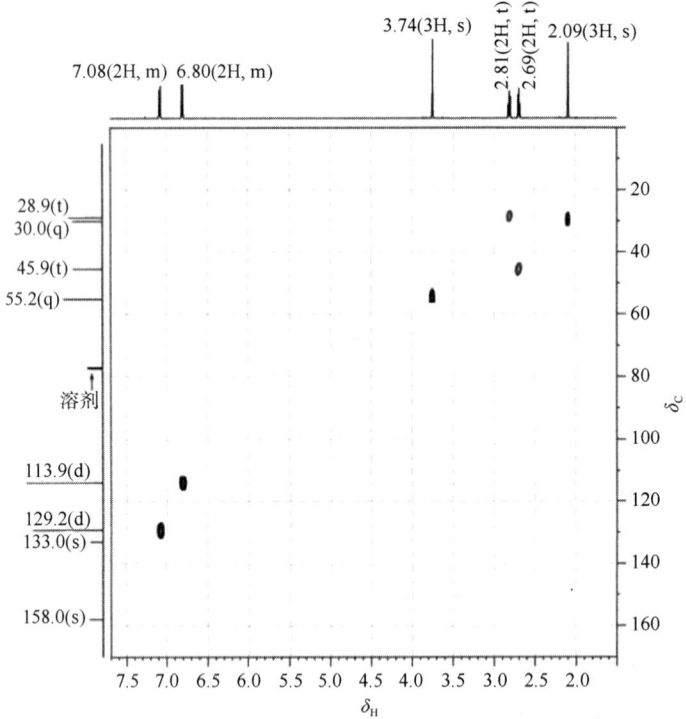

图 5-67 分子式为 $C_{11}H_{14}O_2$ 的某化合物的 ^1H-^{13}C HSQC 谱（300MHz，CDCl$_3$）

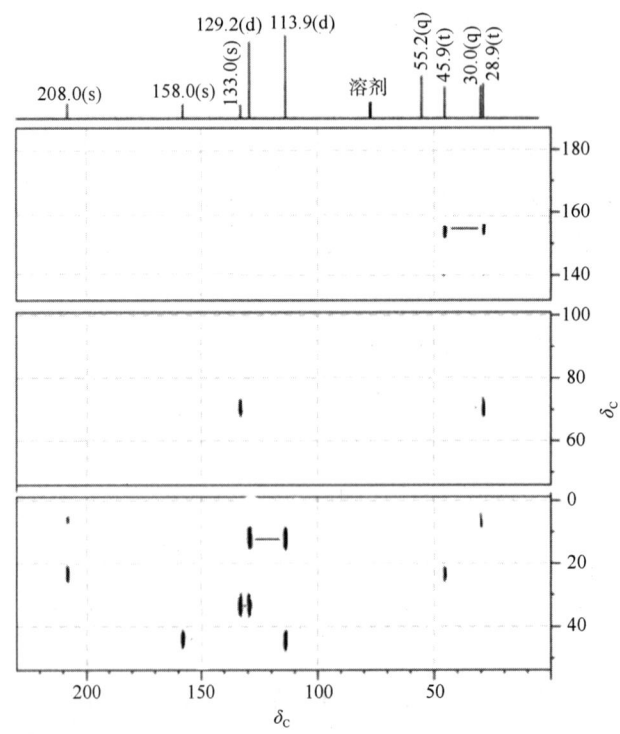

图 5-68 分子式为 $C_{11}H_{14}O_2$ 的某化合物的 INADEQUATE 谱（300MHz，CDCl$_3$）

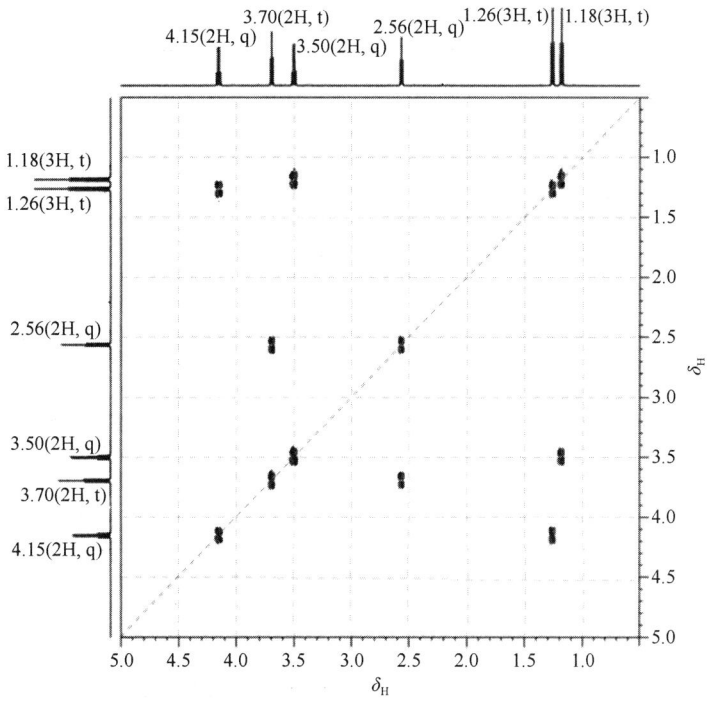

图 5-69 分子式为 $C_7H_{14}O_3$ 的 ^1H-^1H COSY 谱（600MHz，$CDCl_3$）

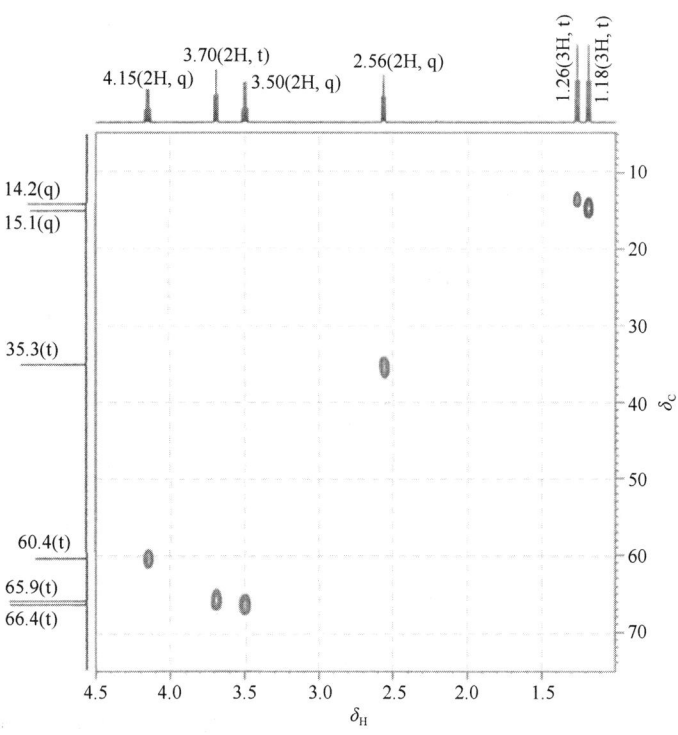

图 5-70 分子式为 $C_7H_{14}O_3$ 的 HSQC 谱（600MHz，$CDCl_3$）

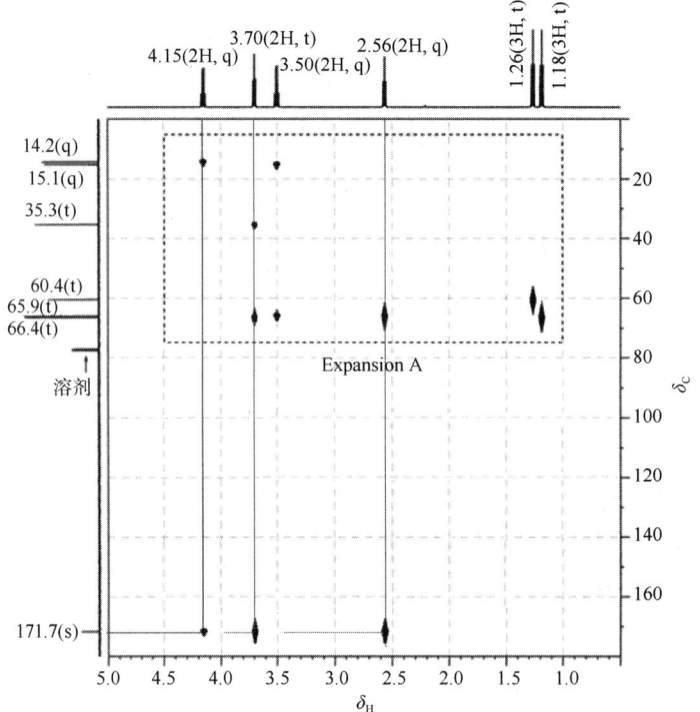

图 5-71　分子式为 $C_7H_{14}O_3$ 的 HMBC（600MHz，$CDCl_3$）

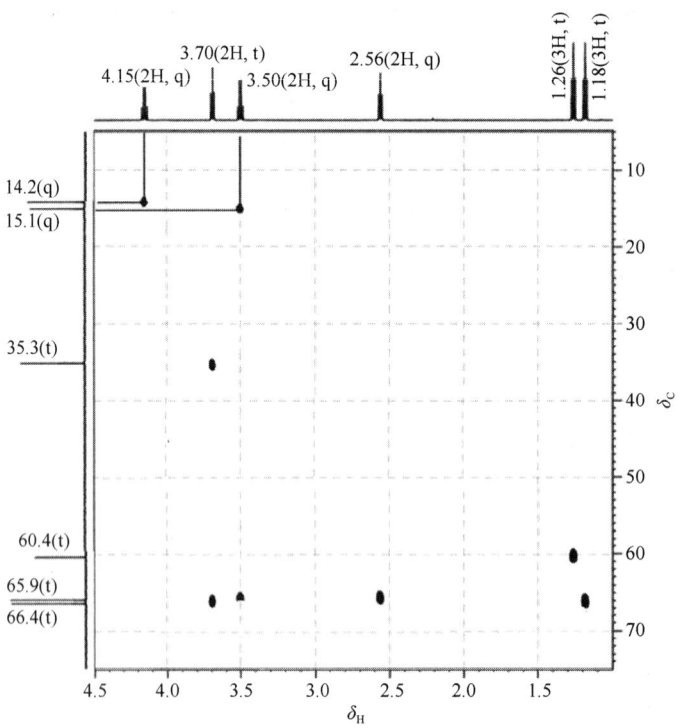

图 5-72　分子式为 $C_7H_{14}O_3$ 的 HMBC（600MHz，$CDCl_3$）

8）某无色油状物质的分子式为 $C_8H_8O_3$，其 MS、^{1}H-NMR、^{13}C-NMR、HMQC 及 HMBC 二维谱如图 5-73～图 5-79 所示，试解析其结构。

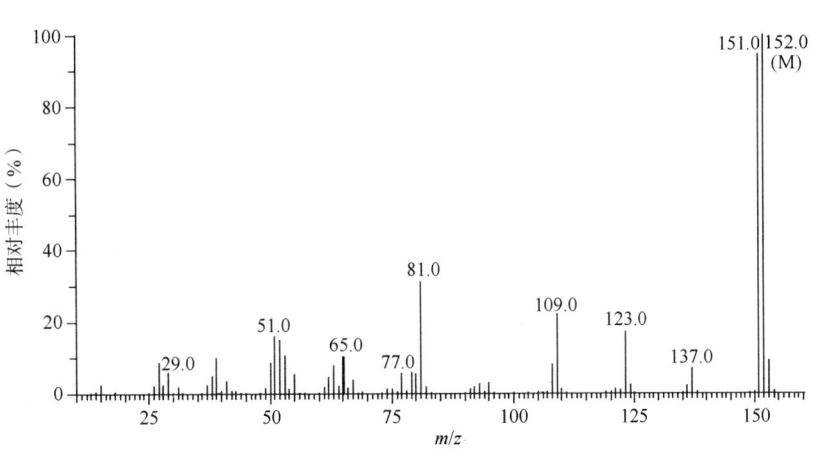

图 5-73 C₈H₈O₃ 的 MS 图

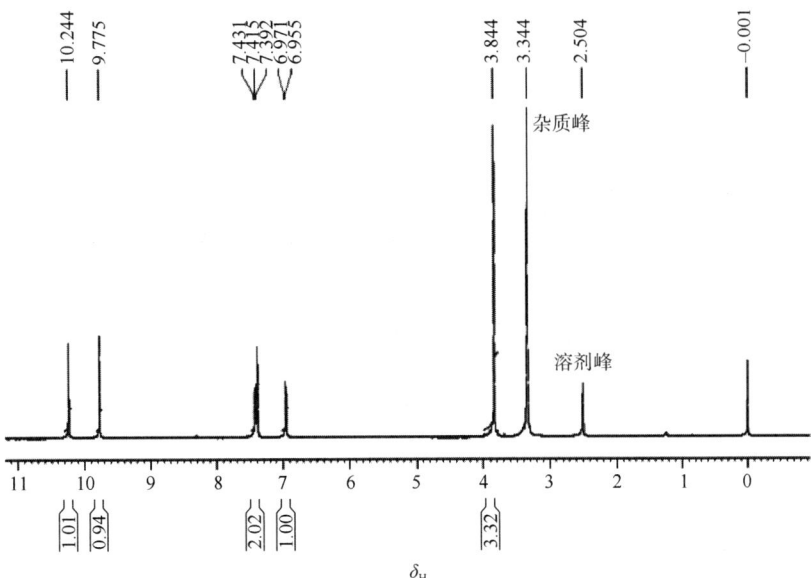

图 5-74 C₈H₈O₃ 的 ¹H-NMR 谱（500MHz，DMSO-d_6）

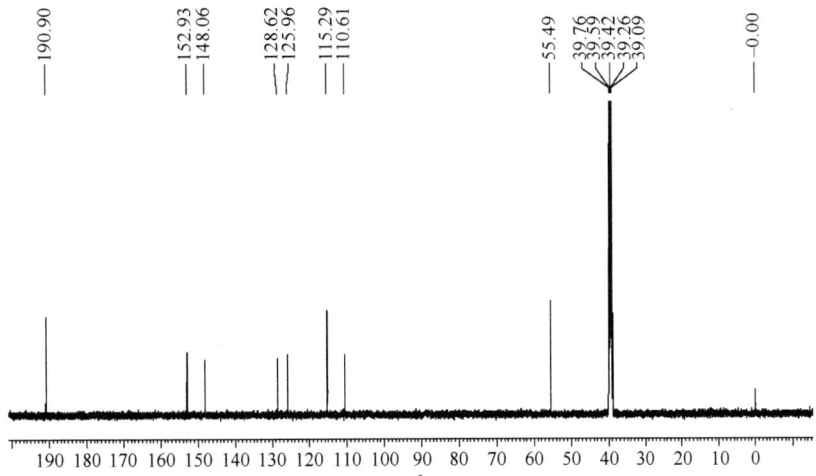

图 5-75 C₈H₈O₃ 的 ¹³C-NMR 图（125MHz，DMSO-d_6）

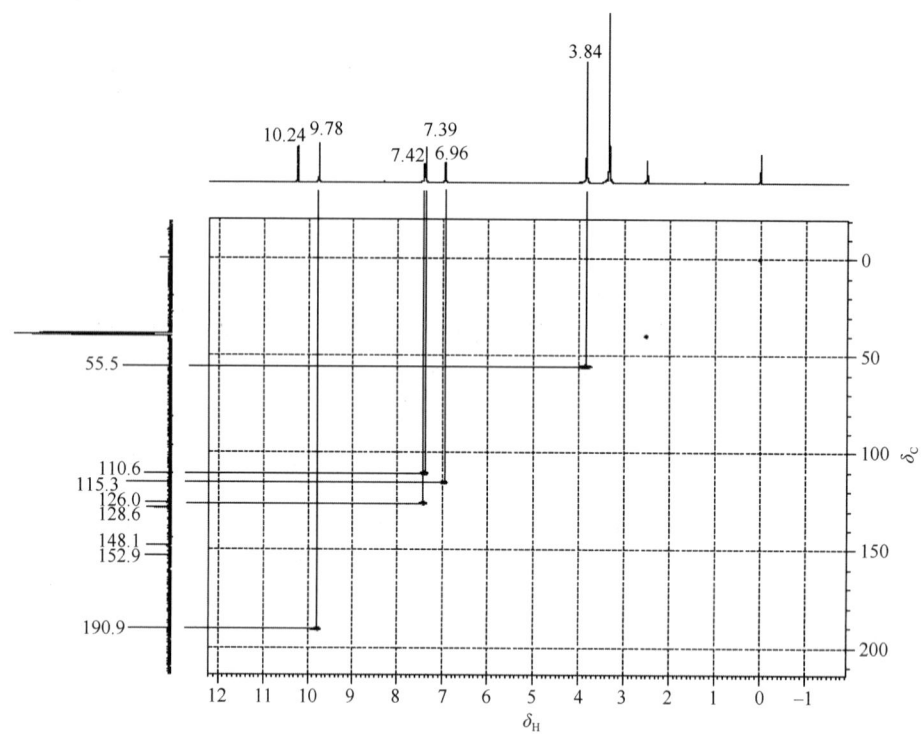

图 5-76　$C_8H_8O_3$ 的 HMQC 谱（DMSO-d_6）

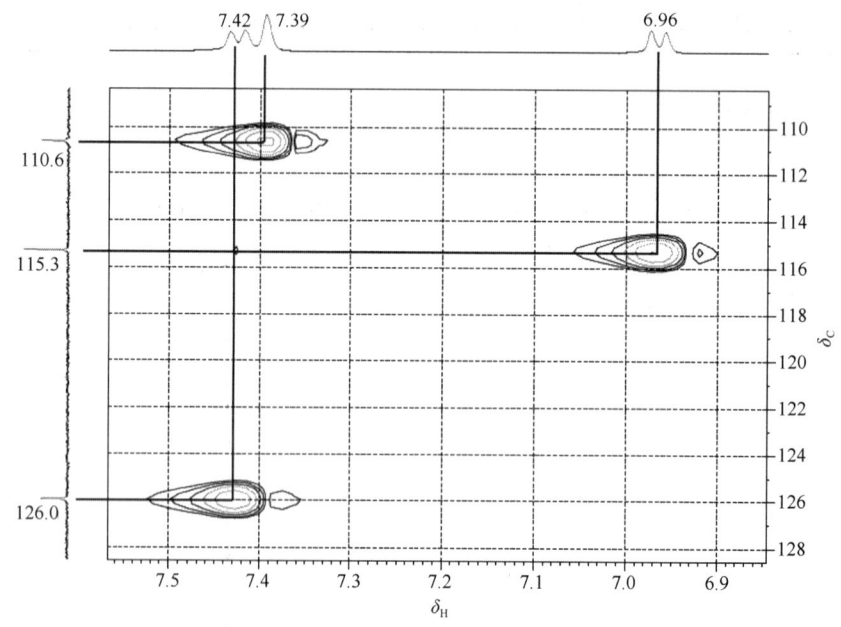

图 5-77　$C_8H_8O_3$ 的 HMQC 谱（δ 6.9~7.5 部分的放大，DMSO-d_6）

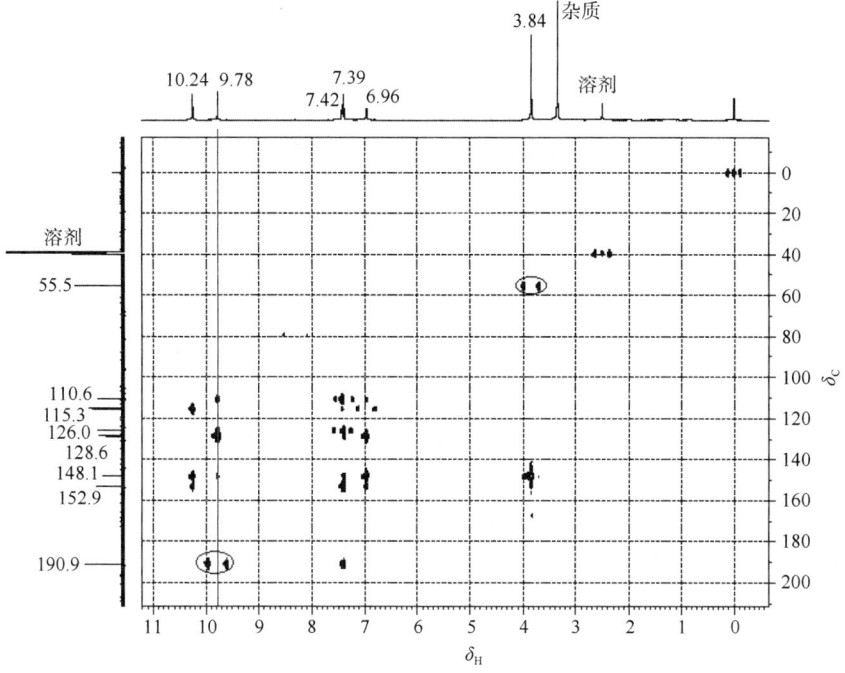

图 5-78　$C_8H_8O_3$ 的 HMBC（DMSO-d_6）

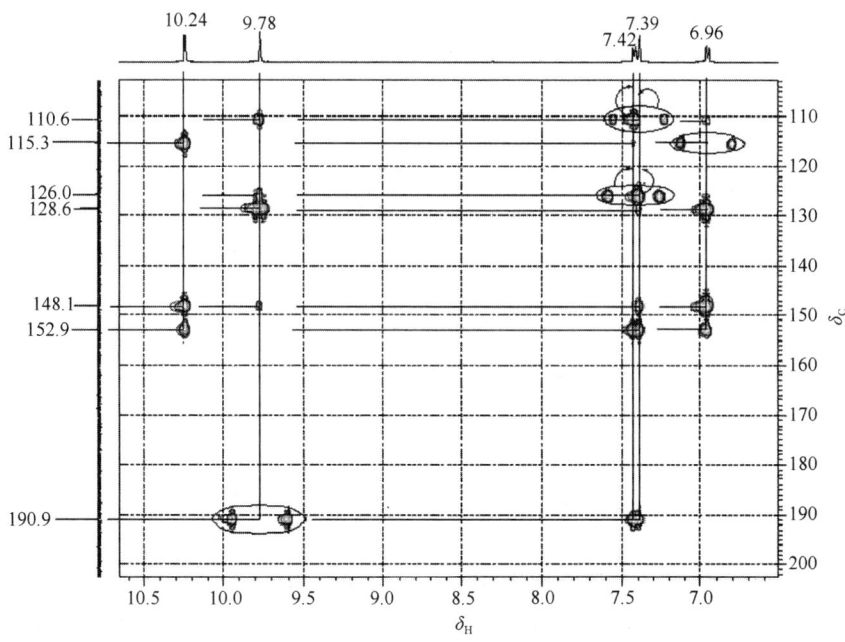

图 5-79　$C_8H_8O_3$ 的 HMBC（δ 6.5～10.5 部分的放大，DMSO-d_6）

参 考 文 献

白银娟,张世平,王云侠,等,2021. 波谱原理及解析. 4 版. 北京:科学出版社.
陈耀祖,涂亚平,2016. 有机质谱原理及应用. 北京:科学出版社.
丛浦珠,李荀玉,2011. 天然有机化合物质谱图集. 北京:化学工业出版社.
格罗斯,2012. 质谱. 2 版. 北京:科学出版社.
孔令义,2012. 复杂天然产物波谱解析. 北京:中国医药科技出版社.
刘宝友,刘文凯,刘淑景,2019. 现代质谱技术. 北京:中国石化出版社.
麦克拉弗蒂,1987. 质谱解析. 3 版,王光辉,蒋飞龙,汪聪慧译. 北京:化学工业出版社.
孟令芝,龚淑玲,何永炳,等,2016. 有机波谱分析. 4 版. 武汉:武汉大学出版社.
宁永成,2010. 有机波谱学谱图解析. 北京:科学出版社.
宁永成,2018. 有机化合物结构鉴定与有机波谱学. 4 版. 北京:科学出版社.
潘铁英,张玉兰,苏克曼,2009. 波谱解析法. 2 版,上海:华东理工大学出版社.
裴月湖,2019. 有机化合物波谱解析. 5 版. 北京:中国医药科技出版社.
邱峰,冯锋,2021. 波谱解析. 北京:人民卫生出版社.
盛龙生,2018. 有机质谱法及其应用. 北京:化学工业出版社.
台湾质谱学会,2018. 质谱分析技术原理与应用. 北京:科学出版社.
汪茂田,2004. 天然有机化合物提取分离与结构鉴定. 北京:化学工业出版社.
王乐,2021. NMR 基础核磁共振波谱实验及应用实例. 哈尔滨:哈尔滨工业大学出版社.
王乃兴,2021. 核磁共振谱学在有机化学中的应用. 4 版. 北京:化学工业出版社.
韦国兵,董玉,2021. 波谱解析. 武汉:华中科技大学出版社.
约瑟夫 B. 兰伯特,尤金 P. 马佐拉,克拉克 D. 里奇,2021. 核磁共振波谱学:原理、应用和实验方法导论. 2 版. 向俊峰,周秋菊译. 北京:化学工业出版社.
张华,2005. 现代有机波谱分析. 北京:化学工业出版社.
张华,2007.《现代有机波谱分析》学习指导与综合练习. 北京:化学工业出版社.
赵天增,秦海林,张海艳,等,2018. 核磁共振二维谱. 北京:化学工业出版社.
Ando H, Hirai Y, Fujii M, et al., 2007. The chemical constituents of fresh Gentian root. J Nat Med., 61(3): 269-279.
Ekman R, Silberring J, Ann Westman-Brinkmalm A M, et al., 2009. Mass spectrometry: instrumentation, interpretation, and applications. New Jersey: John Wiley & Sons, Inc.
Field L D, Li H L, Magill A M, 2015. Instructor's Guide and Solutions Manual to Organic Structures from 2D NMR Spectra. John Wiley & Sons Ltd.
Sakurai N, Nagashima S, Kawai K, et al., 1989. A new lignan, (−)-berchemol, from Berchemia racemosa. Chem Pharm Bull., 37(12): 3311-3315.
Silverstein R M, Webster F X, Kiemle D J, et al., 2017. 有机化合物的波谱解析. 8 版. 药明康德新药开发有限公司译. 上海:华东理工大学出版社.

附录1 一些常见的碎片离子

m/z	离子的组成或结构
14	CH_2
15	CH_3
16	O
17	OH
18	H_2O、NH_4
19	F、H_3O
20	HF
26	C≡N
27	C_2H_3
28	C_2H_4、CO、N_2
29	C_2H_5、CHO
30	CH_2NH_2、NO
31	CH_2OH、OCH_3
33	SH
34	H_2S
35	Cl
36	HCl
39	C_3H_3
40	$CH_2C≡N$
41	C_3H_5、($CH_2C≡N+H$)
42	C_3H_6
43	C_3H_7、$CH_3C=O$
45	CH_3CHOH、CH_2CH_2OH、CH_2OCH_3、COOH、($CH_3CH—O+H$)
46	NO_2
47	CH_2SH、CH_3S
48	(CH_3S+H)
54	$CH_3CH_2C≡N$
55	C_4H_7
56	C_4H_8
57	C_4H_9、$C_2H_5C=O$
58	(CH_3COCH_2+H)、$C_2H_5CHNH_2$、$(CH_3)_2NCH_2$、$C_2H_5CH_2NH$
59	$(CH_3)_2COH$、$CH_2OC_2H_5$、$COOCH_3$、(NH_2COCH_2+H)
60	($CH_2COOH+H$)、CH_2ONO

注：本附录未标出正电荷。

续表

m/z	离子的组成或结构
61	CH$_2$CH$_2$SH、CH$_2$SCH$_3$、(COOCH$_3$+2H)
68	(CH$_2$)$_3$C≡N
69	C$_5$H$_9$、CF$_3$、C$_3$H$_5$CO
70	C$_5$H$_{10}$、(C$_3$H$_5$CO+H)
71	C$_5$H$_{11}$、C$_3$H$_7$C=O
72	C$_3$H$_7$CHNH$_2$、(C$_2$H$_5$COCH$_2$+H)
73	C$_3$H$_7$OCH$_2$、COOC$_2$H$_5$
74	(CH$_2$COOCH$_3$+H)
75	(COOC$_2$H$_5$+2H)、CH$_2$SC$_2$H$_5$
77	C$_6$H$_5$
78	(C$_6$H$_5$+H)
79	(C$_6$H$_5$+2H)、Br
80	(CH$_3$SS+H)、HBr、2-甲基吡咯
81	2-甲基呋喃
82	(CH$_2$)$_4$C≡N
83	C$_6$H$_{11}$
85	C$_6$H$_{13}$、C$_4$H$_9$C=O
86	(C$_3$H$_7$COCH$_2$+H)、C$_4$H$_9$CHNH$_2$
87	COOC$_3$H$_7$
88	(CH$_2$COOC$_2$H$_5$+H)
89	(COOC$_3$H$_7$+2H)、C$_6$H$_5$-C
90	CH$_3$CHONO$_2$、C$_6$H$_5$-CH
91	C$_6$H$_5$-CH$_2$（C$_6$H$_5$-CH + H）
92	(C$_6$H$_5$-CH$_2$ + H)、3-甲基吡啶
94	吡咯-2-C=O
95	呋喃-2-C=O
96	(CH$_2$)$_5$C≡N
97	C$_7$H$_{13}$、2-噻吩基CH$_2$
98	(呋喃-2-CH$_2$O + H)
99	C$_7$H$_{15}$

续表

m/z	离子的组成或结构
100	(C$_4$H$_9$COCH$_2$+H)、C$_5$H$_{11}$CHNH$_2$
101	COOC$_4$H$_9$
102	(CH$_2$COOC$_3$H$_7$+H)
103	(COOC$_4$H$_9$+H)
104	C$_2$H$_5$CHONO$_2$
105	C$_6$H$_5$-C=O、C$_6$H$_5$-CH$_2$CH$_2$、C$_6$H$_5$-CHCH$_3$
107	C$_6$H$_5$-CH$_2$O
108	(C$_6$H$_5$-CH$_2$O + H)、N-甲基吡咯-2-基-C=O
111	噻吩-2-基-C=O
119	CF$_3$CF、C$_6$H$_5$-C(CH$_3$)$_2$、邻-CH$_3$-C$_6$H$_4$-CHCH$_3$、邻-CH$_3$-C$_6$H$_4$-C=O
121	邻-HO-C$_6$H$_4$-C=O
123	邻-F-C$_6$H$_4$-C=O
127	I
128	HI
131	C$_3$F$_5$
139	邻-Cl-C$_6$H$_4$-C=O
149	(邻-苯二甲酸酐+H)

附录 2　常见丢失的中性碎片与可能的结构或结构片段

离子	中性碎片	可能的推断
M-1	H	醛（某些酯和胺）
M-2	H_2	—
M-14	—	同系物
M-15	CH_3	高度分支的碳链，在分支处甲基裂解，醛，酮，酯
M-16	CH_3+H	高度分支的碳链，在分支处裂解
M-16	O	硝基物，亚砜，吡啶 N-氧化物，环氧，醌等
M-16	NH_2	$ArSONH_2$，—$CONH_2$
M-17	OH	醇 R—OH，羧酸 RCO—OH
M-17	NH_3	—
M-18	H_2O，NH_4	醇，醛，酮，胺等
M-19	F	氟
M-20	HF	氟化物
M-26	C_2H_2	芳烃
M-26	C≡N	腈
M-27	CH_2=CH	酯，R_2CHOH
M-27	HCN	氮杂环
M-28	CO，N_2	醌、甲酸酯等
M-28	C_2H_4	芳香乙酸乙酯、正丙基酮、环烷烃、烯烃
M-29	C_2H_5	高度分支的碳链、在分支处裂解；环烷烃
M-29	CHO	醛
M-30	C_2H_6	高度分支的碳链、在分支处裂解
M-30	CH_2O	芳香甲醛
M-30	NO	Ar—NO_2
M-30	NH_2CH_2	伯胺类
M-31	OCH_3	甲酯、甲醚
M-31	CH_2OH	醇
M-31	CH_3NH_2	胺
M-32	CH_3OH	甲酯
M-32	S	—
M-33	H_2O+CH_3	—
M-33	CH_2F	氟化物

续表

离子	中性碎片	可能的推断
M-33	HS	硫醇
M-34	H_2S	硫醇
M-35	Cl	氯化物（注意 ^{37}Cl 同位素）
M-36	HCl	氯化物
M-37	H_2Cl	氯化物
M-39	C_3H_3	丙烯酯
M-40	C_3H_4	芳香化合物
M-41	C_3H_5	烯烃（烯丙基裂解）、丙基酯、醇
M-42	C_3H_6	丁基酮、芳香醚、正丁基芳烃、烯、丁基环烷
M-42	CH_2CO	甲基酮、芳香乙酸酯、Ar—$NHCOCH_3$
M-43	C_3H_7	高度分支的碳链，分支处有丙基、丙基酮、醛、酯、正丁基芳烃
M-43	NHCO	环酰胺
M-43	CH_3CO	甲基酮
M-44	CO_2	酯（碳架重排）、酐
M-44	C_3H_8	高度分支的碳链
M-44	$CONH_2$	酰胺
M-44	CH_2CHOH	醛
M-45	CO_2H	羧酸
M-45	C_2H_5O	乙基醚、乙基酯
M-46	C_2H_5OH	乙酯
M-46	NO_2	Ar—NO_2
M-47	C_2H_4F	氟化物
M-48	SO	芳香亚砜
M-49	CH_2Cl	氯化物（注意 ^{37}Cl 同位素）
M-53	C_4H_5	丁烯酯
M-55	C_4H_7	丁酯、丁烯
M-56	C_4H_8	Ar—n—C_5H_{11}，ArO—n—C_4H_9，Ar—i—C_5H_{11}，Ar—O—i—C_4H_9、戊基酮、戊酯
M-57	C_4H_9	丁基酮、高度分支的碳链
M-57	C_2H_5CO	乙基酮
M-58	C_4H_{10}	高度分支的碳链
M-59	C_3H_7O	丙基醚，丙基酯
M-59	$COOCH_3$	$RCOOCH_3$
M-60	CH_3COOH	乙酸酯
M-63	C_2H_4	氯化物
M-67	C_5H_7	戊烯酯
M-69	C_5H_9	酯，烯
M-71	C_5H_{11}	高度分支的碳链，醛，酮，酯
M-72	C_5H_{12}	高度分支的碳链
M-73	$COOC_2H_5$	酯
M-74	$C_3H_6O_2$	一元羧酸甲酯

续表

离子	中性碎片	可能的推断
M-77	C_6H_5	芳香化合物
M-79	Br	溴化物（注意 ^{81}Br 同位素）
M-105	—	C₆H₅—CO⁺
M-127	I	碘化物